国家电网公司
电力科技著作出版项目

电力系统
同步相量测量
技术及应用

张道农　主　编　于跃海　副主编

中国电力出版社
CHINA ELECTRIC POWER PRESS

内 容 提 要

随着超大规模电网的不断联网及智能电网建设的不断推进，对电网安全稳定运行的要求越来越高，基于同步相量测量装置构建的广域相量测量系统将大大提升电力系统动态安全稳定的监测与控制能力，是国内外公认的最新的电网监测与控制手段之一。

电力系统同步相量测量技术，解决了同步相量测量装置的研发、生产、规划布点与优化、推广应用等技术问题，解决了广域相量测量系统的接入、运行控制等技术问题。近年来，该技术在国内外得到了迅速的发展，成为大电网运行监视的重要支撑技术。

本书系统论述了同步相量测量技术、广域相量测量技术、电网监视技术及其典型工程应用。全书共 10 章，分别介绍了相量测量技术，广域相量测量系统子站、主站、通信协议，电网模型参数辨识，电网动态安全评估，广域相量测量系统及时监视与分析，广域后备保护与在线控制，一致性测试与验证等方面的内容。

本书兼具理论参考价值与工程实践价值，既可作为电力系统自动化专业高校师生的参考书，也可为电力系统自动化专业的科研人员、技术管理人员、规划设计人员、运维人员、检测人员提供借鉴。

图书在版编目（CIP）数据

电力系统同步相量测量技术及应用/张道农主编. —北京：中国电力出版社，2017.11（2018.3 重印）

ISBN 978-7-5198-1373-4

Ⅰ. ①电… Ⅱ. ①张… Ⅲ. ①电力系统–相量测量 Ⅳ. ①TM933.3

中国版本图书馆 CIP 数据核字（2017）第 289389 号

出版发行：中国电力出版社
地　　址：北京市东城区北京站西街 19 号（邮政编码 100005）
网　　址：http://www.cepp.sgcc.com.cn
责任编辑：马　青（010-63412784，610757540@qq.com）
责任校对：常燕昆
装帧设计：张俊霞　张　娟
责任印制：邹树群

印　　刷：北京雅昌艺术印刷有限公司
版　　次：2017 年 12 月第一版
印　　次：2018 年 3 月北京第二次印刷
开　　本：710 毫米×1000 毫米　16 开本
印　　张：19.25
字　　数：357 千字
印　　数：1001—3000 册
定　　价：116.00 元

《电力系统同步相量测量技术及应用》
编 写 组 名 单

主　　编	张道农			
副 主 编	于跃海			
参编人员	时伯年	段　刚	许　勇	温富光
	陆进军	谢晓冬	丁　磊	王　宾
	张小易	侯明国	江　浩	袁明军
	王　亮	李　强	裴茂林	李劲松
	毕天姝	刘　灏	周　捷	鲍颜红
	陈　峰	王　波	施玉祥	杨文平
	黄　鑫	杜奇伟	章立宗	陈　宏
	邢晓刚	曾　飞	李东升	陈　静
	王英涛	蒋宜国	王永福	李　金
	沈　峻	黄少雄	丁津津	景柳铭
	张建伟	赵景峰	李学聪	李圆智
	朱晓鹏	房树超	郑明忠	李力华

电力系统同步相量测量技术，是基于同步相量测量装置（PMU）的数据采集，通过广域相量测量系统（WAMS）对电网实施运行监测与控制的技术，补充了电力调度自动化数据采集和控制（SCADA）系统与能量管理系统（EMS）应用的数据类型（实时动态数据），实现了对大规模电力系统的精确控制，提高调控中心监视电网运行的能力，提高了电网的运行可靠性；解决了同步相量测量装置的研发、生产、规划布点与优化等技术问题，接入 WAMS，使得 WAMS 对电网实施精确控制成为可能。近年来，该技术在国内外得到迅速的发展，成为大电网运行监视的重要支撑技术。

WAMS 系统由于采用同步相量测量装置（PMU）的数据，实现了广域同步、快速采样，更真实地反映了实时运行的电力系统，为电力系统安全稳定运行监测和控制提供了新的决策依据，被广泛应用于解决电网低频振荡在线分析、识别振荡源、识别振荡助推源等应用场合，是电力系统自动化解决电网稳定问题新的前沿技术之一。

目前我国电力调控系统中，省公司以上调控中心均建设了 WAMS 主站系统，大部分 220kV 以上电压等级的变电站和电厂都安装了 PMU 装置，积累了大量的实践数据和经验，WAMS 和 PMU 技术还在不断的发展中，未来 WAMS 系统将与调度主站系统、故障信息系统融合，成为全面监视电网运行状态及数据的工具。

《电力系统同步相量测量技术及应用》系统地论述了 PMU 技术、WAMS 技术、电网实时监测技术及相关典型的工程应用。第 1 章绪论，描述了同步相量测量技术发展历程及现状，支撑同步相量测量技术的时间同步技术及全书各章的内容；第 2 章相量测量技术，论述了相量表示、测量算法及提高测量精度的方法；第 3 章广域相量测量系统子站，论述了子站系统的结构、设备、功能、布点优化与工程实施；第 4 章广域相量测量系统主站，论述主站系统的架构、前置通信、时间序列数据库及各类应用功能；第 5 章广域相量测量系统通信协议，论述了主站与子站之间、子站与站内监控系统的通信方式、通信规约；第 6 章电网模型参数辨识，论述了基于 WAMS 的电网建模及输电线、发电机、变压器、负荷的参数模型辨识方法；第 7 章电网动态安全评估，论述了电网电压稳定、功角稳定及动态安全综合评估方法；第 8 章广域相量测量系统实时监测与分析，论述了低频振荡监视、在线扰动识别、混合状态估计等方法，以及同步相量测量装置在风电场监控、配网故障识别中的应用；第 9 章广域后备保护与在线控制，论述了基于 PMU 的广域后备保护系统、广域阻尼控制、直流协调阻尼控制、暂态稳定预测与控制、风电场功率控制及技术展望。第 10 章一致性测试与验证，论述了 WAMS 主站功能测试、子站功能测试、通信协议一致性测试技术，并介绍了同步相量测量技术专用的 PMU 测试仪。

为方便热爱同步相量测量技术的人员了解该技术的国内外发展现状，中国电力出版社组织编写和出版该专著，该书编写人员都是国内 WAMS 和 PMU 技术领域的专家，有扎实的理论基础和丰富的实践经验，同时也是该技术领域的国家标准和行业标准的主要起草人，与国内外同行保持着广泛的技术交流与合作。该书内容完整，条理清楚，技术全面，兼具理论参考价值与工程实践价值，既可作为电力系统自动化专业高校师生的参考书，也可为电力系统自动化专业的科研人员、技术管理人员、规划设计人员、运维人员、检测人员提供参考。

编者对关注本书出版的国网电力科学研究院原副总工程师、全国电力系统管理及其信息交换标准化技术委员会（SAC/TC82）原主任委员刘国定先生和中国电力科学研究院厂站自动化及远动室原主任、SAC/TC82 委员、中国电机工程学会电力系统自动化专业委员会远动及厂站自动化专业副主任陆天健先生表示感谢！

最后，欢迎读者对本书的疏漏之处给予批评指正！

编　者

2017 年 11 月

目 录

第**1**章

绪　论

交流电网各母线电压间的相对相角和发电机功角是电网运行的重要状态变量，功角和相对相角的大小反映了电网的稳定裕度，功角和相对相角的周期变化反映了电网的振荡状态。因此，世界上许多国家的电力公司、科研机构和高校投入了大量的人力和物力，开发、研制同步相量测量装置（Phasor Measurement Unit，PMU），研究相量测量技术在暂态稳定预测、控制和自适应失步保护中的应用。在重要的变电站和发电厂安装由同步相量测量装置、相量数据集中器（Phasor Data Concentrator，PDC）等组成的广域相量测量系统子站，并将采集到的相量数据实时传输至部署在电力调度控制中心的广域相量测量系统主站，构建电力系统广域相量测量系统（Wide Area Measurement System，WAMS），这将大大提升电力调度控制中心对电力系统动态安全稳定的监控能力。为叙述简洁，本书中将广域相量测量系统子站简称为 PMU 子站或子站，将广域相量测量系统主站简称为 WAMS 主站或主站。

利用 WAMS 的动态监测特点，结合电力系统能量管理系统（Energy Management System，EMS）的稳态监测优势，可以建立保障复杂大电网安全运行的调度辅助系统。依托电网实时动态监测系统可以实现大区电网动态模型参数辨识、仿真计算校核，为电力系统模型尤其是负荷模型的选择提供科学依据。电网实时动态监测系统还是建立安全稳定控制装置协调管理系统、大区电网级预防控制和恢复控制系统的基础，能进一步充分发挥电网安全自动控制装置作用，提高电网输送能力。

1.1　相量测量技术发展历程

1.1.1　国际发展

最早期的时候，相量的测量方法是将交流电压波形送到控制中心进行比较显示，由于存在不确定的延时，这种方法的测量精度太低。

1980 年，加拿大人 G.Missout 首次采用无线电导航定位系统——罗兰–C 系统提供的时间作为同步时钟，进行相量测量；由于罗兰–C 系统接收困难，1981 年又采用卫星系统 GOES（Geostationary Operational Environment Satellites）提供的时间作为同步时钟。同年，瑞士人 P.Bonanomi 采用无线电广播授时，将其时间作为同步时钟信号进行相量测量，并首次展望了相量的应用前景。

1983 年，美国人 A.G.Phadke 采用无线电广播授时的时间作为同步时钟，提出了用递推的离散傅里叶变换（Discrete Fourier Transform，DFT）求解电压相量；由于同步时钟精度低，又采用冗余的办法来提高测量的精度。

随着美国全球定位系统（Global Positioning System，GPS）技术的成功研制及民用推广，同步相量测量终于解决了广域高精度时钟同步技术难题。1990 年，A.G.Phadke 研制了基于 GPS 时钟的同步相量测量装置，并将其应用于 BPA（Bonneville Power Administration）的两个变电站之间的连线上。同年，法国也研制了基于 GPS 时钟的同步相量测量装置，并将测量电压相量和基于电压相量的控制作为防止法国电网崩溃的措施。从 1993 年开始，A.G.Phadke 连续发表文章推动了相量测量和应用的研究。至此，研究和使用 PMU 加强对大型电力系统的监控的热潮正在全世界各国电力公司和研究机构兴起。

1.1.2 国内发展

我国自 20 世纪 90 年代中期开始进行同步相量测量技术的研究和推广应用。

1994 年，华北电力大学开始启动对相量测量技术的研究，1995 年研制出了基于 GPS 的相量测量装置，于 1996 年 2 月通过专家评审，并获得一致好评。他们还建立了一整套关于相量测量、数据传送方面的理论和方法，并申请了国内和国际专利。

1994 年，中国电力科学研究院与台湾欧华科技公司合作开发了基于同步相量测量的电力系统稳定监录系统，它主要用于监测系统主要断面的功角稳定运行情况，观测线路上出现的低频功率振荡现象以及记录系统受扰动后各监测点的动态过程。该系统在国内推广应用较早，先后在南方电网、西北电网、华东电网、国调中心、福建电网、四川电网、河北电网投入运行，积累了丰富的实际运行经验，该系统监测并记录了华东电网、南方电网等多次低频振荡现象，为研究系统运行特性提供了宝贵的系统动态过程运行数据。2003 年，基于该系统的"华东电网功角监测技术及应用研究"项目获上海市科技进步二等奖。

1996 年清华大学用 PMU 进行了动模实验研究，理想情况下测量误差为 0.1°，考虑了其他因素影响后，测量误差小于 1°。在黑龙江实现了相量测量和相邻点之间的相角观测。

1997 年开始东北电网 WAMS 一期工程陆续安装了 21 台 PMU 装置，对 500kV 电网进行实时监测，该 WAMS 系统采用 2Mbit/s 的光纤网进行通信，相量数据流每秒上传 50 次，可以保存 30 天的测量数据。

1998 年开始国家电网公司国调中心陆续在阳城–江苏、福建–华东、华北–西北联络线上安装了实时功角监测装置，初步构架起了一个基于大区联网系统的功角监测系统。

自 2000 年以后，我国 WAMS 主站建设逐步进入了快速发展期。华东电网于 2001 年完成了 WAMS 系统一期工程，采集 8 个厂站的相量数据；2004 年初投运的华北电网实时动态监测系统包括 1 个主站、6 个子站，子站至主站实时数据传输频率达到 100Hz，为国际最快水平。其他区域调度以及省级调度逐步启动了各自 WAMS 主站的建设。

1.1.3 装备制造及应用

国内主要电力系统装备制造厂家早在 20 世纪 90 年代中期开始就已通过技术引进、合作开发等方式启动了 PMU 装置的研发及样机制造，并通过装置样机的试点应用积累了丰富的工程经验。自 2002 年起，一大批具备自主知识产权的成熟商业级 PMU 装置及 WAMS 主站系统先后研发成功并快速应用于实时动态监测系统的建设中。

北京四方继保自动化股份有限公司于 2002 年初研制成功 CSS−200 实时动态监测系统，该系统是我国第一套具备完全自主知识产权的广域相量测量系统，在我国电力系统中被广泛使用，其中包括三峡工程及特高压变电站等国家级重点工程。该系统于 2003 年获中国电力科技进步二等奖。

国电南瑞科技股份有限公司于 2003 年研制出了 SMU−1 型 PMU 装置，并在华东电网、华北电网、华中电网等电网安装。所研发的"华东电网广域监测分析保护控制系统（Wide Area Monitoring Analysis Protection-control，WAMAP）"于 2002 年 11 月开始进行设计研究和前期准备工作，一期功能于 2005 年 11 月成功投运，二期功能于 2006 年 12 月通过现场验收。二期功能的顺利投运标志着电网调度运行决策从预案型到预警型的提升。该系统在国际上首次提出了综合应用稳态、动态和暂态数据组成的 WAMAP 系统的概念和总体方案，建立了广域信息的集成数据平台，初步构建了现代电力系统安全稳定协调防御体系。

2004 年初，中国电力科学研究院研发出了新一代具有自主知识产权的 PAC−2000 电力系统相量测量装置及 PSWAMS−2000 实时动态监测系统主站，该系统于 2004 年在东北电网投入运行，并陆续在西北电网、南方电网、辽宁电网等电网推广应用。

2009 年，南京南瑞继保电气有限公司首次研发出自主知识产权的 PCS−996 系列同步相量测量装置以及 PCS−9000 系列广域相量测量系统主站，分别于 2009 年和 2012 年在东北电网和南方电网投运。

1.1.4 标准制定及发展

随着广域测量技术的发展，IEEE 电力系统继电保护和控制委员会设立了一个专门委员会，于 1995 年率先起草了 IEEE 1344 标准（IEEE Standard for Synchrophasors for Power Systems），为同步相量测量技术的各项细节如同步相量算法、通信接口的规则、推荐的标准和可能的应用提供了标准依据。2001 年，IEEE 颁布了电力系统同步相量标准 IEEE Std 1344—1995（R2001），对同步相量的定义、同步时钟选择、时标定义和数据传输格式等基本内容做出了规定。2006 年 3 月，IEEE 正式颁布了同步相量新标准 IEEE Std C37.118—2005，将旧标准取代，该标准对同步相量给出了更明确的定义，对数据格式进行了改进，并提出了综合矢量误差（Total Vector Error，TVE）的概念。2011 年，IEEE 正式发布了 IEEE Std C37.118.1—2011 和 IEEE Std C37.118.2—2011 标准。IEEE Std C37.118.1 将同步相量测量装置分为 P 类和 M 类，P 类适用于保护等需要快速响应的应用，对响应时间的要求高，对精度的要求相对低；M 类适用于不要求快速响应的应用，一般需要加装高阶滤波器，但要求不受频率混叠的影响，对测量的准确性要求高。相量数据的报文格式及传输要求则由 IEEE Std C37.118.2 进行规范。

伴随着国内 WAMS 的建设发展，与之配套的技术标准及检测标准也经历了从无到有、多次修订的历程。为了解决国内早期同步相量测量设备通信率低、测量性能低、中心站功能弱、没有统一标准的问题，国家电网公司国调中心于 2002 年起起草并于次年初发布了《电力系统实时动态监测系统技术规范（试行版）》。2006 年，经修订后的《Q/GDW 131—2006 电力系统实时动态监测系统技术规范》正式颁布实施。随后《GB/T 26862—2011 电力系统同步相量测量装置检测规范》、《GB/T 26865.2—2011 电力系统实时动态监测系统　第 2 部分：数据传输协议》、《DL/T 280—2012 电力系统同步相量测量装置通用技术条件》等主要技术标准相继发布，为我国的同步相量测量技术发展应用提供了技术标准支持。与此同时，部分区域电网管理部门还结合自身运维管理工程实际情况发布了 PMU 子站、WAMS 主站运维管理技术规范。

1.2 国内外相量测量技术应用现状

1.2.1 国际应用现状

在国际上，相量测量技术在北美、欧洲、俄罗斯、印度、南美、中美、日韩等地区和国家得到了广泛应用。

北美地区 2009 年仅有 200 台左右用于科研试验等级的 PMU，受益于 2009 年美国恢复及重投资法令授权（The American Recovery and Reinvestment Act of 2009），如今近 1700 台商用的 PMU 装置安装在美国和加拿大的电力系统中，数据上送及可视化程度近 100%，PDC 所采集的同步相量数据已经有了很广泛的共享基础。2014 年 6 月 30 日美国国家能源局发布的《美国恢复法令智能电网同步相量项目现状》说明了各电网运营区域 PMU 的应用情况。WAMS 应用主要划分为两类：在线实时应用和离线研究应用。其中在线实时应用主要集中在广域识别及可视化、系统低频振荡、孤岛运行及一般故障情况的辨识，故障事件的管理、预警及恢复，功角、频率、电压稳定监测方面。而离线研究应用主要在状态估计辅助建模和事故后的分析上。美国西部电力协调委员会（Western Electricity Coordinating Council，WECC）充分利用了 WAMS 系统，项目涉及以上所有应用，除已进入开发测试阶段的系统振荡识别项目，其余均已正式投运或试点运行。从电网运营企业投资项目的分布来看，WAMS 在功角及电压稳定的监测、广域识别及可视化方面的应用是当下的热点。

在欧洲中部的欧洲大陆同步电网（Union for the Coordination of Transmission of Electricity，UCTE）高度互联，包含了多个正在投运的 WAMS，其同步相量测量设备主要的共同特征包括：数据测量的高分辨率、测量电压和电流的高精度、精确同步时钟和测量文件时长可达数分钟。这些系统主要用于验证动态模型和事故分析，其他应用功能包括：频率监视、电压相角差监视、线路热极限监视、基于在线 P–V 曲线的电压稳定监视等，此外，PMU 装置准确度评估、基于小波分析的区间振荡弱阻尼实时监视与告警、基于广域测量的解列控制与控制系统和防御系统的接口等技术也在深入研究和开发中。

在北欧国家中，同步相量测量技术得到了越来越多的重视。初期，芬兰和挪威为了解决其电网互联所引发的机电扰动问题部署了数个 PMU 装置。随后由于 Olkiluto 核电站同瑞典高压直流输电（High-Voltage Direct Current，HVDC）互联项目的推动，在芬兰安装了为数众多的 PMU 装置，主要用于扰动的监测和低频振荡的辨识。未来方向是利用 PMU 量测实现 HVDC 阻尼控制，负荷变化情况、发电机组及风电厂的动态行为的监测。挪威从 2000 年开始了一系列的 PMU 相关项目，并积累了在 PMU 安装、通信、数据存储及分析方面的经验，其 PMU 数据与 SCADA（Supervisory Control and Data Acquisition）系统相整合，并基于 LabVIEW 开发了一套可视化工具用于数字故障记录。在丹麦由电网运营商 Energinet.dk 所投运的 PMU 主要用于监测德国的交流互联线路，其中还包括发电机组和输电线路温度的监控等。瑞典电网在网络升级过程中逐步增加 PMU 的数量，主要是同已有 SCADA 平台相结合，通过 PDC 主要实现扰动分析、低频振荡实时监测和提升系统状态估计等应用。

俄罗斯实现了 14 个国家的电网同步互联，形成了地理上横跨 8 个时区的大型互联电网，其电网管理组织 IPS/UPS 的 WAMS 主要用于系统性能监测与分析。系统参考动态模型的校核（RDM）也是同步相量技术的重要应用之一，UPS 系统运行方制定了一套校验方法，包括扰动识别、扰动仿真、结果比较和参数调整等步骤，并每年进行 4～6 次校验工作。

印度电网的装机容量在广大地域上快速增长，随着印度电网在地域上的不断扩张，对获悉电力系统动态信息有了更高的要求，特别是在 2012 年印度大停电之后。为此，印度电网公司开展了包括 WAMS、补救行动方案（RAS）、系统完整性保护方案（SIPS）等的智能电网的开发和研究，分为三个阶段：第一阶段在各区域关键母线上安装 PMU 装置，主要用于线下模型的修正，尤其是大型机组励磁和调速器的特征，其次就是基于 PMU 数据的全网状态估计的研究。第二阶段是通过合适位置的判断，将更多的 PMU 安装到不同母线上，通过 PDC 收集上送数据用于网络中低频振荡的辨识。第三阶段将 RAS 和 SPIS 系统用于系统安稳控制。其投运系统应用已涉及：故障探测、归类及分析，低频振荡，孤岛运行的判断及复位，基于同步相量数据的动态模型校核，电力系统稳定器（Power System Stabilizer，PSS）试验的可视化，自然灾害的监视等。

在南美、中美国家中，巴西独立电网运行方全国电力调度中心（ONS）自 2000年后期就已经投运了两套 WAMS 相关的项目，旨在构建一个大型同步相量测量系统（SPMS），主要用于这些应用：相量测量系统的部署、基于同步相量测量数据的在线实时运行决策。前者的初衷是通过同步相量测量系统对国家互联系统（INS）的系统动态进行记录，并在未来向可能的应用延伸。后者的主要核心是拓展初始的 SPMS 测量系统，用于控制中心的实时应用，如相量可视化、频率动态预警、状态估计的提升等用于支持实时调度决策。巴西已试点的基于 PMU 的在线运行应用包括：低频振荡监测预警的工具、基于功角差的线路运行压力的监测工具和协助控制孤岛运行的工具。墨西哥的广域测量系统 SIMEFAS 于 2008 年在3 个独立的电网内组件了 6 个区域的 PDC，覆盖了超过 140 台不同厂家生产的PMU 或带有同步相量测量功能的继电保护装置，其关注的重点为基于 WAMS 的自动发电消减方案，并考虑建设 PMU 装置用于监测风电场区域动态。

日本在东北部电网的 3 个主力电厂和 8 个超高压变电站部署了 PMU 装置，采用 64kbit/s 数字通信上送数据，子站每 40ms 计算一次相量，每隔 200ms 上送一次数据，主要用于广域动态行为监视，PSS、静止无功补偿器（SVC）等装置设计性能的验证，以及发电机阻尼测试分析。而在西部 60Hz 电网，建立了一个研究性质的基于低压配网的校园 WAMS（Campus WAMS），包括 8 台东芝公司生产的商业级 PMU 装置，分布于 8 所大学，覆盖了该电网中全部 6 个独立运营的电力公司所辖区域。以每周 96 点计算电压相量，储存间隔为 1/30s，目前主要用于动态分析研究及教育。

从 2002 年起，韩国电力公司开始构建 WAMS，包含了 24 个同步监测点，10Hz数据更新频率，实现了基于单机等值法的在线动态安全评估（Dynamic Security Assessment，DSA），不仅考虑了功角稳定，同时还监测电压稳定性问题，并且具有系统稳定预测以及扰动记录和事后分析功能。此外，广域频率监测网技术在韩国电网的应用研究也已开展。

1.2.2　国内应用现状

在国内，随着基于同步相量测量装置的电力系统广域相量测量系统在技术上的逐渐成熟以及在省级以上电力调度中心的普遍应用，WAMS 目前已经成为我国电力调度自动化系统必要的组成部分。自国内首套 WAMS 工程投运以来，部署在国内的多套 WAMS 主站系统先后监视并完整记录了多次电网扰动过程，为电网调度人员实时呈现了电网的动态变化过程，为分析人员提供了宝贵详实的电网动态过程历史数据。如东北电网在 2004 年 3 月 25 日、2005 年 3 月 29 日进行了人工三相短路试验时，东北 WAMS 记录了大量珍贵准确的测试数据，为仿真分析研究打下了坚实的基础；2008 年 1 月 21 日 3 时 31 分，华中 WAMS 监测记录到 14 个不同区域监测点同时发生的低频振荡，振荡覆盖湖南、湖北和河南三省，振荡频率为 0.42～0.44Hz，振荡功率为 108.7～503MW，振荡持续时间为 15s 左右；2008 年 4 月 21 日 10 时 28 分至 10 时 34 分在南方电网发生低频振荡，电网内各主要送出断面线路上均不同程度出现振荡，振荡事件持续约 6 分 3 秒，振荡频率 0.36～0.38Hz，云南电网内 500kV 罗白双回线最大振荡幅值达 231.9MW，其次大唐红河电厂的 2 号机组振荡幅值达 66.6MW。

2010 年国家电网公司在华中电力调控分中心完成了 WAMS 在智能电网调度控制系统（简称 D5000 系统）的集成，此后，该系统快速推广到其他省级及以上调度中心，标志着中国的 WAMS 建设重点从专用独立系统向一体化应用系统的转换。

与国外相比，国内在 WAMS 应用上具有以下优势和特点：

（1）PMU 布点数量多、监测范围广。至 2017 年 10 月已有 3900 个厂站安装了 PMU，包括了 500kV 及以上变电站、220kV 重要变电站、主力发电厂和新能源并网汇集站。

（2）WAMS 主站数目多、规模大。目前已有 39 个省级及以上调度中心建设了 WAMS 主站，采集了相应厂站线路、主变压器高压侧或发电机机端量测。

（3）PMU 子站与 WAMS 主站通过双平面电力调度数据专网进行通信，实时数据传输速率支持 25 帧/s、50 帧/s、100 帧/s 等速率，WAMS 主站可以在线动态改变 PMU 子站实时数据的上送速率。

（4）部分重要厂站的 PMU 子站已实现双 PDC 配置，具备了数据通信、数据存储等冗余功能，运行可靠性大大提升。

（5）绝大部分厂站的 PMU 子站均采用具备北斗/GPS 双模输入的全站统一时钟装置进行对时，具备锁星情况下的高精度同步及失星情况下的高精度守时性能。

（6）应用于发电厂的 PMU 装置均具备利用键相信号进行发电机内电势和功角直接测量的能力。

（7）首先将 WAMS 应用于发电机一次调频、自动发电、励磁系统等控制系统的性能评估，并实现了大规模的成功应用。

（8）首先在工程上实现了 WAMS 主站系统之间的互联共享，提出并实现了

WAMS 主站间的协同低频振荡分析和故障分析。

（9）首先工程实施了利用 WAMS 的基于高压直流输电的低频振荡阻尼控制和基于广域 PSS 的低频振荡阻尼控制。

（10）具有完整的 WAMS 主站、PMU 子站配套技术标准、检测标准。

经过近几十年的发展，国内 WAMS 已经开发了很多基于 PMU 数据的高级应用，典型的高级应用功能包括以下几类：

（1）基本监视类应用：对电网动态过程进行曲线、图表等数据监视；验证动态仿真计算结果。

（2）安全稳定分析类应用：在线低频振荡监视与分析；小幅度功率振荡统计；在线扰动识别，包括短路、开路、机组跳闸、解列、并列、直流闭锁、换相失败等扰动；电压稳定在线监视；暂态稳定在线监视；多 WAMS 联合低频振荡分析和联合故障分析；基于数据挖掘技术的电网隐患发现。

（3）辨识类应用：并网机组涉网参数和响应特性评价；风电场并网指标和动态性能监视；线路参数在线辨识；变压器参数在线辨识；发电机参数在线辨识；负荷参数在线辨识；外网在线等值；结合 PMU 数据的状态估计。

总体来说，基于 WAMS 的电网动态过程监视、对仿真分析计算的验证、低频振荡监视、机组并网特性评估、扰动识别等应用已在电网中得到了普遍应用。但是，基于 WAMS 的暂态稳定、电压稳定、设备参数识别等功能的效果还没有达到预定期望，在 WAMS 的工程实践过程中也面临了一些新的问题，如基于 WAMS 的强迫振荡检测和控制问题、PMU 在电磁暂态分析中的局限性问题、现有 WAMS 高级应用范围的局限性问题、海量 PMU 数据对通信和存储资源的占用问题、WAMS 防卫星时钟欺骗问题等。

1.3 时间同步与授时技术

美国从 20 世纪 60 年代开始进行空中定位研究，1974 年基于 GPS 概念的全球定位系统开始正式研制，又叫导航卫星测时和测距（Navigation Satellite Timing and Ranging，Navstar），分为民用和军用。1985 年进入民用领域，1993 年此系统正式建成。GPS 系统由空间分布的 24 颗卫星、地面测控站和用户接收机三大部分组成，其中空间部分的 24 颗卫星包括 21 颗工作卫星和 3 颗备用卫星，它可以实时和全天候地为全球任一位置的接收机提供高精度的三维位置、三维速度和时间信息，其时间误差小于 $1\mu s$，对于 50Hz 的工频信号其相位误差不超过 $0.018°$。

中国自行研制的全球卫星导航系统——北斗卫星导航系统（BeiDou Navigation Satellite System，BDS），是继美国全球定位系统（GPS）、俄罗斯格洛纳斯卫星导航系统（GLONASS）之后第三个成熟的卫星导航系统。该系统由空间段、地面段和用户段三部分组成，可在全球范围内全天候、全天时地为各类用户提供高精度、高可靠定位、导航、授时服务，并具备短报文通信能力，已经初步具备区域导航、定位和授时能力，定位精度 10m，测速精度 0.2m/s，授时精度 10ns，用于相量测量装置的时间同步时可获得比 GPS 更高的相位测量精度。

近年来，基于高精度同步对时信号的同步相量测量装置（PMU）在电力系统中进行了广泛的布点，PMU 作为电网调度动态实施数据平台的基础数据源，其数据在低频振荡监测、模型参数校核、状态估计等高级应用中得到了广泛的应用。从 PMU 的三个核心特征（基于标准时钟信号的同步相量测量、失去标准时钟信号的守时能力、PMU 与主站之间能够实时通信并遵循有关通信协议）中不难看出时钟对于 PMU 的重要性，可以说，没有精确的同步时间为 PMU 同步采样作保证，PMU 所测量的数据将变得完全不可信，甚至会使以 PMU 数据作为控制输入的广域控制系统产生误动，从而使电力系统产生严重的系统故障。鉴于同步时钟对 PMU 的重要性，许多电网调度主站平台现已将 PMU 的时钟可用率、通信可用率等作为重要指标纳入了日常考核体系。

目前，标准时间信号获取的主要方式是同步时钟装置采用时钟接收芯片接收具有授时功能的卫星发出的无线对时信号，经过滤波解码，通过硬件电路再编码，通过电缆、光纤等传输介质，给有对时需求的设备进行同步对时。根据应用场合以及系统对时钟的依赖程度的不同，目前同步时钟采用的天文时钟接收方式主要有单北斗、单 GPS、北斗+GPS 等方式。输出方式有光口 IRIG–B 码、电口 IRIG–B 码、秒脉冲+串口报文等方式。

安装于变电站或者发电厂的 PMU 装置均由时间同步装置进行对时。早期 PMU 装置对时采用 PMU 厂家提供的配套专用同步对时装置，随着时间同步技术的发展，近几年来 PMU 装置的对时均采用部署在站内的全站统一对时系统进行对时。

同步时钟输出对时信号异常一般分为时钟消失、时钟失步、时钟抖动、时钟跳跃等。假定 PMU 装置对外部时钟授时信号不做任何处理，这些时钟异常信号都将会对同步相量产生一定程度的影响。实际工程应用中应采用相应的技术手段来消除和避免这些影响。

1.4　本书章节内容安排

本书内容共分为 10 章，本章主要对相量测量技术的发展历程、相量测量技术在国内外应用现状、时间同步与授时技术等进行了介绍。后续各章内容安排如下：

第 2 章对相量测量技术进行了介绍。相量测量技术是 WAMS 系统的基础。

工程实际应用中 PMU 子站上送 WAMS 主站的同步相量采用的是相对于工频信号的旋转相量。同步相量一般采用 DFT 算法获得原始相量，由于 DFT 固有的频谱泄漏和栅栏效应，需进行滤波和补偿处理才能获得高精度的相量。

第 3 章一方面系统性地介绍了广域相量测量系统子站的结构、设备组成、授时同步、功能应用、主–子站信息交互以及工程实施等内容，使读者对广域相量测量系统子站所含设备的硬件构成、应用功能、数据传输、通信协议、工程调试有比较全面的了解。另一方面，比较全面地介绍了广域相量测量系统子站布点优化配置的基本概念、配置原则和优化算法，有助于读者对广域相量测量系统子站布点优化配置相关知识进行深入的了解。

第 4 章对广域相量测量系统主站系统的硬件架构、软件架构进行了介绍，支持一体化平台应用是当前 WAMS 主站的发展趋势。对 WAMS 主站前置通信系统的硬件配置与软件架构进行了说明，针对接入 PMU 子站的规模，WAMS 前置系统需要实现分组集群与负载均衡，介绍了两种接入调度数据网双平面的网络配置方式；同时对 WAMS 主站使用的时间序列数据库、动态信息交换和基本应用功能进行了介绍。

第 5 章对广域相量测量系统中 WAMS 主站与 PMU 子站之间的通信规约、PMU 子站与站内监控之间的通信进行了介绍。WAMS 主站与 PMU 子站之间采用 GB/T 26865.2 协议实现配置文件交换、实时数据传输、离线数据传输等功能；PMU 子站与站内监控之间采用 DL/T 860 进行通信，PMU 和 PDC 分别建模，实现实时数据、状态告警等数据的传输。

第 6 章对电网模型参数辨识进行了介绍。系统辨识即利用被控制系统的输入、输出数据，经计算机数据处理后，估计出系统的数学模型。电力系统中的离线分析计算是生产调度决策的重要手段，而数学模型及参数则是计算的主要依据，但电力系统中传统的数学模型参数往往通过理论计算法或实测法获取，受运行环境及工况影响，实际参数与理论值有较大差异。WAMS 提供了带绝对时标的相量数据，监测范围不受空间限制，在此基础上可方便地实现线路、变压器、发电机、励磁系统、负荷等电力元件参数在线辨识。本章就电力系统元件参数辨识模型及方法做出论述，包括交流输电线路正序、单回零序、双回零序、多回零序参数模型，双绕组变压器变比、三绕组变比辨识模型，发电机实用模型，综合负荷模型等。

第 7 章对电网动态安全评估进行了介绍。广域相量测量系统越来越广泛的应用为电力系统暂态过程的分析提供了更加全面和精确的数据支持，可以实时获取电力系统中各节点的电气量，且比数值仿真方法得到的更加准确和真实。许多计算和分析系统暂态稳定性的新方法也随之出现，应用最为广泛的是基于系统受扰的轨迹的特性来分析系统稳定性这类方法，因为相比于积分法获取的电气量轨迹，实时采集的轨迹包含了系统更多的动态特性，更能反映系统的真实情况，据此所得的分析结果更加准确。除此之外，传统电力系统暂态稳定的分析方法也随着 WAMS 的发展有所改进，提升了方法的鲁棒性和适应性。在此基础上进行的电网的动态安全评估，所获得的评估结果也将更加可信和可靠。

第 8 章对广域相量测量系统主站现已实现工程实用化的高级应用功能进行了介绍。本章详细描述了基于广域测量技术的低频振荡监视、在线扰动识别、基于 PMU 的混合状态估计、风电场监控、配电网故障定位功能。广域测量系统能实时测量不同地点的状态信息，为在线辨识电力系统低频振荡提供了有利条件，使低频振荡在线分析与预警成为可能；在线扰动识别功能基于 WAMS 量测数据，以具有特定变化规律的电气量作为模式特征，采用数据形态识别的方法对电网出现的短路跳闸、故障切机、直流闭锁等扰动事件进行类型识别；在潮流方程估计模型基础上添加 PMU 量测量进行混合量测状态估计模型，增强了系统的鲁棒性，提高状态估计的精度，具备较高的工程实用价值；基于 PMU 的广域测量系统使得调度部门具有了对风电场动态运行行为进行在线监测的能力，可以实现对风电场入网性能指标的在线检测，监督风电场在日常运行中遵守入网要求，从而有利于维护全网的安全稳定运行；广域相量测量应用于配电网时，形成了配电网广域相量测量，将为配电网线路故障在线定位提供极大方便，通过获取配电网的电压、电流相量，采用阻抗法、零序电流相位法，同时综合整个配电网定位信息，可实现配电网故障点的定位。

第 9 章对基于 PMU 数据的广域后备保护与控制进行了介绍。相较于传统的继电保护装置，广域后备保护在系统发生故障时能准确判断故障的位置，比传统后备保护动作时间短并且有更好的选择性，同时也大大简化了整定配合工作。基于广域 PSS 的阻尼控制为抑制区间的低频振荡提供了方法，将广域阻尼控制与自适应控制的结合，利用 WAMS 实时采集的对主导区间振荡模式有强可观性的广域信息作为反馈量，并在对该模式有强可控性的发电机励磁端施加闭环控制，从而达到抑制区间低频振荡的目的。PMU 技术的发展亦对电力系统的安全稳定控制带来革命性的变革，以在线轨迹分析为基础的电力系统安全稳定控制理论是这场未来变革的理论基础。进一步，综合利用 WAMS 和 SCADA 数据，对全网主要风电机组进行统一控制的广域风电控制是近年来风电利用的新趋势。此外，开展基于 WAMS 的柔性交流输电系统（Flexible AC Transmission Systems，FACTS）协调控制是未来 FACTS 发展的主要趋势和热点之一。

第 10 章结合国内通行测试方案与检测规范，针对 WAMS 主站功能测试、子站功能测试、通信协议测试，提出完整的实验室及现场测试方案与评价方法，提出合理静、动态误差评估方法并将理论研究应用于实际 PMU 产品测试。结合实际的测试案例，使读者了解到电力系统同步相量测量系统各部分的检测方法及需要关注的测试重点、难点，为开展电力系统同步相量测量系统的检测提供指导意见，为 WAMS 系统的安全稳定运行提供重要支持。

1.5 小结

本章对相量测量技术的发展历程、国内外相量测量技术应用现状等进行了介绍，并对本书的章节内容安排进行了简述。

通过我国近二十年来的工程实践证明，广域相量测量系统为电网调度、运方人员实时监测系统运行状态提供了技术手段，为保障电网的安全稳定运行与实时监控提供了技术支撑，取得了较好的社会效益和经济效益。伴随着 PMU 技术及其工程应用的不断发展，更多基于 PMU 量测信息的新应用不断成为新的研究热点，相信在未来，还会有更多的制造厂家、科研机构、高校投入到相关技术研究及装备研发制造中。

参考文献

［1］NASPI. NASPI Synchrophasor Technology Fact Sheet［R］. October 2014.

［2］C.W.G.C4.601. Wide Area Monitoring and Control for Transmission Capability Enhancement［R］. CIGRE，2007.

［3］U.S Department of Energy. PMUs and Synchrophasor Data Flows in North America［R］. October，2014.

［4］U.S Department of Energy. Synchrophasor Technologies and their Development in the Recovery Act Smart Grid Programs［R］. August 2013.

［5］PHADKE A G. Synchronized Phasor Measurements in Power Systems［J］. Computer Applications in Power，IEEE，1993，6（2）：10–15.

［6］A. Phadke. The Wide World of Wide-Area Measurements［J］. IEEE Power and Energy Magazine，September/October 2008，2（4）：52–65.

［7］POSOCO. Synchrophasor Initiative in India［R］. December 2013.

［8］E. Martine. Wide Area Measurement and Control System in Mexico［C］. DRPT2008：2008，Nanjing，China：156–161.

［9］E. Martine. SIMEFAS：A Phasor Measurement System for the Security and Integrity of Mexico's Electric Power System［C］. Power and Energy Society General Meeting，IEEE/PES，2008：2008，Pittsburgh，PA：1–7.

［10］段刚，严亚勤，谢晓冬，等. 广域相量测量技术发展现状与展望［J］. 电力系统自动化，2015，39（1）：73–80.

［11］党杰，董明齐，李勇，等. 基于 WAMS 录波数据的华中电网低频振荡事件仿真复现分析

[J]. 电力科学与工程，2012，28（4）：19–23.

[12] 苏寅生. 南方电网今年来的功率振荡事件分析 [J]. 南方电网技术，2013，7（1）：54–57.

[13] 宋晓娜，毕天姝，吴京涛，等. 基于 WAMS 的电网扰动识别方法 [J]. 电力系统自动化，2006，30（5）：24–28.

[14] 常乃超，兰洲，甘德强，等. 广域测量系统在电力系统分析及控制中的应用综述 [J]. 电网技术，2005，29（10）：46–52.

第2章

相量测量技术

相量测量技术的发展得益于成熟的卫星授时技术。对于广域电力系统，相量测量技术能够使异地的电力信号在同一参考坐标系下进行对比分析。电力信号并不完全是基波信号，而是由多个频率成分的信号混合而成。对基波信号测量相量过程中，将会涉及防混叠和防泄漏技术。同时，相量补偿技术作为提高相量测量精度的一种手段，在实际中也被广泛应用。本章主要介绍了在电力系统中使用的相量常用算法及精度补偿方法。

2.1 相量概念及表示方法

2.1.1 相量

相量是用以表示正弦量大小和相位的矢量。当频率一定时，相量唯一地表征了正弦量。根据欧拉公式，一个随时间按正弦规律变化的电压和电流，可以用一个复数来表示，这个复数就是相量。已知正弦电压电流的瞬时值表达式，可以得到相应的电压电流相量。反过来，已知电压电流相量，也能够写出正弦电压电流的瞬时值表达式。在一定频率下，相量和瞬时正弦电压电流存在一一对应的关系。

2.1.2 相量表示方法

交流电力系统的电压、电流信号可以使用相量表示，相量由两部分组成，在极坐标系下为幅值 X（有效值）和相角 ϕ，在直角坐标系下则为实部和虚部。相量测量必须同时测量幅值和相角。幅值的大小相对而言较为容易测量；而相角的大小取决于时间参考点，同一个信号在不同的时间参考点下，其相角值是不同的。因此，在进行广域范围内的相量测量时，必须有一个广域范围内统一的时间参考点，如高精度的北斗/GPS 卫星同步时钟。任意两个相量在统一时间参考点下测得的两个相角的"差"即为两地功角，这就是相量测量的基本原理。

相量表示方法有两种：以工频信号为参考的旋转相量表示法和绝对相量表示法。采用旋转相量表示法时，如果频率固定为工频（在中国为 50Hz）则相量固定不变，否则相量将发生旋转。采用绝对相量表示法时，参考函数为余弦函数，即函数最大值出现在秒脉冲（1PPS）时刻，如果相量数据的发送间隔不是工频周期的整数倍（如 5ms、25ms），则此时相量的角度会发生跳变，跳变大小取决于发送间隔。为方便主站数据处理，子站送到主站的相量一般采用旋转相量表示，即系统频率偏离 50Hz 时，相量将发生旋转。采用递推 DFT 计算得出的相量为旋转相量。当相量幅值不变时，旋转相量的相位与模拟信号的频率符合式（2−1）的关系：

$$\frac{\mathrm{d}\varphi}{\mathrm{d}t} = 2\pi(f - f_0), \quad f_0 = 50\text{Hz} \tag{2−1}$$

即模拟信号的频率等于 50Hz 时，相量的角度不变；当模拟信号的频率大于 50Hz 时，相量相对于参考相量加速旋转，角度逐渐增大，当模拟信号的频率小于 50Hz 时，相量相对于参考相量减速旋转，角度逐渐减小。

在额定频率 f_0 下，设正弦信号：

$$x(t) = \sqrt{2}X\cos(2\pi f_0 t + \phi) \tag{2−2}$$

对应的相量可表示为：

$$\overline{X} = X\mathrm{e}^{\mathrm{j}\phi} \tag{2−3}$$

$$\overline{X} = X\cos\phi + \mathrm{j}X\sin\phi = X_\text{R} + \mathrm{j}X_\text{I} \tag{2−4}$$

正弦信号的相量表示如图 2−1 所示。

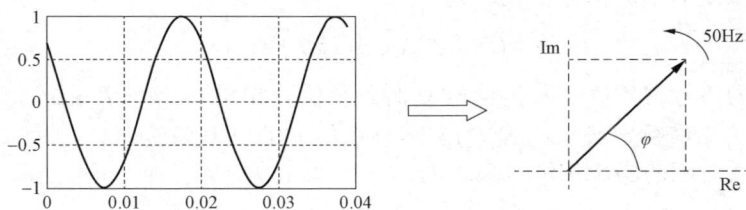

图 2−1　正弦信号的相量表示

2.1.3　同步相量

在进行相量测量时，必须有一个统一的时间参考点，比如北斗/GPS 卫星同步时钟，这样测出来的相量角度在广域范围内对比时才有意义。以协调世界时间或世界标准时间（UTC）为基准进行同步采样并转换而得的相量称为同步相量。电网同步相量之间的相角关系反映了电网相应交流电气量的实际相角关系。

同步相量测量利用高精度的北斗/GPS 卫星同步时钟实现对电网母线电压和线路电流相量的同步测量，通过通信系统传送到电网的控制中心或保护、控制器中，用于实现全网运行监测控制或实现区域保护和控制。

根据 IEEE C37.118 的规定，在额定频率下模拟信号 $v(t) = \sqrt{2}V\cos(\omega_0 t + \varphi)$ 对应的同步相量形式为 $V\angle\varphi$。当 $v(t)$ 的最大值出现在秒脉冲时，同步相量的角度为 $0°$，当 $v(t)$ 正向过零点与秒脉冲同步时同步相量的角度为$-90°$，如图 2−2 所示。

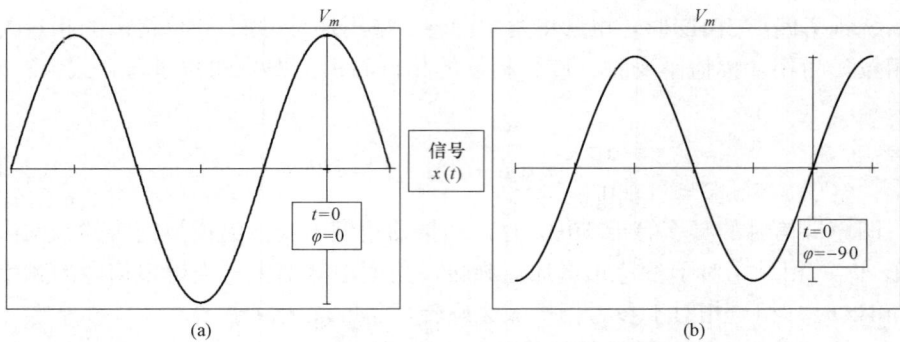

图 2-2　波形信号与同步相量之间的转换关系

(a) 0°；(b) -90°

同步相量与普通相量的区别是：同步相量以标准的时间信号为基准，广域电网内的异地同步相量可以在同一时间坐标系下直接比较相角。

2.1.4　同步相量表示方法

（1）稳态条件下的同步相量。

电力系统的基波信号可表示为：

$$x(t) = \sqrt{2}X\cos(2\pi ft + \varphi_0) \tag{2-5}$$

式中：X 为信号有效值；φ_0 为信号 0 时刻相位（相角）；$f = f_0 + \Delta f$ 为信号实际频率；f_0 为系统额定频率；Δf 为实际频率与 f_0 的频率偏差。

则信号 $x(t)$ 对应的同步相量可表达为：

$$\overline{X} = Xe^{j(2\pi\Delta ft + \varphi_0)} \tag{2-6}$$

对信号 $x(t)$ 按等时间间隔连续采样，每个工频周期采样 N 点，采样时间间隔固定为：$\Delta T = 1/f_0 N$，如果采用递归 DFT 算法，则得到其同步相量计算公式为：

$$\hat{X}_r = \hat{X}_{r-1} + \frac{\sqrt{2}}{N}[x_r(N-1) - x_{r-1}(0)]e^{-j\frac{2\pi}{N}(r-1)} \tag{2-7}$$

式中：$r = 1, 2, \cdots$；$k = 0, 1, 2, \cdots N-1$。

（2）动态条件下的同步相量。

PMU 的动态跟踪能力是其区别于传统的 SCADA 系统的主要优势之一，因此 PMU 动态量测性能更应该得到关注。在动态条件下，信号的幅值、相角及频率都是变化的，幅值振荡、相角振荡是典型的动态过程。动态条件下的同步相量可以表示为以下几种：

1）幅值调制时的同步相量表示。

幅值调制时输入信号为：

$$x(t) = \sqrt{2}[X + X_d\cos(2\pi f_a t + \varphi_a)]\cos[2\pi(f_0 + \Delta f)t + \varphi_0] \tag{2-8}$$

式中：X_d 为幅值调制深度；f_0 为基波频率；Δf 为实际频率 f 与 f_0 的频率偏差；f_a 为调制频率；φ_a 为调制部分初相角。

幅值调制测试中相量幅值以一定频率按正弦变化，而相角、频率及频率变化率保持不变，此时要求 PMU 有精确的相量量测精度及快速的响应速度，才能够跟踪并反映出系统的振荡现象。因此，幅值调制测试中着重关注相量幅值量测误差。在上述幅值调制情况下，同步相量的真实值为：

$$\overline{X} = [X + X_d \cos(2\pi f_a t + \varphi_a)]\mathrm{e}^{\mathrm{j}(2\pi\Delta ft + \varphi_0)} \tag{2-9}$$

2）相角调制时的同步相量表示。

相角调制时输入信号为：

$$x(t) = \sqrt{2}X \cos[2\pi(f_0 + \Delta f)t + X_k \cos(2\pi f_a t + \varphi_a) + \varphi_0] \tag{2-10}$$

式中：X_k 为相角调制深度；f_0 为基波频率；$\Delta f = f - f_0$ 为实际频率 f 与 f_0 的频率偏差；f_a 为调制频率；φ_a 为调制部分初相角。

相角调制测试中，相量幅值不变，相角因频率的波动而发生非线性变化，同步相量的真实值为：

$$\overline{X} = X\mathrm{e}^{\mathrm{j}[2\pi\Delta ft + X_k \cos(2\pi f_a t + \varphi_a) + \varphi_0]} \tag{2-11}$$

信号的频率及频率变化率也在变化，频率及频率变化率真实值分别为：

$$f' = f - X_k \sin(2\pi f_a t)f_a \tag{2-12}$$

$$\mathrm{d}f = -X_k f_a \cos(2\pi f_a t)2\pi f_a \tag{2-13}$$

3）幅值相角同时调制时的同步相量表示。

当幅值相角同时调制时，输入信号为：

$$x(t) = \sqrt{2}[X + X_d \cos(2\pi f_a t + \varphi_a)]\cos[2\pi ft + X_k \cos(2\pi f_a t + \varphi_a) + \varphi_0] \tag{2-14}$$

则此时，同步相量可以表示为：

$$\overline{X} = [X + X_d \cos(2\pi f_a t + \varphi_a)]\mathrm{e}^{\mathrm{j}[2\pi\Delta ft + X_k \cos(2\pi f_a t + \varphi_a) + \varphi_0]} \tag{2-15}$$

4）频率斜坡测试时的同步相量表示。

频率斜坡测试模拟电力系统失步过程。当输入信号为频率斜坡信号时，假设此时信号为：

$$x(t) = \sqrt{2}X \cos\left(2\pi ft + \pi\frac{\mathrm{d}f}{\mathrm{d}t}t^2 + \varphi_0\right) \tag{2-16}$$

则同步相量可以表示为：

$$\overline{X} = X\mathrm{e}^{\mathrm{j}\left(2\pi\Delta ft + \pi\frac{\mathrm{d}f}{\mathrm{d}t}t^2 + \varphi_0\right)} \tag{2-17}$$

（3）同步相量时标选择。

为保证同步相量数据时标的一致性，一般规定同步相量的时标对应于采样数据窗第一点的时刻，其角度对应于此采样数据窗第一点的角度。但如果考虑 DFT 计算的平均化效应，时标打在中间时，相量测量结果误差最小。

1）当系统信号处于稳态时，输入信号 $x(t)$ 是标准正弦波。假设稳态输入信号为：

$$x(t) = X_\mathrm{m} \cos(2\pi f t + \phi) \qquad\qquad (2-18)$$

式中：X_m 为信号幅值；f 为信号频率；ϕ 为初始相角。假设在 0～60ms 时间段内 X_m 不变，f =51.11Hz，ϕ=0，其对应的相量为 X。则相量角度的真实变化趋势如图 2-3 所示。

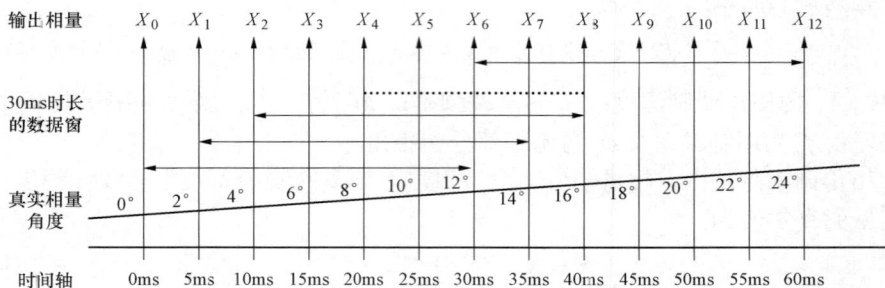

图 2-3　稳态时相量角度变化趋势

假设 PMU 以 10kHz 采样率对输入信号进行采样，而 PMU 计算相量的数据窗长度取为 30ms（采样速率为 10kHz 时每个窗口实际长度应为 29.9ms，图中首个计算输出窗为 0～29.9ms）。PMU 计算后直接得到的应该是数据窗中某一时刻对应的相量角度，考虑到在一个数据窗内，余弦信号频率保持恒定，故 PMU 可利用线性插值方法获得数据窗中任意时刻的相量角度。在输出数据时，PMU 应根据输出数据的时标，选取对应时刻的相量角度，确保二者严格对应。不论相量输出时标对应计算数据窗的哪一点，上述原则都必须要遵守。

比如 PMU 利用 0～30ms 的数据窗可得到相量值 X_0、X_1、…、X_5，相量时标分别对应 0、5、…、25ms；如果要求采用数据窗首点的时标，则 PMU 将时标 0ms 的 X_0 输出；如果要求采用数据窗中点的时标，则 PMU 将时标为 15ms 的 X_3 输出；依此类推。

因此，在稳态情况下，只要输入信号是标准正弦波，相量时标取数据窗的任意一点均不会影响相量测量精度；但是在数据窗长度一定的情况下，不同的时标选取方法可能会影响同一时标数据输出的绝对时间。

2）当系统信号处于暂态过程时，输入信号 $x(t)$ 在某些时间段内已经不是标准正弦波。假设在 0～60ms 时间段内 X_m 维持不变，f=51.11Hz，ϕ=0，在 29.95ms 时，信号的相角突变 10°，$x(t)$ 对应相量 X 的角度真实变化趋势如图 2-4 所示。

其中，虚线为相角真实值，实线为相角计算值。

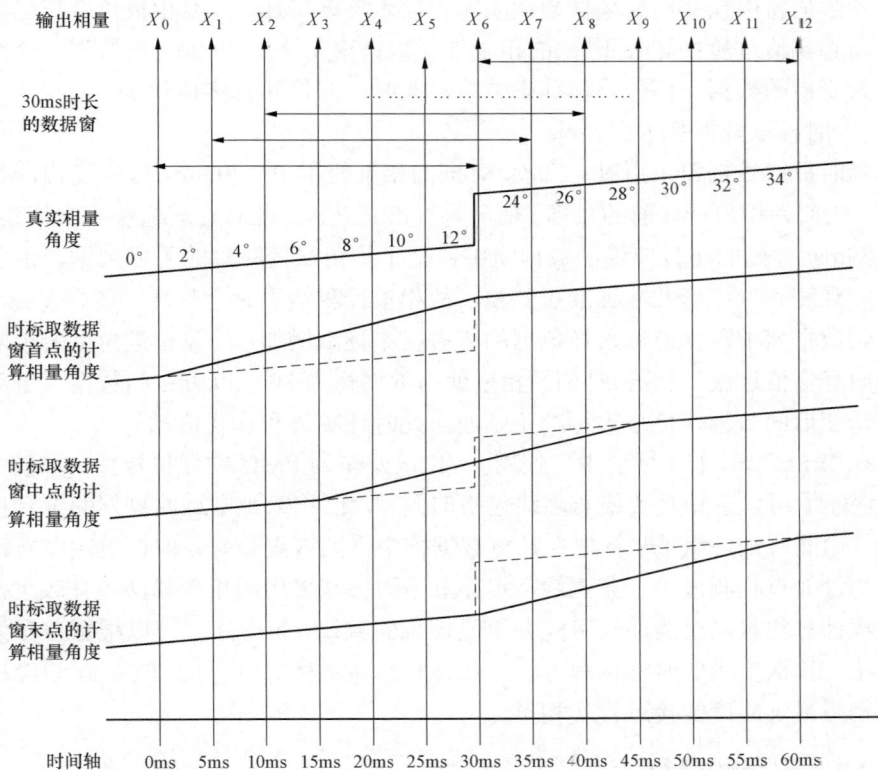

输出相量 X_0 X_1 X_2 X_3 X_4 X_5 X_6 X_7 X_8 X_9 X_{10} X_{11} X_{12}

30ms时长
的数据窗

真实相量
角度   0° 2° 4° 6° 8° 10° 12° 24° 26° 28° 30° 32° 34°

时标取数据
窗首点的计
算相量角度

时标取数据
窗中点的计
算相量角度

时标取数据
窗末点的计
算相量角度

时间轴   0ms 5ms 10ms 15ms 20ms 25ms 30ms 35ms 40ms 45ms 50ms 55ms 60ms

图 2-4   暂态时相量角度变化趋势

在暂态过程中，相量时标的取法将对相量计算结果产生影响。

① 时标取数据窗首点。

当时标取数据窗首点时，0ms 时刻的相量使用 0～29.9ms 数据窗内的数据计算，不包括相角跃变时刻的数据，此时计算值和真实值相等；5～25ms 时刻的相量使用的数据窗中包括了相角跃变时刻的采样数据。由于数据窗中观测到的波形并非标准正弦波，故相量计算结果总会与真实值存在偏差。考虑到数据窗中跃变前后采样数据的所占权重逐渐增加，计算相量角度值也应逐步向真实值过渡；30ms 时刻的相量使用数据窗为 30～59.9ms 的数据，全部为相角跃变后的数据，信号为标准正弦波，此时计算值和真实值相等。

② 时标取数据窗中点。

当时标取数据窗中点时，15ms 时刻的相量使用 0～29.9ms 数据窗内的数据计算，全部为相角跃变前的数据，信号为标准正弦波，此时计算值和真实值相等；20～40ms 时刻的相量使用的数据窗中包括了相角跃变时刻的采样数据，由于数据窗中观测到的波形并非标准正弦波，故相量计算结果总会与真实值存在偏差。考虑到数据窗中跃变前后采样数据的所占权重逐渐增加，计算相量角度值也应该逐步向真实值过渡；45ms 时刻的相量使用数据窗为 30～59.9ms 的数据，全部为相角跃变后的数据，信号为标准正弦波，此时计算值和真实值相等。

③ 时标取数据窗末点。

当时标取数据窗末点时，30ms 时刻的相量使用 0～29.9ms 数据窗内的数据计算，全部为相角跃变前的数据，信号为标准正弦波，此时计算值和真实值相等；35～55ms 时刻的相量使用的数据窗中包括了相角跃变时刻的采样数据，由于数据窗中观测到的波形并非标准正弦波，故相量计算结果总会与真实值存在偏差。考虑到数据窗中跃变前后采样数据的所占权重逐渐增加，计算相量角度值也应该逐步向真实值过渡；60ms 时刻的相量使用数据窗为 30～59.9ms 的数据，全部为相角跃变后的数据，信号为标准正弦波，此时计算值和真实值相等。

在 IEEE C37.118 标准中，使用 TVE 误差作为 PMU 的评价指标。在图 2-4 中，误差量可以看作是实线与虚线包络的面积，面积最小则过渡过程的综合误差最小。由此可知，似乎时标取在计算数据窗中点的效果最好。但在上图中将计算相量的过渡过程画成了一条直线，实际上不同厂家采用的相量算法差异较大，暂态过程计算相量的过渡曲线可能并不是理想的直线，每个厂家可以根据自身采用的算法，选取恰当的时标选取方法，最终目标是使暂态过程的 TVE 误差最小，计算相量最大限度的接近真实相量。

2.2 相量测量算法

相量计算的算法很多，如过零检测法、最小二乘法、牛顿法、卡尔曼滤波法及离散傅里叶（DFT）算法等，在这些计算方法中，较为适合在装置中实现的主要是过零检测法和离散傅里叶（DFT）算法两种，但是过零检测法受频率的动态变化影响、谐波分量影响、过零点检测电路一致性等问题将会使测量结果精度下降，因此目前普遍使用的是离散傅里叶（DFT）算法，它可以滤除直流分量和其他整数次谐波分量，同时通过多种手段可以对频率偏移时等多种情况下的误差进行消除，最终获得高精度的测量结果。本节将介绍通过离散傅里叶（DFT）算法进行相量计算的步骤和提高测量精度的方法。

2.2.1 傅里叶级数

如果连续时间信号 $x(t)$ 是周期为 T 的周期函数，即 $x(t)=x(t+kT)$，则它能表示为如下式所示的傅里叶级数：

$$x(t)=\frac{a_0}{2}+\sum_{k=1}^{\infty}\left[a_k\cos\left(\frac{2\pi kt}{T}\right)+b_k\sin\left(\frac{2\pi kt}{T}\right)\right] \quad (2-19)$$

式中：系数 a_k 和 b_k 称为 $x(t)$ 的傅里叶系数，可以表示为如下形式：

$$a_k = \frac{2}{T} \int_{-\frac{T}{2}}^{\frac{T}{2}} x(t) \cos\left(\frac{2\pi kt}{T}\right) \mathrm{d}t (k = 0, 1, 2\ldots) \tag{2-20}$$

$$b_k = \frac{2}{T} \int_{-\frac{T}{2}}^{\frac{T}{2}} x(t) \sin\frac{2\pi kt}{T} \mathrm{d}t (k = 1, 2\cdots) \tag{2-21}$$

以上的傅里叶级数也可以用如下指数函数形式：

$$x(t) = \sum_{k=-\infty}^{\infty} a_k \mathrm{e}^{\frac{\mathrm{j}2\pi kt}{T}} \tag{2-22}$$

式中 a_k 可以表示为如下形式：

$$a_k = \frac{1}{T} \int_{-\frac{T}{2}}^{\frac{T}{2}} x(t) \mathrm{e}^{\frac{-\mathrm{j}2\pi kt}{T}} \mathrm{d}t (k = 0, \pm1, \pm2\cdots) \tag{2-23}$$

2.2.2 傅里叶变换

连续时间信号 $x(t)$ 的傅里叶变换可以表示为：

$$x(f) = \int_{-\infty}^{+\infty} x(t) \mathrm{e}^{-\mathrm{j}2\pi ft} \mathrm{d}t \tag{2-24}$$

在连续数字信号处理中，上式可以将连续时域信号 $x(t)$ 转换为连续的频域信号 $x(f)$，对应的傅里叶反变换为：

$$x(t) = \int_{-\infty}^{+\infty} x(f) \mathrm{e}^{\mathrm{j}2\pi ft} \mathrm{d}f \tag{2-25}$$

2.2.3 离散傅里叶变换（DFT）

离散傅里叶变换是通过对 $x(t)$ 按 ΔT 等间隔采样，获得 N 个采样点 $x(k\Delta T)$，$k=0$，1，2，$\cdots$，$N-1$，然后对这 N 个采样点进行傅里叶变换，获得 $x(t)$ 对应的频域信息的方法，以上步骤等同于将采样数据与一个矩形"数据窗" $w(t)$ 相乘后再进行傅里叶变换的结果，矩形"数据窗" $w(t)$ 幅值为 1，长度为 $N\Delta T$。

因为对 $x(t)$ 按 ΔT 等间隔采样获得的 $x(k\Delta T)$，$k=0$，1，2，$\cdots$，$N-1$ 可以表示为 $x(t)$ 与单位抽样信号 $\delta(t)$ 移位后相乘再求和，因此 $x(t)$ 的离散傅里叶变换可以表示为：

$$y(t) = x(t)\delta(t)w(t) = \sum_{k=0}^{N-1} x(k\Delta T)\delta(t - k\Delta T) \tag{2-26}$$

对 $y(t)$ 进行傅里叶变换实际上是对 $y(t)$ 在频域上进行采样，形式上为 $y(t)$ 与 $\varphi(t)$ 的卷积，$\varphi(t)$ 在频域上可以表示为式（2–27），其中 T_0 是窗长度。

$$\varphi(f) = \sum_{-\infty}^{\infty} \delta\left(f - \frac{n}{T_0}\right) \tag{2–27}$$

对应的傅里叶反变换为：

$$\varphi(t) = T_0 \sum_{-\infty}^{\infty} \delta(t - nT_0) \tag{2–28}$$

则 $y(t)$ 与 $\varphi(t)$ 的卷积对应的时域函数为：

$$
\begin{aligned}
x'(t) = y(t) * \varphi(t) &= \left[\sum_{k=0}^{N-1} x(k\Delta T)\delta(t - k\Delta T)\right] * \left[T_0 \sum_{-\infty}^{\infty} \delta(t - nT_0)\right] \\
&= T_0 \sum_{-\infty}^{\infty} \sum_{k=0}^{N-1} x(k\Delta T)\delta(t - k\Delta T - nT_0)
\end{aligned} \tag{2–29}
$$

$x'(t)$ 的傅里叶变换为：

$$x'(f) = \sum_{k=-\infty}^{\infty} a_k \delta\left(f - \frac{n}{T_0}\right) \tag{2–30}$$

其中：

$$a_k = \frac{1}{T_0} \int_{-\frac{T_0}{2}}^{T_0 - \frac{T_0}{2}} x'(t) e^{-\frac{j2\pi kt}{T_0}} \, \mathrm{d}t, \qquad k = 0, \pm 1, \pm 2, \cdots \tag{2–31}$$

将式（2–30）代入式（2–31）得到：

$$a_k = \frac{1}{T_0} \int_{-\frac{T_0}{2}}^{T_0 - \frac{T_0}{2}} T_0 \sum_{-\infty}^{\infty} \sum_{k=0}^{N-1} x(k\Delta T)\delta(t - k\Delta T - nT_0) e^{-\frac{j2\pi kt}{T_0}} \, \mathrm{d}t, \, k = 0, \pm 1, \pm 2, \cdots \tag{2–32}$$

最终的离散傅里叶变换（DFT）可以表示为：

$$X'\left(\frac{n}{T_0}\right) = \sum_{k=0}^{N-1} x(k\Delta T) e^{-j\frac{2\pi kn}{N}}, \, k = 0, 1, \cdots, N-1 \tag{2–33}$$

设输入信号采样序列为：

$$x(t) = X_m \cos(2\pi f_0 t + \varphi) \tag{2–34}$$

式中：X_m 为信号幅值；ϕ 为信号相角。

对应于 $x(t)$ 的 N 点采样值为：

$$x(n) = X_m \cos(2\pi f_0 n\Delta T + \varphi), \, n = 0, 1, 2, \cdots, N-1 \tag{2–35}$$

DFT 变换公式为：

$$X(m) = \frac{2}{N} \sum_{k=0}^{N-1} x(k) e^{-j\frac{2\pi mk}{N}}, \, m = 0, 1, \cdots, \frac{N}{2} \qquad (2-36)$$

其中 N 为一周期的采样点数，$X(0)$、$X(1)$、$\cdots$、$X\left(\dfrac{N}{2}\right)$ 分别为直流、基波及 $\dfrac{N}{2}$ 次谐波的分量，在同步相量测量装置中只计算基波相量，因此取 $m=1$ 时计算的基波相量，可以看到信号的直流分量和其他整数次谐波分量都可以滤除，这也是 DFT 变换的固有的滤波特性。在实际应用中 DFT 算法又分为非递归算法和递归算法。

（1）非递归 DFT 算法。

非递归算法是指通过一个采样周期的所有采样点进行 DFT 计算得出基波相量，通过式（2-36）得出基本相量。

（2）递归 DFT 算法。

递归算法是通过上次计算的基波分量和本次的部分采样值来计算新的基波分量，通过非递归 DFT 算法计算的第 $N-1$ 个数据窗和 N 个数据窗计算的基波相量分别可以表示为：

$$X^{N-1} = \frac{\sqrt{2}}{N} \sum_{k=0}^{N-1} x(k) e^{-j\frac{2\pi k}{N}} \qquad (2-37)$$

$$X^{N} = \frac{\sqrt{2}}{N} \sum_{k=0}^{N-1} x(k+1) e^{-j\frac{2\pi k}{N}} \qquad (2-38)$$

以上两个公式中 $x(k)$ 对应相乘的系数是不同的，比如 $x(2)$ 在 x^{N-1} 乘的系数是 $e^{-j\frac{4\pi}{N}}$，在 x^N 乘的系数是 $e^{-j\frac{2\pi}{N}}$，两个数据窗都有采样点 $x(k)$，$k=1$，2，$N-1$，其中第 $N-1$ 数据窗有 $x(0)$ 而数据窗 N 没有，第 N 数据窗有 $x(N)$ 而第 $N-1$ 数据窗没有。

如果将式（2-38）两端都乘以 $e^{-j\frac{2\pi}{N}}$，而不改变相量的性质，得到新相量：

$$X^{N,\text{new}} = X^{N} e^{-j\frac{2\pi}{N}} = X^{N-1} + \frac{\sqrt{2}}{N} [x(N) - x(0)] e^{-j\frac{2\pi}{N}} \qquad (2-39)$$

式（2-39）表明，采用递归 DFT 算法计算新的相量时，只需在旧值的基础上，利用两点采样值进行简单运算即可完成，可大大减少计算量，但是月该算法计算出的相量假定相量是一个固定不动的相量，但是在系统频率发生变化时，相角是变动的，因此在这种情况下此假设并不成立。

2.3 频率及频率变化率算法

PMU 一般利用正序电压相量角度对时间的一阶微分来求取频率；利用正序电压相量角度对时间的二阶微分来求取频率变化率，如以下公式所示：

$$f = \frac{\mathrm{d}\theta}{\mathrm{d}t} \tag{2-40}$$

$$\frac{\mathrm{d}f}{\mathrm{d}t} = \frac{\mathrm{d}^2\theta}{\mathrm{d}t^2} \tag{2-41}$$

式中：θ 为正序电压相量角度。

将上述的频率计算公式离散化，得到以下使用的频率计算公式：

$$f = f_0 + \frac{\Delta\theta}{2\pi T_k} \tag{2-42}$$

式中：$\Delta\theta$ 为 T_k 时间内的基波正序电压相量的角度变化量；f_0 为系统额定频率（50Hz）。

$\Delta\theta$ 可用矢量的点积和叉乘公式求得，见下面推导：

点积：
$$\vec{V}_1 \cdot \vec{V}_2 = x_1 x_2 + y_1 y_2 = |V_1||V_2|\cos\theta \tag{2-43}$$

叉乘：
$$\vec{V}_1 \times \vec{V}_2 = x_1 y_2 - x_2 y_1 = |V_1||V_2|\sin\theta \tag{2-44}$$

$$\tan\theta = \frac{x_1 y_2 - x_2 y_1}{x_1 x_2 + y_1 y_2} \tag{2-45}$$

计算出正序相量的角度后则可以根据公式得出频率。

2.4 功率算法

功率计算以电压和电流为基础，而电压和电流使用傅氏算法计算而来。傅氏算法包括了离散傅里叶变换、叠加原理及复数功率定义。

设一个 N 项复数序列 $X(n) = X_r(n) + \mathrm{j}X_j(n)$，$n$=0，1，2，$\cdots$，$N-1$，它的离散傅里叶变换（DFT）公式为：

$$\begin{aligned} X(k) &= \sum_{n=0}^{N-1} X(n) \cdot \mathrm{e}^{-\mathrm{j}2\pi nk/N} \\ &= \sum_{n=0}^{N-1} [X_r(n) + \mathrm{j}X_j(n)] \cdot \mathrm{e}^{-\mathrm{j}2\pi nk/N} \end{aligned} \tag{2-46}$$

式中：k=0，1，2，$\cdots$，$N-1$；$X(k)$ 为一复数序列，它对应着一串频率分量，它的模即为该频率分量的有效值，它的相角即为该频率分量的初相角。

根据 $X(k)$ 得到了各谐波分量后再运用叠加原理进行计算：

$$\begin{aligned} I &= \sqrt{I_0^2 + I_1^2 + I_2^2 + \cdots + I_{N-1}^2} \\ U &= \sqrt{U_0^2 + U_1^2 + U_2^2 + \cdots + U_{N-1}^2} \\ P &= P_0 + P_1 + P_2 + \cdots + P_{N-1} \\ Q &= Q_1 + Q_2 + \cdots + Q_{N-1} \end{aligned} \tag{2-47}$$

式中：U_0、I_0 代表基波分量的电压、电流有效值；U_1、I_1 代表一次谐波电压、电流有效值；U_2、I_2 代表二次谐波电压、电流有效值；P_0 代表基波分量构成的功率；P_1、P_2、$\cdots$、P_{N-1} 代表各次谐波构成的有功功率；Q_1、Q_2、$\cdots$、Q_{N-1} 代表各次谐波构成的无功功率。

同步相量测量装置以基波相量为测量对象，需要将谐波信号滤除。因此，同步相量测量装置计算出来的功率为基波信号功率。计算公式如式（2-48）所示：

$$P = (U_{ar}I_{ar} + U_{ax}I_{ax}) + (U_{br}I_{br} + U_{bx}I_{bx}) + (U_{cr}I_{cr} + U_{cx}I_{cx})$$
$$Q = (U_{ax}I_{ar} - U_{ar}I_{ax}) + (U_{bx}I_{br} - U_{br}I_{bx}) + (U_{cx}I_{cr} - U_{cr}I_{cx})$$

（2-48）

式中：U_{ar}、U_{br}、U_{cr}、I_{ar}、I_{br}、I_{cr} 为三相电压和三相电流基波相量实部；U_{ax}、U_{bx}、U_{cx}、I_{ax}、I_{bx}、I_{cx} 为三相电压和三相电流基波相量虚部。

而测控装置与 PMU 不同，其功率是将所有频率分量的功率累加而成。但直接计算离散傅氏变换其计算量是相当大的，因此应用中一般采用快速傅氏变换（FFT），常用的 FFT 算法有基 2FFT 和基 4FFT。

经过 FFT 运算后，得到电压、电流序列的变换值如式（2-49）所示：

$$I(k) = I_R(k) + jI_J(k)$$
$$U(k) = U_R(k) + jU_J(k)，\quad k=0，1，2，\cdots，N-1$$

（2-49）

对于实序列，由 FFT 性质可知：

$$I_R(k) = I_R(N-k)，I_J(k) = -I_J(N-k)$$
$$U_R(k) = U_R(N-k)，U_J(k) = -U_J(N-k)$$

（2-50）

由此可以得到电流、电压有效值的计算公式如式（2-51）所示：

$$I = \sqrt{2\sum_{k=1}^{\frac{N}{2}}[I_R^2(k) + I_J^2(k)]}$$

$$U = \sqrt{2\sum_{k=1}^{\frac{N}{2}}[U_R^2(k) + U_J^2(k)]}$$

（2-51）

再利用复功率计算公式，得到：

$$\overline{S} = U_a(k) \cdot I_a^*(k) + U_b(k) \cdot I_b^*(k) + U_c(k) \cdot I_c^*(k)$$
$$= P + jQ$$

（2-52）

从而，可以得到 P、Q 的计算公式：

$$P = 2\sum_{k=1}^{\frac{N}{2}} R_e[U_a(k) \cdot I_a^*(k) + U_b(k) \cdot I_b^*(k) + U_c(k) \cdot I_c^*(k)]$$

$$Q = 2\sum_{k=1}^{\frac{N}{2}} I_m[U_a(k) \cdot I_a^*(k) + U_b(k) \cdot I_b^*(k) + U_c(k) \cdot I_c^*(k)]$$

（2-53）

此外,由于无功功率的定义方式有很多种,例如 Budeanu 频域无功功率、Fryze 时域无功功率、IEEE 1459 定义无功功率即为基波正序无功功率等。在计算无功功率时,由于各个厂家对无功功率的理解不一致,在无谐波影响时,各个厂家无功功率计算结果应该一致。但是叠加了谐波影响,各个厂家算法的不一致,可能导致无功功率计算结果的不一致。

2.5 提高相量测量精度的方法

傅里叶算法在连续信号的谱分析中可以发挥十分重要的作用,但在应用时还有许多实际问题需要正确处理。由于必须对连续信号进行抽样和截断,因此就会造成频率混叠和频谱泄漏,从而给频谱分析带来影响,如果处理不当将使结果产生较大误差,甚至得出错误结论。所以应适当选择算法中的各种参数,从而尽可能降低频谱的混叠和泄漏。

2.5.1 频率混叠

根据采样定理,对连续信号进行抽样时,如果原信号的频谱是有限带宽的,即存在最高频率 f_m,必须满足采样频率 $f_s > 2f_m$,否则将发生频谱混叠。频率混叠会产生假频率、假信号,会严重的影响测量结果。

2.5.2 频谱泄漏

对于连续的时间信号,利用 DFT 计算必须将时间信号截短。截短实际上是将原时间函数与一个窗函数相乘。相应的,在频域中则是将时间函数与窗函数的傅里叶变换相卷积。如果窗函数的频谱不是有限带宽的,那么卷积运算将使原时间函数的频谱扩展为无限带宽,这种由于截短而造成的谱峰下降、频谱扩展现象,就称为频谱泄漏。所以,即便原信号的频谱是有限带宽,不会出现混叠,泄漏现象也会导致原信号频谱出现混叠。

为了减少频谱泄漏,有两种类型的解决方法:① 加大窗函数窗宽;② 改变窗函数。加大窗宽随能减少泄漏,但是增加了计算的工作量,且窗宽不能无限制增大。改变窗函数的形状,加快窗函数频谱中高频成分的衰减速度,可以成功地减少频谱泄漏。

分析表明,由于矩形窗函数波形变化剧烈,因此其频谱中高频成分衰减缓慢,但若改用三角形窗,升余弦窗(Hanning 窗)、改进的升余弦窗(Hamming 窗)、高斯窗(Gauss 窗),由于它们频谱的高频成分衰减加快,将使泄漏的情况得以改善。

2.5.3 相量滤波

相量计算中的滤波分为模拟量滤波和软件滤波,模拟量滤波的目的是为了防止频率混叠现象的发生而滤除掉高频信号,软件滤波的主要目的是在电力系统的动态过程中提高相量测量的精度。

（1）模拟量滤波器。

模拟量滤波器通常分为两大类，一类是无源滤波器，由 RLC 元件构成；另一类是有源滤波器，主要由集成运算放大器和 RC 等元件构成。

典型的无源滤波回路原理图如图 2-5 所示。

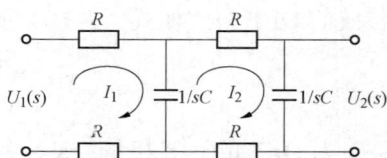

计算其幅频特性，频域电路图如图 2-6 所示。

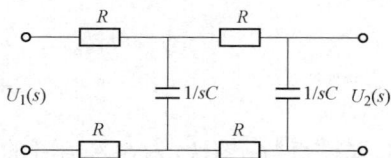

图 2-5　无源滤波回路原理图　　　　　图 2-6　无源滤波回路频域图

网孔法求解电路有：

$$\begin{cases} I_2 R + \dfrac{I_2}{sC} + I_2 R + \dfrac{I_2}{sC} - \dfrac{I_1}{sC} = 0 \\[2mm] I_1 R + \dfrac{I_1}{sC} - \dfrac{I_2}{sC} + I_1 R - U_1(s) = 0 \\[2mm] I_2 = U_2(s)sC \end{cases} \qquad (2\text{-}54)$$

对上述方程组求解可得传递函数：

$$H(s) = \frac{U_2(s)}{U_1(s)} = \frac{1}{4(sCR)^2 + 6sCR + 1} \qquad (2\text{-}55)$$

令 $\tau = RC$，则幅频特性为：

$$H(\mathrm{j}\omega) = \frac{1}{\sqrt{16(\omega\tau)^4 + 28(\omega\tau)^2 + 1}} \qquad (2\text{-}56)$$

（2）软件滤波器。

在电力系统的实际运行过程中，会出现低频振荡、失步、故障等动态过程，在这一过程中信号将不是标准信号，其幅值、相位都可能表现为一低频调制振荡过程。对电力系统的动态变化过程目前概括成了以下三种形式：幅值调制、相角调制、幅值和相角同时调制，分别表示为式（2-57）、式（2-58）、式（2-59）。

$$x(t) = \sqrt{2}[X_m + X_d \cos(2\pi f_a t + \phi_a)]\cos(2\pi f t + \phi_0) \qquad (2\text{-}57)$$

式中：X_m 为相量幅值；f 为基波频率；φ_0 为相量初相角；X_d 为幅值调制深度；f_a 为调制频率；φ_a 为调制部分初相角。

$$x(t) = \sqrt{2}X_m \cos[2\pi f t + X_k \cos(2\pi f_a t + \phi_a) + \phi_0] \qquad (2\text{-}58)$$

式中：X_m 为相量幅值；f 为基波频率；φ_0 为相量初相角；X_k 为相角调制深度；f_a

为调制频率；φ_a 为调制部分初相角。

$$x(t) = \sqrt{2}[X_m + X_d \cos(2\pi f_a t + \phi_a)]\cos[2\pi ft + X_k \cos(2\pi f_a t + \phi_a + \pi) + \phi_0] \tag{2-59}$$

式中：X_m 为相量幅值；f 为基波频率；ϕ_0 为相量初相角；X_d 为幅值调制深度；X_k 为相角调制深度；f_a 为调制频率；φ_a 为调制部分初相角。

传统的 DFT 公式如式（2-60）所示：

$$X = \frac{\sqrt{2}}{N} \sum_{k=0}^{N-1} x(k)e^{-jk\omega_0 \Delta t} \tag{2-60}$$

式中：X 为 DFT 的计算相量；N 为每周波的采样点数；$x(k)$ 为输入信号的采样点值。

当输入信号为形如式（2-57）的额定频率的标准输入的余弦信号时，对其进行求取基波相量的 DFT 变换，其实部和虚部的公式分别表示为式（2-61）和式（2-62）：

$$R_E(X) = \frac{\sqrt{2}}{N} \sum_{k=0}^{N-1} \frac{1}{2} A_m [\cos(2\omega_0 k\Delta t + \Phi_m) + \cos\Phi_m] \tag{2-61}$$

$$I_M(X) = \frac{\sqrt{2}}{N} \sum_{k=0}^{N-1} \frac{1}{2} A_m [-\sin(2\omega_0 k\Delta t + \Phi_m) + \sin\Phi_m] \tag{2-62}$$

从上述两式可以看到，最终计算所得的相量的实部和虚部的通项中都包含一个 2 倍频的分量，对于额定频率的输入信号，N 个上述的 2 倍频的分量的和将完全抵消为 0，实部和虚部保留下来的部分就是我们所要计算得到的幅值和相位角。

对于形如式（2-58）输入的信号，也进行标准的 DFT 变换，其实部和虚部的通项如式（2-63）和式（2-64）所示：

$$R_E(X) = \frac{1}{N} \sum_{k=0}^{N-1} X_m[\cos(2\omega_0 k\Delta t + \Phi_0) + \cos\Phi_0] +$$
$$X_d \cos(\omega_a k\Delta t + \Phi_a)\cos\Phi_0 + \frac{1}{2}X_d\{\cos[(2\omega_0 + \omega_a)k\Delta t + \Phi_0 + \Phi_a] + \cos[(2\omega_0 - \omega_a)k\Delta t + \Phi_0 - \Phi_a]\} \tag{2-63}$$

$$I_M(X) = \frac{1}{N} \sum_{k=0}^{N-1} X_m[-\sin(2\omega_0 k\Delta t + \Phi_0) + \sin\Phi_0] +$$
$$X_d \cos(\omega_a k\Delta t + \Phi_a)\sin\Phi_0 + \frac{1}{2}X_d\{\sin[(2\omega_0 + \omega_a)k\Delta t + \Phi_0 + \Phi_a] + \sin[(2\omega_0 - \omega_a)k\Delta t + \Phi_0 - \Phi_a]\} \tag{2-64}$$

对上述两式进行分析，当输入信号发生幅值振荡的时候，实部和虚部的通项部分就由常数、振荡的低频部分、2 倍频、2 倍频加低频振荡、2 倍频减低频振荡共五部分构成。对这些通项进行求和，常数部分和振荡的低频部分是要保留的部分，其余都应该完全抵消掉，但很显然通项中的后面两项是不会在求和完成后自动抵消掉的，这就为相量计算带来了误差。对于形如式（2–57）的幅值振荡，如果其基波频率不为额定频率，上述通项中的 2 倍频部分也将在 *N* 个通项求和后不能完全抵消，也会进一步带来误差。对于形如式（2–58）的相位调制以及形如式（2–59）的幅值和相位同时调制的输入信号，对其进行 DFT 变换，其通项中一样会和式（2–63）和式（2–64）一样产生不能够在求和结束后完全抵消的吴差部分。通过利用 DFT 对标准信号及发生幅值振荡信号进行变换的通项分析过程，很自然地可以想到，如果把 DFT 变换的通项看作一离散采样点的各个采样值，可以构造一低通的滤波器，滤除其由于 DFT 计算过程中带来的 2 倍频附近的高频分量，自然地提出适应动态量测的相量测量算法如式（2–65）所示：

$$X = \frac{\sqrt{2}}{gain} \sum_{k=-N/2}^{N/2} x(k)h(n)w(n)\mathrm{e}^{-jk\omega_0\Delta t} \qquad (2\text{--}65)$$

式中：$h(n)$ 为低通滤波器的滤波系数；$gain$ 为滤波系数的和，$gain = \sum_{k=-N/2}^{N/2} h(n)$。

对于低通滤波器的选取，考虑到 FIR 滤波器相对于 IIR 滤波器具有固定相位，且输出与上次输出无关、只与当前输入，选取 FIR 滤波器。对于 FIR 滤波器，其理想滤波系数如式（2–66）所示：

$$h(n) = \frac{\sin\left(2\pi n\frac{f_\mathrm{c}}{f_\mathrm{s}}\right)}{2\pi n\frac{f_\mathrm{c}}{f_\mathrm{s}}} \qquad (2\text{--}66)$$

式中：f_c 为截止频率；f_s 为采样频率；$h(n)$ 为理想低通滤波器的系数，其为无限长，在具体的实现过程中必须用窗函数进行截断。式（2–65）中的 $w(n)$ 则为窗函数，从而用物理上可实现的有限系数的滤波器截断去逼近理论上无限长的低通滤波器，考虑到截断时的能量泄漏效应以及主瓣宽度，旁瓣衰减特性，一般选用布莱克曼窗作为窗函数进行截断，从而构造出进行运算的低通滤波器。

2.5.4 相量补偿

目前虽然也有不少文献提出在 PMU 的设计时候采用自适应的采样方式，但是出于方便性考虑，目前主流的 PMU 的设计思路采用根据秒脉冲进行同步定间隔采样的形式，也就是所谓的相对于信号的频率来说是一种不同步的采样方式。因此 PMU 中常规的相量测量算法主要是以基于 DFT 的频偏修正算法。设一信号不含有谐波，表达式为：

$$x(t) = \sqrt{2} X_{\mathrm{m}} \cos(\omega t + \varphi)$$
$$= \sqrt{2} \operatorname{Re}[X_{\mathrm{m}}(\mathrm{e}^{\mathrm{j}\varphi})(\mathrm{e}^{\mathrm{j}\omega t})] \qquad (2\text{-}67)$$
$$= \sqrt{2} \operatorname{Re}\{\dot{X}\mathrm{e}^{\mathrm{j}\omega t}\}$$

式中：X_{m} 为信号幅值；ω 为角速度，并且偏离额定角速度；$\dot{X}$ 为信号偏离额定频率时真实相量值；Re 为取实部。上式还可表示为式（2-68）：

$$x(t) = (\sqrt{2}/2)\left\{\dot{X}\mathrm{e}^{\mathrm{j}\omega t} + \dot{X}^{*}\mathrm{e}^{-\mathrm{j}\omega t}\right\} \qquad (2\text{-}68)$$

式中：$\dot{X}^{*}$ 为 $\dot{X}$ 共轭。第 k 次采样值表示为式（2-69）：

$$x_{k} = (1/\sqrt{2})\left\{\dot{X}\mathrm{e}^{\mathrm{j}\omega k\Delta t} + \dot{X}^{*}\mathrm{e}^{-\mathrm{j}\omega k\Delta t}\right\} \qquad (2\text{-}69)$$

式中：Δt 为采样间隔，此间隔是根据额定频率设定的，且为定值。当频率偏离时，采样间隔并没有随之变化。因此，假设 $x(t)$ 经 DFT 计算后所得相量为 $\tilde{X}$，只有 $\omega = \omega_{0}$ 时（ω_{0} 为额定角速度），此 $\tilde{X}$ 才与真实相量 $\dot{X}$ 相等。$\tilde{X}$（假设为第 r 个相量）计算过程如式（2-70）所示。

$$\tilde{\dot{X}}_{r} = \frac{\sqrt{2}}{N} \sum_{k=r}^{r+N-1} x_{k} \mathrm{e}^{-\mathrm{j}k\omega_{0}\Delta t}$$
$$= \frac{1}{N} \sum_{k=r}^{r+N-1} \left\{\dot{X}\mathrm{e}^{\mathrm{j}k\omega\Delta t} + \dot{X}^{*}\mathrm{e}^{-\mathrm{j}k\omega\Delta t}\right\} \mathrm{e}^{-\mathrm{j}k\omega_{0}\Delta t} \qquad (2\text{-}70)$$

因为：

$$\mathrm{e}^{\mathrm{j}x} - 1 = \mathrm{e}^{\mathrm{j}x/2}(\mathrm{e}^{\mathrm{j}x/2} - \mathrm{e}^{-\mathrm{j}x/2})$$
$$= 2\mathrm{j}\mathrm{e}^{\mathrm{j}x/2} \sin(x/2) \qquad (2\text{-}71)$$

则有：

$$\tilde{\dot{X}}_{r} = P\dot{X}\mathrm{e}^{\mathrm{j}r(\omega-\omega_{0})\Delta t} + Q\dot{X}^{*}\mathrm{e}^{\mathrm{j}r(\omega+\omega_{0})\Delta t} \qquad (2\text{-}72)$$

其中 P、Q 与 r 无关：

$$P = \left\{\frac{\sin\dfrac{N(\omega-\omega_{0})\Delta t}{2}}{N\sin\dfrac{(\omega-\omega_{0})\Delta t}{2}}\right\} \mathrm{e}^{\mathrm{j}(N-1)\frac{(\omega-\omega_{0})\Delta t}{2}} \qquad (2\text{-}73)$$

$$Q = \left\{\frac{\sin\dfrac{N(\omega+\omega_{0})\Delta t}{2}}{N\sin\dfrac{(\omega+\omega_{0})\Delta t}{2}}\right\} \mathrm{e}^{-\mathrm{j}(N-1)\frac{(\omega+\omega_{0})\Delta t}{2}} \qquad (2\text{-}74)$$

在电网稳态运行中，频率偏离额定频率很小，不超过 ±0.2Hz。因此，式中 $\omega-\omega_{0}$ 很小，接近于 0；$\omega+\omega_{0}$ 接近于 $2\omega_{0}$。将式（2-72）定性地表示为图 2-7 与图 2-8。

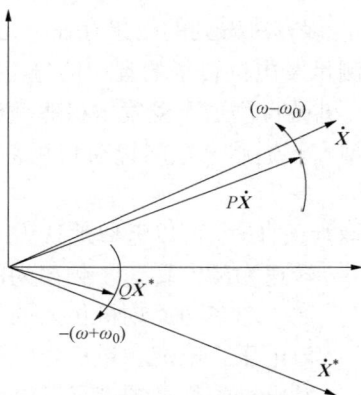

图 2-7　$P\dot{X}$ 与 $Q\dot{X}^*$ 的相量表示

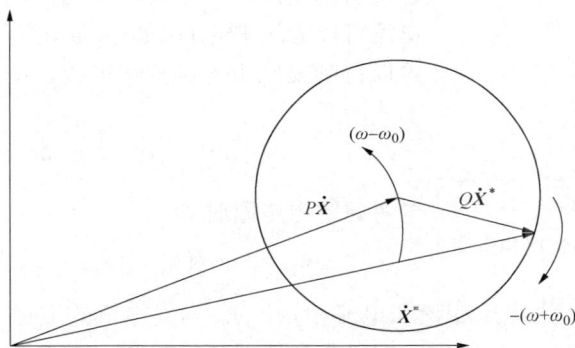

图 2-8　$P\dot{X}$ 与 $Q\dot{X}^*$ 合成相量 $\tilde{\dot{X}}$

图中 $P\dot{X}$ 以 $\omega-\omega_0$ 的角速度逆时针旋转；$Q\dot{X}^*$ 以 $\omega+\omega_0$ 的角速度顺时针旋转，约等于 $2\omega_0$。图中，由 $P\dot{X}$ 和 $Q\dot{X}^*$ 合成了相量 $\tilde{\dot{X}}$。可以看出，$\tilde{\dot{X}}$ 的幅值、相角以大约 $2\omega_0$ 的角速度变化，且以 $\omega-\omega_0$ 的速度逆时针旋转。

当输入信号为静态信号时，频率偏移是固定的，测量误差可根据式（2-73）进行修正。

2.6　发电机功角测量

发电机功角是指发电机的内电势与发电机机端电压之间的夹角，它是反映电力系统稳定性的重要状态变量之一，是电网扰动、振荡和失稳轨迹的重要记录数据。目前，现场实用的发电机内电势功角测量方法主要有电气计算法和机械直测法。

电气计算法通过实时测量的发电机端电压、电流，结合发电机的直轴电抗 X_d 和交轴电抗 X_q 来计算发电机的内电势和功角。由于发电机在不同运行状态下

的 X_d、X_q 电抗参数会变化，该方法得到的结果存在一定的误差。

机械直测法通过实时测量发电机转子的键相信号、机端电压信号来测量发电机的内电势相角及其功角。机械直测法不受发电机等效计算模型和同步电抗参数误差的影响，具有较高的精度，适用于电网扰动和暂态过程的实时功角测量。

2.6.1 电气计算法

同步发电机处于稳态运行条件时，可以近似地认为其运行条件稳定不变，即：转速为额定转速，频率为额定频率；发电机向电网注入功率与原动机传入的机械功率相等；发电机出口电压、电流相量稳定。在此基础上可以通过同步发电机的相量图进行发电机功角的计算。

采用同步凸极发电机作为分析对象，并忽略定子绕组的电阻，由于同步发电机的机端电压、机端电流可以通过 PMU 装置准确测得，根据相量图 2-9 可以得到发电机内电势和电压、电流相量的关系如下式所示：

图 2-9 凸极机稳态运行相量图

$$\dot{E}'_Q = \dot{V} + j\dot{I}X_q = E'_Q e^{j\varphi_e} \qquad (2-75)$$

当考虑绕组电阻时为：

$$\dot{E}'_Q = \dot{V} + \dot{I}(R_a + jX_q) = E'_Q e^{j\varphi_e} \qquad (2-76)$$

式中：$\dot{V}$ 和 $\dot{I}$ 分别为电压相量和电流相量；$\dot{E}'_Q$ 为发电机的虚拟电动势；φ_e 为虚拟电动势角；R_a 和 X_q 分别为发电机定子绕组的电阻和 q 轴电抗。由于发电机功角为内电势与机端电压之间的相位差，故可得到发电机功角值 $\delta = \varphi_e - \varphi_u$。

电气法测量发电机功角的优点是可以充分利用 PMU 装置所测的机端电压、机端电流相量，根据发电机特性参数直接计算出发电机功角，概念清晰、易于实现。其缺点是发电机即使在稳态运行也会出现小扰动，这些扰动均会导致计算功角出现误差。

2.6.2 机械直测法

利用转子位置测量法，需要输入到 PMU 的信号有发电机键相脉冲信号、发电机机端三相电压和电流信号。键相脉冲信号是发电机组转子轴上的键相槽与安装在外面的键相传感器所产生的周期性脉冲信号。

PMU 将发电机键相脉冲信号与标准时间信号进行比较，得到发电机转子位置角 α。当发电机处于启动空载状态时，发电机输出功率为 0，其功角也为 0。在这一时刻，机端电压正序相角与发电机内电势相角 β 相等。此时，可以计算出 α 与 β 的夹角 γ。γ 只与发电机转子上键相槽的位置有关，机组运行时恒定不变（机组停机检修后可能会改变）。发电机并网运行后，$\alpha - \gamma = \beta$。β 减去机端电压正序相

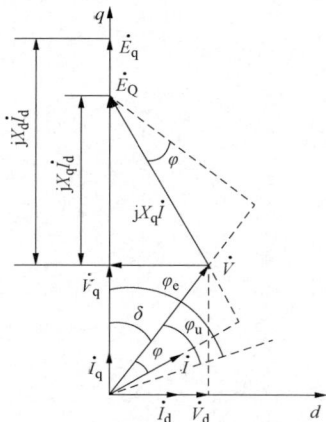

角即得到发电机的功角 δ，见图 2-10。

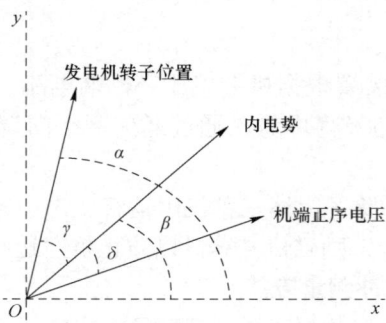

图 2-10　采集发电机转子位置测量内电势及其功角

2.6.2.1　发电机初始相角校准

发电机的转子位置信号理论上与内电势角度相同。但实际上，由于机械开槽或传感器安装等原因，内电势与位置信号间会有一个较大的机械误差角（初相角）α。同时，发电机由于大轴检修等原因，会使机组转轴位置或键相脉冲传感器位置也会发生一定的变化，引起 α 的变化，如不及时重新测定，其测量功角将有较大的误差。

发电机初相角的测定只能在发电机进入并网前空载状态的一瞬间进行，若不能及时捕捉和准确测定，只有等到下一次机组启动时重新测定，并在此期间长期影响发电机功角测量的正确性。故 PMU 需要不断检测发电机的运行状况，瞬时捕捉发电机"等待并网的空载状态"，对发电机初相角 α 作自动测定和误差处理。

2.6.2.2　发电机运行状态监测

在利用 PMU 测量功角时，发电机组共有 3 种状态需要判断：机组检修状态、机组并网前的空载状态和机组并网运行状态。

（1）机组检修状态。

该状态主要用于通知 PMU 做好初相角检测的准备工作，其主要判据：① 机端三相电压幅值 U 小于电压归零整定值 U_{zero}；② 机端三相电流幅值 I 小于负载归零整定值 I_{zero}；③ 发电机转速 S 小于转速整定值 N_{zero}；④ 发电机励磁电压、电流小于整定值 D_{zero}。当 PMU 装置检测到发电机满足判据后完成初相角检测的初始化。

（2）空载状态。

该状态主要用于初相角的测量，主要判据：① 机端正序电压幅值 $U+$ 达到整定值；② 机端电压频率 f 在整定范围内（$f_{low} < f < f_{up}$）；③ 机组转速 S 达到整定条件（$S_{low} < S < S_{up}$）；④ 机端电流 I 小于空载电流 $I_{no-load}$。

多条件判断可避免对机组空载状态的识别错误。在 PMU 捕捉到可测初相角状态时，立即锁定当前周波的测量数据，计算出初相角 α，并存储在 PMU 的存储器中。

（3）并网运行状态。

在该状态下，PMU 装置根据机端电压、机端电流、键相脉冲信号、时钟信号，实时测量发电机功角及内电势，通过通信网络向调度主站发送发电机功角数据。

在实际工程应用中，除了上述三种机组运行状态中判据外，还可以适当增加其他判据，例如转速信号、励磁信号等，以防止机组运行状态的错误识别。

2.6.2.3　水轮机组脉冲测量方法

水轮机组通常具有较多的极对数，其转子轴旋转一周对应多个电气周期。若键相开槽均匀且与极对数对应，则可以利用传感器获取的信号来直接测量功角。

由于键相开槽个数与极对数一致，当转动一个键相槽物理位置时，对应电气角度将旋转 360°，可以把每个脉冲当作键相信号，按照键相信号的测量方法直接测量。

与常规的键相信号不同的是，由于齿盘的机械误差，不可能作到完全均匀，需要 PMU 计算出多个初相角。在发电机空载状态下，齿盘的每个脉冲与机端电压相差 $[\alpha_1, \alpha_2, \alpha_3, \cdots, \alpha_n]$，作为补偿的初相角。其中，$n$ 为发电机极对数。

2.7　次同步振荡成分检测算法

电力系统次同步振荡（Subsynchronous Oscillation，SSO）的物理概念比较复杂，通常定义为大型汽轮发电机组轴系具有显著的机械弹性，在一定的条件下会与电气量相互作用自发产生振荡，其频率一般在 10～50Hz 之间，故称之为次同步振荡，目前为止所知的引起次同步振荡的原因主要有串补电容的接入、高压直流输电、风电或光伏等新能源的接入等。近几年，同步相量测量装置（PMU）除了用于同步相量的测量外，也开始用于次同步振荡监测，本节介绍在同步相量测量装置中使用的次同步振荡成分检测算法。

2.7.1　快速傅里叶算法

有限长序列可以通过离散傅里叶变换（DFT）将其在频域也离散化成有限长序列。但其计算量太大，很难实时地处理问题，因此引出了快速傅里叶变换（FFT）。1965 年，Cooley 和 Tukey 提出了计算离散傅里叶变换（DFT）的快速算法，将 DFT 的运算量减少了几个数量级。快速傅氏变换（FFT），是离散傅氏变换的快速算法，它是根据离散傅氏变换的奇、偶、虚、实等特性，对离散傅里叶变换的算法进行改进获得的。FFT 能将时域信号变换至频域加以分析，在众多领域中均能发挥出色的性能，在信号处理领域中更是被视作一种最为经典的方法。

2.7.2　加窗插值 FFT

对次同步振荡监测，实际是对数据进行采样以及频谱分析的过程，设信号中包含幅值为 A 的基波成分和幅值为 ΔA 的次同步振荡成分，即

$$x(t) = A\cos(wt) + \Delta A\cos(w_{er}t + \varphi) \qquad (2\text{-}77)$$

设 $w_s = w - w_{er}$，则

$$\begin{aligned}
x(t) &= A\cos wt + \Delta A\cos[(w - w_s)t + \varphi] \\
&= A\cos wt + \Delta A\cos(w_st - \varphi)\cos wt + \Delta A\sin(w_st - \varphi)\sin wt \\
&= [A + \Delta A\cos(w_st - \varphi)]\cos wt + \Delta A\sin(w_st - \varphi)\sin wt \\
&= A'\cos(wt + \theta)
\end{aligned} \qquad (2\text{-}78)$$

式中：

$$A' = \sqrt{[A + \Delta A\cos(w_st - \varphi)]^2 + [\Delta A\sin(w_st - \varphi)]^2} \qquad (2\text{-}79)$$

$$\theta = \arcsin\frac{\Delta A\sin(w_st - \varphi)}{A'} \qquad (2\text{-}80)$$

由于次同步幅值一般比工频幅值小很多，因而上式可简化为：

$$A' \approx A + \Delta A\cos(w_st - \varphi) \qquad (2\text{-}81)$$

$$\theta \approx \frac{\Delta A}{A}\sin(w_st - \varphi) \qquad (2\text{-}82)$$

由式（2-81）和（2-82）可见：当信号中同时存在工频和次同步频率分量时，次同步频率成分对工频成分的影响相当于是对工频的幅值和角度进行调制，即在工频的幅值和角度上叠加一个频率为 $w_s = w - w_{er}$ 的振荡成分。

监测次同步振荡的方法有很多种，其中最常用的分析方法是快速傅里叶变换（FFT）算法，然而，对信号非同步采样或非整数周期截断时，FFT 存在栅栏效应和频谱泄漏现象，使计算出的信号频率、幅值和相位不准确。针对 FFT 的这些问题，可以采用一种加窗插值 FFT 方法，通过这种方法可以有效的缩短数据窗，同时保证足够高的测量精度。

（1）加窗。

窗函数是一组余弦组合窗，其时域表达式为：

$$w(n) = \sum_{m=0}^{M-1}(-1)^m b_m\cos\left(2\pi m \cdot \frac{n}{N}\right), n = 1, 2, \cdots, N-1 \qquad (2\text{-}83)$$

式中：M 为窗函数的项数，当 $M = 1$ 时即为矩形窗；b_m 满足约束表达式：

$$\sum_{m=0}^{M-1}(-1)^m b_m = 0 \qquad (2\text{-}84)$$

常用的窗函数有 Hanning 窗、Blackman-Harris 窗、Nuttall 窗、最大旁瓣衰减

窗、Rife-Vincent 窗等，典型窗函数的时域系数如表 2–1 所示，由于次同步分量的幅值较小，当进行非同步采样或者非整数周期截断时，基波分量的频谱泄露将会影响到次同步分量。衡量窗函数好坏的主要标准应是：在窗长及采样数据的同步误差均一定（即完全相同的采样数据）的前提下，频谱泄露效应是否小以及频率反演是否简单易算。为抑制频谱泄露，应选择旁瓣峰值电平小且旁瓣渐进衰减速率大的窗函数对信号进行处理。表 2–1 中的窗函数均具有优良的旁瓣特性，能有效地抑制频谱泄露。

表 2–1 典型窗函数的时域系数

时 域 系 数	b_0	b_1	b_2	b_3
Hanning	0.5	0.5	—	
Blackman-Harris	0.358 75	0.488 29	0.141 28	0.011 68
4 项 3 阶 Nuttall 窗	0.338 95	0.481 97	0.161 054	0.018 027
4 项最小旁瓣 Nuttall 窗	0.363 58	0.489 18	0.136 6	0.010 641
3 项最大旁瓣衰减	0.375	0.5	0.125	—
4 项最大旁瓣衰减	0.312 5	0.468 75	0.187 5	0.031 25
4 项 Rife-Vincent（Ⅰ）	1	1.5	0.6	0.1
4 项 Rife-Vincent（Ⅲ）	1	1.435 96	0.497 54	0.061 58

（2）插值。

对采样信号进行加窗处理后，需要使用插值算法对计算结果进行修正，常用的插值修正算法有单峰谱线插值算法、双峰谱线插值算法、三谱线插值算法以及三次样条插值等，其中单峰谱线插值算法由于精确度较低而较少采用。双峰谱线插值算法其原理如下：

以单一的谐波信号为例进行分析，设离散时间采样信号为：

$$x(n) = A_0 \sin\left(2\pi \frac{f_0}{f_s} \cdot n + \varphi_0\right) \qquad (2\text{–}85)$$

式中：A_0、f_0、φ_0 分别为信号的幅值、频率和初相位。

常用窗函数是一组余弦组合窗，其时域表示为：

$$w(n) = \sum_{m=0}^{M-1} (-1)^m b_m \cos\left(2\pi m \cdot \frac{n}{N}\right), n = 1, 2, \cdots, N-1 \qquad (2\text{–}86)$$

式中：M 为窗函数的项数，当 $M=1$ 时即为矩形窗；b_m 满足约束表达式：

$$\sum_{m=0}^{M-1} (-1)^m b_m = 0$$

对采样信号 $x(n)$ 进行加窗处理，得到 $x_w(n)=w(n)x(n)$。加窗序列 $x_w(n)$ 的离散傅里叶变换为：

$$X(k)=\frac{A_0}{2\mathrm{j}}\left[\mathrm{e}^{\mathrm{j}\varphi_0}W\left(k-\frac{f_0}{\Delta f}\right)-\mathrm{e}^{-\mathrm{j}\varphi_0}W\left(k+\frac{f_0}{\Delta f}\right)\right],\ k=0,1,\cdots N-1 \quad (2-87)$$

式中：$\Delta f=f_s/N$，$W(\cdot)$ 为窗函数的连续频谱。忽略负频点处谱峰的旁瓣影响，上式变为：

$$X(k)=\frac{A_0}{2\mathrm{j}}\mathrm{e}^{\mathrm{j}\varphi_0}W\left(k-\frac{f_0}{\Delta f}\right) \quad (2-88)$$

信号的频率 $k\Delta f$ 很难正好位于离散频点上，也就是说 k 一般不为整数，设在峰值频点附近的幅值最大和次最大谱线分别为 k_1、k_2，这两条谱线幅值分别为 y_1 和 y_2，引入参数 $\delta=k-k_1-0.5$，可知 $-0.5<\delta<0.5$。记 $\alpha=(y_2-y_1)/(y_2+y_1)$，代入式（2-88）可得：

$$\alpha=\frac{\left|W\left[\dfrac{2\pi(-\delta+0.5)}{N}\right]\right|-\left|W\left[\dfrac{2\pi(-\delta-0.5)}{N}\right]\right|}{\left|W\left[\dfrac{2\pi(-\delta+0.5)}{N}\right]\right|+\left|W\left[\dfrac{2\pi(-\delta-0.5)}{N}\right]\right|} \quad (2-89)$$

对窗函数的傅里叶变换为与式（2-89）相对应的形式，如下所示：

$$W[2\pi(-\delta\pm0.5)/N]\approx\left|\frac{N\sin\pi(-\delta\pm0.5)}{\pi}\cdot\sum_{m=0}^{M-1}(-1)^m a_m\frac{-\delta\pm0.5}{(-\delta\pm0.5)^2-m^2}\right| \quad (2-90)$$

对于 $[-0.5,\ 0.5]$ 范围内的任一 δ，均可通过式（2-88）和式（2-89）求得一个 α 值。在 $[-0.5,\ 0.5]$ 内取一组 δ 值，分别得到一组 α。式（2-90）可记为 $\alpha=g(\delta)$，调用 MATLAB 的 ployfit（α，δ，m）函数求出反函数 $g^{-1}(\alpha)$ 的系数，其中 m 为拟合多项式的阶数。$g^{-1}(\alpha)$ 为奇函数，表达式如下：

$$\delta=a_1\cdot\alpha+a_3\cdot\alpha^3+\cdots+a_{2l+1}\cdot\alpha^{2l+1} \quad (2-91)$$

在插值修正运算中，由 α 可求出参数 δ，进而对频率进行修正，频率修正公式如下：

$$f_0=k\Delta f=(\delta+k_1+0.5)\Delta f \quad (2-92)$$

信号的幅值修正通过对双谱线进行加权平均来实现：

$$A_0=\frac{2(y_1+y_2)}{\left|W[2\pi(-\delta+0.5)/N]\right|+\left|W[2\pi(-\delta-0.5)/N]\right|} \quad (2-93)$$

2.8　小结

同步相量测量技术是 WAMS 系统的基础。工程实际应用中，WAMS 系统子站上送 WAMS 主站的同步相量采用的是相对于工频信号的旋转相量。当系统频率等于 50Hz 时，相量的角度维持不变；当频率大于 50Hz 时，相量的角度逐渐增大；当频率小于 50Hz 时，相量的角度逐渐减小。同步相量一般采用 DFT 算法获得原始相量。当频率偏离额定值时，由于 DFT 固有的频谱泄漏和栅栏效应，原始相量会存在大量的高频干扰信号，需进行滤波和补偿处理才能获得高精度的相量。相量的补偿需要根据当前系统的实时频率进行。频率是相角对时间的导数，可以采用单位时间内正序相量的角度变化率来计算。

参考文献

［1］ 常乃超，兰洲，甘德强，等. 广域测量系统在电力系统分析及控制中的应用综述［J］. 电网技术，2005，29（10）：46–52.

［2］ CHANG Naichao，LAN Zhou，GAN Deqiang，et al. A survey on applications of wide-area measurement system in power system analysis and control［J］. Power System Technology，2005，29（10）：46–52.

［3］ 许树楷，谢小荣，辛耀中. 基于同步相量测量技术的广域测量系统应用现状及发展前景［J］. 电网技术，2005，29（2）：44–48.

［4］ XU Shukai，XIE Xiaorong，XIN Yaozhong. Present application situation and development tendency of synchronous phasor measurement technology based wide area measurement system［J］. Power System Technology，2005，29（2）：44–48.

［5］ 鞠平，郑世宇，徐群，等. 广域测量系统研究综述［C］. 电力自动化设备，2004，24（7）：37–40.

［6］ JU Ping，ZHENG Shiyu，XU Qun，et al. The summary of the research of wide area measuring system［J］. Electric Power Automation Equipment，2004，24（7）：37–40.

［7］ 庞杰. 电网相量同步测量技术及应用［J］. 高电压技术，2007，33（3）：62–66.

［8］ PANG Jie. Synchronized phasor measurement technique and application prospects in power network［J］. High Voltage Engineering，2007，33（3）：62–66.

［9］ 华北电网有限公司电力调度通信中心. 电力系统实时动态监测系统（WAMS）系列规范［M］. 北京：中国电力出版社，2009.

［10］ 谢小荣，韩英铎. 电力系统频率测量综述［J］. 电力系统自动化，1999，23（3）：54，57.

［11］ XIE Xiaorong，HAN Yingduo. An overview on power system frequency measurement［J］. Automation of Electric Power Systems，1999，23（3）：54，57.

［12］ 贺建闽，黄治清. 基于相位差校正的电网频率高精度测量［J］. 继电器，2005，33（44）：43–47.

［13］ HE Jianmin，HUANG Zhiqing. Power system frequency high-precision measurement based on phase difference correction method［J］. Relay，2005，33（44）：43–47.

［14］朱旻捷，张君，秦虹，等. 一种基于实时数据误差补偿的傅里叶测频算法［J］. 电力系统保护与控制，2009，37（22）：44-48.

［15］ZHU Minjie，ZHANG Jun，CAI Xu，et al. An improved Fourier frequency measurement algorithm based on error compensation by real-time data model［J］. Power System Protection and Control，2009，37（22）：44-48.

［16］杨贵玉，江道灼，邱家驹. 相角测量装置的同步测量精度问题［C］. 电力系统自动化，2003，27（14）：57-61.

［17］YANG Guiyu，JIANG Daozhuo，QIU Jiaju. Synchronous measurement precision of phasor measurement unit［J］. Automation of Electric Power Systems，2003，27（14）：57-61.

［18］闫常友，张涛，杨奇逊. 基于 DFT 的非同步采样情况下相量测量误差研究综述［J］. 继电器，2004，32（10）：80-84.

［19］YAN Changyou，ZHANG Tao，YANG Qixun. Survey of phasor measurement errors on DFT-based non-synchronous sampling［J］. Relay，2004，32（10）：80-84.

［20］江道灼，马进，章鑫杰. 锁相环在电力系统现场测控装置中的应用［J］. 继电器，2000，28（8）：43-45，52.

［21］JIANG Daozhuo，MA Jin，ZHANG Xinjie. The Application of Phase Locked Loop in the Data Acquisition and Control Apparatus of Power System［J］. Relay，2000，28（8）：43-45，52.

［22］江道灼，孙伟华，陈素素. 电网相量实时同步测量的一种新方法［J］. 电力系统自动化，2003，27（15）：40-44.

［23］JIANG Daozhuo，SUN Weihua，CHEN Susu. A new method of real time and synchronous measurement on power network phase parameters［J］. Automation of Electric Power Systems，2003，27（15）：40-44.

［24］任先文，谷延辉，解东光，等. 电网广域测量系统中 PMU 的研究和设计［J］. 继电器，2005，33（14）：59-63.

［25］REN Xianwen，GU Yanhui，XIE Dongguang，et al. Study and design of PMU in dynamic security monitoring system［J］. Relay，2004，2005，33（14）：59-63.

［26］王克英，季坤，蔡泽祥. WAMS 中 PMU 的完整周期抗混迭同步采样方法［J］. 电力系统自动化，2006，30（2）：72-76.

［27］WANG Keying，JI Kun，CAI Zexiang. Full cycle anti-aliasing synchronized sampling algorithm of phasor measurement units in WAMS［J］. Automation of Electric Power Systems，2006，30（2）：72-76.

［28］马仁政，陈明凯. 减少频谱泄漏的一种自适应采样算法［J］. 电力系统自动化，2002，26（7）：55-58.

［29］MA Renzheng，CHEN Mingkai. An adaptive sampling algorithm for reducing spectrum leakage［J］. Automation of Electric Power Systems，2002，26（7）：55-58.

［30］刘灏，毕天姝，杨奇逊. 数字滤波器对 PMU 动态行为的影响［J］. 中国电机工程学报，2012，32（19）：49–57.

［31］谢小荣，李红军，吴京涛，等. 同步相量技术应用于电力系统暂态稳定性控制的可行性分析［J］. 电网技术，2003，28（1）：10–14.

［32］IEEE，IEEE Standard for Synchrophasors for Power Systems［S］.

［33］DL/T 280—2012 电力系统同步相量测量装置通用技术条件［S］.

［34］Synchronized Phasor Measurements and Their Applications A.G.Phadke • J.S.Thorp，14–27.

第**3**章

广域相量测量系统子站

广域相量测量系统子站（简称子站）是广域相量测量系统的重要组成部分，子站基于相量计算方法和时钟同步技术完成厂站端电压电流相量、功率、频率测量，开关量采集，以及上述信号的处理、分析和存储，并将上述信息按照规定的通信协议上送至广域相量测量系统主站（简称 WAMS 主站），从而为 WAMS 主站相关应用功能提供数据支撑。

3.1 子站结构

子站一般采取分布式结构，由分布安装的多台同步相量测量装置（PMU）、相量数据集中器（PDC）、监视工作站、网络交换机等构成，由变电站时钟进行统一授时或采用单独的高精度授时设备进行授时，子站信息通过纵向安全加密装置接入电力调度数据网，与调控中心 WAMS 系统前置服务器进行数据通信。典型结构如图 3–1 所示。

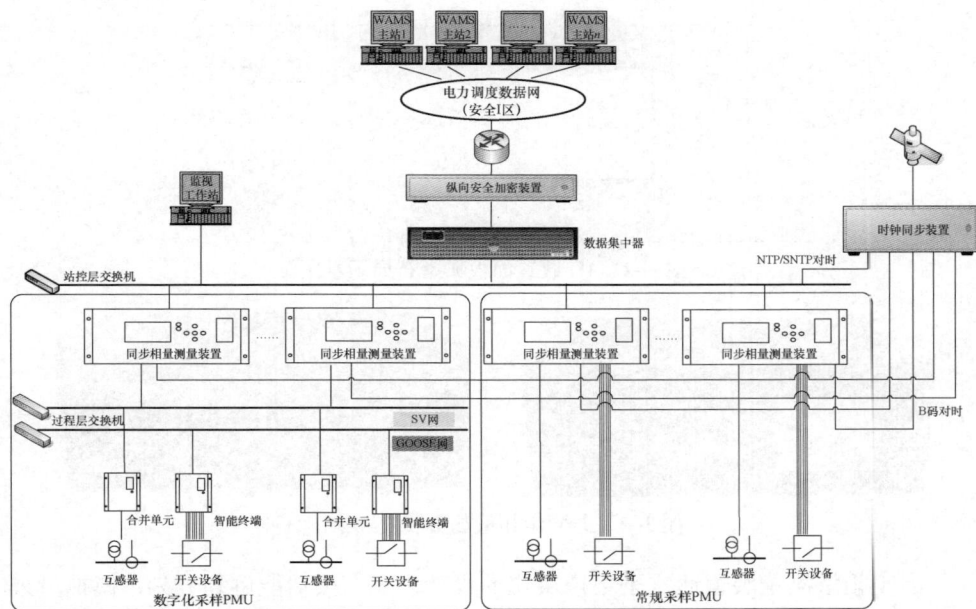

图 3–1 子站结构示意图

同步相量测量装置（PMU）分为常规采样 PMU 和数字化采样 PMU 两种，分别应用于常规变电站和智能变电站。在常规变电站，常规采样 PMU 使用硬接线方式实现数据采集；而在智能变电站，数字化采样 PMU 通过接收合并单元及智能终端从站内过程层网络发送的 SV 和 GOOSE 报文实现采集。

常规采样 PMU 的数据采集由设备自己完成，其采样同步性优于 1μs。同步相量数据所使用的世纪秒（SOC）和秒等分（FRACSEC）均由同步相量测量装置自身提供。而数字化采样 PMU 的数据采集由合并单元完成，合并单元需保证采样同步性优于 1μs 且提供 FRACSEC，SOC 则由同步相量测量装置通过接收授时装置的时间信号获得。

常规采样 PMU 一般采用厂家自定义的数据模型，而数字化采样 PMU 要考虑与其他 IED 设备和站内监控系统通信，所有数据结构和通信接口需符合 IEC 61850 相关标准的规定。

3.2 子站设备

3.2.1 同步相量测量装置

1. 硬件组成

同步相量测量装置大部分采用符合 IEC 60297-3 标准的高度为 4U、宽度为 19 英寸的机箱。图 3-2 给出了 4U 装置面板典型布局示意图，图 3-3 给出了典型常规变电站同步相量测量装置实物图。

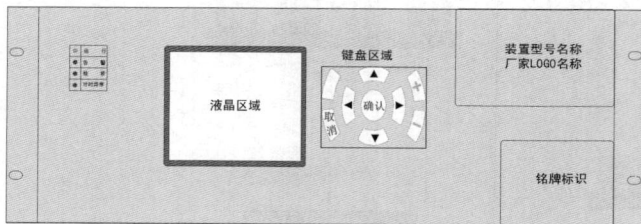

图 3-2 4U 装置面板典型布局示意图

图 3-3 某同步相量测量装置实物图

同步相量测量装置通常采用模块化的设计思想，按功能可划分为：模拟量采集模块、管理模块、开入采集模块、信号开出模块、电源模块。

工程中，根据实际需要可以选择多个合适的模块，对装置功能、测量通道类型和通信接口数量等进行灵活配置。图 3-4 所示为各模块配置示意图。

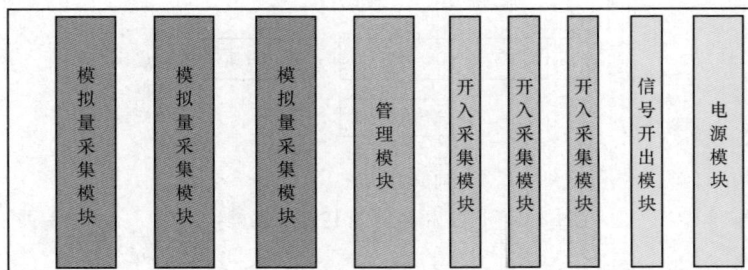

图 3-4　同步相量测量装置模块配置示意图

（1）模拟量采集模块。

模拟量采集模块负责对二次 TV/TA 输出的模拟量进行采集，模块中配置高性能的 A/D 变换器，采样脉冲来自装置上唯一的同步脉冲源。同步脉冲源发出的采样脉冲与基准时钟的同步误差优于 1μs，基于高精度抗干扰自同步技术，短时失去基准时钟或基准时钟受到强干扰的情况下，模拟量采集模块仍能维持较高精度的同步采样。

（2）管理模块。

管理模块主要实现对装置内其他功能模块的工作状态监视；实现人机交互；实现时钟同步，为机箱内的模拟量采集模块提供统一的同步脉冲；实现暂态录波；实现装置与本地监视工作站通信等管理功能。

（3）开入采集模块。

开入采集模块配置多路开入采集回路和内部自检回路，各开入回路独立实时自检，开入采集带有绝对时标，事件分辨率达到 1ms 以上。

（4）信号开出模块。

信号开出模块提供多路空触点开出，根据使用场合可有强电开出和弱电开出之分。同时，根据信号开出触点的不同用途，实际工程中又有掉电保持信号开出和掉电非保持信号开出。掉电保持信号开出触点动作后，装置断电不影响触点状态；掉电非保持信号开出触点动作后，装置断电后触点动作自动收回。

（5）电源模块。

电源模块为装置中的各功能模块提供电能，根据使用场合不同，电源模块可分为 110V 和 220V 两种电压等级。电源模块具备直流消失（常闭接点）告警信号输出功能，当模块失电后，告警信号输出接点开路，为外回路提供告警信号。

同步相量测量装置对模拟量的采集处理过程大致如图 3-5 所示。整台装置在同一采样脉冲驱动下采集各模拟量，经 A/D 转换和傅里叶变换后获得基波相量数据，数据经以太网上送相量数据集中器。

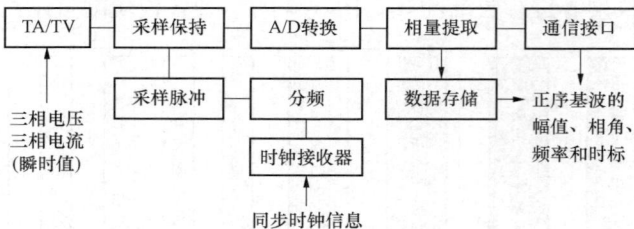

图 3-5　同步相量测量装置数据处理图

2. 主要功能

同步相量测量装置最基本的功能是对电压相量、电流相量以及相关的功率、频率等模拟量数据以及必要的开关量数据的同步测量。同时，为了实现对电网中发电机、励磁系统、调速系统的同步观测和分析，还扩展出了对发电机内电势角、转速以及机组控制系统直流信号、开关量信号的量测。具体来说包括以下量测内容：

（1）同步采集测量点的三相电压和三相电流，计算三相基波电压、三相基波电流、正序基波电压相量、正序基波电流相量、频率和频率变化率，每组三相电压都应有一组频率和频率变化率。

（2）同步测量发电机内电势及功角，利用发电机的电气参数和机端电压电流相量计算发电机内电势相角和功角；同时可利用接入发电机键相脉冲信号实测发电机内电势相角和功角，在转速脉冲信号较好的场合，支持接入转速脉冲测量发电机内电势相角、功角和转速；在不具备直接采集转子键相脉冲时，可利用发电机（和变压器组）的电气参数和电压电流相量计算发电机内电势相角和功角。

（3）同步测量采集点开关量信息，如断路器开关位置、刀闸位置、发电机励磁系统 PSS 及自动电压调节器（AVR）投退等开关量信息。

（4）同步测量发电机辅助信号，如励磁信号、转速信号、一次调频信号等。

（5）连续循环存储动态数据。

（6）连续循环存储采样数据。

3.2.2　相量数据集中器

1. 硬件组成

相量数据集中器作为子站的重要组成部分，需要进行大量的数据处理，对硬件性能和可靠性都有较高的要求。目前，各厂家供货的相量数据集中器分为两种结构形式。一种为 19 英寸 2U 标准机架式工控机，如图 3-6 所示；另外一种为 19 英寸 4U 标准机箱，如图 3-7 所示。

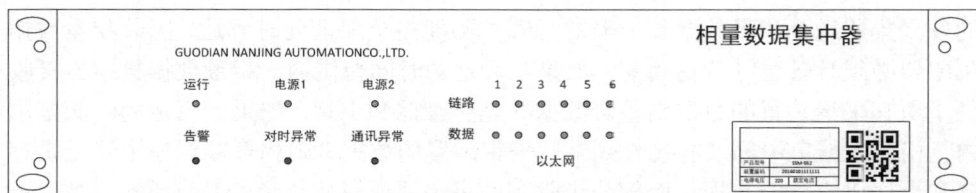

图 3-6 2U 相量数据集中器

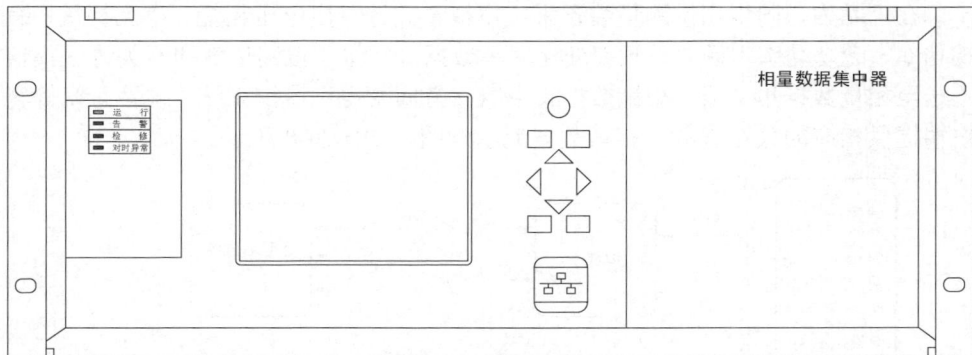

图 3-7 4U 相量数据集中器

无论是 2U 工控机式还是 4U 标准机箱式的相量数据集中器，都具备多个以太网接口，便于与站内同步相量测量装置和远方主站实时通信。同时，相量数据集中器需要存储较长时间的相量数据，因此在相量数据集中器都配置了大容量硬盘。

此外，因为早期并没有要求将 PMU 子站的同步相量采集和相量数据集中功能严格独立，所以在早期产品中，存在着集同步相量采集和相量数据集中功能于一体的装置。

2. 主要功能

相量数据集中器主要作用是对厂站内的同步相量数据做汇集、对齐、存储等操作。因此，相量数据集中器的主要功能如下：

（1）实时接收、存储、解析同步相量测量装置的相量数据报文。

（2）同时向多个主站实时转发站内同步相量测量装置的相量数据报文。

（3）连续记录电压电流基波正序相量、三相电压基波相量、三相电流基波相量、频率、频率变化率、有功功率和无功功率以及开关状态信息。

（4）相量数据的实时传送速率可以整定，具备 25、50、100 次/s 的可选速率。

（5）实时记录装置告警信息，按照时间顺序存储，方便运行人员查阅。

相量数据集中器主要是汇集厂站内采集装置上送的数据，并将汇集后的数据上送至远方主站。由于同步相量测量装置是等间隔上送数据，考虑到同一厂站内的各采集器送至相量数据集中器的时间并不能完全保证同时到达，因此相量数据集中器必须具备延时等待功能。如果在设定的时间范围内，相量数据集中器接收到了所有采集装置的数据则整合数据并完整存储和上送；如果在设定的时间范围内，相量数据集中器未能接收到全部采集装置的数据，则相量数据集中器正常存储和上送已收到的数据，而部分未收到的采集器所对应通道的数据将被清零。

3.2.3 通信架构

在厂站内，同步相量测量装置采集模拟量并计算出电压相量、电流相量、有功功率、无功功率、频率、频率变化率等数据，并将模拟测量值和开关量采集值上送至相量数据集中器；相量数据集中器支持向变电站监控系统、主站系统等客户端提供相应的数据服务。相量数据流示意图，如图 3-8 所示。

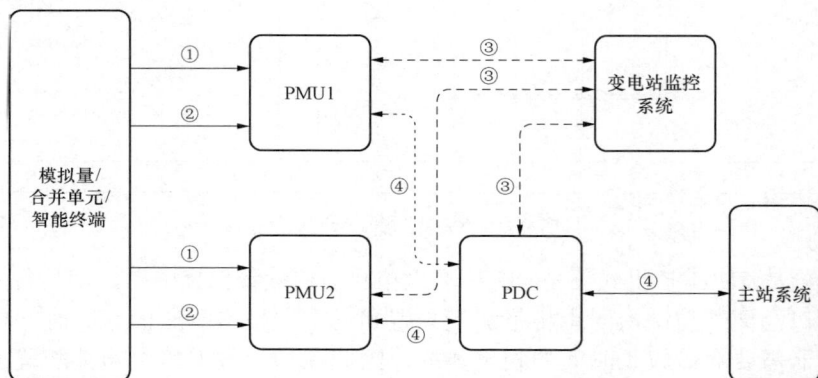

图 3-8 相量数据流示意图

①—以太网多播 SV 服务；②—以太网多播 GOOSE 服务；③—MMS 服务；

④—GB/T 26865.2—2011 数据传输协议

为了提高通信的可靠性，同步相量测量装置和相量数据集中器间越来越多的采用双以太网通信。同时，相量数据集中器双重化配置逐渐成为趋势，电力调度数据网可使用不同平面分别接收来自两台相量数据集中器的数据，如图 3-9 所示。

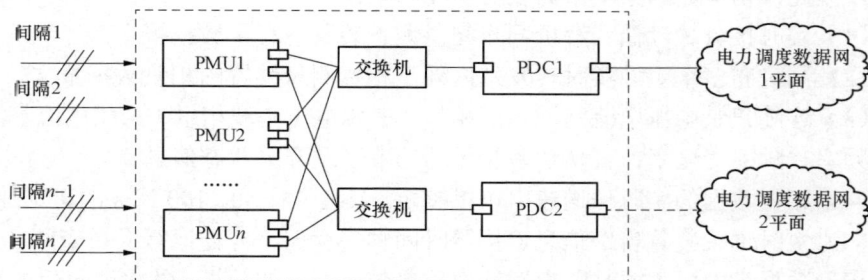

图 3-9 双网双相量数据集中器模式

　　在重要厂站，为进一步提高通信可靠性，还可以采用如图 3-10 所示的双网双相量数据集中器双链路的通信模式。在此模式下，每台相量数据集中器可以通过两条链路分别接收各采集装置的数据。同时，电力调度数据网也可以通过两条链路分别从厂站内的两台相量数据集中器中接收站端数据。

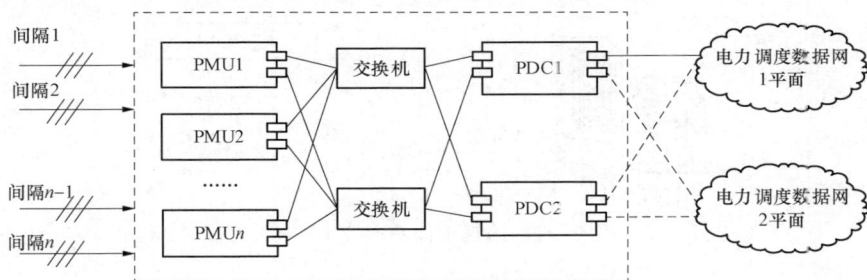

图 3-10　双网双相量数据集中器双链路模式

　　此外，因为早期没有对同步相量测量装置与相量数据集中器间的通信做出明确规定，所以大多数厂家都没有采用标准通信规约。目前，随着同步相量测量装置与相量数据集中器间的通信逐渐被标准化，越来越多的厂家使用国标中的主子站通信规约来实现同步相量测量装置与相量数据集中器的通信。

3.2.4　授时单元

　　高精度和高可靠性的时钟源是同步相量测量技术的基础，PMU 要求的同步时钟精度为 1μs，且失星情况下还必须具备较强的守时能力，普通授时设备无法满足这些要求，因此在 PMU 的技术规范中均明确要求配备独立的授时单元。

　　PMU 专用授时单元为 PMU 装置提供统一的时钟基准。授时信号大多采用光纤方式传输，抗干扰能力强，且支持级联扩展，特别适合站内布置多台分布式测量装置。通常一个厂站内 PMU 只需要一个对时天线就可以满足全厂站 PMU 装置对卫星时钟的接收需求。

　　PMU 的授时单元通过特殊处理，可以对光缆长距离传输延时进行精确补偿，保证最终授时精度达到 1μs。在卫星失锁情况下，通过装置内部的高精度晶振，授时单元可以继续维持授时信号输出，例如失星 2h 以内的同步误差不大于 0.5°，大大提高了装置的可用性。以某授时单元为例，每台装置最多可提供 6 路授时光纤信号输出，同时供给 6 台测量装置使用，该装置实物照片如图 3-11 所示。

图 3-11　某授时单元实物图片

3.2.5　监视工作站

站端监视工作站可提供厂站端运行状态的辅助监视信息。为保证与 WAMS

主站实时通信的可靠性，监视工作站应与数据集中器及测量装置在硬件上分离，硬件配置为高性能商用 PC 机或工控机，通过以太网和数据集中器互联。

监视工作站与数据集中器的连接关系如图 3-12 所示，采用独立以太网络连接，当连接距离超过 50m 时，应采用光缆连接（图中虚线所示）。

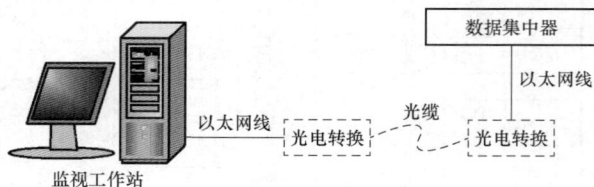

图 3-12 监视工作站连接示意图

本地监视工作站应具备以下基本功能：

（1）接收处理数据集中器发出的实时测量数据，包括发电机组的机端电压、发电机内电势、母线电压、发电机输出功率（电流）、出线的功率（电流），母线频率等，并以相量图或曲线的方式绘制实时数据，可显示任意两个相量的相对角，辅助运行人员判断机组的安全运行状态。

（2）接收调度主站下发的参考相量数据，与本地同步相量测量装置测得的相量进行实时比较，为运行人员提供机组和系统稳定的参考信息（注：本功能需要调度主站具备参考相量数据下发功能）。

（3）查询和分析同步相量测量装置的离线数据记录：可以根据时间和事件索引对 PMU 存储的离线数据其进行查询和召唤，并使用离线数据回放工具对离线数据进行回放和分析，为事后分析提供详细的原始数据。

3.3 子站功能

3.3.1 数据采集与处理

同步相量测量装置主要对接入装置的主变压器、母线、线路、机组等主要电力元件的相量、模拟量以及开关量等进行测量，并将测量结果实时上送至 WAMS 主站，装置通过输出硬接点将装置的运行告警信号接入站内监控系统。

1. 交流模拟量采集

为了保证同步相量测量装置在稳态和动态过程的测量精度，装置的电流采集回路应接入测量 TA 回路。

（1）对于 500kV 及以上的系统通常采集以下交流电气量（均为三相电压、电流）：500kV 线路的电压、电流、主变压器高压侧、中压侧的电压、电流。

（2）对于 220kV 的系统通常采集以下交流电气量（均为三相电压、电流）：220kV 母线的电压，220kV 线路电压（若现场配备有线路 TV），220kV 线路的电流；主变压器高压侧、中压侧电压、电流。

（3）对于发电机组通常采集发电机机端电压、机端电流（均为三相电压、电流）。

典型的交流量采集回路示意图如图 3-13 所示。

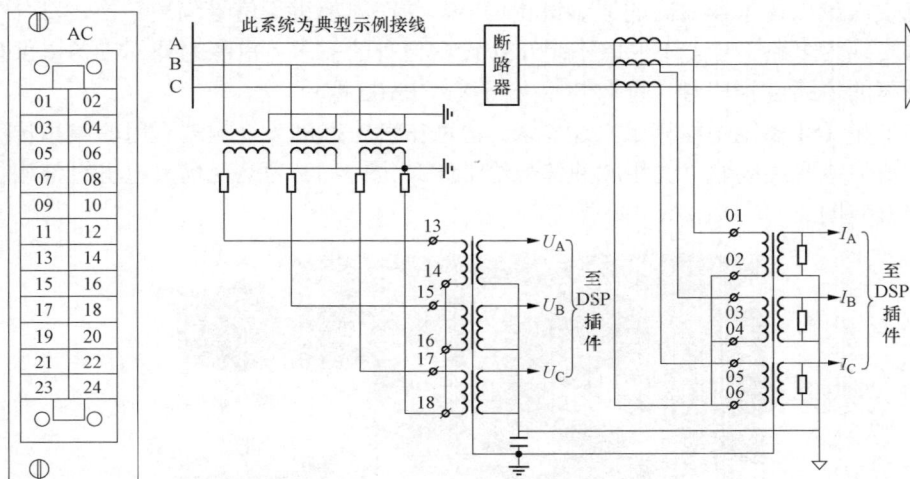

图 3-13　交流插件典型示例接线

2. 发电机功角采集

应用于发电厂的同步相量测量装置具备发电机功角采集功能，该功能既可以集成在同步相量采集装置内部，也可以采用独立的发电机功角测量单元。其外部主要采集发电机机端电压、发电机键相脉冲信号。

火电厂发电机组通常采用单极机，转子键相传感器产生的键相脉冲信号额定频率为 50Hz（即 1 脉冲/转），信号类型为电压信号，电压范围在 −24 ～ +24V 之间，信号峰峰值一般大于 3V。供 PMU 使用的键相脉冲信号与现场其他设备使用的键相脉冲信号之间宜进行电气隔离。

原始键相脉冲信号由安装在汽轮机机头处的键相传感器输出，通常在汽轮机机头处的延长轴上开一个键相槽或贴一个键相齿，键相传感器安装时将传感器探头对准键相槽或键相齿所在位置，每当键相槽或键相齿到达探头处时，传感器就会输出一个脉冲。要求在发电机的转轴上开一个键相脉冲槽或贴一个键相齿，在转轴外部放置一键相脉冲传感器。键相探头安装示意图如图 3-14 所示，值得注意的是，实际工程应用中，A 的数值应按探头厂家提供的参数而定，该值过大或者过小，都可能会导致探头无

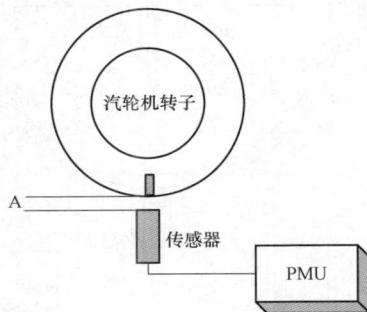

图 3-14　汽轮机键相脉冲测量示意

法产生键相脉冲信号，如常用的飞利浦 PR9376 键相脉冲传感器，其测量间隙 A≤1.5mm。

供 PMU 使用的键相信号可由汽轮机状态监测系统（TSI）输出。此时 TSI 系统接入键相传感器输出的原始键相信号，并在内部进行信号隔离转换，将一路信号转换为多路输出，不仅能满足 TSI 设备自身的需求，也能为外部设备提供相互隔离的多路键相信号，选取其中一路接入 PMU 即可。

如果 TSI 系统不能满足上述要求，也可在汽轮机机头处加装专用的键相传感器，由传感器直接输出键相脉冲信号给 PMU。图 3-15 为某现场火电机组键相传感器安装图。

图 3-15　某火电机组键相传感器安装现场图

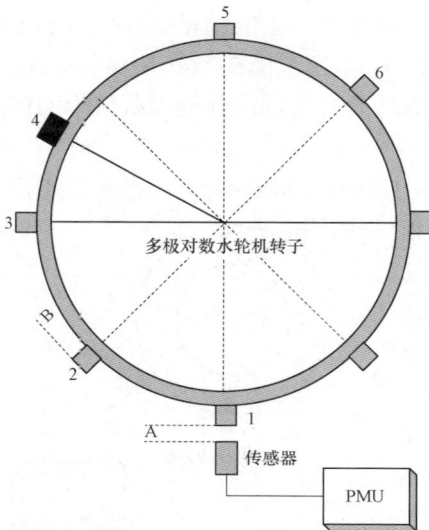

图 3-16　水轮机键相脉冲测量示意

对于水轮机组而言，由于机组极对数多，为了得到机组键相脉冲信号，一般采用在水轮机的转轴上装设与极对数相同数目的键相齿盘的方式，如图 3-16 所示。

水轮机组一般采用接近开关作为键相传感器。图 3-16 中传感器探测面和键相凸块的测量距离 A 为 8～10mm 较为合适，凸块表面与转轴表面的距离 B 应大于 10mm。

3. 直流量采集

应用于发电厂的同步相量测量装置具备测量 4～20mA 或者是 0～5V 直流信号的功能，其具体接入的直流量采集范围由 WAMS 主站相关部门制定。通常采集的直流信号有：发电机励磁电压、发电机励磁电流信号、发电机组调节级压力、发电机 AGC 辅助量、汽门开度/导叶开度。

4. 开关量采集

同步相量测量装置具备采集开关量信号的功能，其接入的开关量一方面用于装置自身检修、线路电压选择等功能，另一方面用于采集 WAMS 主站所关心的其他保护、安全自动装置的动作信号。通常采集的开关量信号有：发电机 AVR 动作信号、发电机 PSS 动作信号、发电机一次调频动作信号。

5. 告警开出

同步相量测量装置具备信号开出硬接点，用于输出装置的异常告警信号。硬接点类型为掉电自保持或掉电非保持空接点，信号开出接点可引至厂站中央信号或监控系统，以便运行人员能及时发现装置的故障信息。通常输出的告警开出接点有：电源消失、时钟失步、TV/TA 断线、录波启动、装置故障。

3.3.2　数据存储

子站应具备数据存储功能，实现对动态录波数据、暂态录波数据、连续录波数据的存储，并为 WAMS 主站提供历史数据的调阅查询服务，这些数据是 WAMS 主站离线高级应用及分析的重要数据源。

1. 动态录波数据存储

同步相量测量装置可连续记录所测电压电流基波正序相量、三相电压基波相量、三相电流基波相量、频率、频率变化率及开关状态信号；此外，安装在发电厂的同步相量测量装置可连续记录发电机内电势和功角、转速、PSS 投退状态信号、AVR 自动/手动信号等发电机、励磁系统的运行参数。

动态数据存储是指相量数据集中器将合并对齐生成的实时数据帧按生成顺序依次存入存储介质，形成可供查询调阅的二进制数据文件。动态数据文件一般存储在相量数据集中器中。

动态数据存储的格式如图 3-17 所示，每个文件的头部存储数据对应的配置 1 帧（CFG-1），其后紧跟连续的数据帧，一般情况下第 1 帧数据帧的时标为整分零秒零毫秒。动态数据分析软件根据文件中的 CFG-1 帧即可解析出数据帧中包含的全部数据。

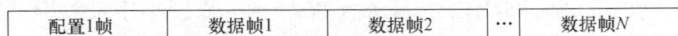

配置1帧	数据帧1	数据帧2	···	数据帧*N*

图 3-17　动态数据文件结构

为了保证子站数据的完整性，子站所记录的动态历史数据的记录速率应不低于 100 次/s，数据的循环存储策略有以下两种：

（1）按时间循环存储：磁盘管理线程根据当前文件时戳，删除设定保存天数以前的所有动态数据文件。

（2）按可用磁盘空间循环存储：磁盘管理线程定时检测磁盘可用空间，当可用空间少于设定值时，依次删除磁盘中较老的动态数据文件，直至可用磁盘空间大于设定值。

不管采用哪种循环存储策略，相量数据集中器都应保证至少 14 天的动态历史数据存储。不因直流电源中断而丢失已记录的数据，不因外部访问而删除记录数据，不提供人工删除和修改记录数据的功能。应根据主站召唤向主站传送记录数据，应按照 GB/T 26865.2—2011《电力系统实时动态监测系统　第 2 部分：数据传输协议》规定的格式存储动态数据。

当电力系统发生下列事件时装置能建立事件标识，方便用户获取事件发生时段的动态数据：

（1）频率越限；

（2）频率变化率越限；

（3）幅值越上限，包括正序电压、正序电流、负序电压、负序电流、零序电压、零序电流、相电压、相电流越上限等；

（4）幅值越下限，包括正序电压、相电压越下限等；

（5）发电机功角越限，包括发电机内电势领先机端电压的超前，发电机内电势落后机端电压的滞后；

（6）实时记录装置告警信息，按照时间顺序存储，方便运行人员查阅。

2. 暂态录波数据存储

暂态录波数据是指同步相量测量装置所记录的原始采样点文件，其文件格式符合 ANSI/IEEE C37.111—1999（COMTRADE）的要求。

在子站中，暂态录波数据的存储方式有分布式存储、集中式存储、混合式存储三种方式。

（1）分布式存储是指站内的同步相量测量装置将暂态录波数据就地存储和管理。当 WAMS 主站调阅查询暂态录波数据时，由相量数据集中器代理向每台同步相量测量装置发出调阅查询命令，读取相应的数据。

（2）集中式存储是指同步相量测量装置仅缓存少量暂态录波数据，暂态录波数据在生成后上传至相量数据集中器，由相量数据集中器负责暂态数据的存储及管理。当 WAMS 主站调阅查询暂态录波数据时，数据集中器直接读取就地存储的暂态数据。

（3）混合式存储模式中，一方面同步相量测量装置就地存储暂态录波数据，另一方面相量数据集中器也存储了全站的暂态录波数据，实现了暂态数据的冗余存储，保证了暂态录波数据存储的可靠性。

3. 连续录波数据存储

连续录波数据是指同步相量测量装置所连续记录的原始采样点文件，每分钟的原始采样点形成一个记录文件，其文件格式符合 ANSI/IEEE C37.111—1999

（COMTRADE）的要求。

子站应至少连续循环存储 72h 录波数据，该类文件应在同步相量测量装置中就地存储，采样率不低于 1000Hz。

3.3.3　装置运行状态监视

就地分析系统可对装置的运行状态进行全面监视，并提供简便、直观的用户操作界面。主要的状态监视功能应包括以下内容：

（1）显示装置状态信息、通信通道状态信息、报警信息、时钟信息等相关信息。

（2）显示厂站的主要一次电气设备的电气量、运行状态及厂站频率等。

（3）显示相量、模拟量、开入量、控制开出量等的实时状态值。

（4）对同步相量测量装置传送的动态数据帧中数据不可用、装置异常、时钟失步、录波启动等状态标识进行统计，并根据统计结果对所接入的相量测量装置的运行性能进行综合评价。

3.3.4　高级应用功能

根据用户的不同需求，可以在子站配置以下典型的高级应用。

1. 站端低频振荡监测

低频振荡监测功能中子站可接收主站下发的低频振荡监测阈值，当安装点处发生低频振荡时，子站应发出告警信号，并根据要求将振幅、频率、衰减因子等相关振荡分析结果上传主站。

2. 机组运行状态监视

安装在发电厂时，子站应具备机组运行状态监视告警功能，实时显示发电机 $P\text{--}Q$ 图：在发电机功率极限图画出发电机的运行范围，及实时运行点和运行数据，动态监视发电机的运行状态。当超过运行范围时，发出报警提示信息。

3. 机组一次调频性能监测

装置安装在发电厂时，就地分析系统可根据机组机端实测的频率曲线和功率曲线，按照控制中心主站的考核方法实现机组一次调频性能评价。评价的内容主要包括：

（1）一次调频投退状态的监测和统计。

（2）机组参与一次调频的响应滞后时间判定。

（3）机组参与一次调频的稳定时间判定。

（4）机组参与一次调频的贡献电量计算。

（5）火电机组调速系统速度变动率与水电机组永态转差率计算。

（6）机组参与一次调频的调整幅度。

（7）对一段时间内机组一次调频动作情况进行统计分析，形成日、月、年统计报表，并能进行历史数据查询，能对历史事件进行追忆和分析。主要的统计分析内容包括：投入率、正确动作率、积分电量、响应滞后时间、稳定时间等。

4. 机组自动发电控制性能监测

装置安装在发电厂时，就地分析系统可根据 AGC 指令文件提供的指令时刻，从实录的发电机组有功功率曲线识别出一段完整的 AGC 调节有功功率响应曲线，按照控制中心主站的考核方法实现机组自动发电控制系统 AGC 的性能评价。评价的内容主要包括：调节速率、响应时间、调节精度、折返时间、设点前出力、测速开始时间、测速开始出力、测速结束时间、测速结束出力、调节深度、精度计算开始时间、精度计算结束时间；对一段时间内机组 AGC 动作情况进行统计分析，形成日、月、年统计报表，并能进行历史数据查询，能对历史事件进行追忆和分析。

5. 机组励磁系统性能监测

装置安装在发电厂时，就地分析系统可通过采集各机组 PSS 投退状态信号、AVR 自动/手动信号以及发电机、励磁系统的运行参数，在线监测各机组 PSS、AVR 投退情况，分析电网异常时各机组励磁系统动作行为，并按照控制中心主站的考核方法实现机组励磁系统性能评价。评价的内容主要包括：机组 PSS、AVR 投退状态的监测和统计，励磁系统顶值电压倍数，强励电流倍数，标称响应，电压响应时间，机组振荡频率，机组振荡阻尼比；对一段时间内机组励磁系统响应情况进行统计分析，形成日、月、年统计报表，并能进行历史数据查询，能对历史事件进行追忆和分析。

6. 低电压穿越能力监测

装置安装在风力发电厂时，可通过比较实测电压动态曲线与低电压穿越要求的电压跌落持续曲线进行比较，从而评价风机的"低电压穿越"能力，当风机未按指标保持并网而脱网时，子站应发送告警信号并启动录波。

7. 发电机参数辨识

就地分析系统可利用发电机运行时附加扰动后子站记录的机端相量数据进行发电机参数辨识，辨识的参数包括定子绕组电阻 R_a，交直轴同步电抗 X_d、X_q，交直轴暂态电抗 X'_d、X'_q，交直轴次暂态电抗 X''_d、X''_q，转动惯量及其反映同步电机暂态过程的时间常数。

3.4 子站工程实施

子站的现场工程实施过程包括屏柜安装、线缆及附件安装、单体调试、系统联调、装置投运等环节，其中关于屏柜安装和线缆附件安装请读者自行查阅相关技术文档，本书仅就后面三个环节进行介绍。

3.4.1 单体调试

子站的单体调试主要分为如下主要调试步骤：

1. 装置上电

在装置上电前，需要按照设计图纸仔细检查装置的电源线是否正确，屏柜内其他接线是否正确，检查确保无误后方能合空气开关上电。

2. 装置参数设置

在装置上电后，根据工程现场实际组网方式、外部接线情况等，完成对装置的组态参数运行定值的设置。常用参数设置包括以下内容：装置对时方式；厂站名称（STN）、厂站标识（IDCODE）、通道名称；交流电压通道 TV、交流电流通道 TA 变比、直流通道转换系数；暂态录波启动定值；通信 IP 地址、命令管道监听端口、数据管道监听端口、文件管道监听端口。

3. 装置对时检查

检查同步相量测量装置的对时光纤或者是对时线缆接线是否正确，并通过装置的对时状态指示灯或者是告警信息，确保装置能与外部时钟正确对时。

4. 装置精度测试

在完成上述步骤后，需要采用继电保护测试源依次对同步相量测量装置的每一采集回路进行加量测试并做好调试记录，若回路测量精度不满足精度要求，则需要对回路的采样参数进行现场校准。需要现场进行电压、电流、频率、功率、直流量的精度测试，以及开关量测试、告警开出测试。

3.4.2 系统联调

1. 通道测试

按照调度 WAMS 主站分配给子站的 IP 地址、数据网端口等信息，对相量数据集中器的网口 IP 地址、路由信息等进行设置，并确保相量数据集中器的通信网口与调度数据网设备分配的端口正确相连，连接完毕后，可通过 ping 命令测试相量数据集中器至站内网关、调度 WAMS 主站前置机的通信连通情况，确保相量数据集中器网络链路与 WAMS 主站连通。

2. 接入 WAMS 主站

该步骤在子站完成前述步骤之后，由子站现场调试人员告知 WAMS 主站调试人员子站已具备接入条件，由 WAMS 主站调试人员完成子站的接入。在此期间，WAMS 主站主要完成以下工作：

（1）在 WAMS 主站系统中新建子站站点；

（2）召唤子站的 CFG-1 帧，进行测点的 CFG-2 挑选配置，并完成测点配置入库操作；

（3）完成 WAMS 监视画面制作及更新；

（4）下发 CFG-2 帧至子站，打开子站的实时数据，开始收取子站的实时数据。

3. 数据核对检查

WAMS 主站调试人员在完成子站接入后，与子站调试人员沟通，共同进行该站点 PMU 数据核对检查，核对检查的主要数据有：子站发送数据速率，子站上送数据时标，所有相量通道、模拟通道的幅值。

4. 离线文件召唤

WAMS 主站调试人员在完成上述步骤后，进行离线文件召唤测试，测试一般步骤如下：

（1）召唤动态录波数据，并使用数据分析工具检查数据的正确性；

（2）召唤连续录波数据，并使用数据分析工具检查数据的正确性；

（3）向子站发送"联网触发"命令；

（4）召唤下发"联网触发"时段的暂态录波数据，并使用数据分析工具检查数据的准确性。

3.4.3 装置投运

子站在完成前面所有步骤并确认功能及数据无误后，子站即具备了投运条件，由现场相关调试人员通过操作屏柜内部端子连片、短接片等完成外部回路接入装置，操作完成后，通过装置提供的人机界面，对所有回路的测量值进行检查，核实幅值、相位等无误后，装置完成投运。

为了防止板件损坏等导致装置参数永久丢失，现场调试人员需要对现场所有装置的参数进行备份，并连同装置说明书、现场调试记录等资料一并归档。

3.5 子站布点优化配置

现代互联电力系统的规模很大，对每个节点都配置 PMU 不仅不经济而且也没必要，研究如何配置最少的 PMU 来实现某一研究目的具有深远意义。

3.5.1 电力系统可观性

1. 代数可观

若电力系统具有 n 个节点、m 维测量点数据，那么其可以有以下线性量测方程进行表征：

$$z=Hx+v \tag{3-1}$$

式中：z 为 m 维测量矢量；H 为 $m \times n$ 测量雅可比矩阵；x 为 n 维电压状态矢量；v 为 m 维测量噪声矢量。如果测量雅可比矩阵 H 是满秩和良态的，也就是 H 的秩为 n，则这个系统是代数可观的。

如果矩阵 H 为实数矩阵，那么矩阵 H 就是（$m \times 2n-1$）量测雅可比矩阵。如果测量雅可比矩阵 H 是满秩和良态的，也就是 H 的秩为 $2n-1$，则这个系统是代数可观的。

2. 拓扑可观

在进行 PMU 优化配置的过程中实际上无需考虑具体的发电或者输电设备，可以将其等效为若干点与线的拓扑连接，对于一个具有 n 个发电输电节点和 m 条输电线路的电力系统，可以将其等效为相应节点数和边数的拓扑图 $G=(V, E)$，其中 V 代表系统中的节点集合，E 则代表了系统中的边的集合。PMU 配置测量网络也构成了一个子图 $G'=(V', E')$，其中 $V'\subseteq V$，$E'\subseteq E$。若有 $V\subseteq V'$，则该系统是可观的。

3. 单节点可观

与传统状态估计类似，为实现系统可观也是要获得各个节点的电压幅值和电压相角，若某个节点的电压信息数据通过 PMU 直接测量获得或者经由计算间接获得，那么称该节点是可观测的。

4. PMU 配置规则

PMU 具备测量安装地点电压相量以及安装地点出线电流相量的能力。由此，可以推得以下几项配置规则：

规则 1：若节点 i 配置了 PMU，那么节点 i 的电压幅值和相角能够被直接测量，于是节点 i 可观测。

规则 2：若节点 i 配置了 PMU，那么与节点 i 相邻相连接的所有节点都可以被间接观测，因为节点 i 的出线电流相量可以直接获得，当知道线路阻抗参数时，依据欧姆定律可以求得对侧电压相量。于是，相邻节点也可观测。

规则 3：若电力系统中存在某些支路的潮流是给定的，不随着系统拓扑或者负荷需求的变化而变化（如某些发电机出线），那么在该支路两侧相连的节点中，如果其中一个节点可观测，那么另一个节点也可观测。

设支路潮流为 S_{ij}，其满足 $S_{ij}=\dot{U}_i\dot{I}_{ij}$，由此可以求得 $\dot{I}_{ij}$，当知道线路阻抗参数时再依据欧姆定律可以求得对侧电压相量。

规则 4：在电力系统中存在大量注入功率为零的节点，称之为零注入功率节点，假设在该零注入功率节点周围有 k 个节点与其相连，那么如果这 k 个节点当中有 $k-1$ 个节点可观测，那么第 k 个节点也可观测。

在包括该零注入功率节点 i 的 $k+1$ 个节点中，对其进行从 1 到 $k+1$ 编号，对节点 i 运用节点电压法进行求解，并考虑该节点注入电流为 0：

$$\sum_{j=1}^{k+1}Y_{ij}\dot{U}_j=0 \tag{3-2}$$

式中：Y_{ij} 表示节点 i 和节点 j 的互阻抗；Y_{ii} 表示节点 i 的自阻抗。

$$\dot{U}_i=-\frac{1}{Y_{ii}}\sum_{j=1, j\neq i}^{k+1}Y_{ij}\dot{U}_j \tag{3-3}$$

3.5.2　PMU 优化配置算法

1. 基于某一特定应用要求下的 PMU 最优配置

（1）提高状态估计精度的 PMU 优化配置方法。

在提高状态估计精度方面，传统的状态估计方法所使用的数据主要依靠的是 EMS 以及 SCADA 提供的非实时数据，状态估计精度较低，因此可以利用 PMU 测量数据的高精度特点加入到状态估计当中，在算法中对 PMU 所给数据赋予较高的权重进行计算，依据算法需要，在特定地点配置 PMU。

（2）考虑发电机同调性的 PMU 优化配置方法。

系统在故障、切负荷等大扰动情况下出现一系列动态过程中，总有一部分发电机机组或者母线电压的动态行为是相近的，这就是发电机的同调性。因此，如果对每个发电机节点都配置 PMU 来监视它的暂态过程将造成 PMU 的浪费，可以对发电机组进行分群，同调机群中某一发电机的动态行为就能够代表该同调机群中所有动态行为。

（3）基于电力系统潮流方程直接可解概念的 PMU 配置。

假设电力系统有 n 个节点，其中节点 n 为平衡节点，那么潮流问题就可以转化为通过给定的系统各节点复功率求解各节点电压相量的问题，于是潮流方程变为非线性方程组，与电压相量相关：

$$S_i = U_i \sum_{m=1}^{n-1} Y_{ij} U_j \tag{3-4}$$

式中：S_i 为 i 节点的注入功率；U_i 为 i 节点的电压相量；Y_{ij} 为节点导纳矩阵中的元素。

高度的稀疏性是电力系统的显著特点，利用这一特点，在求解第 i 个方程的时候可以通过适当的配置 PMU 使得上式右端最多只有一个未知的电压相量 U_u，那么可以求得：

$$U_u = \frac{1}{Y_{iu}} \left[\frac{S_i}{U_i} - \sum_{j \neq u} Y_{ij} U_j \right] \tag{3-5}$$

如果从 $i=1$ 到 $i=n-1$ 个节点都能满足 rank（H）=n，那么求解潮流方程就不需要迭代，也就是说，此时系统的潮流方程直接可解。

2. 考虑全网可观的 PMU 最优配置

现如今进行 PMU 优化主要有两类算法：确定性数学算法以及启发式算法。启发式算法包括遗传算法、禁忌搜索算法以及模拟退火算法等，这些也被称作是计算机智能算法，而确定性算法则是 0-1 整数规划算法。

（1）模拟退火算法（SA）。

模拟退火算法的算法思路来源于固体的退火，即将材料暴露于高温很长时间后，再慢慢冷却的热处理制程。热力学原理表明在加温时材料内部分子、原子运动加剧，由有序变为无序状态，内能不断增加。在冷却过程中，温度下降，分子运动趋于有序，在最后常温时到达基态，此时分子内能最小。模拟退火算法可以借此求解大规模组合优化问题。

将 SA 算法应用于 PMU 的优化配置时，首先做如下定义：

1）目标函数：$F=N-N'$，相当于退火过程中的晶体。其中：N 是整个系统中的母线总数，N' 是可观测区域内的母线数目。

2）随机发生器：用以改变 PMU 的配置。

3）单调递减函数 T：模拟不断下降的温度。

应用 SA 算法进行 PMU 配置的具体步骤如下：

1）确定初始方案：估计要配置的 PMU 数目 M（根据经验值可以设 $M=0.002C_N^v$，其中 v 是布置 PMU 要搜索的空间大小），随机选择 M 条母线安装 PMU。

2）任意选择一台 PMU，保存其所在母线位置，再任意选择一条没有安装 PMU 的母线，将 PMU 移到该母线上，计算变化后的目标函数 F。

3）如果 $F=0$，则系统可观测，选择此时的 PMU 配置方案。

4）如果 $F>0$，则以 $e^{-F/T}$ 的概率产生一个随机数，用来决定是否接受该配置方案。如果拒绝，则将选择的 PMU 退回到之前的母线上，否则选择该方案作为初始方案。

5）$T=0.879T$，继续步骤 2）～4）。

6）当达到规定的迭代次数后停止计算，返回"系统不可观测"的结果。

（2）深度优先搜索法（DFS）在 PMU 中的应用。

DFS 算法是基于图论配置 PMU 的一种方法。该方法只用到 PMU 配置规则 1～3（不包括零注入功率节点），第一台 PMU 安装在连接最多支路的母线上，如果有连接相同数目支路的母线，那么随机选取其中一条母线安装 PMU，其他 PMU 根据相同的法则安装，直到整个电网达到可观性的要求。这种方法的实质是从安装 PMU 的节点开始，通过测量或虚拟测量的电流支路扩张到虚拟测量的电压节点，然后再从这些电压节点通过电流支路继续向外扩张，在所有节点扩张完成后会生成一棵测量树。若这棵树包含所有系统节点，则整个系统是拓扑可观的。若某些系统节点不在测量树上，则系统不完全可观，且这些节点也不可观。

（3）最大测量树法。

首先任选一母线配 PMU，如果网络有 N 条母线，则算法就执行 N 次，最后得到 N 个配置方案。而在选好了起始母线并配置 PMU 之后，下一个 PMU 的配置点应该选在满足下面条件的母线上：

1）能提供最大限度的可观区域（即使网络中可观测的母线最多）。

2）距离原来的可观测区域最近（即能够和原来的可观测区域联系起来）。

3）看网络是否可观，如果是，结束；如果不是，继续进行下一条母线配置

PMU 并做相应的处理，直到网络完全可观。这样就可以得到一个方案，然后以不同的母线作为起始 PMU 配置点进行运算，可以得到 N 个方案，从中可以得到最优的一个或几个方案，算法流程图如图 3–18 所示。

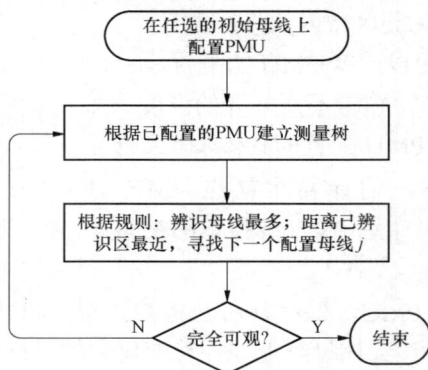

图 3–18　最大测量树算法流程图

（4）最小生成树法（MST）。

最小生成树法是改进的 DFS 算法。它将"寻找连接支路最多的母线"的寻优规则改进为"寻找最大限度覆盖网络的母线"。将 MST 方法运用于 PMU 的优化配置时主要有以下三个步骤：

1）产生一棵有 N（N 为母线数目）条树枝的最小生成树，图 3–19 描述了产生最小生成树的流程。算法将电网中的每条母线当作开始母线执行 N 次运算。

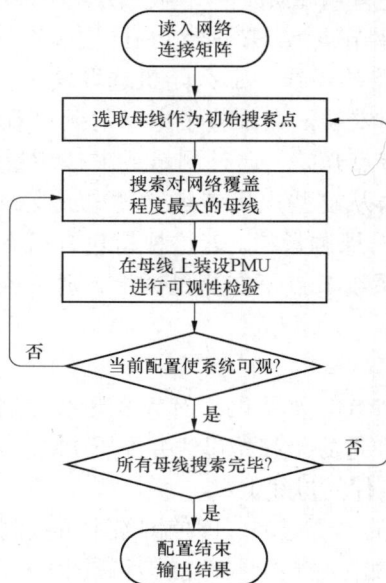

图 3–19　最小生成树算法流程图

2）搜索可选择的模式，根据步骤 1）得到的 PMU 配置方案还需要按照以下过程再加工：每个配置方案里的每台 PMU 都要被重新放置到与最初安装这台 PMU 的节点相连的母线上，如图 3-19 所示，如果能实现系统可观性，则这个 PMU 配置方案最终就能被保留下来。

3）如果有零注入功率节点，还可以减少 PMU 数目：在这一步骤中，如果每个配置方案都取出一台 PMU 仍可使网络可观，那么 PMU 的数目就可以减少。如果网络中没有零注入功率节点，则在步骤 2）结束运算过程。

（5）基于 0-1 整数规划的 PMU 优化配置方法。

对于一个 n 节点母线，PMU 最优布置实际上就是 PMU 数量或者说费用的最小化，这也就可以转换为对 0-1 线性整数规划问题的求解。其基本形式如下：

$$\begin{cases} \min \sum_{i}^{n} \omega_i x_i \\ \text{s.t} \quad AX \geqslant 1 \end{cases} \tag{3-6}$$

式中：X 是 n 维向量，其各个元素取值限定为 0 或 1。向量 X 的第 i 个元素对应于编号为 i 的节点，且 $X(i) = x_i$，当母线 i 配置了 PMU 时 $x_i=1$，否则 $x_i=0$。$A=[a_{ij}]$，当节点 i 与节点 j 相邻时，$a_{ij}=1$，否则，$a_{ij}=0$，对角线上的元素皆为 1。矩阵 A 本质上就是该电力网络的邻接矩阵。ω_i 表征节点 i 相对于其他节点的重要程度，即节点 i 的权重大小。权重越大，则节点 i 配置 PMU 的可能性越小。向量矩阵不等式 $AX \geqslant 1$ 表示要满足电力系统完全可观。

由于 ω_i 大小与各个节点工程施工难易有关，出于简化考虑，可以令 $\omega_i=1$。而针对不同求解问题，条件函数也会发生相应的变化，所以更一般的数学模型具有如下形式：

$$\begin{cases} \min \quad \|X\|_1 \\ \text{s.t} \quad f(X) \geqslant b \end{cases} \tag{3-7}$$

式中：$\|X\|_1$ 为向量 X 的一范式；$f(X)$ 为向量 X 的函数；向量 b 元素不全为 1。

1）若节点 i 的邻接节点是 $i+1$、$i+2$、$i+3$，节点 i 可观测对应的条件函数需要满足：

$$\begin{cases} f(i) = x_i + x_{i+1} + x_{i+2} + x_{i+3} \\ f(i) \geqslant 1 \end{cases} \tag{3-8}$$

2）若节点 i 是零注入功率节点，节点 i 的邻接节点是 $i+1$，$i+2$，$\cdots$，$i+k$，则节点 i 可观测对应的条件函数 $f'(i)$ 需要满足：

$$
\begin{cases}
f'(i) = \sum_{n=i}^{i+k} f(n) \\
f'(i) \geqslant k
\end{cases}
\tag{3-9}
$$

3）若节点 i 与节点 j 之间的潮流已知，节点 i 可观测对应的条件函数需满足：

$$
f(i) + f(j) \geqslant 1
\tag{3-10}
$$

3.5.3 PMU 算例分析

1. 算例 1

以 IEEE 14 节点为例介绍 0-1 整数规划算法。

如图 3-20 所示，文章采用 IEEE 14 节点系统作为测试系统。

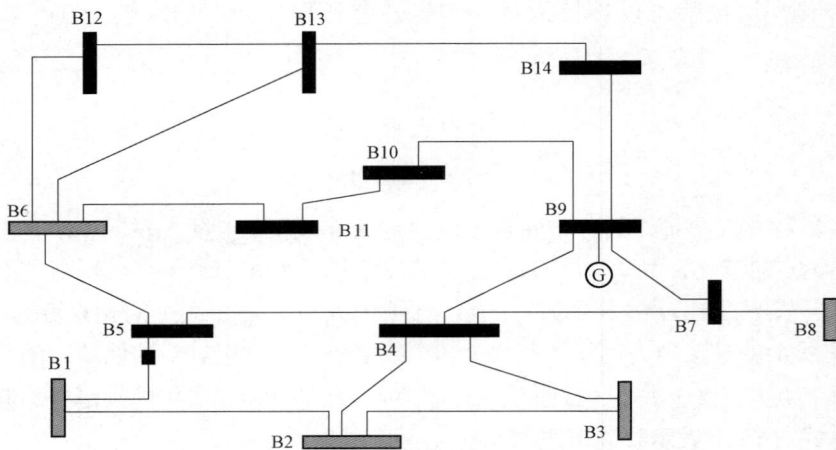

图 3-20 IEEE 14 节点图

求解全局可观情况下，当不考虑零注入功率节点 PMU 布点问题时，有如下目标函数和约束条件：

$$
\min \quad \sum_{i=1}^{14} x_i
$$

$$
\text{s.t.} \quad
\begin{cases}
f_1 = x_1 + x_2 + x_5 \geqslant 1; & f_2 = x_2 + x_1 + x_3 + x_4 \geqslant 1; \\
f_3 = x_3 + x_2 + x_4 \geqslant 1; & f_4 = x_4 + x_2 + x_3 + x_5 + x_7 + x_9 \geqslant 1; \\
f_5 = x_5 + x_1 + x_4 + x_6 \geqslant 1; & f_6 = x_6 + x_5 + x_{11} + x_{12} + x_{13} \geqslant 1; \\
f_7 = x_7 + x_4 + x_8 + x_9 \geqslant 1; & f_8 = x_8 + x_7 \geqslant 1; \\
f_9 = x_9 + x_4 + x_7 + x_{10} + x_{14} \geqslant 1; & f_{10} = x_{10} + x_9 + x_{11} \geqslant 1; \\
f_{11} = x_{11} + x_6 + x_{10} \geqslant 1; & f_{12} = x_{12} + x_6 + x_{13} \geqslant 1; \\
f_{13} = x_{13} + x_6 + x_{12} + x_{14} \geqslant 1; & f_{14} = x_{14} + x_9 + x_{13} \geqslant 1;
\end{cases}
$$

$$
\tag{3-11}
$$

求解可得如下两个配置方案：

表 3-1 　　　　　不考虑零注入的全局可观配置

方　案	PMU 数	PMU 位置
方案一	4	2，6，8，9
方案二	4	2，6，7，9

当考虑零注入功率节点对系统的影响时，添加如下约束条件：

$$\begin{cases} f_4 + f_7 \geq 1; f_4 + f_8 \geq 1; \\ f_4 + f_9 \geq 1; f_7 + f_8 \geq 1; \\ f_7 + f_9 \geq 1; f_8 + f_9 \geq 1; \end{cases} \qquad (3-12)$$

求解时得到配置方案：

表 3-2 　　　　　考虑零注入的全局可观配置

方　案	PMU 数	PMU 位置
0-1 整数规划法	3	2，6，9

应用 0-1 整数规划法最后得出的配置方案为在母线 2，6，9 配置 PMU。

在考虑失去一个测点仍然可观测（$N-1$）的情况下，最小生成树法与 0-1 整数规划法进行对比求解。其结果如表 3-3 所示。

表 3-3 　　　　　两　种　方　法　对　比

方　法	PMU 数	PMU 位置
最小生成树法	8	2，5，6，7，9，10，13，14
0-1 整数规划法	7	1，2，4，6，9，11，13

表 3-3 中给出在 $N-1$ 情况下最小生成树方法与 0-1 整数规划法所得结果的对比。0-1 整数规划法能够节省一个 PMU，说明 0-1 整数规划法在包含零注入功率节点的情况下，求解 $N-1$ 情况下 PMU 配置问题具有优势。

2. 算例 2

IEEE 39 节点系统中有 12 个零注入功率节点。IEEE 39 节点系统图如图 3-21 所示。

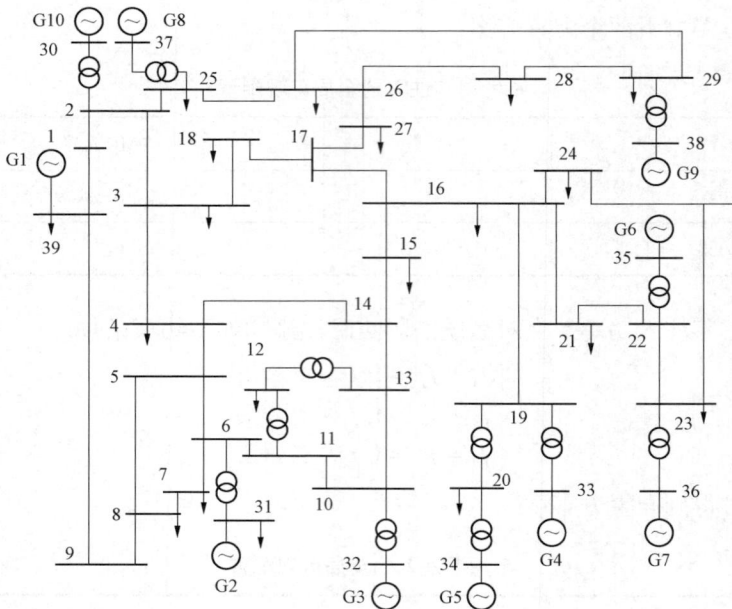

图 3-21   IEEE 39 节点系统

不同布点方法配置结果对比如表 3-4 所示。

表 3-4   四 种 方 法 对 比

方法	PMU 总数	PMU 节点位置
0-1 整数规划	13	2，6，9，10，13，14，17，19，22，23，25，29，34
MST	9	1，3，8，12，16，20，23，25，29
DFS	16	2，6，8，10，12，14，16，18，20，23，26，33，35，37，38，39
SA	9	2，3，8，12，16，20，23，25，29

3.6   小结

本章一方面系统性地介绍了广域相量测量系统子站的结构、设备组成、授时同步、功能应用、主子站信息交互以及工程实施等内容，使读者对广域相量测量系统子站所含设备的硬件构成、应用功能、数据传输、通信协议、工程调试有了比较全面的了解。另一方面，比较全面地介绍了广域相量测量系统子站布点优化配置的基本概念、配置原则和优化算法，有助于读者对广域相量测量系统子站布点优化配置相关知识进行深入的了解。

参考文献

[1] DL/T 280—2012 电力系统同步相量测量装置通用技术条件［S］.

[2] DL/T 1402—2015 厂站端同步相量应用技术规范［S］.

[3] DL/T 1405.1—2015 智能变电站的同步相量测量装置　第 1 部分：通信接口规范［S］.

[4] GB/T 26865.2—2011 电力系统实时动态监测系统　第 2 部分：数据传输协议［S］.

[5] 中国南方电网有限责任公司. 同步相量测量装置配置和运行管理规定（南方电网调〔2008〕16 号）［Z］.

[6] Q/GDW 1844—2012 智能变电站的同步相量测量装置技术规范［S］.

[7] 北京四方继保自动化股份有限公司，CSD–361 同步相量测量装置说明书 V1.2［Z］. 2012.

[8] 王茂海，鲍捷，齐霞，等. 相量测量装置（PMU）动态测量精度在线检验［J］. 电力系统保护与控制，2009，37（10）：48–52.

[9] 许勇，张道农，于跃海，等. 智能变电站 PMU 装置研究［J］. 电力科学与技术学报，2011，26（2）：37–43.

[10] 倪以信，陈寿孙，张宝霖. 动态电力系统的理论和分析［M］. 北京：清华大学出版社，2002.

[11] 徐凯，毕天姝，郭津瑞，等. 卫星同步授时偏差对 PMU 量测的影响［J］. 电网技术，2015，39（5）：1323–1328.

[12] 程时杰，曹一家，江全元. 电力系统次同步振荡的理论与方法［M］. 北京：科学出版社，2009.

[13] 毕天姝，刘灏，吴京涛，等. PMU 电压幅值与频率量测一致性的在线评估方法［J］. 电力系统自动化，2010（21）：21–26.

[14] 刘灏，毕天姝，杨奇逊. 数字滤波器对 PMU 动态行为的影响［J］. 中国电机工程学报，2012（19）：49–57.

[15] 刘灏，毕天姝，周星，等. 电力互感器对同步相量测量的影响［J］. 电网技术，2011（6）：176–182.

[16] 张恒旭，靳宗帅，刘玉田. 轻型广域测量系统及其在中国的应用［J］. 电力系统自动化，2014，38（22）：85–90.

[17] PHADKE A G. Synchronized phasor measurements in power systems［J］. Computer Applications in Power，IEEE，1993，6（2）：10–15.

[18] PHADKE A G. Synchronized phasor measurements in power systems［J］. Computer Applications in Power，IEEE，1993，6（2）：10–15.

[19] 李强，于尔铿，吕世超，等. 一种改进的相量测量装置最优配置方法［J］. 电网技术，2005，29（12）：57–61.

[20] 蔡田田，艾芊. 电力系统中 PMU 最优配置的研究［J］. 电网技术，2006，30（13）：32–37.

[21] 罗毅，赵冬梅. 电力系统 PMU 最优配置数字规划算法［J］. 电力系统自动化，2006，30

（9）：20–24.

[22] XU B，ABUR A. Observability analysis and measurement placement for systems with PMUs［C］//IEEE PES Power Systems Conference and Exposition，2004，2：943–946.

[23] 蒋正威. 基于线性整数规划模型的高适应性 PMU 配置算法[J]. 电网技术，2009，33（1）：42–47.

[24] GOU B. Optimal placement of PMUs by integer linear programming[J] IEEE Transactions on power systems，2008，23（3）：1525–1526.

[25] 贾宏杰，吕英辉，曾沅，等. PMU 在电力系统中的优化配置方法 [J]. 电力科学与技术学报，2010，25（1）：54–59，66.

[26] 陈晓刚，陶佳，江全元，等. 考虑高风险连锁故障的 PMU 配置方法 [J]. 电力系统自动化，2008，32（4）：11–14，76.

[27] 郑明忠，张道农，张小易，等. 基于节点集合的 PMU 优化配置方法 [J]. 电力系统保护与控制，2017，45（13）：138–142.

第 **4** 章

广域相量测量系统主站

随着中国电网的快速发展，WAMS 已经成为省级及以上电力调控中心自动化系统的必要组成部分。2010 年之后，随着国家电网智能电网调度控制系统（D5000）和南方电网一体化电网运行智能系统（OS2）的快速建设与推广，WAMS 初步完成从独立自动化系统向一体化应用系统的转换。WAMS 主站常规配置电网运行动态监视、在线扰动识别、低频振荡监视与分析、并网机组涉网参数监视与评价等基本应用，部分电力调控中心根据需要研发配置了电网动态安全评估、电网模型参数辨识等高级应用功能。迄今为止，中国电网在 PMU 布点与 WAMS 应用方面已经取得丰硕成果：

（1）PMU 布点数量众多，覆盖范围广。至 2017 年 10 月已有 3900 个厂站安装了 PMU，500kV 电压等级及以上厂站实现全部覆盖，中国已建成世界规模最大的广域电网动态监测系统。

（2）WAMS 数据实现互联互通。国内省级及以上电网调控中心均建设完成 WAMS 主站，主站间实现了 PMU 数据的互联互通。

（3）PMU 数据被广泛应用于对电网运行动态过程监视、低频振荡监视、电网扰动识别等领域，在电网事件分析方面发挥重要作用。

广域相量测量系统主站由服务器、交换机与工作站等硬件设备和实现数据采集、存储、分析、展示的应用功能软件构成。本章对 WAMS 主站的系统架构、前置通信系统、时间序列数据库、数据交换和主要应用功能进行阐述与介绍。

4.1 主站系统架构

电力系统实时动态监测系统由安装在厂站的 PMU 子站、安装在调控中心实现监视与分析应用功能的 WAMS 主站系统和高速数据通信网组成，如图 4–1 所示。

WAMS 系统工作逻辑如图 4–2 所示，其中 WAMS 主站采集来源于 PMU 的动态数据，对电网运行动态过程进行实时监视与分析，通过各种直观、准确、方便的可视化表现手段，为调度运行人员提供电网运行的实时状态，在发生电网事件时（包括电网低频振荡事故，以及短路、机组跳闸等电网扰动事件）提供报警信息，支撑调度运行人员对电网事件进行快速定性、定位，为事故分析提供准确的数据支持。

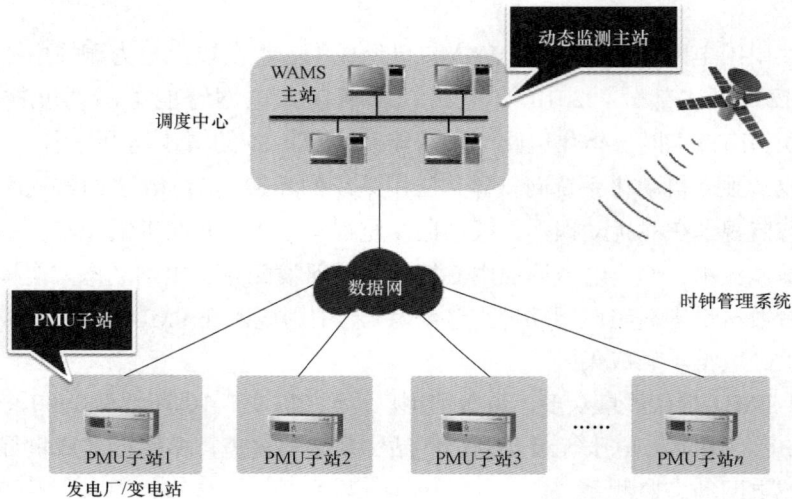

图 4-1　电力系统实时动态监测系统架构示意图

4.1.1　硬件架构

根据 WAMS 主站的功能要求，主站系统通常应包括通信前置服务器、数据服务器、应用服务器、调度工作站、分析工作站和维护工作站，其中通信前置服务器负责通信报文交换与时序数据解析，数据服务器负载提供系统模型服务、存储时序数据并提供服务，应用服务器供应用分析软件运行，它们通过100M/1000M 自适应交换机进行组网。图 4-3 为典型的 WAMS 主站系统硬件结构图，各服务器采用双机配置，主站系统内部通信采用双网结构，通过双机双网的冗余配置，结合软件模块的两两互备，杜绝系统存在单一故障点，增强系统运行可靠性。在实际系统设计中，可根据 WAMS 系统的数据规模合并或扩展服务器的种类与数量。

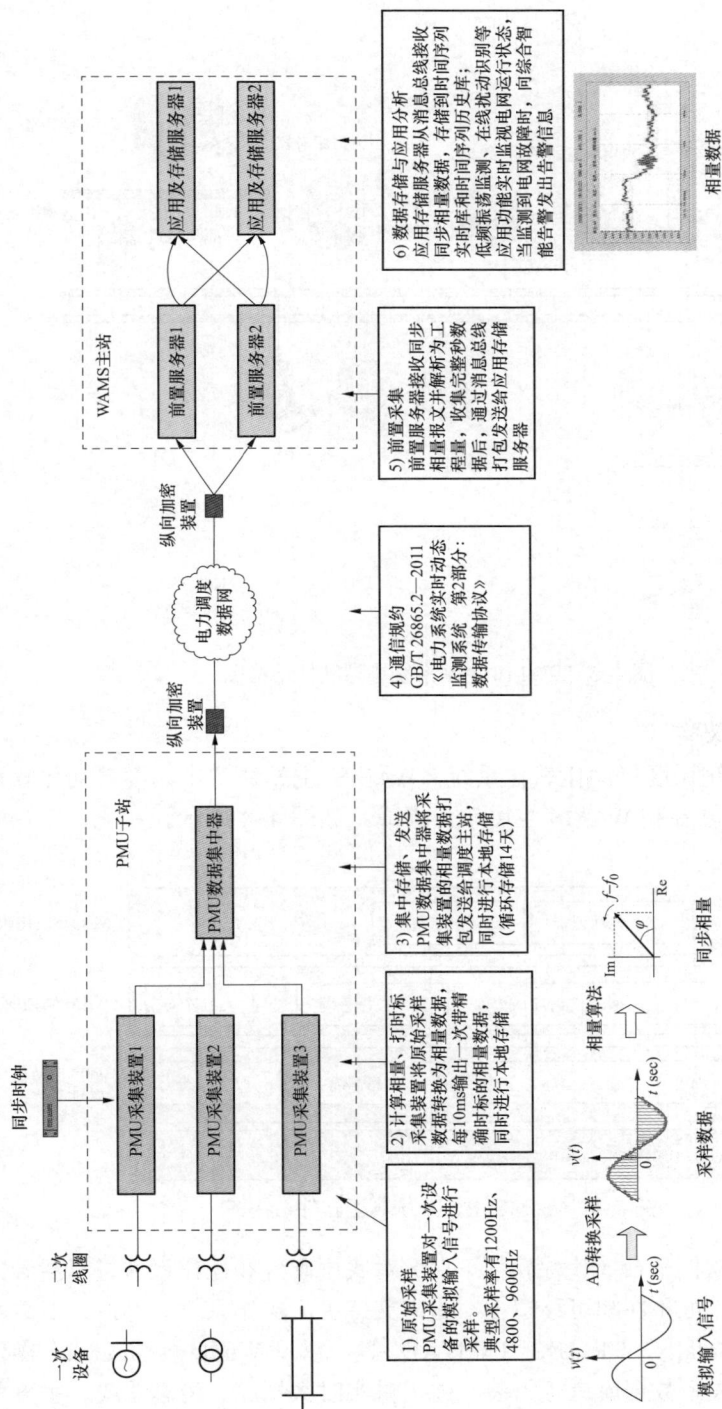

图 4-2　广域相量测量系统工作逻辑示意图

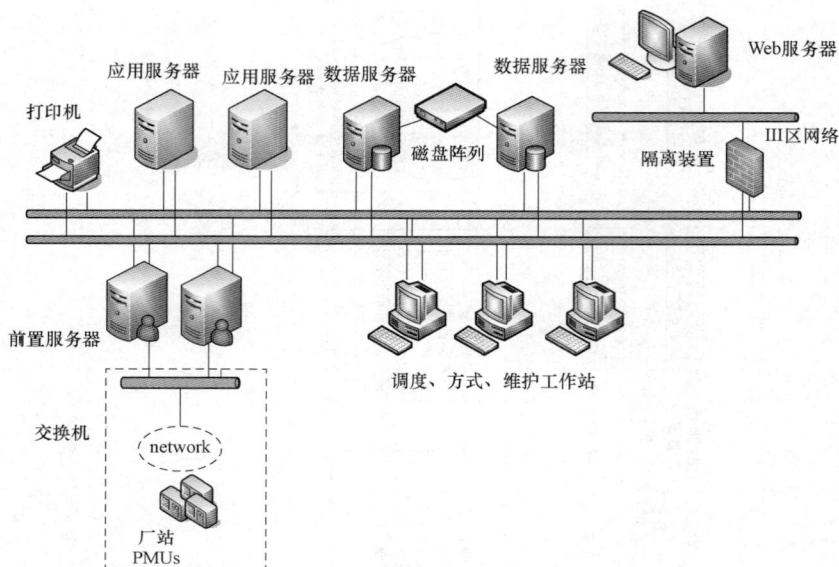

图 4-3　WAMS 主站系统典型硬件结构图

4.1.2　软件架构

作为电力系统调度自动化软件系统，WAMS 主站通常由调度自动化软件平台、WAMS 基础软件和 WAMS 应用软件组成，如图 4-4 所示。

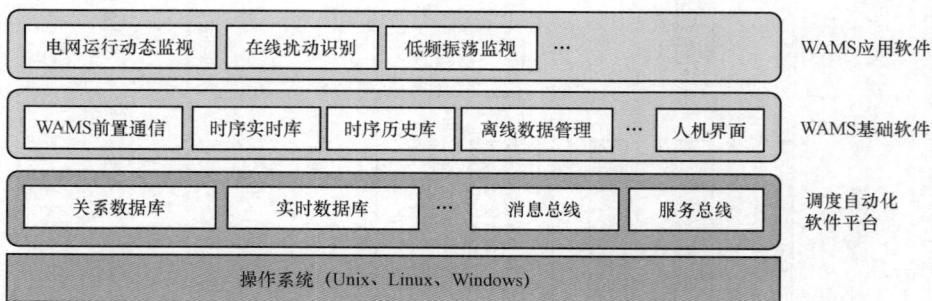

图 4-4　WAMS 主站系统典型软件结构图

调度自动化软件平台（简称软件平台）对底层硬件和操作系统进行封装，获得更好的灵活性、可靠性和可移植性，通常支持主流操作系统，包括大多数版本的 Unix 如 Sun-Solaris、HP-UX、IBM-AIX 等，以及 Windows 和 Linux 操作系统。软件平台对关系数据库进行封装，并提供实时数据库、消息总线、服务总线等通用基础软件模块。

WAMS 基础软件包括前置通信、时间序列数据库和动态数据浏览工具等软件，提供基本的 PMU 实时数据采集、离线数据查询、压缩存储与数据服务、数据浏览功能。

WAMS 应用软件主要由各种应用功能构成，目前各调控中心配置的常规应用功能包括电网运行动态监视、在线扰动识别、低频振荡监视与分析、并网机组涉网参数监视与评价、动态数据可视化软件等。

4.1.3　一体化平台的 WAMS 应用

电力调控中心不同专业的需求不同，通常要建设多套独立的电力调度自动化系统满足不同业务需求，包括能量管理系统（EMS）、广域相量测量系统（WAMS）、保护信息管理系统（FIS）、水调系统、雷电监测系统等。各个电力自动化系统对电力公用数据的重复维护容易造成数据的不一致和不完整；同时，多个"信息孤岛"并存的状态，为提供面向用户需求的企业级集成应用造成了困难。

为解决孤立软件系统的弊端，支撑大电网运行需求，国家电网公司和南方电网公司开展了一体化软件平台的研发与建设。WAMS 主站作为广域电网动态运行过程监测的监测工具，成为一体化电力调度控制系统的重要组成部分。

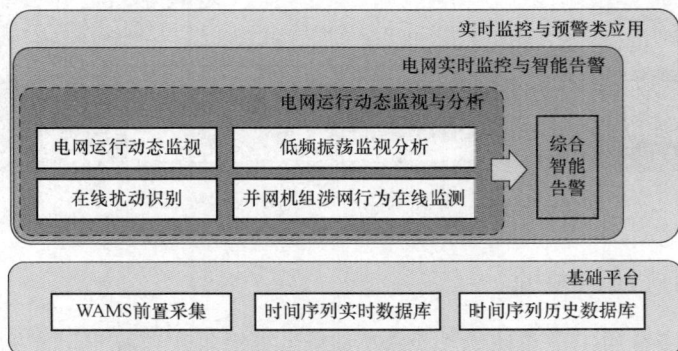

图 4-5　智能电网调控系统 WAMS 应用功能示意图

如图 4-5 所示，根据智能电网调控系统的系统架构，传统 WAMS 系统功能模块分为基础模块和分析模块；其中基础模块包括 WAMS 前置采集、时间序列实时库和时间序列历史库，含在基础平台里；分析模块包括电网运行动态监视、在线扰动识别、低频振荡监视分析和并网机组涉网行为在线监测四个功能模块，构成电网运行动态监视与分析应用，归属于实时监控与预警类应用。在线扰动识别和低频振荡监视分析模块识别出电网故障和低频振荡事件后，会将告警信息推送给综合智能告警应用，作为电网事件分析的动态信息来源。

　　智能电网调控系统支持图模库一体化的建模和维护，支持多场景、多版本、多业务的模型管理。电网运行动态监视与分析应用与电网运行稳态监控、二次设备在线监视与分析等调度业务共享电网模型和图形，进行数据整合，让调度运行人员能够对电网运行稳态、动态和暂态过程进行全面监视；原本分立的其他业务应用利用智能电网调控平台的数据共享机制和图模库一体化的技术特点，能够方便地实现对电网运行动态数据和 WAMS 应用分析结果的一体化应用，完成对观测系统和事件的多时间尺度的全面综合分析，如图 4-6 所示。

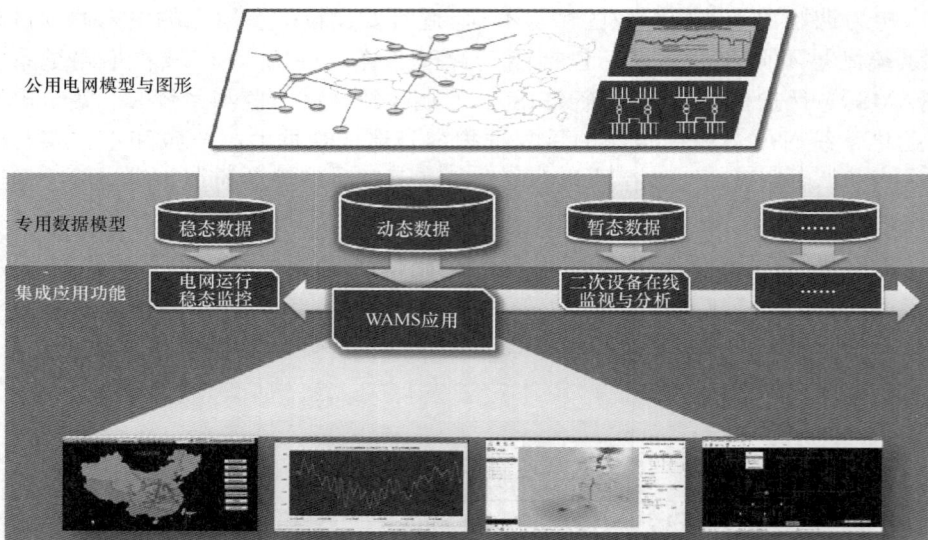

图 4-6　基于图模库一体化的 WAMS 集成结构图

4.2　前置通信系统

　　WAMS 前置通信子系统为整个 WAMS 系统提供快速稳定可靠的数据来源，是 WAMS 系统和 PMU 及外部系统进行信息交互的重要环节。WAMS 前置通信子系统主要完成各厂站 PMU 配置召唤与下装、动态数据采集与存储、离线文件召唤、重要通信报文记录、PMU 运行监视与统计等功能。随着电网规模的扩大、动态安全分析和稳定控制要求的提高以及电力调度数据网的快速发展，大容量、高速率的 PMU 动态数据采集已成为 WAMS 前置通信子系统的必然要求。WAMS 前置通信过程一方面要求有高实时性，必须在确定的时间内完成海量数据的采集、预处理和存储；另一方面还要求有高可靠性和吞吐性能，即使在通信流量很大时，也不能丢失数据。因此设计和实现通用、优化的系统架构对于广域电网动态数据采集非常重要。

4.2.1　硬件架构

WAMS 前置通信子系统硬件部分如图 4-7 所示,主要由前置服务器、交换机、纵向加密认证装置和路由器等设备构成。基于高速率的数据采集及处理需求,前置服务器一般选用多 CPU 多核配置的企业级服务器,配置大容量内存和存储硬盘;针对不同容量的数据采集需求,可以配置两台、四台或四台以上的前置服务器,各台前置服务器以分组集群的方式工作,每个分组集群负责一部分厂站的动态数据采集,某个分组集群的服务器发生故障后,其所负责的厂站自动被分组集群内的其他服务器接管,所有分组集群共同为后台应用提供全部接入厂站的动态数据采集和数据通信服务。

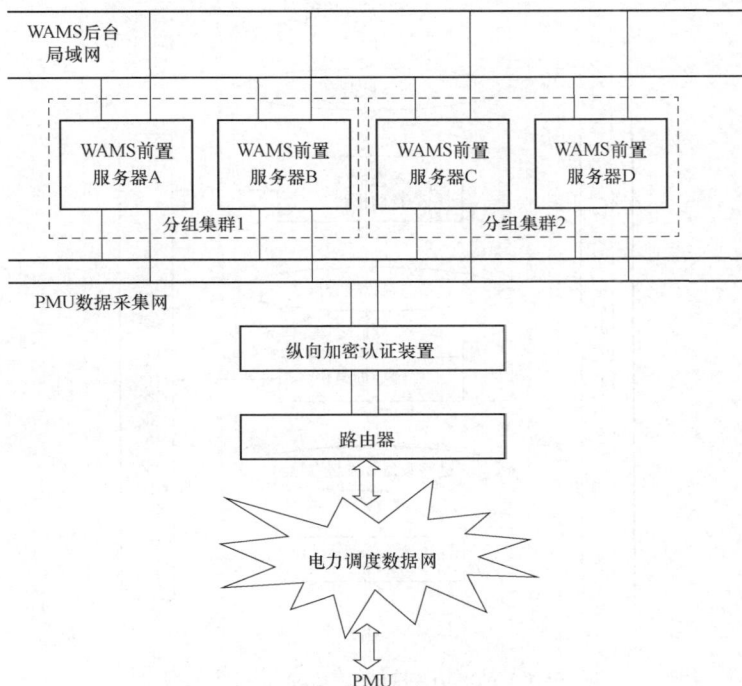

图 4-7　WAMS 前置通信子系统硬件构成

交换机分为 WAMS 内网交换机和 PMU 数据采集网交换机,根据接入系统的 PMU 数量以及动态数据采集帧速率(一般为 25、50、100 帧/s)可以计算出所需的网络带宽,一般选用千兆级工业以太网交换机。电力专用纵向加密认证装置部署于前置服务器与电力调度数据网的路由器之间,用于安全区 I 的边界防护,可为本地安全区提供网络屏障,同时为上下级调控主站系统之间的广域网通信提供认证与加密服务,实现数据传输的机密性、完整性保护。

4.2.2 软件架构

WAMS 前置通信子系统软件部分如图 4-8 所示，主要由链路通信模块、规约处理模块、动态数据存储模块、任务管理模块、文件服务模块、前置界面模块以及链路数据收发缓存区和动态数据缓存区构成。数据采集主流程可划分为三层：链路通信层、规约处理层和数据存储层，位于三层之间的是两个基于共享内存技术创建的快速数据缓存区。简单而清晰的分层架构，一是可以很好地降低数据采集、预处理及存储之间的耦合度，利用并行处理方式提高数据吞吐能力，二是可以保障在瞬时扰动情况下数据不至于丢失，三是可以给界面展示分析和运行维护提供便利。

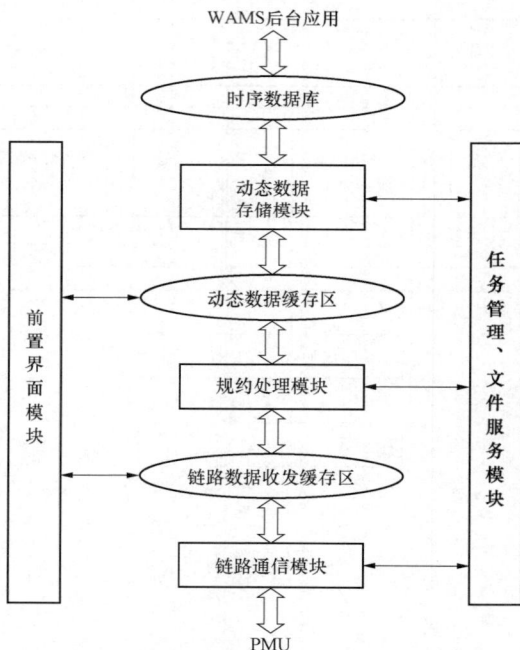

图 4-8 WAMS 前置通信子系统软件架构

（1）链路通信模块完成和各 PMU 采集厂站的管理、数据、文件管道通信功能，将规约处理模块的下发信息通过相应的 TCP（传输控制协议）链接发送至PMU；同时将来自 PMU 的上送信息通过链路数据收发缓存区发送至各规约处理模块。链路通信模块是直接面向各 PMU 装置的最底层模块。

（2）规约处理模块按照通信规约处理分析链路数据收发缓存区中的原始数据流，将得到的实时动态数据写入动态数据缓存区中；获取动态数据记录文件、事件标识、暂态录波文件等存储后供 WAMS 后台应用分析展现。组织召唤配置、召唤文件、下发参考相量、下装配置、联网触发录波等命令写入链路数据收发缓存区中。

（3）动态数据存储模块负责将动态数据缓存区中经过规约解释处理后统一存放的动态数据依次提交存储到时序数据库中供 WAMS 后台应用查询分析使用。

（4）任务管理模块按照 PMU 采集厂站管理链路通信模块和规约处理模块的启动、停止；按照集群分组管理动态数据存储模块的启动、停止；按照预定时间间隔统计各 PMU 采集厂站工况和运行率；根据需要发送告警信息，为动态数据采集、预处理、存储和文件服务提供管理支撑。

（5）文件服务模块收集来自前置界面模块和 WAMS 后台在线扰动识别应用功能触发产生的动态数据文件和暂态录波文件召唤需求，通知规约处理模块和链路通信模块下发相应命令，并将获取的动态数据记录文件和暂态录波文件等反馈给前置界面模块和三态事件模块。

（6）前置界面模块基于动态数据缓存区和链路数据收发缓存区提供运行参数设置、通信报文查询与分析、动态数据监视、离线文件召唤、PMU 采集厂站工况与各通信链路工况监视、运行统计显示等服务。

4.2.3　分组集群与负载均衡

分组集群功能在 4.2.1 节中已有论述，负载均衡是在分组集群内部对每台通信服务器所分担的 PMU 采集厂站数量进行动态的调配，保证集群内部各台通信服务器负载基本相同，充分利用系统资源，最大限度地获取最优的数据采集、预处理和存储的运行效果。

负载均衡的实现依赖于高效迅捷的各通信服务器间信息同步，另外还需注意两点：一是有关联关系的 PMU 采集厂站要保证运行在同一台通信服务器上；二是各通信服务器上负责的 PMU 采集厂站数目差值的阀值不应太小，否则容易导致 PMU 采集厂站在分组集群内各通信服务器间来回切换。

4.2.4　调度数据网双平面

随着电力调度数据网第二平面的快速建设与发展，WAMS 前置服务器需要具备同时接入双平面通信网络的能力，并根据通信通道工作状态进行动态刏换，以保证数据采集的可靠性。

WAMS 前置服务器接入电力调度数据网存在两种典型方式。

典型方式一如图 4-9 所示：双前置服务器（或多前置服务器）同时接入 1 平面和 2 平面网络，此方式的工作特点是，主站系统可以通过 4 条不同的通信路径访问 PMU，网络切换逻辑较复杂，可靠性高。前置服务器按照配置选取 1 平面网络或 2 平面网络作为启动接入网络。当前置服务器与任一厂站 PMU 的通信中断，且不能访问厂站侧网关时，应当对该通道 PMU 进行接入网切换操作，如果仍然不能访问该通道 PMU 时，进行接入服务器的切换操作，重新建立通信管道。典型方式一在通信网络和前置服务器出现两点故障时，仍旧能够进行正常的数据采集工作，具有非常高的通信可靠性。

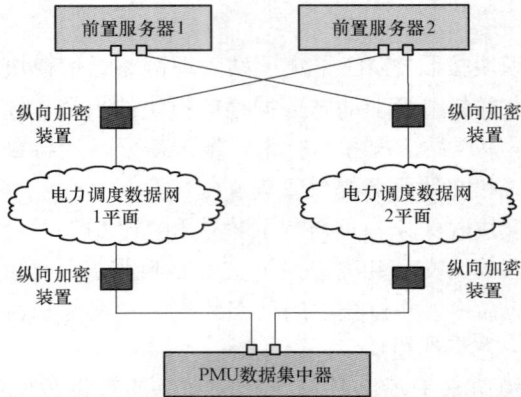

图 4-9　电力调度数据网双平面接入典型方式一

典型方式二如图 4-10 所示：双前置服务器（或多前置服务器）分别接入 1 平面和 2 平面网络，此方式的工作特点是，主站系统可以通过两条不同的通信路径访问 PMU，网络切换逻辑简洁，可靠性较高。当前置服务器与任一厂站 PMU 的通信中断时，应当对该通道 PMU 进行接入服务器的切换操作，重新建立通信管道。典型方式二在通信网络或前置服务器出现单点故障时，能够进行正常的数据采集工作，具有较高的通信可靠性。

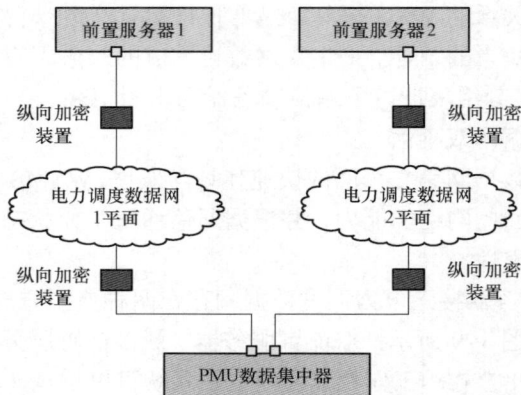

图 4-10　电力调度数据网双平面接入典型方式二

4.3 时间序列数据库

与稳态监测数据相比，PMU 的动态监测数据具有同步采集、高密度实时传输和数据量巨大的特点，能够真实反映电力系统的动态行为过程；通过动态监测数据，电网对低频振荡、短路扰动等电网故障行为进行有效监测与分析，图 4-11所示为电力系统低频振荡过程中，处于不同地理位置节点的频率曲线，下部的图像反映了两次振荡的全过程，上部图像反映的是振荡过程中放大的局部细节，可以看出不同节点的振荡信号相位存在明显差值。

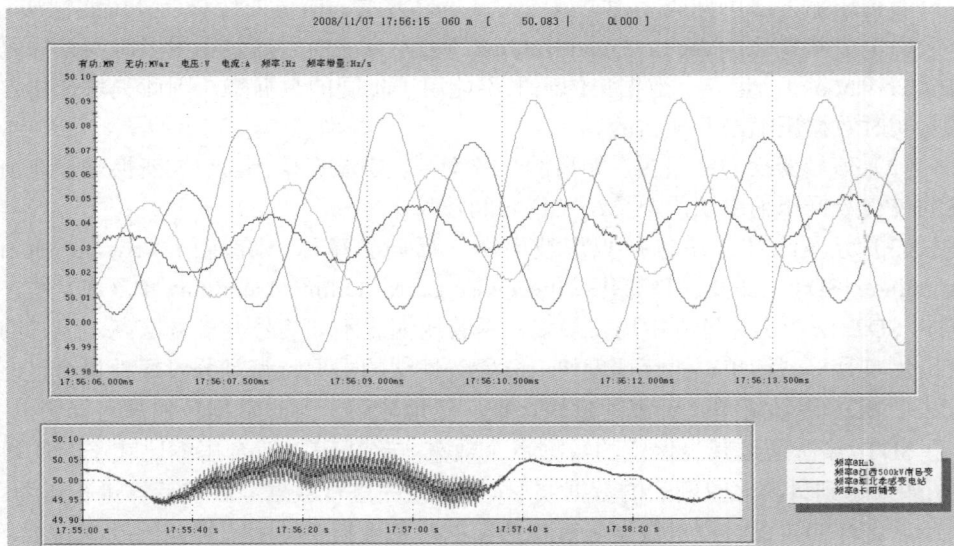

图 4-11 电网运行动态过程

电网运行动态监视与分析应用功能对电力系统同步采集数据的时间分辨率有非常高的要求，PMU 一般按照 10、20 或 40ms 的时间间隔传输同步测量数据；以某网级调控中心为例，其 WAMS 主站系统按照 10ms 时间间隔接入超过 200 个厂站 PMU，测点数量超过 42 000 个，主子站间实时数据通信流量超过 70Mbit/s，每小时的原始数据量超过 60G 字节，海量数据对数据存储系统带来巨大压力。由此可见，采用有效手段存储海量 PMU 数据，在保留电网运行动态过程原貌的同时，通过高效压缩算法减小数据对存储空间的需求，是 WAMS 系统建设的关键技术之一。

4.3.1 压缩算法

传统的 SCADA 数据传送到调度端的数据采样间隔数量级为秒级，实时数据采集密度低，更新速度慢。保存完整实时断面对计算系统的存储容量、读写速度要求不高，因此存储空间的压力也不大。

实时动态监测系统采集的电网运行动态数据，传送到调度端的实时数据传输间隔为 10ms 级别，每秒传送的时间断面数据最高达 100 次。海量数据的特点要求 WAMS 主站有效存储 PMU 采集的动态相量数据，保留电网运行原始动态轨迹，同时尽可能减小存储空间，避免频繁地磁盘读写，必须对动态相量数据进行压缩存储。进行数据压缩的方法很多，按数据重建的完整性，过程数据的压缩方法可分为有损压缩和无损压缩两类。

4.3.1.1 有损压缩

有损压缩方法可分成三种类型：矢量量化方法、信号变换法、分段线性法。

（1）矢量量化（Vector Quantization，VQ）方法由于需要花很多时间计算码书（Codebook），且一个数据集的码书不能用于不同的数据集，因此矢量量化方法对实时数据压缩是不现实的。

（2）信号变换方法很多，如离散余弦变换、小波变换等，小波变换是最有前途的过程数据压缩方法，但算法实现时间较长。

（3）分段线性方法包括矩形波串法、后向斜率法、旋转门（Swing Door Trending，SDT）法及线趋势化（Piecewise Linear Online Trending，PLOT）法，其中 SDT 法在实时过程中用得最多，尽管压缩比不如信号变换方法高，但它的突出优点是算法简单，执行速度快。分段线性法的主要特点是分段线性拟合，该方法中 SDT 算法简单，计算速度快，被广泛地应用于实时数据传输与存储中。

SDT 算法通过减少保留的数据点个数来实现压缩，适合压缩比较平缓的数据，如果遇到抖动比较剧烈的数据波形，则必须先进行数据滤波然后再进行压缩。因此，这样的压缩过程对数据是有损的，同时使数据整体丢失原始的动态特征，不适合用于精度要求高的场合。

本书尝试采用 SDT 算法进行 WAMS 数据在线压缩时，在现场使用过程中发现，压缩存储符合电力系统分析计算精度的数据时，压缩效率不高，随机选取一段电网稳定运行时的 WAMS 记录数据，压缩比测试如表 4-1 所示（压缩比=压缩后数据长度/压缩前数据长度）。

表 4-1   SDT 算法压缩比

数据类型	绝对误差设置	压缩比/%
功率	0.1kW	78
频率	0.001Hz	26
电压幅值	0.5kV	7
相角	0.001rad	129

显然在足够误差精度的条件下，压缩效率低，特别是 WAMS 中最重要的角度信息，且丢失了原始数据的信息，节约空间也不多，因此本书放弃使用 SDT 算法进行 WAMS 数据在线压缩存储。

4.3.1.2　无损压缩

无损压缩能保留原始数据完整的信息，准确反映动态过程的原始特性，对于重要的采集数据等有用信息的压缩应用广泛。目前，无损压缩技术主要分为统计方法与字典方法两大类。

统计方法主要有霍夫曼（Huffman）编码、游程编码等。

（1）Huffman 编码是根据输入数据概率分布分配不同长度的码字，保证概率大的符号分配短码字，概率小的符号分配长码字。该方法需要对原始数据进行两次处理统计计数和数据编码。虽然可采用自适应方法将两次处理过程合并，但压缩解压过程非常缓慢，通过查询两个二叉树来实现，且只能分配整数字节给某一码字，很难利用相邻符号间的相关性。在应用中，Huffman 编码并不普遍，对于实时处理的数据系统更应考虑压缩处理的时间，自然不适应 WAMS 数据压缩需要。

（2）游程编码可压缩源数据流中连续出现的任何字符，记录连续出现的字符及重复出现的次数，一般对大于 4 次的效果较好。算术编码是将要压缩处理的整段数据映射到一段实数半开区间 [0，1) 内某一区段，该算法也需要已知信源的概率分布，且在一般情况下压缩效率达不到信源的一阶熵。

字典方法众多，LZ（Lemple-Ziv）系列算法是基于字典模型的压缩算法，其原理是以字典的索引号代替它所表示的字符串，在压缩编码的过程中自动生成字典，字典不独立存储，在解压过程中，动态形成与编码过程完全一致的解码字典。

LZ 系列算法包括 LZ77、LZW 以及它们的各种变体，其应用最为广泛，Winzip 等压缩工具中都有它的影子。LZ 压缩算法中，LZW 算法的实现较为容易，实现过程没有复杂运算，压缩与解压耗费的时间短，适用于实时性要求高的场合。

4.3.1.3　算法选择

数据压缩的实现算法众多，适合于 WAMS 实时数据压缩的方法很少，有损压缩算法丢失了原始数据的信息，在足够误差精度的条件下，压缩效率低，节约空间也不多，特别是 WAMS 中最重要的角度信息，压缩意义不大；无损压缩能保留原始数据完整的信息，准确反映动态过程的原始特性，重要的采集数据等有用信息的压缩应用广泛，但压缩过程耗费时间长的算法不能进行 WAMS 数据压缩计算。无损压缩算法中，LZW（Lemple-Ziv-Welch）算法的压缩与解压耗费的时间短，适合于实时性要求高的场合。

4.3.1.4　数据预处理

WAMS 的海量数据具有以下几个特点：

（1）连续数据的相似性高。相邻点间的数值，除电网故障时刻外，数据变化基本是平稳的。

（2）数据有精度指标的要求。装置生产厂家只保证采集精度指标之内的数值可靠性。

（3）数据都带有时标。WAMS 数据对数据同步的要求非常高，无论如何处理数据都必须保证每个测点的时标不能改变。

根据动态数据的上述特点，选择改进 LZW 算法对历史数据进行压缩，该算法是一种字典统计类的无损压缩算法，要提高其压缩率，数据的预处理很重要，处理原则是尽可能提高数据的相似性。

WAMS 动态数据特点表明，在采集精度范围内，去除计算误差和随机误差能够有效提高数据的相似性，而且不丢失原始采集精度。因此，一般通过在精度允许范围内，将浮点数通过转换系数转换为整型定点数，解决计算误差和浮点数随机误差对数值相似度的影响问题，同时，根据连续动态数据在稳态情况下平稳变化的特点，对相邻数据进行增量处理，得到相似度很高的增量数据。

经过数据预处理，WAMS 数据的相似性可以得到很大程度的提高，并有效提高数据压缩率和压缩算法的处理速度。

WAMS 数据是实时高速更新的，为了保证压缩存储的数据能够尽快被检索，需要选定一个时间间隔，对固定长度的数据序列进行压缩。

对于改进 LZW 算法，数据序列时长太小，字典大小所占比例偏大，压缩优势不明显，数据序列时长太大，压缩速度慢，而且不能被尽快检索。通过实际尝试，选择以 1min 作为固定的时间序列长度，即分别对每个量测点的 1min 时间序列数据进行压缩，并将预处理时的转换系数与压缩包组成数据帧进行存储。

4.3.2 数据存储

时间序列数据库是专门设计用于存储带时标的电网运行动态数据和实时稳态数据的数据库，具备对大规模数据进行处理的能力，包括按时标快速读写动态数据、压缩归档和管理存储空间等功能，可为应用提供动态数据服务，以实现对电网运行的动态过程进行监视与分析；同时为实时稳态数据提供全息存储，实现对电网实时稳态过程的查询和反演。

时间序列历史数据库具有完备的数据管理功能，可通过数据库管理工具管理数据测点，查看存储数据数值及质量，绘制动态数据曲线；支持冗余配置模式的数据存储和查询机制，当出现节点故障时通过自动切换，保证动态数据的服务；具备高效易用的本地访问接口和网络访问接口，助力应用分析功能快速获得所需动态数据；支持指定时间段的数据导入、导出操作，进行数据备份与数据的离线分析应用；支持存储空间循环覆盖管理，对存储空间进行循环管理；支持对故障时间段数据进行标记管理，保持故障数据的永久存储。时间序列历史数据库系统结构图如图 4-12 所示。

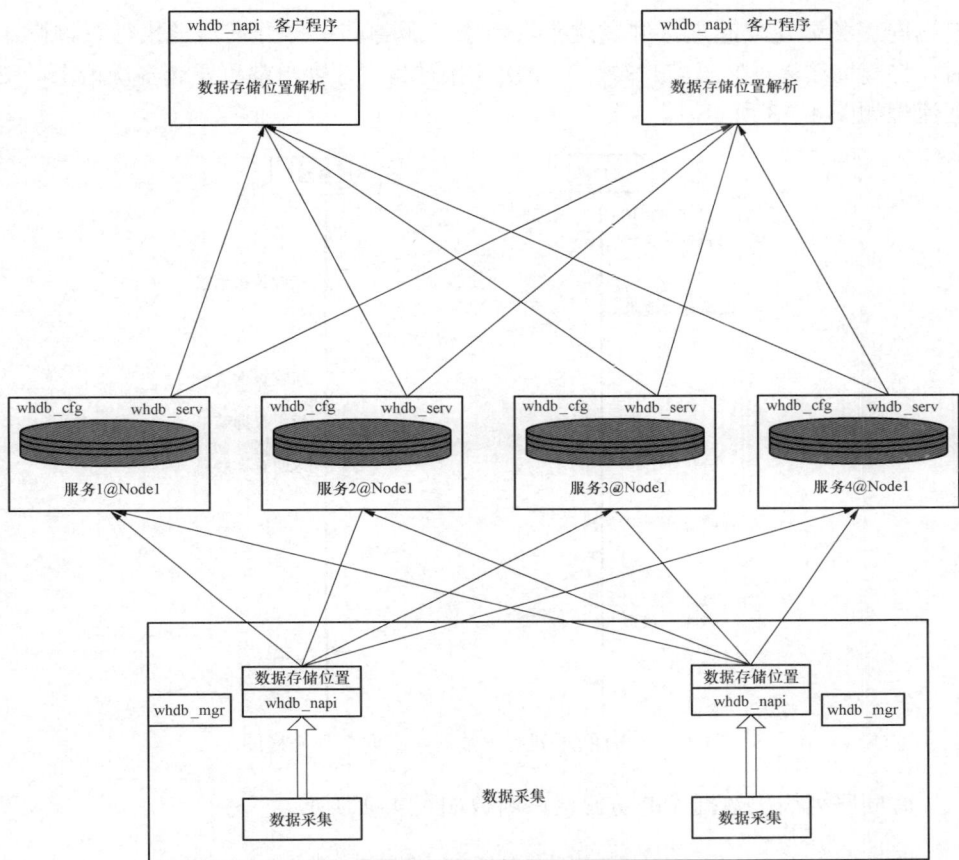

图 4-12　时间序列历史数据库系统结构图

电网运行动态数据的在线无损压缩有两个关键技术难题：① 压缩算法须提供较高数据压缩率支持海量数据存储要求；② 数据在线存储和查询要求压缩算法在压缩和解压过程中都具有较好的速度性能。智能电网调控系统时间序列历史数据库采用独特的数据无损压缩算法，根据电网动态数据连续变化的特性，结合数据类型与数据测量值的变化趋势进行针对性优化，在获得更大的数据压缩比的同时保持高效的计算效率。目前，各省级以上调控中心时间序列历史数据库具备 10 万测点管理能力。

时间序列历史数据库采用高速索引与内存映射技术对压缩数据段进行文件读写，获得极快的数据访问速度，实测数据写速度达到 500 万数据记录/s，读速度超过 700 万数据记录/s，完全能够满足省级以上调控中心的动态数据存储规模。

4.3.3　访问接口

时间序列历史数据库采用"请求/响应"模式实现客户端与服务器的交互。客户端向服务端建立起连接并发送查询请求，服务端根据查询请求执行查询操作后，将查询结果反馈给客户端。在一次连接过程中，客户端可发起多次请求，交互流程如图 4–13 所示。

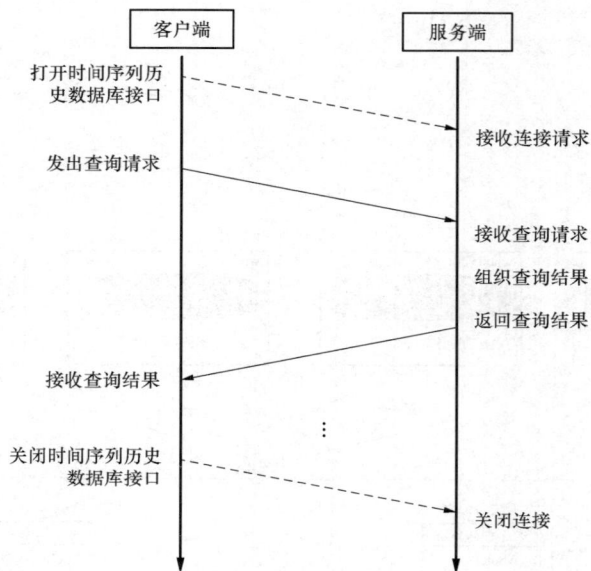

图 4–13　时间序列历史数据库查询交互流程图

时间序列历史数据库的访问接口函数如表 4–2 所示。

表 4–2　　　　　　　　时间序列历史数据库访问接口函数

序号	函 数 名	描　　述
1	WHDB_Open	打开库
2	WHDB_Close	关闭库
3	WHDB_Insert	添加测点
4	WHDB_Delete	删除测点
5	WHDB_GetMeasurement	查询全部测点信息
6	WHDB_Write	写入遥测数据记录
7	WHDB_Read	读取遥测数据记录
8	WHDB_WriteDig	写入遥信数据记录
9	WHDB_ReadDig	读取遥信数据记录
10	WHDB_IsOpened	检查接口状态

4.4 动态信息交换与一体化应用

实现 WAMS 主站系统数据互联互通是实现全国性的协调防御体系的先决条件。它可充分发挥 WAMS 数据同步测量和广域高速通信集成的优点，有利于扩大调度运行部门对电网动态过程的监测，从全局范围内了解电网动态特性；有利于快速收集电网事故数据，缩短事故分析的时间，为全国性的安全稳定协调防御体系提供全局动态数据支持。

4.4.1 主站系统数据互联

国内部分省级以上调控中心进行项目尝试，实现了有限的动态数据共享。2005 年，国家发展与改革委员会专项资金支持"大规模互联电网分散同步测量数据的高速可靠交换和集成技术"的研究，在三个网级调度中心之间建成 WAMS 主站互联应用（见图 4–14），推进广域测量系统技术提升，服务于电网安全可靠运行。在此之后，在部分大区电网内部也实现了 WAMS 主站互联。

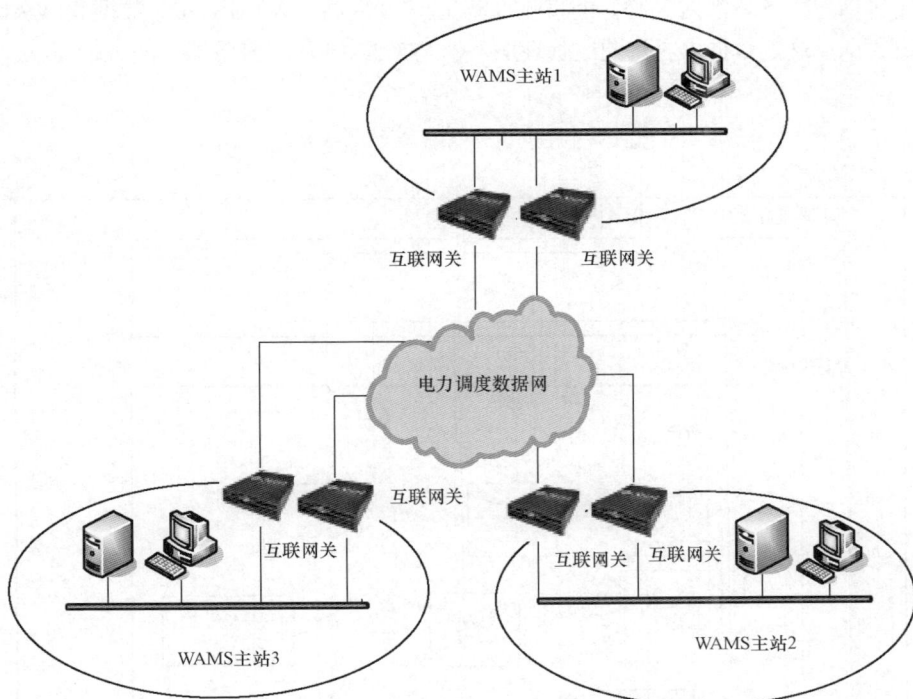

图 4–14　基于互联网关的 WAMS 主站互联示意图

这一阶段的 WAMS 主站数据互联以固定交换方式为特点，互联网关之间的通信网采用电力调度数据网，使用 2M 或 $N \times 2M$ 带宽的通道。

主要技术指标：

（1）每个 WAMS 主站互联远方 WAMS 主站数量：1～10 个；

（2）互联网关间数据交换频率：1～50 帧/s；

（3）互联网关间实时数据通信延时小于 100ms；

（4）互联主站数据交换量：1～300 个相量。

采用固定交换方式的 WAMS 主站数据互联具有很大的局限性，因为需要在不同的调控中心间实时交换数据，本质上类似于动态数据采集，必然不能将全部数据进行交换，否则将导致海量数据风暴。固定交换方式仅仅能够交换少量关键数据，而在电网故障时，少量数据常常不能满足事件分析的需要。从服务电网安全稳定运行角度出发，要求更灵活也更高效的数据互联方式。

4.4.2 面向请求的动态数据互联服务

要使得调控中心之间的 WAMS 动态数据能够互联互通，首先要求各调控中心的 WAMS 支持面向请求的动态数据服务机制，其结构如图 4–15 所示。互联服务的内容主要包括与设备表映射关联好的接收遥测/遥信表数据、WAMS 实时数据和 WAMS 历史数据。这些数据内容均通过代理服务器与 WAMS 应用服务器之间进行交互。

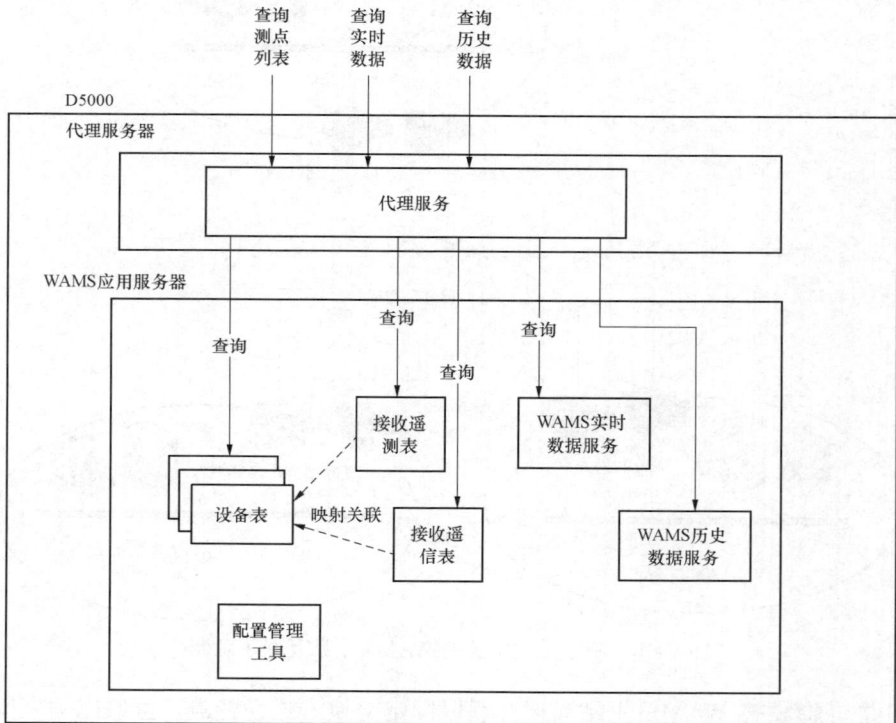

图 4–15 面向请求的动态数据互联服务结构图

各调控中心 WAMS 通过消息总线接收前置通信模块的数据，以时间序列实时库的方式传送和访问 WAMS 实时动态数据，以时间序列历史库的方式存储和访问 WAMS 历史动态数据，并通过压缩传输处理模块把数据发送到代理服务模块。最后，跨调控中心 WAMS 之间通过代理服务模块进行数据交换。

统一的 WAMS 数据模型是跨调控中心 WAMS 动态数据互联互通的基础。跨调控中心的 WAMS 应用分析必须要有统一的 WAMS 数据模型，比如：调控中心 A 检测到某设备的扰动故障信息，要传送给调控中心 B 进行共享，如果数据模型不统一，则调控中心 B 就无法有效解析。跨调控中心 WAMS 动态数据共享也存在类似的问题，如果数据模型不统一，则无法共享动态数据。WAMS 数据互联互通功能基于一体化智能调控系统，确定 WAMS 电网设备唯一标识方法和 WAMS 电网设备统一命名方法。

在智能电网调控系统的一体化基础平台上，时间序列历史数据库实现了跨区域动态数据整合，基于一体化平台代理机制，各调控中心的电网运行动态监视与分析应用将远方调控中心的动态监测数据测点归并关联到本地动态测点模型，形成一个完整的全网 PMU 动态测点关联模型，实现了面向请求的全网动态数据服务架构，克服了海量数据传输、存储对调度自动化系统的压力，实现了智能电网调控系统国、分、省三级调控中心之间动态数据信息的互联互通。

4.4.3　数据交换接口

电力系统实时动态监测系统通常以 25 帧/s 或 50 帧/s 接收 PMU 实时数据，写入时间序列实时库中，时间序列实时库保留最新 2min 的 PMU 数据，过期的 PMU 数据写入时间序列历史库。时序库中 PMU 数据具有采集精度高、时效性强和数据量大等特性。在调控中心安全 Ⅰ 区内其他应用或系统能够通过内部数据网直接访问源 WAMS 时序库：查询测点配置、最新 PMU 数据入库时间，迅速获取 PMU 实时数据或历史数据。在调控中心安全Ⅲ区以及调控中心之间的其他自动化系统应用需通过特定的通信链接获取 PMU 数据。

4.4.3.1　数据接口规范

GB/T 32353—2015《电力系统实时动态监测系统数据接口规范》（简称接口规范）对 WAMS 系统与调控中心内其他自动化系统以及 WAMS 系统间数据交互的接口形式与实施方式进行规范，WAMS 数据接口包括：实时动态数据接口、历史动态数据接口、断面数据接口和应用分析结果接口。

接口规范基于服务的方式定义数据接口的使用方法。服务响应流程使用了"请求–request"、"指示–indication"、"响应–responseo"、"确认–confirm"四条服务原语，原语的顺序如图 4–16 所示。

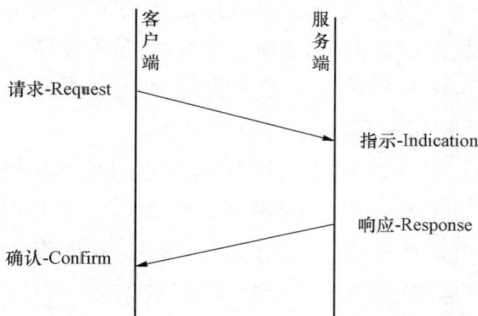

图 4-16 电力系统实时动态监测
系统数据服务响应流程

电力系统实时动态监测系统数据的访问主要有：按时间断面（横向）和按测点（纵向）两种应用场景。对于实时动态数据接口和断面数据接口建议数据组织采用横向方式，对于历史动态数据接口建议数据组织采用纵向方式。

接口规范推荐采用 DL/T 1232—2013《电力系统动态消息编码规范（M 编码）》进行服务数据编码。

4.4.3.2 连接服务接口

连接服务使得客户端与服务端在数据交换之前建立关联会话。连接服务接口定义如表 4-3 所示。

表 4-3 连 接 服 务 接 口 列 表

服务名称	服务接口说明
S_Connect	建立与服务端的连接
S_Releas	完成所有服务请求，释放连接服务
S_Abort	丢弃所有服务请求，中断连接服务

属性名	属性类型	描 述
con_para	ConnectPara	连接参数信息
con_info	ConnectInfo	连接信息数据
result_code	int	服务请求响应成功，请求结果：−1—失败，0—成功
result_reason	string	结果原因说明
sevice_error	ServiceError	服务请求响应失败原因

客户端通过使用 S_Connect 服务与服务提供者建立关联。在客户端与服务端之间所有数据传输完毕，并被双方接受之后，由客户端使用 S_Release 服务通知服务端，服务提供者释放与连接有关的资源。如果客户端检测到连接异常或服务端拒绝释放连接，则客户端使用 S_Abort 服务中止连接关联。

〔1）建立连接服务（S_Connect）。

建立连接所需的服务原语类型与参数定义如下。

a. 建立连接服务请求：

S_Connect   Request（ConnectPara con_para）

建议请求信息采用 DL/T 1232—2013 中 M1 编码方式进行编码发送。

b. 建立连接服务请求响应成功：

S_Connect　　　　　　Response+（ConnectInfo　con_info，int　result_code）

建议请求响应信息采用 DL/T 1232—2013 中 M1 编码方式进行编码发送。

c. 建立连接服务请求响应失败：

S_Connect　　　　　　Response−（ServiceError　sevice_error）

建议请求响应信息采用 DL/T 1232—2013 中 M1 编码方式进行编码发送。

（2）释放连接服务（S_Releas）。

释放连接所需的服务原语类型与参数定义如下。

a. 释放连接服务请求：

S_Releas　　　　　　Request（ConnectInfo　con_info）

建议请求信息采用 DL/T 1232—2013 中 M1 编码方式进行编码发送。

b. 释放连接服务请求响应成功：

S_Releas　　　　　　Response+（ConnectInfo　con_info，int　result_code）

建议请求响应信息采用 DL/T 1232—2013 中 M1 编码方式进行编码发送。

（3）中断连接服务（S_Abort）。

中断连接所需的服务原语类型与参数定义如下。

a. 中断连接服务请求：

S_Abort　　　　　　Request（ConnectInfo　con_info，string　result_reason）

建议请求信息采用 DL/T 1232—2013 中 M1 编码方式进行编码发送。

b. 中断连接服务请求响应成功：

S_Abort　　　　　　Response+（ConnectInfo　con_info，string　result_reason）

建议请求响应信息采用 DL/T 1232—2013 中 M1 编码方式进行编码发送。

4.4.3.3　实时动态数据接口

（1）接口服务概述。

实时动态数据接口提供多个测点的连续实时数据获取服务，支持测点按照需求进行个性化订阅。

实时动态数据服务接口定义如表 4-4 所示。

表 4-4　　　　　　　　　　实时动态数据查询接口列表

服务名称	服务接口说明
GetAllDataDescription	查询服务端实时动态数据测点配置信息
SetDataSubscription	设定实时动态数据测点订阅信息
PublishData	服务端发布实时动态数据
StartDataTransmission	通知服务端开始发布所订阅的实时动态数据
StopDataTransmission	通知服务端停止发布所订阅的实时动态数据

客户端使用 GetAllDataDescription 服务查询获取服务端全部实时动态数据测点的配置信息，并根据实际数据需求形成订阅数据集后使用 SetDataSubscription 服务通知服务端，客户端使用 StartDataTransmission 通知服务端开始发布所订阅的实时动态数据，服务端使用 PublishData 服务发布客户端所订阅测点的实时动态数据和品质。当客户端需要停止接收订阅的实时动态数据时，可使用 StopDataTransmission 通知服务端停止发布所订阅的实时动态数据。

（2）查询全部实时动态数据测点配置信息服务。

查询服务端全部实时动态数据测点配置信息所需的服务原语类型与参数定义如下。

a. 查询测点配置信息服务请求：

GetAllDataDescription　Request（ConnectInfo　con_info）

b. 查询测点配置信息服务响应成功：

GetAllDataDescription　Response+（TsDataInfo　allDataDesc，INT4　result_code）

（3）设定实时动态数据测点订阅信息服务。

设定实时动态数据测点订阅信息所需的服务原语类型与参数定义如下。

a. 设定测点订阅信息服务请求：

SetDataSubscription　　　Request（ConnectInfo　con_info）

b. 设定测点订阅信息服务响应成功：

SetDataSubscription　　　Response+（TsDataInfo subscribeDataDesc，INT4　result_code）

（4）服务端发布实时动态数据服务。

服务端发布实时动态数据所需的服务原语类型与参数定义如下。

a. 发布实时动态数据服务请求：

PublishData　　　　　　　Request（TsRealTimeData　data）

b. 发布实时动态数据服务响应成功：

PublishData　　　　　　　Response+（INT4　result_code）

（5）通知服务端开始发布实时动态数据服务。

通知服务端开始发布实时动态数据所需的服务原语类型与参数定义如下。

a. 通知服务端开始发布实时动态数据服务请求：

StartDataTransmission　Request（ConnectInfo　con_info）

b. 通知服务端开始发布实时动态数据服务响应成功：

StartDataTransmission　Response+（INT4　result_code）

（6）通知服务端停止发布实时动态数据服务。

通知服务端停止发布实时动态数据所需的服务原语类型与参数定义如下。

a. 通知服务端停止发布实时动态数据服务请求：

StopDataTransmission　　Request（ConnectInfo　con_info）

b. 通知服务端停止发布实时动态数据服务响应成功：

StopDataTransmission　　Response+（INT4　result_code）

4.4.3.4 历史动态数据接口

历史动态数据服务提供多个测点指定时段的历史数据查询，并支持按指定时间间隔进行历史数据的二次抽样查询。

历史动态数据查询服务接口定义如表4-5所示。

表 4-5　　　　　　　　　　　　　历史数据查询接口方法

服务名称	服务接口说明
GetHisMeasCfg	查询服务端历史存储测点配置信息
GetHisWAMSData	查询指定的历史动态数据

属性名	属性类型	描　　述
m_cfg	MeasureCfg	全部测点配置信息
d_req	HisQueryReq	查询请求信息
d_resp	HisDataResp	查询结果信息
result_code	int	服务请求响应成功，请求结果： -1—失败，0—成功

客户端使用GetHisMeasCfg服务查询获取服务端全部动态数据历史存储测点的配置信息。客户端通过对测点配置信息的筛选形成查询条件并使用GetHisWAMSData服务查询获取指定的历史动态数据。

（1）查询测点配置服务（GetHisMeasCfg）。

查询测点配置信息所需的服务原语类型与参数定义如下。

a. 查询测点配置服务请求：

GetHisMeasCfg　　　　　　Request（ConnectInfo　con_info）

建议请求信息采用DL/T 1232—2013中M1编码方式进行编码发送。

b. 查询测点配置服务响应成功：

GetHisMeasCfg　　　　　　Response+（MeasureCfg　m_cfg，int　result_code）

建议请求响应信息采用DL/T 1232—2013中M2编码方式进行编码发送。

（2）查询历史数据服务（GetHisWAMSData）。

查询历史数据所需的服务原语类型与参数定义如下。

a. 查询历史数据服务请求：

GetHisWAMSData　　　　Request（HisQueryReq　　　　　d_req）

建议请求信息采用 DL/T 1232—2013 中 M2 编码方式进行编码发送。

b. 查询历史数据服务响应成功：

GetHisWAMSData　　　　　Response+（HisDataResp　d_resp，int　result_code）

建议请求响应信息采用 DL/T 1232—2013 中 M2 编码方式进行编码发送。

（3）离线数据文件格式。

以二进制自描述方式组织数据记录，包含完整的测点名称列表，对应的动态数据记录以及数据质量信息，以 edf（Export Data File）作为文件扩展名。

a. 文件命名方法：

对于多厂站数据文件可采用：区域名_日期_时间_持续时间.edf。

对于单个厂站数据文件可采用：厂站名_日期_时间_持续时间.edf。

例如：华北电网_20140301_180000_3600.edf 表示保存有华北电网的 2014 年 3 月 1 日 18 点整开始的 3600s 数据。

高岭_20140301_180000_3600.edf 表示保存有高岭变电站 2014 年 3 月 1 日 18 点整开始的 3600s 数据。

b. 离线数据组织：

离线数据文件按照 MeasureCfg 和 HisDataResp 数据结构进行数据组织，MeasureCfg 结构数据保存在文件头部，随后保存对应的 HisDataResp 结构数据。

离线数据文件采用 M2 编码方式进行数据存储。

4.4.3.5　断面数据接口

断面数据接口按照时间断面组织动态监测数据，用于同一时间断面动态监测数据的交换与应用。

断面数据服务接口定义如表 4–6 所示。

表 4–6　　　　　　　　　　断 面 数 据 服 务 接 口

服务名称	服务接口说明
GetTimeSectionData	查询某一时间断面的指定数据

属性名	属性类型	描　　述
meas_id	INT64	测点 ID
time	WAMSTime	查询时间信息
data_resp	QuerySectionResult	查询断面数据的结果
result_code	INT16	服务请求响应成功，请求结果： –1—失败，0—成功

客户端使用 GetTimeSectionData 服务接口查询获取指定时间断面的指定动态

数据。

查询某一时间断面的指定数据（GetTimeSectionData）服务原语类型与参数定义如下。

a. 查询某一时间断面指定数据：

GetTimeSectionData　　　Request（WAMSTime　time，INT64*　meas_id［]）

当 meas_id 数组维数为 0 时，查询全部数据；当 meas_id 数组维数不为 0 时，查询 meas_id 数组指定数据。建议请求信息采用 DL/T 1232—2013 中 M2 编码方式进行编码发送。

b. 查询某一时间断面指定数据服务响应成功：

GetTimeSectionData　　　Response+（QuerySectionResult*　data_resp［]，int result_code）

建议请求响应信息采用 DL/T 1232—2013 中 M2 编码方式进行编码发送。

4.4.4　数据接口模式

针对 WAMS 或其他自动化系统不同应用需求，结合调控中心的地域性，时序库中 PMU 数据可采用 API 数据接口方式和传输协议数据接口方式，实现 WAMS、EMS、实时动态预警系统等自动化系统间时序库数据交互及信息共享。

4.4.4.1　API 交互方式

API 接口方式适用于调控中心内部不同应用间时间序列数据的交互。

类似 PMU 与 WAMS 主站系统之间数据交互，其他自动化系统也可通过协议交互方式逐步获取 PMU 测点配置及 PMU 数据，但此方式获取 PMU 数据的过程较为繁琐。同时，每一个客户端都需要编写数据协议交互程序。对于同一系统中的应用而言，通过时序库提供的 API 数据服务接口，其他自动化系统能够简单、方便、高效、便捷地获取时序库测点配置和数据。

API 数据接口主要提供：① 时序库测点配置查询；② 数据最新入库时间查询；③ 数据查询等函数。

数据客户端调用 API 数据接口，通过查询测点配置、数据入库时间和查询数据等步骤，逐步完成时序库全数据的获取，从而实现 WAMS 或其他自动化系统之间时序库全数据交互及信息共享。

4.4.4.2　传输协议方式

该交互方式适用于不同调控中心之间 WAMS 系统或其他自动化系统的时序数据交互。

数据服务端与客户端之间通过协议中定义的命令帧交互，完成全数据测点配置查询和待查询测点配置交互，并通过数据帧获取时序库全数据。

传输协议通信交互流程如图 4–17 所示。

（1）数据服务端启动等待其他 WAMS 或自动化系统客户端的请求；

（2）服务端与客户端通信链接建立后，客户端通过查询时序库测点配置、入库时间查询和数据请求等步骤，完成时序库数据的查询。

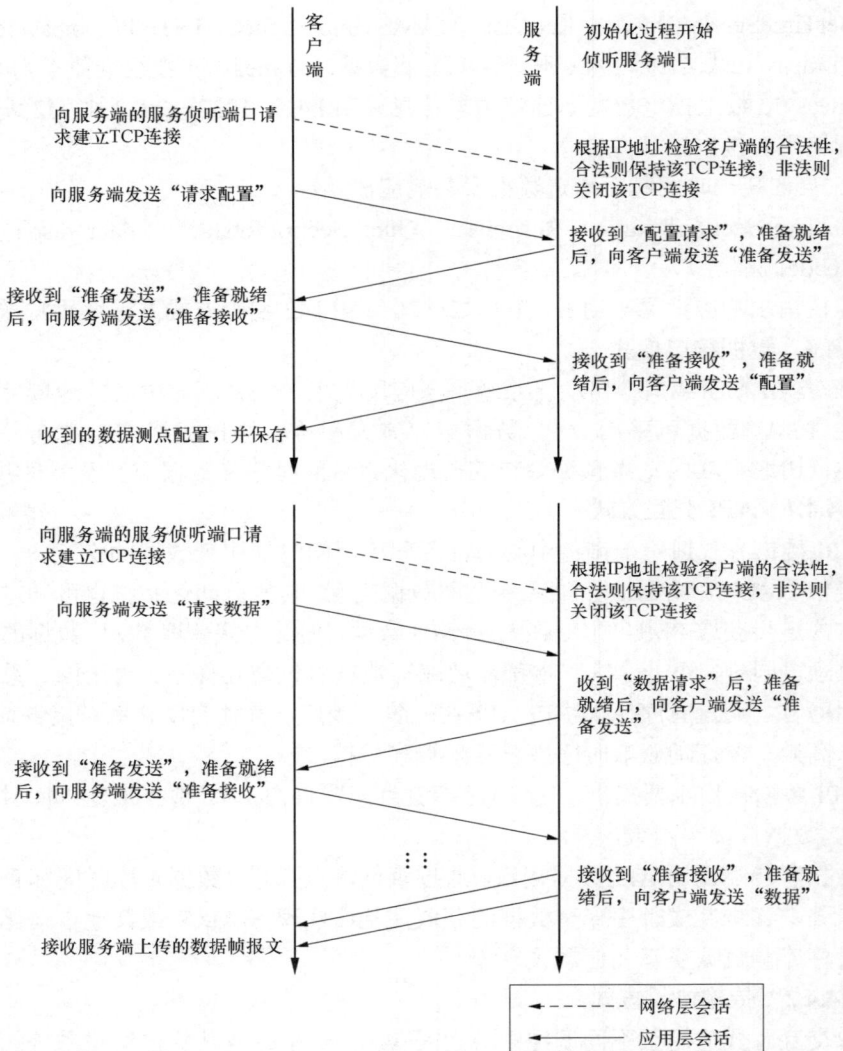

图 4-17 传输协议通信交互流程图

4.4.4.3 格式化文件方式

在调控中心内或调控中心之间的各自动化系统间不便通过传输协议或者 API 数据交互方式获取源 WAMS 系统的 PMU 测点配置和时序数据时，可采用通过离线动态数据文件交互的方式获取 PMU 时序数据。系统间对实时性要求较低的应用也可通过文件交互方式获取 PMU 数据。

离线动态数据文件包括离线数据记录文件和 100 帧离线数据文件。

离线数据记录文件是指从电网运行动态监视系统主站导出的动态数据文件，用于在不同调控中心之间进行离线的动态数据交换，以及对电网事件的离线分析应用。

100 帧离线数据文件是指从 PMU 子站召唤并存储在主站的高密度动态数据文件，用于对数据密度有很高要求的离线分析使用。

离线动态数据文件包含完整的测点名称列表、对应的动态数据记录以及数据质量信息，并以厂站为单位组织测点纪录，对于较大的数据采用分段方式进行存储；离线数据文件由 4 个分区构成，包括文件头部、厂站描述区、数据测点描述区、数据测点存储分段，如图 4–18 所示。根据保存厂站数量、测点数量和时间长度进行循环；文件头部记录离线文件的描述信息，厂站描述记录厂站信息，数据测点描述记录测点信息，数据测点存储分段记录分段存储测点数据与数据质量。

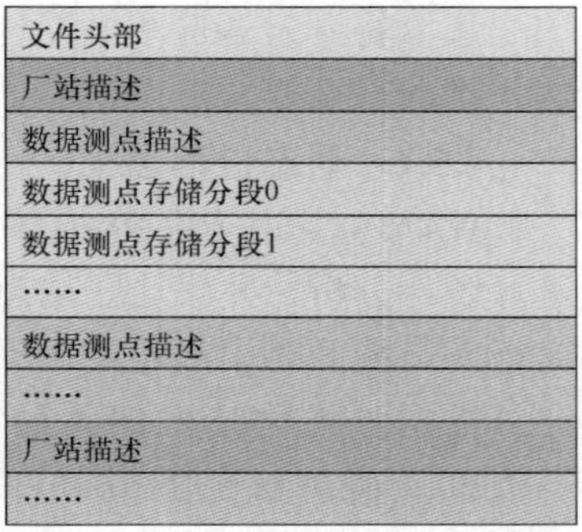

文件头部
厂站描述
数据测点描述
数据测点存储分段0
数据测点存储分段1
……
数据测点描述
……
厂站描述
……

图 4–18　离线动态记录数据文件

源 WAMS 系统按照数据查询需求输出离线动态数据文件到指定文件夹，其他自动系统可通过多种方式（人工或自动）获取离线动态数据文件，从而实现时序数据交互及信息共享。

4.4.4.4　E 格式文件方式

E 格式文件方式适合传递时间断面数据信息。断面数据是指同一时标的全网 PMU 数据的集合。对于需要获取全网 PMU 数据断面进行离线分析的其他应用或自动化系统可通过断面数据接口获取相关数据，以满足相关的应用分析需求。断面数据具有测点全、数据量大、时效性要求不高等特点。

断面数据交互文件可采用 E 格式进行数据内容组织，主要包括：断面时间、测点名称、测点数值、测点数据质量码等信息。源 WAMS 系统定时输出断面数据文件到指定文件夹，其他应用或系统定时获取断面数据文件，实现文件方式的断面数据交互及信息共享。

4.5　主站应用功能

经过国内 WAMS 主站的快速建设与推广，发展出很多基于 PMU 数据的高级应用功能，典型应用功能分为以下几类：

（1）基本监视类应用：对电网动态过程直接的曲线和数据进行监视；验证动

态仿真计算结果。

（2）安全稳定分析类应用：包括在线低频振荡监视与分析；小幅度功率振荡统计；在线扰动识别，包括短路、开路、机组跳闸、解列、并列、直流闭锁、换相失败等扰动；电压稳定在线监视；暂态稳定在线监视；多 WAMS 联合低频振荡分析和联合故障分析；基于数据挖掘技术的电网隐患发现。

（3）辨识类应用：并网机组涉网参数和响应特性评价；风电场并网指标和动态性能监视；线路参数在线辨识；变压器参数在线辨识；发电机参数在线辨识；负荷参数在线辨识；外网在线等值；结合 PMU 数据的状态估计。

迄今得到普遍应用的功能有动态过程监视、低频振荡监视、机组并网特性评估、扰动识别等。

4.5.1　动态过程监视

WAMS 主站接收 PMU 发送的电网相量量测动态信息，存入时间序列数据库，进行统计分析，并将这些动态信息以多种数据可视化技术进行信息表现，使调度运行人员能及时了解电网的动态运行状态。

数据可视化技术把各种繁杂的数据转换成直观的图形和图像，从而有利于人们正确理解数据或过程的含义。动态数据可视化的目的则是将电网运行动态过程以图形方式进行直观展示，让调度运行人员更方便地认识电网运行状态。现有 WAMS 应用的可视化手段主要包含曲线、表盘、地理渲染图等方式。

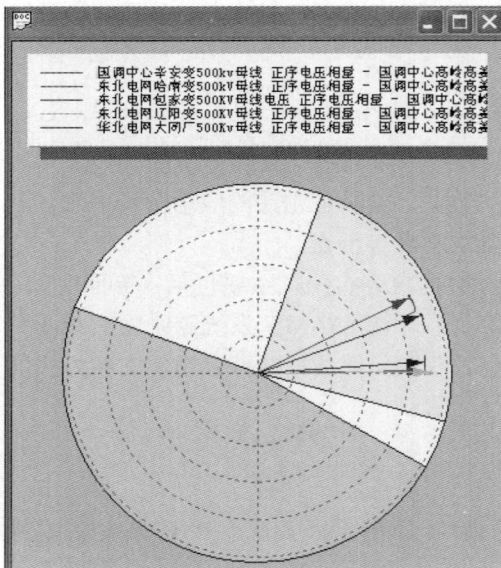

图 4-19　角差相量图示意

4.5.1.1　相量图

同步相量数据是 WAMS 系统的技术特征之一，如何直观、准确地表示系统状态是 WAMS 面临的重要问题。机端电压和母线电压相量之间的相对相角对系统稳定状态具有表征意义，直观显示同步电网中关键节点和机组的相对相角差是 WAMS 动态数据可视化的基本要求。

相量图是观测广域电网多个节点相对相角差的理想工具。该功能使用户能够在一个相量平面上监视所关心的相量之间的相对角度关系，如送端机组与受端机组间的角差相量图（如图 4-19 所示）。同时，还可以在相量平面上采用不同颜色代表系统相对相量的不同安全区域，当相对相量在绿色区域时表示系统状态良好，具有充分的动态/暂态稳定裕度；当系统运行到黄色区域时表示已经进入了警戒状态，需要调度人员进行必要的紧急处理；红色区域为失稳区域。

4.5.1.2 动态曲线

WAMS 系统的同步相量数据以最高 10ms 的时间间隔进行刷新，常规的数字标签无法以如此高的速度进行刷新，只有采用动态曲线模式，才能够精确反映电网运行的实际动态过程。动态曲线工具以实时更新的曲线方式实时监测发电机组、联络线的有功、无功、电压、频率等运行趋势；同时可监视系统中任意两个节点间的相对角度信息（包括电压与电流相量），实现送电端机组对受电端机组或变电站母线相对角差的监视。

实时动态曲线工具随时间动态刷新最新数据，用于观测系统的实时运行情况，如图 4-20 所示。

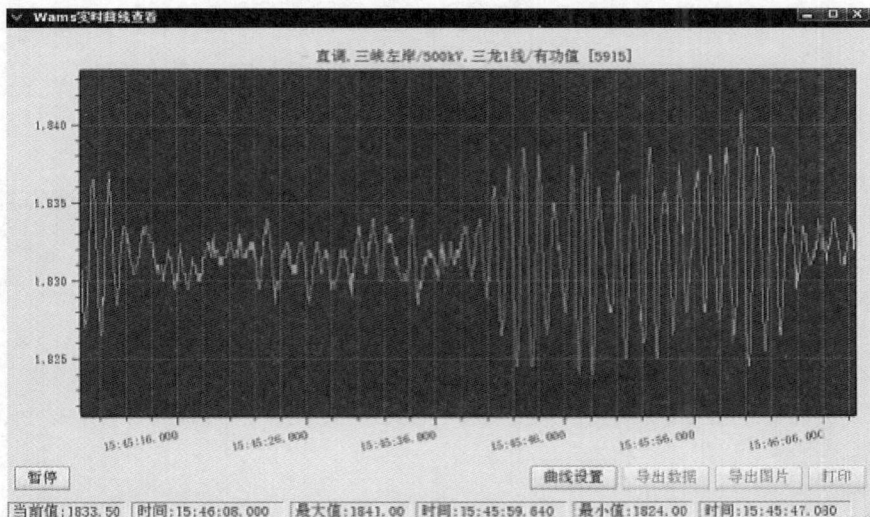

图 4-20 实时曲线工具

历史动态曲线工具按查询时间段绘制历史曲线，用于故障分析，如图 4-21 所示。

利用动态曲线工具能够对电网故障过程中，电网不同节点电压的相对相角变化趋势进行观测，支撑判断电网运行的安全趋势，如图 4-22 所示。

4.5.1.3 机组运行状态

根据采集到的机组运行状态数据，以及机组运行稳定极限，可以绘制机组运行状态监视图（如图 4-23 所示），实时监视当前机组运行点距离安全边界的距离。

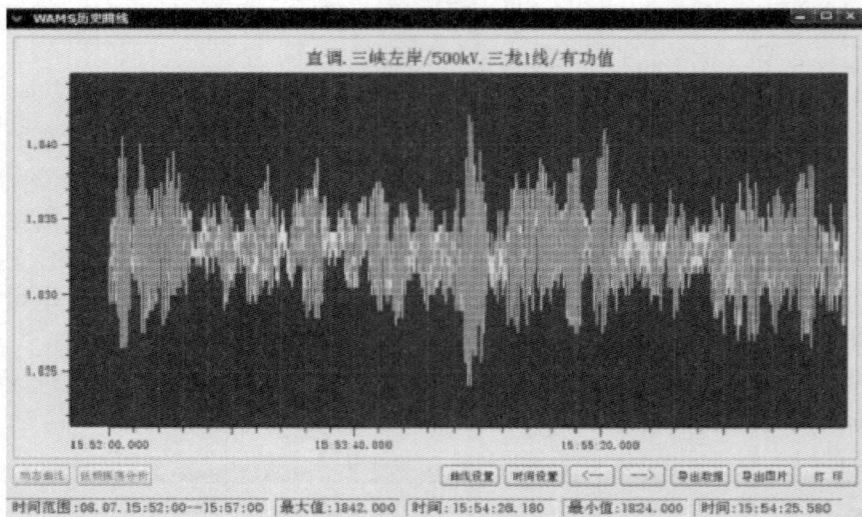

图 4–21　历史曲线工具

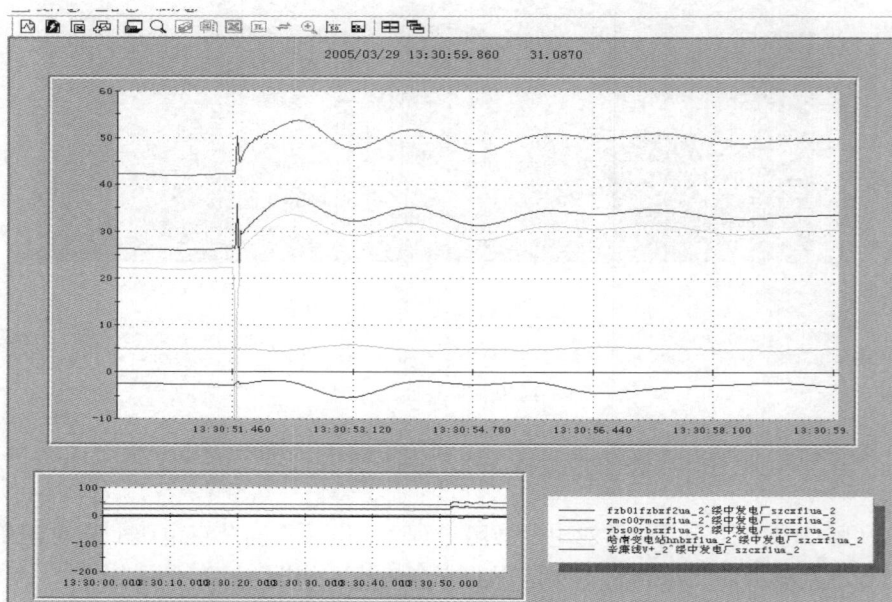

图 4–22　相对相角曲线监视图

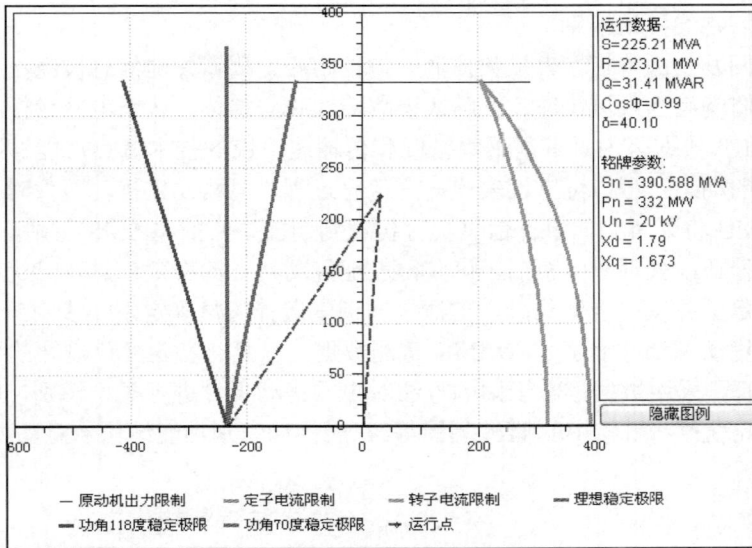

图 4-23 机组运行状态监视图

4.5.1.4 等高线渲染

在线扰动识别功能模块对 PMU 采集的实时动态数据进行特征提取，与表征不同扰动类型的特征进行匹配，以确定电网实际发生的扰动并告警。可识别的扰动类型包括短路故障、非同期并网、电网解列、非全相运行、直流闭锁、机组故障跳闸等故障扰动以及机组正常停运、直流调制等正常操作扰动。

利用可视化手段，以扰动事件发生瞬间的节点电压、频率变化量按照地理位置绘制等高线分布图（如图 4-24 所示），辅助调度运行人员确定故障发生的位置。

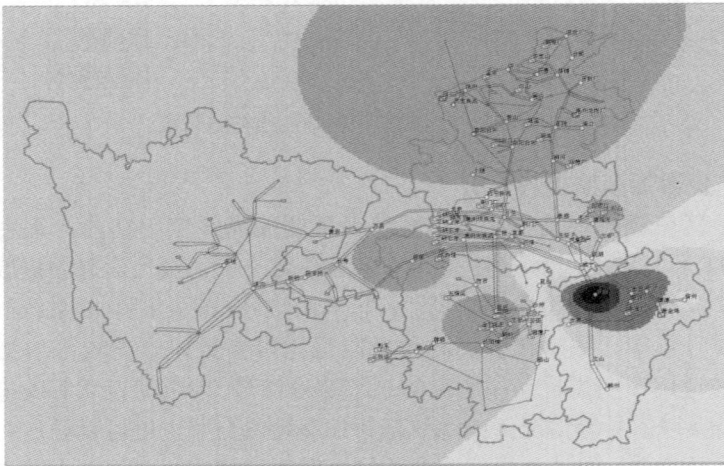

图 4-24 电网故障瞬间节点电压幅值等高线分布图

4.5.2 在线扰动识别

在电网发生故障后，大量数据涌入调控中心，故障关键信息被淹没在大量数据中，为调度运行人员快速、准确认识故障性质与定位，认识电网运行状况造成困难。PMU 数据因为具有高采集密度和传输速率快的技术特点，能够准确描述电网运行的动态过程，可定性表现电磁暂态过程。电网发生扰动事件时，遍布于电网的 PMU 将采集到的事件信息实时传送到调控中心的 WAMS 主站，对实时同步数据进行在线处理和分析后，可获得表征扰动特征的有效信息，对扰动事故进行分类、定位并发出告警信息，支撑电网调度运行人员确定下一步对策。

在线扰动识别功能基于 WAMS 量测数据，以具有特定变化规律的电气量作为模式特征，采用数据形态识别的方法对电网扰动事件进行类型识别，可识别类型包括短路跳闸、故障切机、直流闭锁等。在线扰动识别功能结构示意图如图 4-25 所示。

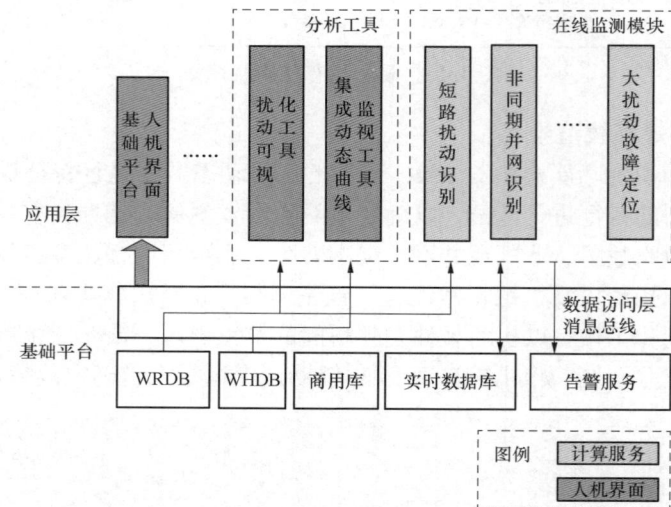

图 4-25　在线扰动识别功能结构示意图

4.5.3 低频振荡监视与分析

低频振荡在线监视是 WAMS 系统最主要的高级应用功能，常用算法包括 Prony、HHT 和 ARMA 算法等。Prony 算法适用于平稳振荡信息的提取，对噪声敏感；HHT 算法能够有效分析非线性、非平稳信号，直接提取出系统低频振荡模态分量的瞬时频率、瞬时幅值、相位及阻尼比等参数，具备较好的抗干扰性；ARMA 算法适用于明显扰动激励后的系统响应信号、因负荷投切等随机性质小扰动引起的类噪声信号等情况下的系统低频振荡特性分析。也可以通过对随机扰动引起的功率振荡进行统计分析，找到系统固有振荡模式，并识别出其中易激发的危险模式，作为小干扰稳定分析的补充。

上述各种算法具备不同的技术特点与适用性，低频振荡监视与分析需要根据不同应用场景选取适用算法，以实现对电网阻尼变化的监视预警、振荡过程中的在线分群与辅助决策，以及事故后的精细化分析。

WAMS 主站的在线低频振荡监视功能的数据流示意图如图 4-26 所示。

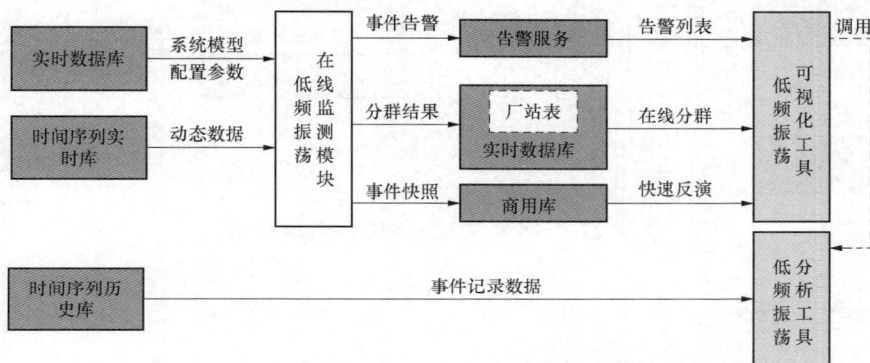

图 4-26　低频振荡监视工作逻辑图

在线低频振荡监视模块实时监视系统的动态数据，在检测到系统发生振荡时，当振荡频率、振荡幅值和持续时间都满足预置要求时，发出低频振荡告警信息；准确判断最先检测到振荡的位置（或定位到距扰动源最接近的区域），为调度查找扰动原因提供参考；在低频振荡事件的发生发展过程中，持续给出振荡告警信息，含有当前振幅最大线路的振幅和振荡频率；对振荡模式进行识别，模式信息包括振荡频率、幅值、阻尼比和初相；当出现多种振荡模式并存时，识别主导模式和参与厂站（或机组），跟踪振荡模式变化；根据相位关系识别同调机组，判断振荡中心大致区域。

4.5.4　并网机组涉网行为在线监测

利用同步采集的 PMU 数据，能够实时分析机组出力与系统频率的变化关系，在线测算机组的调差系数、调频死区等一次调频参数，定性评价机组一次调频的投入情况和调节性能，为机组性能的考核与评价提供依据。

WAMS 主站的并网机组涉网行为在线监测功能从实时数据库中的配置表读取配置信息，从实时数据库的模型表中读取机组模型信息，从时间序列实时库中读取实时动态数据，实时统计机组一次调频系统投退状态、励磁系统投退状态，并记录在统计报表中。

在监测到电网发生频率扰动（或电压扰动）并满足启动条件时，记录机组相关参数，并对调频和调压效果进行计算。在扰动结束后，将计算结果写入到商用库中。

并网机组涉网参数分析工具从商用库中读取投退状态的统计信息和机组的调频、调压性能数据，并组织成报表形式，供调度运行人员使用。一次调频监视模块数据流如图 4-27 所示。

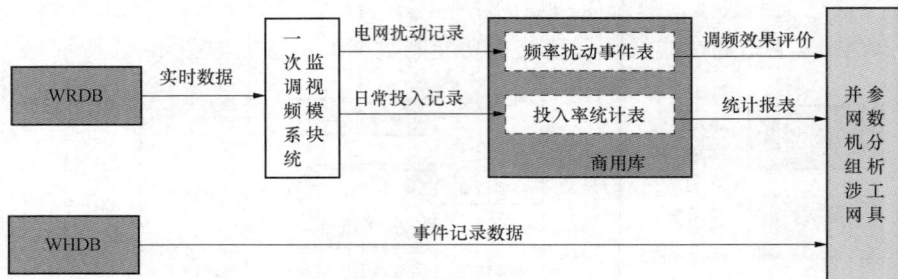

图 4-27　一次调频监视模块数据流示意图

4.6　小结

本章对广域相量测量系统主站系统的硬件架构、软件架构进行了介绍，支持一体化平台应用是当前 WAMS 主站的发展趋势。对 WAMS 主站前置通信系统的硬件配置与软件架构进行了说明，针对接入 PMU 的规模，WAMS 前置系统需要实现分组集群与负载均衡，介绍了两种接入调度数据网双平面的网络配置方式，同时对 WAMS 主站使用的时间序列数据库、动态信息交换方式进行了介绍。对动态过程监视、在线扰动识别、低频振荡监视与分析、并网机组涉网行为在线监测这四项 WAMS 主站基本功能的要求与工作机制进行了介绍。

参考文献

［1］丁仁杰，闵勇，熊炜华，等. 基于 GPS 的电力系统动态安全监测装置及其动态模拟实验 ［J］. 清华大学学报（自然科学版），1997，37（7）：78-81.

［2］卢志刚，郝玉山，康庆平，等. 电力系统实时相角监控系统结构研究［J］. 电网技术，1998，22（5）：18-20.

［3］武寒. 华东电网功角遥测系统的应用及展望 ［J］. 华东电力，2000，28（10）.

［4］吴京涛，闵勇，丁仁杰，等. 黑龙江省东部电网区域稳定控制系统的二期开发 ［J］. 电力系统自动化，2001，25（11）：49-52.

［5］Q/GDW 131—2006 电力系统实时动态监测系统技术规范 ［S］.

［6］DL/T 280—2012 电力系统同步相量测量装置通用技术条件 ［S］.

［7］GB/T 26865.2—2011 电力系统实时动态监测系统　第 2 部分：数据传输协议 ［S］.

［8］GB/T 26862—2011 电力系统同步相量测量装置检测规范 ［S］.

［9］GB/T 28815—2012 电力系统实时动态监测主站技术规范 ［S］.

[10] DL/T 1311—2013 电力系统实时动态监测主站实用要求及验收细则 [S].

[11] 汤同奎，王豪，邵惠鹤. 过程数据压缩技术综述 [J]. 计算机与应用化学，2000，17（3）：193–197.

[12] 徐成俊，舒毅. 文本压缩算法的比较研究 [J]. 甘肃科技，2006，22（12）：81–83.

[13] Salomon D. 数据压缩原理与应用 [M]. 北京：电子工业出版社，2003.

[14] 周学文，汤同奎，邵惠鹤. SDT 算法及其在过程数据压缩中的应用 [J]. 计算机应用与软件，2003，19（1）：47–49.

[15] 段培永，张枚，汤同奎. SDT 算法及其在局域控制网络中压缩过程数据的应用 [J]. 信息与控制，2002，31（2）：132–135.

[16] Bristol E H. Swing door trending [Z]. Adaptive Trending Recording，Institute Society of American，Research Triangle Park，1990.

[17] GB/T 32353—2015 电力系统实时动态监测系统数据接口规范 [S].

[18] 罗为，戴则梅，霍乾涛. 广域测量系统中电力系统状态可视化 [C]. 2007.

[19] 尚力，于占勋，荆铭，等. 山东电网广域实时动态监测系统 [J]. 电力自动化设备，2008，28（7）：89–93.

[20] 聂晓波，詹庆才，段刚，等. 跨调度中心 WAMS 动态数据的新型互联互通方案及关键技术 [J]. 电网技术，2014，38（10）：2839–2844.

[21] 段刚，詹庆才，杨东，等. 基于多个广域测量系统的联合低频振荡分析和监测 [J]. 中国电力，2015，48（4）：101–106.

[22] 段刚，严亚勤，谢晓冬，等. 广域相量测量技术发展现状与展望 [J]. 电力系统自动化，2015，39（1）：73–80.

[23] 彭晖，陶洪铸，严亚勤，等. 智能电网调度控制系统数据库管理技术 [J]. 电力系统自动化，2015，39（1）：19–25.

第 5 章

广域相量测量系统通信协议

我国国家电力调度通信中心于 2003 年颁布了《电力系统实时动态监测系统技术规范（试行）》，该规范参考了 IEEE 标准并结合我国电力系统的实际需要，制定了完整的 PMU 传输规约。随着运行经验的积累，该规约得到了不断完善。2006 年国家电网公司颁布了企业标准 Q/GDW 131—2006《电力系统实时动态监测系统技术规范》，全国电力系统管理及其信息交换标委会成立"WAMS 与时间同步工作组"，并于 2010 年完成 GB/T 26865.2《电力系统实时动态监测系统　第2 部分：数据传输协议》的报批，该标准于 2011 年正式实施。

按照技术规范，同步相量测量装置通信模型如图 5-1 所示。

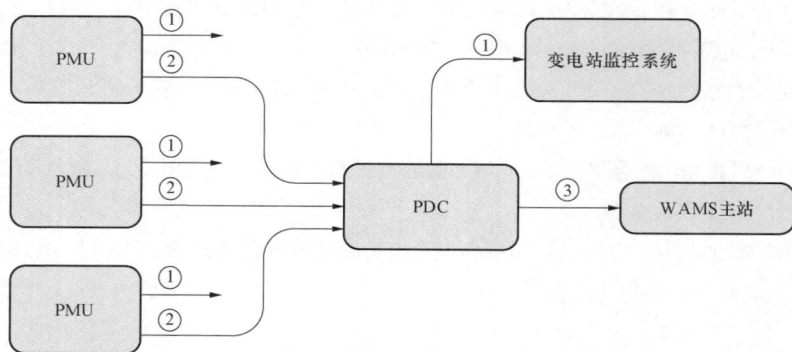

图 5-1　同步相量测量装置通信模型

图中各编号释义：

① 表示 MMS 服务，传输装置自检信息、运行状态并实现时间同步管理功能。

② 表示相量数据传输服务，传输同步采集的相量信息，采用 GB/T 26865.2，相量传输频率为 100Hz。

③ 表示相量数据传输服务，传输同步采集的相量信息，宜采用 GB/T 26865.2，上送频率低于 100Hz 时宜采用抽点上送方式。

相量数据传输服务采用 GB/T 26865.2 协议实施，用于主子站之间的数据通信，MMS 服务采用 IEC 61850 协议实施，用于相量测量装置与站内监控系统的通信。

5.1　主子站通信规约

5.1.1　规约的体系结构

5.1.1.1　数据传输方式

研究实时动态监测系统的通信系统的需求是确定其体系结构的基础。实时动态监测系统的通信采用实时数据传输及文件传输两种方式，主要包括以下内容：

（1）由子站向主站实时传送 PMU 监测的动态数据（包括同步相量、模拟量及开关量），主站接收到这些数据后，将来自于电网各厂站 PMU 采集同一时刻的动态数据整合成全网动态断面数据，供主站的应用功能使用；

（2）由主站向子站发送触发全网 PMU 录波等控制命令，实现主站对 PMU 的远方控制及维护；

（3）由主站召唤 PMU 记录的动态数据、事件记录及暂态录波等离线文件，供主站进行事故分析及模型校核等工作时使用。

5.1.1.2　数据交换的特点

按照调度管辖权的不同，实时动态监测系统可分为三个层级：① 负责特高压交直流传输通道和大区电网间断面监控的国家级调控系统；② 负责大区内部 500kV 主网监控的区域电网监测系统；③ 负责省内 220kV 电网监控的省级电网监测系统。其数据交换表现出以下特点：

（1）按照分层分区原则，数据交换的层次表现为树状，数据通信是双向的；

（2）PMU 能够和相关的多个主站通信，并具备一发多收的通信功能；

（3）主站与主站、主站与子站之间可以相互通信，交换实时数据或历史数据等。

5.1.1.3　数据传输速度及延时

WAMS 主站的应用功能对数据传输提出了较高要求，各种应用功能对数据传送速度及延时的要求如表 5-1 所示。

表 5-1　　　　　　　　主站对 PMU 传输数据的速度和延时的要求

主站应用功能	传输速度（次/s）	延时（s）
频率动态特性监测	25～50	≤1
无功电压监测	25～50	≤1
状态估计	25～50	秒级
系统辨识	25～50	秒级
低频振荡分析	25～50	≤1
稳定预测及紧急控制	25～100	<0.1

5.1.1.4 数据传输的可靠性

实时动态监测主站对通信可靠性的要求较高，尤其是实时数据的传输可靠性。主站的低频振荡分析、扰动识别等应用功能需要连续的电网断面数据，要求 PMU 能够通过通信网络快速、连续地将同步相量数据传送到主站。

5.1.1.5 规约体系结构的选择

随着电网动态监测系统及动态稳定监控决策支持系统等主站应用功能的发展，对实时动态监测系统的通信方式、速度及可靠性的要求也越来越高，通信规约应建立在适应于大流量及多用户的通信体系上。基于开放系统互联的参考模型 ISO-OSI 是目前比较成熟的网络技术，基本满足实时动态监测系统实时通信及离线通信的要求。采用 ISO-OSI 参考模型的规约结构如图 5-2 所示。

初始化	传输规约的选用	用户进程
传输规约数据单元		应用层
应用规约控制信息和TCP接口		
TCP/IP协议		运输层(第四层)
		网络层(第三层)
		链路层(第二层)
		物理层(第一层)

图 5-2 实时动态监测系统传输规约的网络参考模型

规约的传输层采用面向链接的 TCP 协议，它能够为用户提供可靠的全双工字节流，具有确认、流控制、多路复用和同步等功能。另外，基于 TCP 的应用程序使用 C/S 模式，适用于主站或子站建立多个通信管道以及 PMU 实现一发多收功能。

实时动态监测系统的传输规约是子站传输数据单元的格式与 TCP/IP 网络传输功能的组合，这使得该规约在支持 TCP/IP 的各类网络中都可使用，目前主要应用于电力调度数据网。

有研究对电力调度数据网中的 PMU 数据时延进行了分段测量与分析（见表 5-2），TCP 协议的网络通信过程受网络时延抖动影响较大，当网络时延抖动恶化为拥塞时，PMU 会由于发送受阻自动进行通信初始化，可能导致更多数据丢失。

对实时性要求较高的控制类应用，应采用受网络时延抖动影响较小的 UDP 协议进行数据传输，在控制逻辑设计时应增加数据缺失处理环节，提高控制功能鲁棒性。

表 5–2　　　　　　　　　　　　　　　　　WAMS 分段时延的量测结果

PMU 信息通信环境		PMU 闭环时延/ms					
PMU 子站	通信环境	T_{pmu}	T_{up}	$T_{syn}+T_{tsc}$	T_{dn}	T_{cotl}	T'_{up}
长兴电厂	PMU 与 WAMS 通信	29.902	5.143		2.970	0.304	3.680
	PMU 与模拟前置 TCP 通信	29.656	4.949	0.086	3.276	0.427	3.699
	PMU 与模拟前置 UDP 通信	29.468	4.511	0.141	2.943	0.458	3.583
新泓口电厂	PMU 与 WAMS 通信	50.390	7.984		6.793	0.322	6.471
六横电厂	PMU 与 WAMS 通信	44.322	7.245		5.488	1.217	5.413
	PMU 与模拟前置 TCP 通信	44.431	7.245	0.205	5.684	0.907	5.350
	PMU 与模拟前置 UDP 通信	44.607	7.807	0.113	5.224	1.691	5.823

5.1.2　规约的数据单元结构

5.1.2.1　实时通信的数据单元格式

监测系统的通信以实时传输为主，其传输方式主要包括 4 种数据单元格式：数据帧、配置帧、命令帧和头帧。所有帧以 2 个字节的帧同步字（SYNC）开始，其后紧随 2 个字节的帧字节数（FRAMESIZE）、8 个字节的数据集中器标识（DC_IDCODE）、4 个字节的世纪秒（SOC）、4 个字节的秒等分数（FRACSEC）。所有帧以 CRC16 的校验字结束，且帧的传输都没有分界符，如图 5–3 实时通信数据单元格。

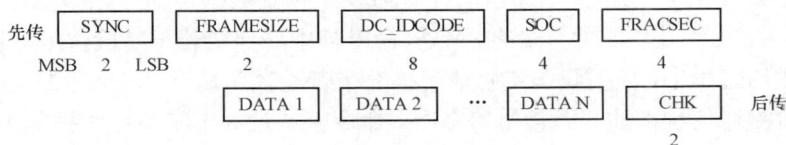

图 5–3　实时通信数据单元格式

5.1.2.2　数据帧格式

子站通过数据帧传送同步相量数据，数据帧包括高精度同步时标及同步相量测量值，其具体结构见表 5–3。

表 5-3 　　　　　　　　　　　　PMU 传输数据的帧格式

编号	字段	长度	说　明
1	SYNC	2	帧同步字
2	FRAMESIZE	2	帧字节数
3	DC_IDCODE	8	数据集中器的 IDCODE
4	SOC	4	世纪秒
5	FRACSEC	4	秒等分数及时间质量
6	STAT	2	按位对应含义的状态字
7	PHASORS	4×PHNMR	四个字节的定点相量数据
8	FREQ	2	用定点数表示的频率偏移量
9	DFREQ	2	用定点数表示的频率变化率
10	ANALOG	2×ANNMR	模拟量
11	DIGITAL	2×DGNMR	开关量
	重复 6~11 字段		根据配置帧中 PMU 的个数，即 NUM_PMU 字段，重复 6~11 字段的内容
12	检查字节	2	CRC16 校验码

5.1.2.3　配置帧格式

配置帧包括数据帧传送数据的类型及通道等信息。配置帧是二进制文件，分为 CFG-1 文件帧和 CFG-2 文件帧两个类型。CFG-1 为子站的最大配置文件，包括子站可上送的所有输入量。CFG-2 为通信实际配置文件，说明子站数据帧实际传送数据的配置信息。主站/子站通过修改 CFG-2 文件来调整传送数据的数量、类型及通道。该帧 SYNC 字段的第 4~6 位如果置为 010 则表示为 CFG-1 文件，如果置为 011 则表示为 CFG-2 文件。

5.1.2.4　命令帧格式

命令帧规定了主站/子站通信的控制命令，包括数据传输开始/关闭命令、传送 CFG-1/2 文件及头文件等命令。另外，命令帧中还保留若干字段供用户自定义。在制定规约过程中，根据我国实际情况扩充了若干控制命令，包括触发全网 PMU 录波及检测通信状态的心跳信号等命令。命令帧通过 8 个字节的数据集中器标识符（DC_IDCODE）说明 PMU 所在的厂站。

5.1.2.5　头帧格式

头帧规定了 PMU 装置的数据源、变送器类型、算法、模拟滤波器等说明性信息，为 ASCII 码文件。

5.1.3　实时通信的流程

主站与 PMU 及其他主站之间的实时通信流程是通信规约的重要部分。实时

通信基于 TCP 通信协议，使用 C/S 模式建立实时数据管
道及管理管道，图 5-4 简要说明了实时通信的建立过程。
系统启动或重建通信时，实时通信管道未建立，主站与子
站的通信过程分解为若干子通信流程。

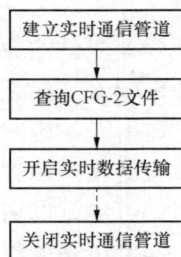

图 5-4　主子站通信流程

5.1.3.1　建立实时通信管道流程

（1）子站侦听数据连接服务端口，等待主站建立连接
的申请；

（2）主站向子站提出建立数据连接的申请；

（3）子站接受申请，建立与主站之间的数据连接。

5.1.3.2　查询 CFG-1 文件流程

（1）主站通过命令连接发送"上传 CFG-1 文件"命令；

（2）子站接收到"上传 CFG-1 文件"命令，根据子站当地配置生成 CFG-1
文件，发送给主站；

（3）主站接收 CFG-1 文件。

5.1.3.3　查询 CFG-2 文件流程

（1）主站通过命令连接发送"上传 CFG-2 文件"命令；

（2）子站接收到"上传 CFG-2 文件"命令，根据子站当地配置生成 CFG-2
文件，发送给主站；

（3）主站接收 CFG-2 文件。

5.1.3.4　下传 CFG-2 文件流程

（1）主站发送"下传 CFG-2 文件"命令。

（2）子站接收到"下传 CFG-2 文件"命令，返回肯定确认。

（3）主站接收到肯定确认。

（4）主站发送 CFG-2 文件。

（5）子站接收到 CFG-2 文件。

（6）子站对 CFG-2 文件进行有效性检查：

a. 如通过检查，子站返回肯定确认，并将 CFG-2 文件保存在本地，作为对
应该客户端的通信配置文件；

b. 如未通过检查，子站返回否定确认，并将接收到的 CFG-2 文件丢弃。

下传 CFG-2 期间，子站不向主站上传实时数据。若在下传 CFG-2 文件之前，
子站正在执行上传实时数据的命令，则主站应首先命令子站关闭实时数据上传连接。

5.1.3.5　开启实时数据传输流程

（1）主站通过命令连接发送"开启实时数据传输"命令；

（2）子站接收到"开启实时数据传输"命令；

（3）子站根据最近接收到的 CFG-2 文件，通过数据连接定时发送实时数据

报文；

（4）主站的数据连接接收实时数据报文。

5.1.3.6　关闭实时数据传输流程

（1）子站定时发送实时数据报文；

（2）主站接收实时数据报文；

（3）主站发送"关闭实时数据传输"命令；

（4）子站接收到"关闭实时数据传输"命令；

（5）子站停止发送实时数据报文。

5.1.3.7　联网触发录波流程

（1）主站发送"联网触发"命令；

（2）子站接收到"联网触发"命令；

（3）子站返回肯定确认；

（4）主站接收到子站肯定确认。

联网触发期间，子站应保持数据传送状态。

5.1.3.8　检测通道连接状态的流程

（1）主站在 x 秒内未从命令连接接收到子站报文，向子站发送"心跳信号"；

（2）子站接收到"心跳信号"；

（3）子站立即返回"心跳信号"；

（4）主站接收到"心跳信号"。

5.1.3.9　命令连接异常情况下的状态检测流程

（1）主站在 x 秒内未从命令连接接收到子站报文，向子站发送"心跳信号"；

（2）主站等待 x 秒未收到子站发出的报文，再次发送"心跳信号"；

（3）主站再等待 x 秒仍未收到子站发出的报文，关闭命令连接。

x 秒可由主站自定义。

5.1.3.10　数据连接状态检测流程

（1）子站定时发送实时数据报文；

（2）发送实时数据报文被阻塞（或失败）；

（3）等待 y 秒后，不能恢复发送，关闭数据连接。这里的 y 值由子站确定。

5.1.3.11　关闭通道

数据连接和命令连接的关闭过程应由主站发起；在特殊情况下，子站也可主动关闭连接。

5.1.4　实时通信的连续性和可靠性

PMU 按照同步测量数据的时标连续、等时间间隔地将动态数据传输给主站，主站接收数据后通过检验时标确定实时通信的连续性，如果出现丢数据现象则由主站通过采取发出告警信息及重建通信管道等措施来处理异常情况。另外，TCP 通信的重发机制保证了底层数据传输的可靠性。但在通道发生异常时，接收数据的延时较长（几秒钟）或接收不到数据，而读写套接字却没有出错，此时应用层通过检验 TCP 连接及接收数据的延时来判断通信是否正常。如果延时超过规定时间则断开 TCP 连接并建立新的通信管道，以保证数据传输的实时性。

5.1.5　离线传输规约

5.1.5.1　概述

离线数据传输管道是与实时数据传输管道相独立的 TCP 连接。离线数据传输规约不规定子站的离线数据存储方式及命名方法，只规定主站和子站之间交换离线数据所需的报文帧格式和通信流程。

5.1.5.2　报文帧格式

子站记录的离线文件包括动态数据文件、暂态数据文件和事件标识。离线传输规约定义了四种帧格式，即传输指令帧、文件目录帧、离线数据帧和事件标识帧，具体描述如下：

（1）传输指令帧。传输指令帧规定子站与主站之间传送离线数据的要求，包括离线数据的类型、数据记录的起止时刻和传输控制信息。

（2）离线数据帧。离线数据帧用于传输动态数据、暂态数据以及指定的文件，其帧格式定义如表 5–4 所示。

（3）文件目录帧。文件目录帧说明离线文件的目录，即 PMU 暂态录波文件的数量及名称。主站获取 PMU 的文件目录帧后根据需要召唤有关文件。

（4）事件标识帧。事件标识帧规定子站记录的事件标识，即 PMU 装置的运行记录及触发录波记录。另外，该帧还包括了 PMU 监录的异常事件，主站根据事件发生的时间及录波原因召唤相应的录波文件。

表 5–4　　　　　　　　　　离线数据传输帧结构定义

编号	字段	长度（字节）	说　　明
1	SYNC	2	帧同步字： 第一字节：55H 第二字节：帧类型和版本号 Bit 7：保留未来定义 Bits 6~4： 000：传输数据帧 001：事件标识帧 010：文件目录帧 100：传输命令帧 Bits 3~0：协议版本号，二进制表示（1~15），本协议定义为 3
2	FRAMESIZE	2	帧字节数，16 位无符号整数.（0~65535）

编号	字段	长度（字节）	说　明
3	SOC	4	世纪秒（UNIX 时间），以 32 位无符号整数表示的自 1970 年 1 月 1 日起始的秒计数；最大范围 136 年，到 2106 年完成一次循环；计数中不包括闰秒，因此除了闰年，每年都有相同的秒计数（闰年多 1 天，即 86 400s）
4	DC_IDCODE	8	数据集中器（DC）的标识（IDCODE），对没有配置数据集中器的子站，本字段与 PMU_IDCODE 相同。用 ASCII 码表示
5	DATA 1	1	数据段字节 1
6	……		
7	DATA N	1	数据段字节 N
8	CHK	2	CRC16 校验码

5.1.5.3　离线数据传输的通信流程

主站、子站间离线数据传输采用 TCP 作为底层通信协议。

主站、子站间离线数据传输从主站向子站发送离线数据传输命令开始。传输是双向的，子站为连接的服务端，主站为连接的客户端。离线数据传输连接断开后的重建也由主站发起。

5.1.6　通信带宽及流速控制

5.1.6.1　子站通道带宽

在通信方案设计及工程实施过程中，需要对子站通信带宽进行计算，以确定通信方案及子站通道配置。通信流量是按照子站可能上传信息的最大配置来计算的，根据目前的应用需求，实时数据通信速率可设为 50 帧/s。传送离线文件时不能影响实时监测数据的正常传输。计算带宽时离线文件的数据流量按与实时数据通信相同的流量来考虑，子站按传送三相相量来计算数据流量。通道带宽按实时监测数据和离线数据流量总和的 K（裕度系数）倍来计算，具体计算公式为：

$$\begin{cases} F_{online} = L_{byte1} \times 8 \times 50 \\ F_{offline} = L_{byte2} \times 8 \times 50 \\ F_{max} = F_{online} + F_{offline} \\ B = F_{max} \times K \end{cases} \tag{5-1}$$

式中：F_{online} 为实时数据通信流量；L_{byte1} 为实时监测数据的 IP 报文长度（BYTE）；50 为每秒传送数据的次数；$F_{offline}$ 为离线文件数据流量；L_{byte2} 为离线文件数据的 IP 报文长度（BYTE）；F_{max} 为最大数据流量；B 为通道带宽；k 为裕度系数，一般取 1.5。

5.1.6.2　通信流量控制

PMU 通信流速的大小影响主站对数据的应用程度，通信规约规定了实时通信流量控制字，用户可根据通道带宽及主站应用的需要选择 25、50 次/s 的速率进行传输。另外，离线数据的传输规约规定了流量控制字，用户可以根据应用需求及通道具体情况来控制离线数据通信的速率。

5.2 与站内监控系统通信

5.2.1 同步相量测量装置建模

一个同步相量测量装置物理设备，建模为一个智能电子设备（Intelligent Electronic Device，IED）对象，基于采样数据实现同步相量的计算和发布，如图 5-5 所示。该对象是一个容器，包含 server 对象，server 对象中包含的逻辑设备对象主要有 LD0、CTRL、PIGO 和 PISV。

同步相量测量装置对应的模型文件按表 5-5 的方式进行描述。其中，MMS 访问点为 S1，完成同步相量测量装置复归、告警、事件、开入等功能。GOOSE 访问点为 G1，实现 GOOSE 接口。SV 访问点为 M1，实现 SV 接口。

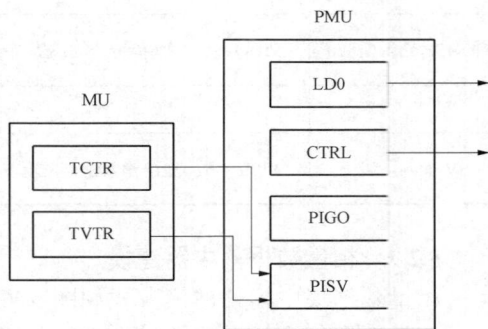

图 5-5 同步相量测量装置模型

表 5-5   同步相量测量装置模型文件

功能	LD	LN	LN 类	M/O[1]	备 注
		MMS/相量 SV 访问点：S1			
基本逻辑节点	LD0	管理逻辑节点	LLN0	M	包含复归命令
	LD0	物理设备逻辑节点	LPHD	M	
告警	LD0	通用输入输出逻辑节点	GGIO	M	DO 为 Alm
事件	LD0	通用事件逻辑节点	GGIO	M	DO 为 Alm
对时自检	LD0	对时信号状态	LTSM	M	HostTPortAlarm
		对时服务状态		M	HostTSrvAlarm
		时间跳变侦测状态		M	HostContAlarm
状态监测	LD0	光强监视	SCLI	M	LigIntes1~n
		电源电压监视	SPVT	M	Vol1~2
		装置温度监视	STMP	M	Tmp

---

① M 是指 Mandatory 必选，O 是指 Optional 可选。

续表

功能	LD	LN	LN 类	M/O[①]	备　注
TV	LD0	电压互感器	TVTR	M	TV
TA	LD0	电流互感器	TCTR	M	TA
单点开入	CTRL	通用输入输出逻辑节点	GGIO	O	DO 为 Ind
双点开入	CTRL	通用输入输出逻辑节点	GGIO	O	DO 为 DPCSO
GOOSE 访问点：G1					
GOOSE 输入虚端子	PIGO	通用输入输出逻辑节点	GGIO	O	逻辑节点前缀应为 GOIN，DO 为 DPCSO 及 SPCSO
SV 访问点：M1					
SV 输入虚端子	PISV	通用输入输出逻辑节点	GGIO	O	逻辑节点前缀应为 SVIN，DO 为 SvIn

5.2.2　相量数据集中器建模

相量数据集中器的建模方式如图 5-6 所示。

相量数据集中器对应的模型文件采用表 5-6 的方式进行描述。其中，MMS 访问点为 S1，完成相量数据集中器装置复归、告警、事件、开入等功能。

PDC

LD0

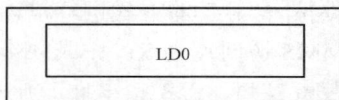

图 5-6　相量数据集中器模型

表 5-6　　　　　　　　　　　　相量数据集中器模型

功　　能	LD	LN	LN 类	M/O	备　　注
MMS/相量 SV 访问点：S1					
基本逻辑节点	LD0	管理逻辑节点	LLN0	M	包含复归命令
	LD0	物理设备逻辑节点	LPHD	M	
告警	LD0	通用输入输出逻辑节点	GGIO	M	DO 为 Alm
事件	LD0	通用事件逻辑节点	GGIO	M	DO 为 Alm
对时自检	LD0	对时信号状态	LTSM	M	HostTPortAlarm
		对时服务状态		M	HostTSrvAlarm
		时间跳变侦测状态		M	HostContAlarm
状态监测	LD0	光强监视	SCLI	O	LigIntes1～n
		电源电压监视	SPVT	M	Vol1～2
		装置温度监视	STMP	M	Tmp

---

① M 是指 Mandatory 必选，O 是指 Optional 可选。

5.2.2.1　逻辑节点建模

逻辑节点：LLN0 模型如表 5-7 所示。

表 5-7　　　　　　　　　　　逻辑节点：LLN0

属性名	属性类型	全　　称	M/O	中文语义
公用逻辑节点信息				
Mod	INC	Mode	M	模式
Beh	INS	Behaviour	M	行为
Health	INS	Health	M	健康状态
NamPlt	LPL	Name	M	逻辑节点铭牌
定值信息				
StrVal1～n	ASG	Start Value	O	定值 1～n
Enable1～n	SPG	Enable	O	功能投退 1～n

逻辑节点：GGIO 模型如表 5-8 所示。

表 5-8　　　　　　　　　　　逻辑节点：GGIO

属性名	属性类型	全　　称	M/O	中文语义
公用逻辑节点信息				
Mod	INC	Mode	M	模式
Beh	INS	Behaviour	M	行为
Health	INS	Health	M	健康状态
NamPlt	LPL	Name	M	逻辑节点铭牌
被测量				
SvIn1～n	MV		O	模拟量输入 1～n
状态信息				
Alm1～n	SPS		O	告警（事件）1～n
Ind1～n	SPS		O	开入 1～n
DPCSO1～n	DPS		O	双点状态输入 1～n
SPCS01～n	SPS		O	单点状态输入 1～n

逻辑节点：对时异常自检 LTSM 模型如表 5-9 所示。

表 5-9 逻辑节点：LTSM

属性名	属性类型	全　称	M/O	中文语义
公用逻辑节点信息				
Mod	INC	Mode	M	模式
Beh	INS	Behaviour	M	行为
Health	INS	Health	M	健康状态
NamPlt	LPL	Name	M	逻辑节点铭牌
状态信息				
HostTPortAlarm	SPS	HostTPortAlarm	M	对时信号状态
HostTSrvAlarm	SPS	HostTSrvAlarm	M	对时服务状态
HostContAlarm	SPS	HostContAlarm	M	时间跳变侦测状态

逻辑节点：光强监视 SCLI 模型如表 5-10 所示。

表 5-10 逻辑节点：SCLI

属性名	属性类型	全　称	M/O	中文语义
公用逻辑节点信息				
Mod	INC	Mode	M	模式
Beh	INS	Behaviour	M	行为
Health	INS	Health	M	健康状态
NamPlt	LPL	Name	M	逻辑节点铭牌
测量信息				
LigIntes	MV	Light intensity	EO	光强

逻辑节点：电源电压监视 SPVT 模型如表 5-11 所示。

表 5-11 逻辑节点：SPVT

属性名	属性类型	全　称	M/O	中文语义
公用逻辑节点信息				
Mod	INC	Mode	M	模式
Beh	INS	Behaviour	M	行为
Health	INS	Health	M	健康状态
NamPlt	LPL	Name	M	逻辑节点铭牌
测量信息				
Vol	MV	Voltage	EO	电压

逻辑节点：装置温度监视 STMP 模型如表 5-12 所示。

表 5-12　　　　　　　　　　**逻辑节点：STMP**

属性名	属性类型	全　称	M/O	中文语义
公用逻辑节点信息				
Mod	INC	Mode	M	模式
Beh	INS	Behaviour	M	行为
Health	INS	Health	M	健康状态
NamPlt	LPL	Name	M	逻辑节点铭牌
测量信息				
Tmp	MV	Temperature	O	温度

逻辑节点：TVTR 模型如表 5-13 所示。

表 5-13　　　　　　　　　　**逻辑节点：TVTR**

属性名	属性类型	全　称	M/O	中文语义
公用逻辑节点信息				
Mod	INC	Mode	M	模式
Beh	INS	Behaviour	M	行为
Health	INS	Health	M	健康状态
NamPlt	LPL	Name	M	逻辑节点铭牌
测量信息				
Vol	SAV	Current（Sampled value）	M	电压采样值
定值信息				
VRtg	ASG	Rated Voltage	O	一次额定电压
VRtgSnd	ASG	Secondary Rated Voltage	O	二次额定电压

逻辑节点：TCTR 模型如表 5-14 所示。

表 5-14　　　　　　　　　　**逻辑节点：TCTR**

属性名	属性类型	全　称	M/O	中文语义
公用逻辑节点信息				
Mod	INC	Mode	M	模式
Beh	INS	Behaviour	M	行为

续表

属性名	属性类型	全　　称	M/O	中文语义
Health	INS	Health	M	健康状态
NamPlt	LPL	Name	M	逻辑节点铭牌
测量信息				
Amp	SAV	Current（Sampled value）	M	电流采样值
定值信息				
ARtg	ASG	Rated Current	O	一次额定电流
ARtgSnd	ASG	Secondary Rated Current	O	二次额定电流

5.2.2.2　数据集

同步相量测量装置可预定义下列数据集：

（1）遥测（dsAin）：光强、电源电压、温度等测量数据放入遥测数据集。

（2）遥信（dsDin）：遥信数据放入遥信数据集。

（3）告警信号（dsAlarm）：装置自检告警等告警信号放入告警信号数据集。

（4）事件信号（dsWarning）：TA断线等装置事件信号放入事件信号数据集。

（5）装置参数（dsParameter）：一、二次额定值等装置参数放入装置参数数据集。

（6）保护定值（dsSetting）：装置定值及功能投退数据放入保护定值数据集。

5.2.2.3　告警建模

装置告警位于设备的公共逻辑设备（LD0）；告警采用 DL/T 860 中规定的 GGIO 中的 Alm 进行告警建模。

告警的动作和返回信息作为同一个点的合、分状态发送。

5.2.2.4　数据描述

模型文件中提供版本信息，在 IED 元素的 Type 属性填写设备类型属性值、在 ConfigVersion 属性填写配置版本属性值。ICD 文件中包含中文的"desc"描述和 dU 属性，供配置工具和客户端软件离线或在线获取数据描述。

5.3　小结

PMU 通信过程包括主子站之间的相量数据传输，采用 GB/T 26865.2 协议，即实时动态监测系统传输规约；PMU 通信过程还包括 PMU 与站内监控系统的通信，采用 IEC 61850 协议。实时动态监测系统传输规约包括对实时通信数据单元结构、通信控制命令、通信流程以及离线数据传输规约等内容的规定，该规约能够保证实时通信对实时性、连续性及可靠性的要求，在中国电网得到广泛应用。现场运行经验表明，该规范简明、高效、可靠，能够满足实时动态监测系统的要求。

参考文献

［1］胡志祥，谢小荣，肖晋宇，等. 广域测量系统的延迟分析及其测试［J］. 电力系统自动化，2004，28（15）：39–43.

［2］王英涛，张道农，谢晓冬，等. 电力系统实时动态监测系统传输规约［J］. 电网技术，2007，31（13）：61–65.

［3］张蕾，魏路平，时伯年. 广域测量系统分段时延测量及分析［J］. 电力系统自动化，2016，40（6）：101–106.

第6章

电网模型参数辨识

6.1 基于 WAMS 的电网建模及参数辨识

电力系统建立在电工理论基础之上，其数学模型大多是已知的，进行电力系统参数辨识的本质在于获取更贴近实际的参数值，参数辨识是对模型建模的有效补充。模型建模按途径分为白箱建模（机理建模）和黑箱建模（经验建模），以及更为常见的灰箱建模。实际系统的物理特性比较容易把握，可以根据物理机理研究和确定特定形式的数学模型来描述对象系统，再用辨识的方法求取模型的参数，以满足特定的工程需要。灰箱建模需要先按物理机理列出数学模型的整体框架，再用参数辨识的手段求出待定参数。灰箱建模是电力系统辨识的典型特点。

6.1.1 参数辨识理论

电力系统相关领域，比如电力系统稳定器、励磁系统、原动机及调速系统等领域，模型的标准化工作已比较完善，参数辨识的理论也已比较成熟，主要可分为两类：

（1）基于传统算法的辨识方法。

传统算法可分为频域法和时域法，时域法主要包括最小二乘法、卡尔曼滤波法、分段线性多项式函数法等。

1）频域法主要是对系统的输入信号（白噪声或伪随机信号）和输出信号进行快速傅里叶变换（FFT），计算输入、输出信号的自谱密度函数及互谱密度函数，通过维纳—何甫方程的频域表达式求得系统的频率响应函数，经过拟合就可获得估计参数。算法具有滤波功能，当采用伪随机信号作输入信号时，对系统正常的工作影响甚微，故可以很好的应用于系统相关参数的在线辨识。

2）最小二乘估计法是由德国数学家高斯在研究天体运动轨道时提出来的，该方法原理简单，无需随机变量的统计特性，目前广泛的应用于电力系统的状态估计、参数估计、动态系统的等值以及自适应控制等研究中。

3）卡尔曼滤波（Kalman Filter，KF）是由美国数学家卡尔曼和布西提出的一种递推滤波方法，由于该方法可过滤实测数据中的无用信息，具有良好的滤波功能，因此在线性系统的状态估计和观测器中得到了广泛的应用。对于非线性动态系统的状态估计需要先将非线性系统线性化，再使用 KF 进行状态估计，该方法称为扩展卡尔曼滤波（EKF）。

4）分段线性多项式函数法（PLPF）将原函数分成若干个采样区段，在每个区段用直线方程代替原函数曲线，该方法本质上是一种在整个时间区段内采用复化梯形公式的数值积分方法。该方法简洁、快速、准确，但必须从稳态值开始选取数据并通过数据预处理来扣除稳态值，使算法要求的零初始条件得到满足。

（2）基于人工智能算法的辨识方法。

人工智能算法包括模拟进化算法、模拟退火算法、禁忌搜索算法等。人工智能算法对激励信号没有特殊要求，能较好的辨识非线性系统，可以整体辨识模型，不管模型结构如何，理论上都可以辨识出模型的所有参数，初始解的选择、寻优策略的优劣对算法的收敛速度有较大的影响。

1）模拟进化算法是一种非常宏观的仿生计算技术，通过模拟一切生命与智能的生成与进化过程来求解、优化问题，是一类自组织、自适应的人工智能技术。经典的模拟进化算法主要包括遗传算法、进化策略、进化规划、免疫算法等，新近的发展起来的模拟进化算法主要包括粒子群算法、蚁群算法、差分演化算、人口迁移算法等。其中遗传算法（Genetic Algorithm）是一类借鉴生物界的进化规律（适者生存，优胜劣汰）演化而来的随机化寻优方法，将遗传算法应用在电力系统四大参数的建模及辨识中，取得了良好的效果；粒子群优化算法（Particle Swarm Optimization，PSO）是一类基于模拟鸟群捕食行为的启发式搜索方法；蚁群算法是一类模拟自然界中蚁群行为的智能搜索算法，将该算法应用于同步发电机 Park 模型等参数辨识中，均取得了极好的效果。

2）模拟退火算法（Simulated Annealing，SA）是一种基于 Monte Carlo 迭代求解策略的随机寻优算法，该算法在某一初始温度下，随着温度的不断下降，结合具有概率突跳特性的 Metropolis 准则在解空间中随机寻找目标函数的全局最优解，即当寻优陷于局部最优解时可以概率性地跳出并最终趋于全局最优。SA 算法具有寻优性能好、初值鲁棒性强、通用易实现等优点，但为了找到全局最优解，一般设定较高的初始温度、较慢的降温速度、较低的终止温度，从而导致模拟退火算法的寻优过程往往很长，因此需对算法加以改进，以保证在一定寻优性能的前提下尽量提高算法的收敛速度。

3）禁忌搜索算法（Tabu Search，TS）最早由 Glover 提出，它是对局部邻域搜索算法的一种扩展，是一种模拟人类智力过程的全局逐步寻优算法。禁忌搜索算法引入了灵活的存储结构和相应的禁忌准则来避免迂回搜索，并引入藐视准则来赦免一些被禁忌的优良解，从而保证多样化的有效搜索，以最终实现全局最优化。该算法通常与其他智能算法结合在一起应用，在配电网的检修优化及电网规划中获得了良好的效果。

6.1.2 基于 WAMS 的参数辨识优点

WAMS（广域测量系统）对广域电力系统进行同步测量，为系统辨识提供了新的数据平台。基于 WAMS 的系统辨识具有以下优点：

（1）辨识对象空间分布更为广泛。基于广域测量数据，可方便地对长距离交直流输电线路进行辨识，克服了空间范围太大导致的测试工作不便。

（2）可方便地实现在线、实时、长期辨识。电力系统的物理元件参数受运行工况及环境影响，基于广域数据，可长时间对系统参数进行监测及辨识，能较好地对模型参数进行统计分析。

（3）可方便地实现电力系统动态响应辨识。广域数据分辨率较高，通过监测发电机励磁调节器、PSS 等输入输出信号，实现对调节系统传递参数辨识，从而验证、提高发电机的控制性能。

6.1.3 基于 WAMS 的参数辨识目标

基于 WAMS 的参数辨识目标包括：

（1）辨识、验证系统模型。通过在线跟踪辨识系统参数，包括输电线路、发电机、变压器、负荷、励磁系统等，来提高在线稳定计算及离线分析的准确性。

（2）检测控制系统的性能。通过对控制系统的长期检测及传递参数辨识，可以发现控制系统性能的不足，从而不断优化控制参数、改善装置的控制性能。

（3）辨识、分析电力系统的动态特征，为电网调度和安全稳定服务。通过对电网的实时监测，辨识出功率摇摆模态，分析出振荡的模式和阻尼比，方便调度人员分析系统的薄弱点，改进系统的运行控制策略。

6.2 输电线路参数辨识

输电线路是电力系统的重要组成部分，承担着传送电能的重要任务。输电线路参数是进行电力系统故障测距、潮流计算、短路电流计算、继电保护整定计算和选择电力系统运行方式等建立电力系统数学模型的必备参数。若整定计算的线路参数不准，可能对电力系统产生不利的影响，国内曾发生因线路参数整定不准确而导致保护误动拒动最终电网解列的事件。

输电线路的参数有四个：① 反映线路通过电流时产生有功功率损失效应的电阻；② 反映载流导线产生磁场效应的电感；③ 反映线路带电时绝缘介质中产生泄漏电流及导线附近空气游离而产生有功功率损失的电导；④ 反映带电导线周围电场效应的电容。

现阶段的输电线路参数通过理论计算法或实测法获取。① 理论计算法就是利用输电线路的自几何均距、互几何均距、对地距离以及导线的材料结构等物理参数，并结合气温等外部环境，通过相应的数学算法得到输电线路电阻、电感、电抗、电容等参数。这种传统理论计算方法存在诸多的问题，如预先需知道的参数较多、几何均距参数不够准确等，同时，输电线路参数还受到诸如地理环境、气候条件等因素影响，使得无法仅仅依靠理论计算来获取这些参数的实际准确值。② 我国的继电保护运行整定规程中明确要求相关的输电线路参数应采用实测值。传统的线路参数测量采用离线的方法，将被测线路停电并脱离电网，通过施加外加激励源，针对不同的工频参数搭建独立的测量电路进行测量。考虑到线路实际运行时温度、导线集肤效应以及其他不确定因素的影响，其在线实际运行参数与离线测量参数往往存在较大差异。传统方法一般在线路建成初期进行线路实测参数测定，长期投运后导线的老化、土壤电阻率变化、气候、地理以及周围电磁环境变化等因素的影响，都可能会使线路参数发生变化。

　　PMU 具有实时性好、时间及量测精度高等优势，可利用输电线路两端的同步相量测量单元量测数据进行线路参数辨识。基于同步相量测量技术的线路参数辨识不影响负荷的正常供电和潮流的优化分布，也不必增加额外的测量仪器及表计，与传统测量方法相比有明显的优势。

　　输电线路参数测量可采用频域法，直接利用 PMU 的相量数据求解方程，或者提取多组相量数据，通过最小二乘法、卡尔曼滤波求解方程，以减少辨识误差。

6.2.1　输电线路参数模型

下面介绍几种常见的输电线路参数辨识算法。

（1）正序参数辨识。

输电线路正序分布式参数模型如图 6–1 所示。

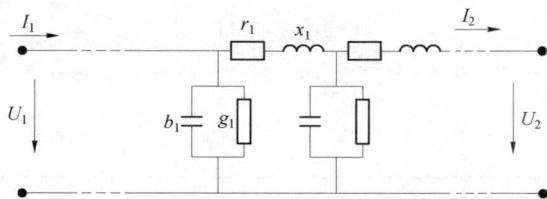

图 6–1　输电线路分布式参数模型

　　在已知末端正序电压、正序电流时，计算沿线路任意点的电压、电流，即为基于分布参数模型的输电线路正序电压和正序电流的数学表达式：

$$\begin{bmatrix} \dot{U}_1 \\ \dot{I}_1 \end{bmatrix} = \begin{bmatrix} \mathrm{ch}\gamma h & Z_C \mathrm{sh}\gamma l \\ (\mathrm{sh}\gamma l)/Z_C & \mathrm{ch}\gamma h \end{bmatrix} \begin{bmatrix} U_2 \\ I_2 \end{bmatrix} \tag{6-1}$$

式中：γ 为传播常数；Z_C 为波阻抗；l 为线路长度。

　　将 Z_C 和 γ 看做未知量，可以推导出以下的计算公式：

$$
\begin{cases}
\gamma = \dfrac{1}{l}\,\text{ch}^{-1}\dfrac{U_1 I_1 + U_2 I_2}{U_1 I_2 + U_2 I_1} \\[3mm]
Z_C = \sqrt{\dfrac{U_2^2 - U_1^2}{I_2^2 - I_1^2}}
\end{cases}
\tag{6-2}
$$

在已知输电线路长度以及两端电压、电流的情况下可求出输电线路正序传播常数及正序波阻抗，进而计算出单位长度的正序电阻、电感和电容：

$$
\begin{cases}
z_1 = Z_C \gamma \\[2mm]
y_1 = \dfrac{\gamma}{Z_C}
\end{cases}
\tag{6-3}
$$

式中：z_1 为单位长度阻抗（实部为单位长度电阻，虚部为单位长度感抗）；y_1 为单位长度导纳（实部为单位长度电导，虚部为单位长度电纳）。

单回零序参数辨识也可参考该算法，只需将公式中的双端正序电压、电流量改为双端零序电压及双端零序电流。

（2）平行双回线零序参数辨识。

1）平行双回线分布参数辨识。

同杆架设平行双回线沿线均匀分布的零序参数等效电路如图6-2所示。图中，R_0 为每公里零序电阻；L_0 为每公里零序电抗；C_0 为每公里零序电容；G_0 为每公里零序电导；M_0 为每公里零序互阻抗；C 为线间电容；G 为线间电导。

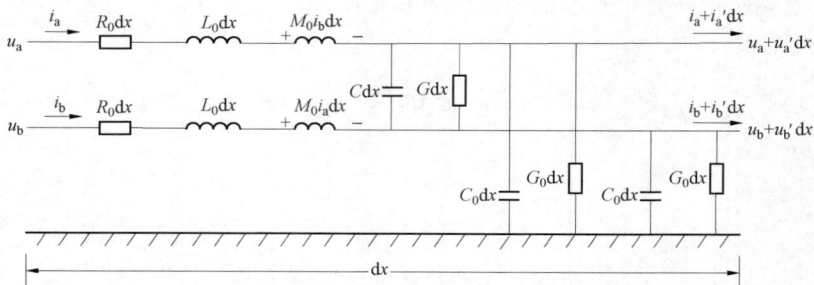

图 6-2　平行双回零序等效电路

由基尔霍夫电压定律得：

$$
\begin{cases}
u_a - \left(u_a + \dfrac{\partial u_a}{\partial x}\,dx\right) = R_0 i_a\,dx + R_M i_b\,dx + L_0\dfrac{\partial i_a}{\partial t}\,dx + L_M\dfrac{\partial i_b}{\partial t}\,dx \\[3mm]
u_b - \left(u_b + \dfrac{\partial u_b}{\partial x}\,dx\right) = R_0 i_b\,dx + R_M i_a\,dx + L_0\dfrac{\partial i_b}{\partial t}\,dx + L_M\dfrac{\partial i_a}{\partial t}\,dx
\end{cases}
\tag{6-4}
$$

由基尔霍夫电流定律得：

$$
\begin{cases}
i_a - \left(i_a + \dfrac{\partial i_a}{\partial x} dx \right) = G_0 \left(u_a + \dfrac{\partial u_a}{\partial x} dx \right) dx + C_0 \dfrac{\partial}{\partial t} \left(u_a + \dfrac{\partial u_a}{\partial x} dx \right) dx + \\[2mm]
\quad G \left(u_a + \dfrac{\partial u_a}{\partial x} dx - u_b - \dfrac{\partial u_b}{\partial x} dx \right) dx + C \dfrac{\partial}{\partial t} \left(u_a + \dfrac{\partial u_a}{\partial x} dx - u_b - \dfrac{\partial u_b}{\partial x} \right) \\[2mm]
i_b - \left(i_b + \dfrac{\partial i_b}{\partial x} dx \right) = G_0 \left(u_b + \dfrac{\partial u_b}{\partial x} dx \right) dx + C_0 \dfrac{\partial}{\partial t} \left(u_b + \dfrac{\partial u_b}{\partial x} dx \right) dx + \\[2mm]
\quad G \left(u_b + \dfrac{\partial u_b}{\partial x} dx - u_a - \dfrac{\partial u_a}{\partial x} dx \right) dx + C \dfrac{\partial}{\partial t} \left(u_b + \dfrac{\partial u_b}{\partial x} dx - u_a - \dfrac{\partial u_a}{\partial x} dx \right)
\end{cases}
\tag{6-5}
$$

忽略二阶无穷小，将式（6-4）、（6-5）写成相量形式并进行求解，得

$$
\begin{cases}
\gamma_1 = \dfrac{1}{l} \text{ch}^{-1} \dfrac{(U_{a1}+U_{b1})(I_{a1}+I_{b1})+(U_{a2}+U_{b2})(I_{a2}+I_{b2})}{(U_{a1}+U_{b1})(I_{a2}+I_{b2})+(U_{a2}+U_{b2})(I_{a1}+I_{b1})} \\[3mm]
Z_{c1} = \sqrt{\dfrac{(U_{a2}+U_{b2})^2-(U_{a1}+U_{b1})^2}{(I_{a2}+I_{b2})^2-(I_{a1}+I_{b1})^2}} \\[3mm]
\gamma_2 = \dfrac{1}{l} \text{ch}^{-1} \dfrac{(U_{a1}-U_{b1})(I_{a1}-I_{b1})+(U_{a2}-U_{b2})(I_{a2}-I_{b2})}{(U_{a1}-U_{b1})(I_{a2}-I_{b2})+(U_{a2}-U_{b2})(I_{a1}-I_{b1})} \\[3mm]
Z_{c2} = \sqrt{\dfrac{(U_{a2}-U_{b2})^2-(U_{a1}-U_{b1})^2}{(I_{a2}-I_{b2})^2-(I_{a1}-I_{b1})^2}}
\end{cases}
\tag{6-6}
$$

式中：U_{a1}、I_{a1} 分别为 I 回线路首端零序电压、电流；U_{a2}、I_{a2} 分别为 I 回线路末端零序电压、电流；U_{b1}、I_{b1} 分别为 II 回线路首端零序电压、电流；U_{b2}、I_{b2} 分别为 II 回线路末端零序电压、电流。

由线路两端电压、电流，则可求解出 γ_1、γ_2、Z_{C1}、Z_{C2} 值，最终求取平行双回线的单位长度零序参数表达式。

单位长度电阻为：$R_0 = \dfrac{1}{2} \text{Re}(\gamma_1 Z_{c1} + \gamma_2 Z_{c2})$

单位长度自感为：$L_0 = \dfrac{1}{2\omega} \text{Im}(\gamma_1 Z_{c1} + \gamma_2 Z_{c2})$

单位长度对地电容为：$C_0 = \dfrac{1}{\omega} \text{Im}\left(\dfrac{\gamma_1}{Z_{c1}} \right)$

单位长度对地电导为：$G_0 = \dfrac{1}{\omega} \text{Re}\left(\dfrac{\gamma_1}{Z_{c1}} \right)$

单位长度的线间互阻为：$R_M = \dfrac{1}{2} \text{Re}(\gamma_1 Z_{c1} - \gamma_2 Z_{c2})$

单位长度的线间互感为：$L_M = \dfrac{1}{2\omega} \text{Im}(\gamma_1 Z_{c1} - \gamma_2 Z_{c2})$

单位长度的线间电容为：$C = \dfrac{1}{2\omega}\mathrm{Im}\left(\dfrac{\gamma_2}{Z_{c2}} - \dfrac{\gamma_1}{Z_{c1}}\right)$

2）平行双回线零序集中参数辨识。

平行双回输电线路零序互感集中参数模型如图6-3所示。

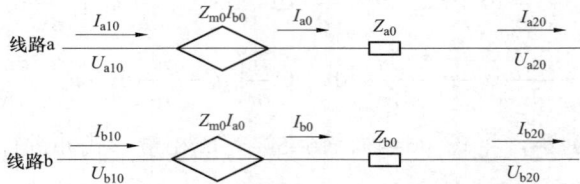

图6-3 平行双回输电线路零序集中参数模型

实际中，平行架设双回线路中两条线路的自阻抗十分接近，即 $Z_{a0} \approx Z_{b0}$。由此可得出双回线零序参数计算公式。

$$\begin{cases} Z_{a0} = Z_{b0} = \dfrac{1}{l}\dfrac{(U_{a10} - U_{a20})I_{a0} - (U_{b10} - U_{b20})I_{b0}}{I_{a0}^2 - I_{b0}^2} \\[4mm] Z_{m0} = \dfrac{1}{l}\dfrac{(U_{a10} - U_{a20})I_{b10} - (U_{b10} - U_{b20})I_{a10}}{I_{b10}^2 - I_{a10}^2} \end{cases} \tag{6-7}$$

式中：l 为双回输电线路的长度；U_{a10}、U_{a20} 分别为线路 a 首末端零序电压；U_{b10}、U_{b20} 分别为线路 b 首末端零序电压；I_{a10}、I_{a20} 分别为线路 a 首末端零序电流；I_{b10}、I_{b20} 分别为线路 b 首末端零序电流；I_{a0} 为线路 a 首端零序电流平均值；I_{b0} 为线路 b 首端零序电流平均值；Z_{a0} 为线路 a 零序自阻抗；Z_{b0} 为线路 b 零序自阻抗；Z_{m0} 为双回线零序互感。

（3）多回互感线路零序参数辨识方法。

假设一共需要测量 n 回互感线路的零序自阻抗以及线路之间的零序互阻抗，在 n 回互感线路都正常运行的情况下，在每回互感线路两端同时对线路上的零序电流和零序电压采样，通过同步采样值可以得到互感线路间存在零序干扰电压时每回输电线路上的零序电压及电流的幅值和相位。多条线路之间零序分量耦合关系如下所示。

$$\begin{bmatrix} Z_{11} & Z_{12} & \ldots & Z_{1i} & \ldots & Z_{1n} \\ Z_{21} & Z_{22} & \ldots & Z_{2i} & \ldots & Z_{2n} \\ \ldots & & & & & \\ Z_{i1} & Z_{i2} & \ldots & Z_{ii} & \ldots & Z_{in} \\ \ldots & & & & & \\ Z_{n1} & Z_{n2} & \ldots & Z_{ni} & \ldots & Z_{nn} \end{bmatrix} \begin{bmatrix} \dot{I}_1 \\ \dot{I}_2 \\ \ldots \\ \dot{I}_i \\ \ldots \\ \dot{I}_n \end{bmatrix} = \begin{bmatrix} \dot{U}_1 \\ \dot{U}_2 \\ \ldots \\ \dot{U}_i \\ \ldots \\ \dot{U}_n \end{bmatrix} \tag{6-8}$$

由于互感输电线路的零序阻抗矩阵为对称阵，因此，一共有 $n(n+1)/2$ 个未知数需要求解，而每测量一次仅可以得到 n 个方程，因而仅进行一次测量是无法求出各条输电线路的自阻抗及互阻抗的，必须进行多次测量使得到的方程个数大于或等于未知参数个数，最后再通过最小二乘法或其他辨识算法进行求解。对于三回及以上非平行线路，为了实现零序参数快速测量，可采用人为手段使输电线路产生零序。

上述公式推导基于三相输电线路对称，非对称输电线路情况下可选用模分量参与计算，求出的线路参数为对应的模分量参数。

6.2.2　输电线路参数辨识仿真验证

Matlab 及 RTDS 仿真模型如图 6-4 所示，系统参数如下：500kV 双侧电源系统，并联电抗器补偿度为 70%。输电线路为四分裂导线线路，具体参数如表 6-1 所示。其中，正序及单回零序参数测量采用单回线，平行双回零序参数测量采用双回线。

RTDS 仿真实验时，M 侧及 N 侧分别接入 PMU 装置，其中，M 侧 PMU 装置监测 TA1 及 TV1 信号，N 侧 PMU 装置监测 TA2 及 TV2 信号，通过数据分析中心收集并处理两台 PMU 装置上传的数据。

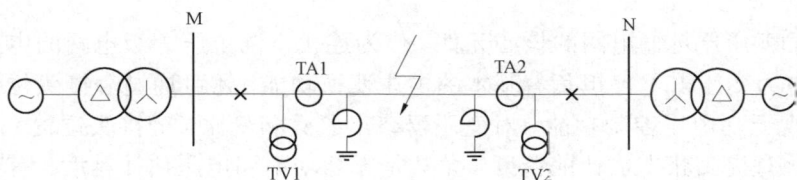

图 6-4　RTDS 仿真实验模型

表 6-1、表 6-2 为仿真实验结果。

表 6-1　　　　　　　　　　　　单回输电线路仿真结果

线路参数	理论值	Matlab 仿真值	Matlab 仿真误差	RTDS 实验值	RTDS 实验误差
r_1（Ω/km）	0.020 69	0.020 70	0.05%	0.022 47	8.60%
x_1（Ω/km）	0.279 00	0.279 16	0.06%	0.277 83	−0.42%
b_1（μs/km）	4.146 97	4.146 58	0.01%	4.158 52	0.28%
r_0（Ω/km）	0.168 20	0.168 36	0.10%	0.180 32	7.21%
x_0（Ω/km）	0.916 80	0.916 89	0.01%	0.914 16	−0.29%
b_0（μs/km）	1.727 88	1.724 42	−0.20%	1.725 81	−0.12%

表 6-2　　　　　　　　　　　　平行双回输电线路仿真结果

线路参数	理论值	Matlab 仿真值	Matlab 仿真误差	RTDS 实验值	RTDS 实验误差
r_0（Ω/km）	0.168 20	0.168 16	−0.02%	0.183 57	9.14%
x_0（Ω/km）	0.916 80	0.917 16	0.04%	0.911 23	−0.61%
b_0（μs/km）	1.727 88	1.730 44	0.15%	1.731 95	0.24%
r_{m0}（Ω/km）	0.101 62	0.101 60	0.02%	0.111 25	9.48%
x_{m0}（Ω/km）	0.576 50	0.576 88	0.07%	0.573 08	−0.59%

理想条件下的输电线路参数仿真误差最大为−0.2%，分布式线路参数算法具备较高的精度，符合工程要求。RTDS 实验时，受 RTDS 输出精度、PMU 装置采样精度及同步误差的影响，电抗及容抗最大相对误差为−0.61%，电阻测量最大误差相对误差为 9.48%。考虑到输电线路电阻比较小，在电阻相对误差最大的情况下其阻抗角的误差小于 1°，电抗及容抗均具备较高的精度，采用 PMU 同步数据实现线路参数测量仍具有重要意义。

6.3　变压器参数辨识

电力变压器是输电网的核心元件。作为连接不同电压等级电网的电压变换装置，电力变压器不仅担负着基本的电压变换功能，还可通过分接头位置的调节来实现无功电压控制功能。对变压器绕组参数和变比（分接头位置）进行准确辨识，对提高状态估计的精度（尤其是无功功率和电压估计精度）有着重要意义。

传统的状态估计程序中一般开发有基于 SCADA 数据的输电线路和变压器参数辨识。但 SCADA 数据不带有全网统一的时间标识，无法获取严格同步的数据断面，且基于 SCADA 数据的参数辨识需要利用全局的量测来确定全局的参数，存在残差污染的缺陷。

在电网实测生产数据中，PMU 数据具有时间同步精度高、数据准确性好的双重优点，基于 PMU 的 WAMS 在国内发展十分迅速。在 WAMS 同步动态数据基础上开展电力系统参数在线辨识是调度智能化的一项重要内容，能极大地促进电力系统参数辨识理论的发展。

下面介绍一种典型的基于 PMU 实测数据的变压器参数及变比计算方法。

（1）双绕组变压器参数和变比计算方法。

双绕组变压器等值电路如图 6-5 所示，Z_1 和 Z_2 分别为高压侧和低压侧绕组的阻抗，Z_m 为励磁阻抗。

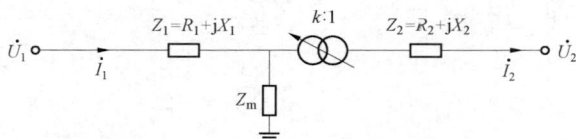

图 6-5 双绕组变压器等值电路

为简化分析，认为励磁支路并联在高压侧，简化等值电路如图 6-6 所示。

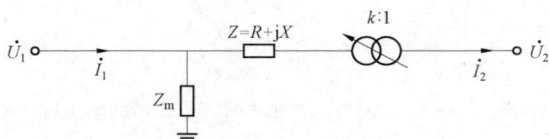

图 6-6 双绕组变压器简化等值电路

对于理想变压器，励磁电抗为无穷大，变压器变比为变压器低压侧电流与高压侧电流之比。实际变压器由于励磁电流的存在，其变比不能简单地采用理想变压器的计算公式。

假设励磁电流 $\dot{I}_m$ 与 $\dot{U}_1$ 的夹角为 $90° + \Delta\psi$，如图 6-7 所示。

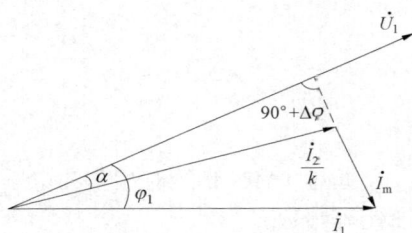

图 6-7 双绕组变压器相量关系

图中，φ_1 和 α 分别为 $\dot{I}_1$ 和 $\dot{I}_2$ 与 $\dot{U}_1$ 的夹角，忽略励磁电阻的影响，则可推导出变压器变比计算公式如下：

$$k = \frac{I_2}{I_1}\frac{\cos\alpha}{\cos\varphi_1} \tag{6-9}$$

计算出变压器实际变比后，通过下列公式计算出支路阻抗以及励磁阻抗。

$$\begin{cases} Z = k\dfrac{\dot{U}_1 - k\dot{U}_2}{\dot{I}_2} \\ X_m \approx \dfrac{U_1}{I_m} \end{cases} \tag{6-10}$$

（2）三绕组变压器参数和变比计算方法。

实际电网中，电力变压器一般为三绕组变压器，高压侧和中压侧进行电力传输，低压侧进行无功补偿，如图 6-8 所示，低压侧一般不接 PMU 装置。

相对于高压绕组，中压侧绕组的阻抗一般较小或为一数值不大的负数，可近似认为励磁电流和低压侧绕组电流与 $\dot{U}_2$ 的夹角为 $90°$，由此可得到三绕组变压器的变比计算公式。

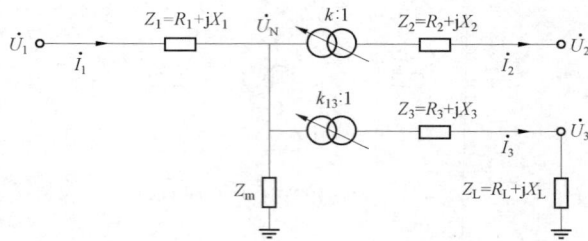

图 6-8　三绕组变压器等效电路

$$k = \frac{I_2}{I_1} \frac{\cos \varphi_2}{\cos \alpha} \tag{6-11}$$

根据计算出的实际变比，将中压侧电气量及参数归算到高压侧，则

$$\Delta U = \dot{U}_1 - \dot{U}_2 = \dot{I}_1 Z_1 + \dot{I}_2 Z_2 \tag{6-12}$$

忽略支路电阻的影响，设 $\dot{I}_1$ 和 $\dot{I}_2$ 与 $\Delta \dot{U}$ 的夹角分别为 θ_1 和 θ_2，求解上式，可得

$$\begin{cases} X_1 = \dfrac{\Delta U}{I_1 \cos \theta_1 \tan \theta_2 - I_1 \sin \theta_1} \\ X_2 = -\dfrac{I_1 \cos \theta_1}{I_2 \cos \theta_2} X_1 \end{cases} \tag{6-13}$$

通过 PMU 带绝对相角的电压、电流数据，求解上述公式，即辨识出变压器变比等参数。

6.4　发电机参数辨识

同步发电机被称为"电力系统的心脏"，是电力系统中最重要的动态元件。作为绕组结构复杂的旋转铁磁性元件，同步发电机的动态特性对电力系统的运行性能有极大影响，同步发电机的模型及其参数在电力系统数值仿真计算中具有至关重要的作用。

常规的电机试验（如三相稳态短路试验、抛载法、低转差法、电压恢复法等）的特点是从参数的物理意义出发去做测量，方法比较成熟。但由于试验条件与电机运行的实际工况有较大差异，难以得到与饱和、涡流等密切相关的发电机动态参数的准确值，所获得的参数不能完全真实地反映电机在实际运行中的动态行为，严重影响了动态计算的准确度和可信度，不能满足日益严格的离线和在线安全分析要求。

伴随着系统辨识理论的发展，在线测量和系统辨识相结合的方法成为获取电力系统参数的另一种途径。基于实际量测数据对同步发电机参数进行参数辨识的显著优点是：直接计及发电机运行各种因素，一旦辨识成功，即包含各种因素的效应，计算简单，不用附加过多的假设条件，不影响发电机的正常运行，所得参数能很好地反映发电机动态行为。

6.4.1　同步发电机数学模型

建立同步发电机的数学模型是研究电机静、动态行为和电力系统运行状况的重要部分和基础。为建立同步电机的数学模型，必须对实际的三相同步电机作必要的假定，以便简化分析计算，通常假定：① 电机磁铁部分的导磁系数为常数，即忽略掉磁饱和的影响，不计磁滞、涡流及集肤效应作用等的影响；② 对纵轴及横轴而言，电机转子在结构上是完全对称的；③ 定子的三个绕组的位置在空间相差 120°，三个绕组在结构上完全相同，同时，它们在气隙中产生正弦形分布的磁动势；④ 定子及转子的槽及通风沟等不影响电机定子及转子的电感，即认为电机的定子及转子具有光滑的表面。

在具有阻尼绕组的凸极电机中，共有 6 个有磁耦合关系的线圈。在定子方面有静止的三个相绕组 a、b、c，在转子方面有一个励磁绕组 f 和用来代替阻尼绕组的等值绕组 d 和 q，这三个转子绕组都随转子一起旋转，绕组 f 和绕组 d 位于纵轴向，绕组 q 位于横轴向。对于没有装设阻尼绕组的隐极同步电机，它的实心转子所起的阻尼作用也可以用等值的阻尼绕组来代表。

如果根据定子 a、b、c 三相绕组及 f、d、q 绕组回路直接列写磁链方程和电压方程，则会因为方程系数时刻在变而难以进一步分析，一般地，采用坐标变换可以将定子、转子方程统一到同一坐标系下进行研究。自 20 世纪 20 年代以来，先后建立了四种坐标变换方式：Park 变换、Clarke 变换、顾氏变换以及 Lyon 变换。这四种变换方式各有特点，并且能够互相转化，而这四种变换中又以 Park 变换应用最广泛，下面简要介绍一下基于 Park 变换的同步发电机基本方程。

（1）二阶模型。

二阶模型只计及转子动态，由于忽略了暂态凸极效应从而与网络之间的接口变得简单。二阶电机简化模型简单，在规模电力系统分析中得到了广泛应用，一般在分析远离扰动发生地点的发电机转子暂态时可以优先使用此模型。具体模型如图 6-9 所示。

图 6-9　经典二阶电机等值电路

电气模型如下：

$$
\begin{cases}
T_{\mathrm{J}}\dfrac{\mathrm{d}\omega}{\mathrm{d}t}=T_{\mathrm{m}}-T_{\mathrm{e}}-D(\omega-1)=T_{\mathrm{m}}-(E_{\mathrm{q}}'i_{\mathrm{q}}+E_{\mathrm{d}}'i_{\mathrm{d}})-D(\omega-1)\\[2mm]
\dfrac{\mathrm{d}\delta}{\mathrm{d}t}=\omega-1 \\[2mm]
\dot{U}=\dot{E}'-(r_{\mathrm{a}}+jX_{\mathrm{d}}')\dot{I}
\end{cases}
\tag{6-14}
$$

式中：δ 为发电机转子 q 轴与以同步转速旋转的系统参考轴间的电角度；ω 为转

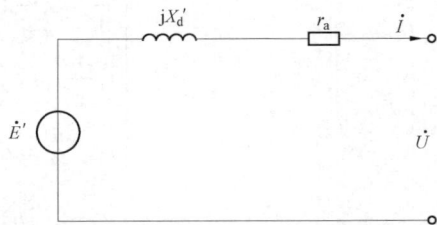

子机械角速度；D 为阻尼系数；T_J 为发电机组的惯性时间常数；T_m 为原动机的机械输出转矩；T_e 为发电机的电磁转矩。

发电机的二阶模型假设 E_q 和 E'_q 恒定，它近似计及了励磁系统的作用，即认为励磁系统足够强，并能使暂态过程中维持 X'_d 后面的暂态电动势 E'（经典二阶模型）或 E'_q 恒定。对快速响应、高顶值倍数的励磁系统，若发电机采用二阶模型，暂态稳定分析结果往往偏保守；相反对于慢响应、低顶值倍数的励磁系统，选择采用二阶模型结果可能偏于乐观，这点应该予以注意。

为了充分利用设备的容量，输送更多的电力，电力系统稳定分析区域精确计及励磁系统的动态作用，将采用发电机的三阶以及更高阶的实用模型，以确保安全经济运行。但在参数不可靠的情况下，则采用二阶模型较为妥当。另外在系数很大，要求精度不高时，也可优先采用二阶模型以节省机时及人力。

（2）三阶模型。

在实用电力系统动态分析中，当要计及励磁系统动态时，最简单的模型就是三阶模型。由于它简单而又能计算励磁系统动态，因而广泛的应用于要求不高、但仍需计及励磁系统动态的电力系统动态分析中。三阶模型比较适用于凸极机。

三阶实用模型导出基于如下假定：① 忽略定子 d 绕组、q 绕组的暂态，即定子电压方程中取 $p\psi_d = p\psi_q = 0$；② 在定子电压方程中，设 $\omega=1(\text{p.u.})$，在速度变化不大的暂态过程中，其引起的误差很小；③ 忽略 d 绕组、q 绕组，其作用可在转子运动方程添加阻尼项近似考虑。

电气模型结构如下所示：

$$\begin{cases} \dfrac{\mathrm{d}\delta}{\mathrm{d}t} = \omega - 1 \\[2mm] T_J\dfrac{\mathrm{d}\omega}{\mathrm{d}t} = T_m - T_e - D\dfrac{\mathrm{d}\delta}{\mathrm{d}t} \\[2mm] T'_{d0}\dfrac{\mathrm{d}\omega}{\mathrm{d}t} = E_f - E'_q - (X_d - X'_d)i_d \end{cases} \tag{6-15}$$

$$\begin{cases} u_d = X_q i_q \\[2mm] u_q = E'_q - X'_d i_d \end{cases} \tag{6-16}$$

式中：电磁转矩 $T_e = E'_q i_q - (X'_d - X_q)i_d i_q$；励磁电势 $E_f = X_{ad}\dfrac{u_{fd}}{r_{fd}} = Ku_{fd}$；$D$ 为阻尼系数；E'_q 为 q 轴暂态电势；X'_d、X'_q 分别为 d 轴和 q 轴的暂态电抗；X_d、X_q 分别为 d 轴和 q 轴的同步电抗；T'_{d0} 为 d 轴暂态开路时间常数。

三阶模型能够计及发电机部分动态过程，在难以获取高精度高阶参数或者计算机性能不高的情况下，采用三阶模型是一个不错的选择。对某些具体问题，如研究一个多机大电网的振荡问题，采用三阶模型也就足够了。

（3）五阶模型。

当忽略转子 q 轴瞬变过程，但计及转子阻尼绕组作用时，亦即考虑 f、q、d 绕组的电磁暂态，可得五阶模型如图 6-10、图 6-11 所示。该模型一般适用于凸极同步发电机。

五阶实用模型导出基于如下假定：① 忽略定子 d 绕组、q 绕组的暂态，即定子电压方程中取 $\mathrm{p}\psi_\mathrm{d} = \mathrm{p}\psi_\mathrm{q} = 0$；② 在定子电压方程中，设 $\omega = 1(\mathrm{p.u.})$，在速度变化不大的过渡过程中，其引起的误差很小；③ 计及阻尼绕组 d 绕组、q 绕组暂态以及励磁绕组暂态和转子动态。

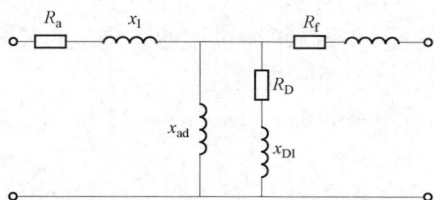

图 6-10　五阶模型 d 轴等值电路　　　　图 6-11　五阶模型 q 轴等值电路

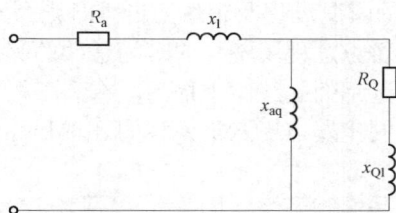

d 轴电气模型：

$$
\begin{cases}
\dfrac{\mathrm{d}E'_\mathrm{q}}{\mathrm{d}t} = -\dfrac{1}{T'_{\mathrm{d0}}}E'_\mathrm{q} - \dfrac{1}{T'_{\mathrm{d0}}}(X_\mathrm{d} - X'_\mathrm{d})i_\mathrm{d} + \dfrac{1}{T'_{\mathrm{d0}}}\dfrac{X_\mathrm{ad}}{R_\mathrm{fd}}u_\mathrm{fd} \\[2mm]
\dfrac{\mathrm{d}E''_\mathrm{q}}{\mathrm{d}t} = \left(\dfrac{1}{T''_{\mathrm{d0}}} - \dfrac{1}{T'_{\mathrm{d0}}}\right)E'_\mathrm{q} - \dfrac{1}{T''_{\mathrm{d0}}}E''_\mathrm{q} + \left(\dfrac{X_\mathrm{d} - X'_\mathrm{d}}{T'_{\mathrm{d0}}} - \dfrac{X'_\mathrm{d} - X''_\mathrm{d}}{T''_{\mathrm{d0}}}\right)i_\mathrm{d} + \dfrac{1}{T'_{\mathrm{d0}}}\dfrac{X_\mathrm{ad}}{R_\mathrm{fd}}u_\mathrm{fd} \\[2mm]
u_\mathrm{d} = X_\mathrm{q}i_\mathrm{q} \\[2mm]
u_\mathrm{q} = E''_\mathrm{q} - X''_\mathrm{d}i_\mathrm{d}
\end{cases}
$$

（6-17）

q 轴电气模型：

$$
\begin{cases}
T''_{\mathrm{q0}}\dfrac{\mathrm{d}E''_\mathrm{d}}{\mathrm{d}t} = -E''_\mathrm{d} + (X_\mathrm{q} - X''_\mathrm{q})i_\mathrm{q} \\[2mm]
u_\mathrm{d} = E''_\mathrm{d} + X''_\mathrm{q}i_\mathrm{q}
\end{cases}
$$

（6-18）

转子运动方程：

$$
\begin{cases}
\dfrac{\mathrm{d}\delta}{\mathrm{d}t} = \omega - 1 \\[2mm]
H\dfrac{\mathrm{d}\omega}{\mathrm{d}t} = T_\mathrm{m} - T_\mathrm{e} - D\dfrac{\mathrm{d}\delta}{\mathrm{d}t}
\end{cases}
$$

（6-19）

电磁转矩为：

$$
T_\mathrm{e} = E''_\mathrm{q}i_\mathrm{q} + E''_\mathrm{d}i_\mathrm{d} - (X''_\mathrm{d} - X''_\mathrm{q})i_\mathrm{d}i_\mathrm{q}
$$

（6-20）

上述模型各量均为标幺值，意义如下：E_d''、E_q'' 分别为 d 轴、q 轴的次暂态电势；E_q' 为 q 轴的暂态电势；u_{fd} 为励磁电压；X_d''、X_q'' 分别为 d 轴、q 轴的次暂态电抗；X_d' 为 d 轴暂态电抗；X_d、X_q 为 d 轴、q 轴同步电抗；T_{d0}'、T_{d0}'' 为 d 轴暂态、次暂态开路时间常数；T_{q0}'' 为 q 轴次暂态开路时间常数。

同步发电机五阶导出模型考虑了较多实际因素，计算量适中，物理概念明确，参数准备较为容易，因而获得了广泛的应用。

（4）六阶模型。

当忽略定子电磁暂态（定子电压方程中取 $p\psi_d = p\psi_q = 0$），但计及转子 d 轴、q 轴的瞬变过程及超瞬变过程时则得到电机六阶模型，由于六阶模型中对 q 轴的整个暂态过程用不同的时间常数的等值绕组，即反映瞬变过程的 g 绕组和反映超瞬变过程的 q 绕组来描写，有利于描写实心转子的同步发电机。

同步发电机六阶模型的 d 轴和 q 轴等值电路如图 6-12、图 6-13 所示。

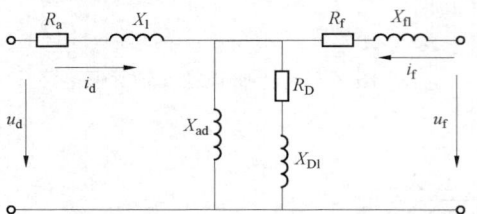

图 6-12　六阶模型 d 轴等值电路　　　　图 6-13　六阶模型 q 轴等值电路

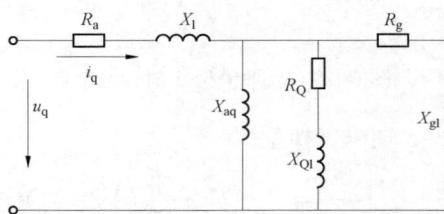

根据同步发电机等值电路推导得到 d 轴和 q 轴电气模型。

d 轴电气模型：

$$
\begin{cases}
T_{d0}' \dfrac{dE_q'}{dt} = E_f - E_q' - \dfrac{X_d - X_d'}{X_d' - X_d''}(E_q' - E_q'') \\[2mm]
T_{d0}'' \dfrac{dE_q''}{dt} = E_q' - E_q'' + (X_d' - X_d'')i_d + T_{d0}'' \dfrac{dE_q'}{dt} \\[2mm]
u_q = E_q'' - X_d'' i_d \\[2mm]
E_f = k u_{fd}
\end{cases}
\tag{6-21}
$$

q 轴电气模型：

$$
\begin{cases}
T_{q0}' \dfrac{dE_d'}{dt} = -E_d' - \dfrac{X_q - X_q'}{x_q' - x_q''}(E_d' - E_d'') \\[2mm]
T_{q0}'' \dfrac{dE_d''}{dt} = E_d' - E_d'' + (X_q' - X_q'')i_q + T_{q0}'' \dfrac{dE_d'}{dt} \\[2mm]
u_d = E_d'' + X_q'' i_q
\end{cases}
\tag{6-22}
$$

转子机械运动方程与五阶模型相同，在此不再列出。

六阶同步发电机模型具有很好的动态模拟效果，尤其对于汽轮机实心转子，许多文献都采用六阶模型结构进行参数辨识，取得了很好的效果。尽管有学者提出用更高阶模型来描述同步发电机动态过程，但由于更高阶的参数难于获取，目前仍然只停留在理论探索阶段，并没有获得实际应用。

在现代电力系统中，电机的阶数越高对于电机的动态描述也越准确，所以电力研究人员在进行单台电机的建模计算时多采用高阶的电机模型，而在对大电网进行建模计算时多采用较低阶数的电机模型，否则大电网中数量庞大的发电机数量将使计算陷入"维数灾"。

在模型已经确定的基础上，利用发电机受扰动的信息，确定适合辨识需要的输入输出数据，通过计算，寻找一组参数，使经过模型计算得到的输出和实际输出误差最小，这就是同步电机的参数辨识。同步发电机参数辨识与三个因素有关：一是发电机数学模型的精度；二是扰动数据准确性；三是寻优算法。目前研究和应用的寻优算法主要有：进化算法、神经网络法、遗传算法、粒子群优化算法、Prony 算法、最小二乘法、扩展卡尔曼滤波法等。

在安装有 PMU 装置的站点上，相量测量单元能够时刻对多种电气相量进行测量，得到高精度的系统运行动态数据，具体数据类型包括：三相定子电压、三相定子电流、正序定子电压、正序定子电流、机组转速（频率）、正序有功、正序无功、励磁电压、励磁电流、发电机转子角（内电势角）等。PMU 装置所测量到的数据与发电机的参数辨识所需要的参数格式之间有一定的不同，需要进行数据预处理：

1）标幺值计算。PMU 装置所测量的数据均为有名值，而在参数辨识时部分数据要求为标幺值，因此需要首先根据电机额定容量、额定电压等参数确定电机的电压基值和电流基值，将电压和电流转化为标幺值形式。

2）Park 变换。对机端电压和机端电流进行 Park 变换。

3）角度计算。在 dq0 坐标下，发电机参数辨识时需要对定子电压和电流进行 Park 变换，从而需求取 dq 坐标（代表转子位置）与 xy 坐标（代表定子绕组位置）之间的空间角度。在工程实际中，这一空间角度可以通过求取发电机的功角和内功率因数角来获得。

6.4.2　同步发电机辨识方法

同步发电机参数辨识和一般系统的参数辨识基本相似。在建立同步发电机数学模型后，选取合适的量测量作为输入，通过特定的优化方法寻找一组参数，使得经过模型计算得到的输出量和实际输出量误差最小，此时对应的参数就是辨识出的参数。

发电机辨识的一般步骤如下：

（1）根据实际需要确认发电机的数学模型；

（2）机组正常运行时，监视机组扰动信号，得到电压、电流、功角扰动数据；

（3）确定优化算法，按照优化准则对发电机参数进行优化，以机端电压、励磁电压作为输入信号，电流作为输出信号，利用龙格–库塔法求解同步发电机的微分方程；

（4）判断参数是否达到收敛条件，如果未达到，则继续利用优化算法对参数进行优化，直至收敛。

对于发电机参数辨识，国内外的一些研究工作者提出许多辨识算法，如最小二乘法、扩展卡尔曼滤波法、进化规划算法、人工鱼群算法、蚁群算法等。最小二乘算法通过最小化误差的平方和寻找数据的最佳函数匹配，目标函数简单明了，得到较广泛应用。以下就最小二乘法作简要论述。

最小二乘法基于已测自变量和因变量之间的一个函数关系：

$$y(x) = y(x; a_0, a_1, \cdots, a_{M-1}) \tag{6-23}$$

式中：$y=(y_0, y_1, \cdots, y_i, \cdots, y_{N-1})^T$，$x=(x_0, x_1, \cdots, x_i, \cdots, x_{N-1})^T$，$a=(a_0, a_1, \cdots, a_{M-1})^T$。其中 x，y 为观测值，a 为待辨识的参数。最小二乘法即利用已测得的 N 组数据 (x_i, y_i)，$i = 0, \cdots, N-1$，对未知参数 $a = (a_0, a_1, \cdots, a_{M-1})^T$ 进行估计，使目标函数 $J(a)$（残差平方和）最小，即：

$$J(a) = \sum_{i=0}^{N-1} [y_i - y(x_i; a_0, \cdots, a_{M-1})]^2 \tag{6-24}$$

若 $y = (y_0, y_1, \cdots, y_{N-1})^T$ 与 a 之间呈线性关系：$y=Aa+b$，则可直接用线性最小二乘法解得：

$$a = (A^T A)^{-1} A^T (y - b) \tag{6-25}$$

如果式中 $y(x; a_0, \cdots, a_{M-1})$ 是 a 的非线性形式，求解 a 时就得不到式（6–25）形式的显式，只能先由 a 的一组初始解出发进行迭代计算，需用非线性最小二乘法求解，常用的非线性最小二乘法有：高斯—牛顿法、最速下降法、阻尼最小二乘法。

6.5 负荷参数辨识

电力系统的运行安全很大程度上依赖于电力系统仿真的准确性。在发电机等动态元件参数相对比较准确的情况下，负荷模型参数已经成为了目前电力系统仿真中最薄弱的环节，也是影响电力系统仿真可靠性的关键因素。随着相量测量技术的发展，PMU 设备在电网中普及，负荷的 P、Q、V、θ 等变量具备了直接动态量测的硬件条件。利用这些动态量测可以实现负荷动态模型参数的辨识。

6.5.1 综合负荷模型

WAMS 系统进行负荷模型辨识的目的主要是为了满足仿真计算中对负荷建模的需求。不同的仿真软件的负荷模型可能会有不同。这里以国内最常用的 PSASP 电力系统综合分析程序中的负荷模型为例介绍负荷的参数辨识。PSASP

中的综合负荷模型采用的是一个并联综合模型结构。它分为动态部分和静态部分。其中，动态部分采用 T 型三阶感应电动机数学模型，静态部分采用负荷静特性 ZIP 模型结构。两个部分的初始有功功率划分由负荷界面上恒阻抗部分来完成，在这里恒阻抗部分所占比例为静态 ZIP 模型部分所占初始有功比例。而三阶感应电动机的初始滑差、初始无功、初始功率因子由参数 M_{lf} 计算得出。感应电动机初始有功比例参数定义如下：

$$M_{lf} = \frac{感应电动机的初始有功}{感应电动机的容量 \times 负荷母线初始电压} \qquad (6-26)$$

感应电动机的等值电路如图 6-14 所示：

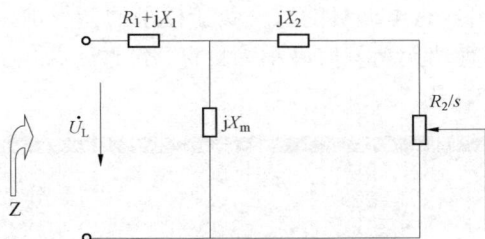

图 6-14　感应电动机等值电路图

描述感应电动机部分机电暂态过程的微分方程为：

$$\begin{cases} T_j \dfrac{ds}{dt} = T_m - T_e \\[2mm] \dfrac{d\dot{E}_m}{dt} = -js\dot{E}_m - [E_m - j(X - X')\dot{I}_m]/T'_{d0} \\[2mm] \dot{U} = \dot{E}' + (r_2 + jX')\dot{I} \\[2mm] T_e = \mathrm{Re}(\dot{E}_m \hat{I}_m) \\[2mm] T_m = (A\omega^2 + B\omega + C)T_0 \end{cases} \qquad (6-27)$$

其中 $A\omega_0^2 + B\omega_0 + C = 1$，$X = X_1 + X_m$，$X' = X_1 + \dfrac{X_2 X_m}{X_2 + X_m}$，$T'_{d0} = \dfrac{X_2 + X_m}{R_2}$。

三阶感应电动机的初始滑差、初始无功、初始功率因子由参数 M_{lf} 计算得出。

对于恒阻抗、恒电流和恒功率组成的综合静态 ZIP 负荷，其数学模型如下：

$$\begin{cases} P = P_0 \left[P_Z \left(\dfrac{U}{U_0} \right)^2 + P_I \left(\dfrac{U}{U_0} \right) + P_P \right] \\[3mm] Q = Q_0 \left[Q_Z \left(\dfrac{U}{U_0} \right)^2 + Q_I \left(\dfrac{U}{U_0} \right) + Q_P \right] \end{cases} \qquad (6-28)$$

其中：

$$\begin{cases} P_Z + P_I + P_P = 1 \\ Q_Z + Q_I + Q_P = 1 \end{cases} \quad\quad (6\text{--}29)$$

6.5.2 综合负荷模型参数的辨识方法

对综合负荷模型参数的辨识，这里采取类似于前述励磁系统的辨识方法。首先，将负荷与系统解耦，仅利用负荷节点的有功、无功、电压、电流量测实现对参数的辨识。然后，建立辨识的优化数学模型，其优化目标函数是使得计算出的模型输出（有功功率、无功功率）与 PMU 实测得到的电网中负荷实际输出（有功功率、无功功率）的差值的平方和最小，约束条件是满足综合负荷模型的代数微分方程和相应的容量约束。最后，利用遗传算法对该优化模型进行求解。

图 6–15 给出采用含有电动机的综合负荷模型的情况下，利用 PMU 数据，以实测有功无功与仿真有功无功差值最小为目标，经过优化得到的含电动机负荷的综合负荷模型的参数结果。

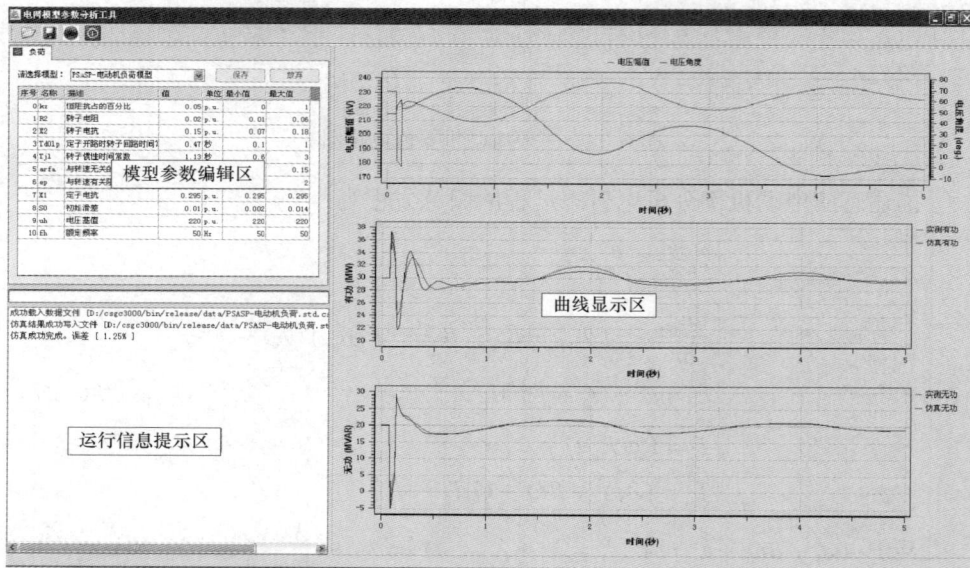

图 6–15　含电动机负荷的综合负荷模型参数辨识结果

6.6　小结

系统辨识即利用被控制系统的输入、输出数据，经计算机数据处理后，估计出系统的数学模型。现代科学的发展，对数学模型的需求愈加迫切。电力系统中的离线分析计算是生产调度决策的重要手段，而数学模型及参数则是计算的主要依据，但电力系统中传统的数学模型参数往往通过理论计算法或实测法获取，受运行环境及工况影响，实际参数与理论值有较大差异。WAMS 提供了带绝对时标的相量数据，监测范围不受空间限制，在此基础上可方便地实现线路、变压器、发电机、励磁系统、负荷等电力元件参数在线辨识。

数学模型的建立通常有两个途径：按物理机理建模和按辨识建模。由于电力系统学科是建立在严谨的电工理论基础上，多数数学模型可按机理列出，而模型参数却不知道。针对这种问题，可以按机理先列出数学模型，再用系统辨识模型参数。这种方法可称之为"灰箱"建模，这也是电力系统辨识的一个特点。本章就电力系统元件参数辨识模型及实现做出论述，包括交流输电线路正序、单回零序、双回零序、多回零序参数模型，双绕组变压器变比、三绕组变压器变比辨识模型，发电机实用模型，综合负荷模型等。

参考文献

[1] 沈善德. 电力系统参数辨识 [M]. 北京：清华大学出版社 [M]，1993.

[2] 倪以信，陈寿孙，张宝霖. 动态电力系统的理论和分析 [M]. 北京：清华大学出版社，2002.

[3] 王锡凡. 现代电力系统分析 [M]. 北京：科学出版社，2003.

[4] 何仰赞，温增银，汪馥英，等. 电力系统分析 [M]. 武汉：华中工学院出版社，1985.

[5] 陈允平，王旭蕊，韩宝亮. 带互感的输电线路零序参数带电测量研究 [J]. 电力系统自动化，1995，19（2）：38–42.

[6] 袁明军，江浩，黎强，等. 基于同步相量数据的分布式线路参数测量及故障测距应用研究 [C]. 中国电机工程学会 2016 年年会论文集.

[7] 陈金猛. 基于 PMU 的同步发电机与线路参数在线辨识研究 [D]. 北京：华北电力大学，2008.

[8] 梁志瑞，宫瑞邦，牛胜锁，等. 双回耦合输电线路的零序参数在线测量 [J]. 电力自动化设备，2013，33（7）：70–74.

[9] 王茂海，齐霞，牛四清，等. 基于相量测量单元实测数据的变压器参数在线估计方法 [J]. 电力系统自动化，2011，35（13）：61–64.

[10] 郭建全，郭建新，胡志坚，等. 基于 GPS 的互感输电线路零序分布参数带电测量研究与实现 [J]. 继电器，2005，33（19），19–22.

[11] 王英涛. 基于 WAMS 的电力系统动态监测及分析研究 [D]. 北京：中国电力科学研究院，2006.

[12] 张宁. 基于相量测量的同步发电机参数辨识研究 [D]. 北京：华北电力大学，2007.

[13] 刘丽芳. 大型互联电力系统动态等值发电机组参数辨识研究 [D]. 武汉：武汉大学，2005.

[14] 吴旭升，马伟明，王公宝，等. 基于小波变换和 Prony 算法的同步电机参数辨识 [J]. 电力系统自动化，2003，27（19）：38–43.

[15] 王爽心，姜妍，韩芳. 一种综合负荷模型参数辨识的混沌优化策略 [J]. 中国电机工程学

报，2006，26（12）：111–117.

［16］李颖，贺仁睦，许衍会. 广东电网基于 PMU 的负荷模型参数辨识研究［J］. 南方电网技术，2009，3（1）：16–19.

［17］王茂海，鲍捷，齐霞，等. 基于 PMU 实测数据的变压器参数在线估计方法［J］. 电力系统自动化，2010，34（1）：25–27.

［18］柴京慧，李书敏，何桦. 基于 PMU 及多时间断面的输电网参数估计［J］. 电力系统自动化，2009，33（11）：49–52.

［19］梁志瑞，杨子强，李鹏，等. 电网输电线路工频参数测量系统的研究［J］. 电网技术，2001，25（3）：34–37.

［20］赵德奎. 架空输电线路工频参数测量研究［D］. 成都：西南交通大学，2010.

［21］林明，蔡泽祥，肖伟强，等. 输电线路工频量参数测试方法综述［C］. 中国高等学校电力系统及其自动化专业第二十四届学术年会，长沙，2009.

［22］王春娜. 输电线路零序互感测量方法的研究及实验［D］. 北京：华北电力大学，2006.

［23］胡志坚，张承学，陈允平，等. 基于 GPS 的线路参数带电测量研究与实现［J］. 电力系统及其自动化学报，2000，12（1）：36–40.

第 **7** 章

电网动态安全评估

跨区域电网互联和电力市场化是现代电力系统的发展趋势。随着大型互联电网的出现，远距离、大规模输电，特高压、交直流混合输电以及柔性交流输电系统（FACTS）等新技术的应用使得电力系统稳定问题日益复杂化，现阶段由电力系统的失稳所造成的损失和影响也更大。为了保证电力系统的安全运行，需要在线跟踪电网状态，随时掌握全网的稳定水平及安全裕度，以便及时发现系统的薄弱环节和电网运行过程中存在的风险，从而能够适时地采取有效的控制措施。

安全评估的目的是为了确保电力系统的安全稳定运行，它的主要内容有：当前系统状态是否安全、从当前状态调整到另一个状态后系统是否安全、系统的安全裕度是否足够以及采取哪些措施能使得系统的安全裕度达到要求。而动态安全评估其主要的功能就是考察系统在遭受扰动后，系统在从一个稳态过渡到另一个稳态的动态过程中，是否会出现电压、频率超过其上下极限以及损失负荷等现象。

随着 PMU 和 WAMS 技术的发展和应用，电网中越来越多的运行数据能够被简单地获取。利用这些全面又准确的信息数据，能够更加准确地对电网进行动态安全评估。在使用 WAMS 的电网中，一部分电气量的获取不再通过积分的方式而是通过 PMU 实时采集，这使得电网的暂态计算更加准确可靠且迅速，从而使得基于此的电网动态安全评估变得更加可靠。

7.1 电压稳定评估

我国电力需求的快速增长使得电力系统的结构日趋复杂，由于输电网络建设落后于电源建设而造成的输电网络薄弱使得电网运行点日益接近其极限值，这对于维持系统电压稳定来说是极为不利的。同时，我国电网广泛使用并联且容补偿器，这种补偿器在电压下降时，向系统提供的无功将按照电压平方的趋势下降，使其维持系统电压水平的能力下降，增加了维持系统电压水平的难度。此外，现代电力电子整流设备的大量使用、城市中的家用电器设备剧增、超高压直流输电系统的并网运行等，都使系统的电压稳定问题日趋严重。因此，在电网运行中对电压稳定问题进行在线评估，对保证电网的安全稳定运行具有非常重要的意义。

传统上，电压稳定的在线评估方法根据分析所依据的基础数据的不同可以分为两大类：① 以当前 SCADA 潮流断面和电网模型为基础，根据假想的负荷增长方式或故障状况，利用连续潮流法或动态仿真法，对未来电网的静态或动态电压稳定状况进行预测；② 是根据 SCADA 实测的电压、无功和有功以及各种电压稳定指标（主要是静态电压稳定指标）对电网当前的电压稳定状况进行评估。方法①的优点是能够以较长的时间提前量对未来电网的电压稳定情况作出评估，但是其有效性取决于网络参数和模型的准确性、假想负荷增长方式与实际负荷增长方式的吻合程度，以及是否考虑到了所有可能的故障，这三方面在真实电网中都难以保证其准确性，因此方法①给出的电压稳定评估结论往往与实际情况有较大偏差，此外其还存在计算量大的缺点；方法②根据实时的 SCADA 数据对当前网络的电压稳定情况进行评估，不依赖网络参数和模型以及假想负荷增长方式和假想故障，客观性较好，但是由于 SCADA 数据的同时性较差且时间断面间的采样周期较长，因此依据其计算出的电压稳定性指标也往往不可靠，并且其秒级的采样周期使得此方法难以实现对快速的暂态电压稳定的有效跟踪评估。

基于北斗/GPS 的同步相量测量技术不仅可以直接给电网控制中心站提供电压相量，更重要的在于其提供了实时同步的高采样率广域量测数据。由遍布电网各处的相量测量单元组合而成的 WAMS 使得电网运行人员能够得到更加全面且准确的电网运行数据，这大大提高了各种电压稳定指标计算中所需量测量的准确性，保证了指标计算的有效性。同时，十毫秒级的高采样率保证了电压稳定指标计算的实时性，有利于及时检测出电网中正在出现的电压稳定问题。

本章介绍了基于 WAMS 以及其在实际电网运行环境中，实现节点电压稳定、线路有功约束电压稳定、线路无功约束电压稳定等各类电压稳定问题的在线监测方法。

7.1.1　静态电压稳定监测方法概述

大多数的电压稳定问题表现为静态电压失稳。静态电压失稳是指负荷的缓慢增加导致负荷端母线电压缓慢地下降，在达到电力系统承受负荷增加能力的临界值时导致的电压失稳，在电压突然下降之前的整个过程中发电机转子角度及母线电压相角并未发生明显的变化。对于静态电压稳定，目前大部分的在线实时检测和控制方法是以电压的下降（例如低压检测、dQ/dV 法等）为基础的，然而实际情况是系统中的负荷在接近失稳边缘时，负荷端母线电压仍然近似额定值；此外，这类指标还无法表示出电压不稳定程度。因此有必要在电压稳定的在线检测中考虑负荷大小的影响。静态电压稳定分析方法皆把电力系统输送功率的极限运行状态作为电压失稳的临界，只不过他们以不同的物理量作为极限运行状态的判据。通过与实际仿真稳定结果的比较，发现目前这类方法中比较适用于 WAMS 应用且比较准确可靠的是以下 3 个指标：节点电压稳定裕度指标（Voltage Stability Marain, VSM）、线路有功约束电压稳定指标 L_1 和无功约束的线路电压稳定指标 L_{QP}。由于这些指标实际上考虑了动态负荷模型和网络传输阻抗的变化，更好地反映了静态电压稳定问题的本质，因此可以更可靠地判断电压稳定问题。其中 L_{QP} 和 L_I 指标主要用于判断线路或输电断面存在的电压稳定问题和裕度。VSM 指标用来恒量节点的电压稳定性。通过在线快速计算，上述指标可以实时地检查电网中各节点和线路的稳定性和裕度，发现危险节点或区域。

此外，还可通过假定负荷功率因数保持量测时的值不变，利用戴维南等值，在负荷侧绘制 PV 有功传输能力曲线，在发电机侧绘制 PQ 无功传输能力曲线来实现静态电压稳定的监视。PV 曲线和 PQ 曲线的优点在于其能用有意义的有功或无功来表示电压稳定的裕度，而不是用抽象的指标。其缺点是需要假定负荷的功率因数恒定，这往往与实际负荷变化情况不符。下面给出上述静态电压稳定评估方法在 WAMS 中的具体实现。

7.1.2　有功约束电压稳定判别方法

7.1.2.1　节点电压稳定指标

节点电压稳定指标 VSM 是根据电路原理中的最大输出定理得到的，它充分地利用了无功及有功量的测量，方法是在被考察节点处将支路功率分成注入功率和流出功率。根据戴维南定理将节点处的所有功率流入支路等效为电压源和阻抗 Z_S，所有流出支路等效为阻抗 Z_L。令 VSM=$1-|Z_S|/|Z_L|$，当 VSM＜0 时该节点电压不稳定，当 VSM＞0 时节点电压稳定，VSM 越接近于 1，表示稳定裕度越大。这一指标的计算需要对节点所关联的所有支路电流都进行量测。

该指标主要应用于评估负荷性质的变电站节点的电压稳定性，不需要线路参数信息。

7.1.2.2　线路有功约束电压稳定指标

有功约束电压稳定指标 L_I 与节点电压稳定指标 VSM 相似，都是把系统等效成两节点系统，不同之处在于，VSM 保留被观察节点及负荷而把系统其他部分等效成戴维南等效电路。而在 L_I 指标中，只保留被观察线路及其两端节点，把送端电压看成电压源，把受端看成负荷。之后，可根据测量的线路末端节点的注入功率及节点电压计算 $Z_L = V_i^2 / S_{ij}^*$，当 Z_L 等于 Z_{line}，即可判断被观察线路出现问题。而 L_I 被定义为 $L_I = |Z_I|/|Z_{line}| - 1$，$L_I$ 越接近于零，对应线路越接近电压稳定极限。

该指标应用于线路送端容量较大（即可以等效为电压源），线路末端为负荷的线路。该指标计算中也需要知道线路阻抗参数，但该参数可通过基于 WAMS 的线路阻抗在线辨识程序得到。

7.1.2.3　PV 有功传输能力曲线

在负荷变电站变压器高压侧节点采用递归最小二乘法对系统侧进行戴维南等值，同时将负荷假定为负荷角不变的 PQ 负荷，等值电路如图 7-1 所示。负荷侧的 PV 曲线的表达式如下：

$$P_{\mathrm{L}} = -\frac{V^2}{X}\sin\varphi\cos\varphi + \frac{V}{X}\cos\varphi\sqrt{E^2 - V^2\cos^2\varphi} \tag{7-1}$$

式中：$\sin\varphi = \dfrac{Q_{\mathrm{Lc}}}{\sqrt{P_{\mathrm{Lc}}^2 + Q_{\mathrm{Lc}}^2}}$，$\cos\varphi = \dfrac{P_{\mathrm{Lc}}}{\sqrt{P_{\mathrm{Lc}}^2 + Q_{\mathrm{Lc}}^2}}$，$P_{\mathrm{Lc}}$ 和 Q_{Lc} 分别为负荷的当前值。

将 V 由 0 增大到 $\dfrac{E}{|\cos\varphi|}$，求出对应的有功负荷 P_{L}，可绘制出完整的 PV 曲线。P_{Lc} 与 PV 曲线上最大的有功值 P_{Lmax} 间的差值是（负荷功率因数固定情况下）静态电压稳定有功裕度。该指标既可应用于节点，也可应用于线路或断面的电压稳定检测。

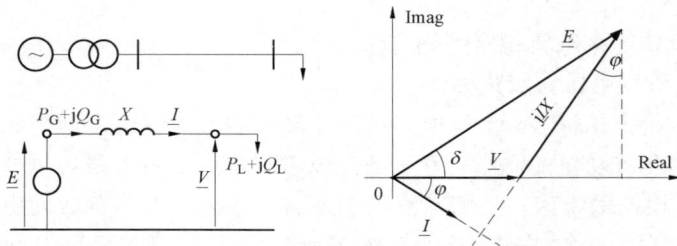

图 7-1　计算 PV 曲线的等值电路图

7.1.3　无功约束电压稳定判别方法

7.1.3.1　线路无功约束电压稳定指标

输电线路（见图 7-2）送端无功功率 Q_1 的方程可表示为式（7-2）所示的二次方程，其存在实数解的条件为其判别式必须大于等于零。据此可定义 L_{QP} 指标为式（7-3），无功约束电压稳定指标 L_{QP} 越接近 1 时，对应线路越接近极限。

$$\frac{X}{V_1^2}Q_1^2 - Q_1 + \left(\frac{X}{V_1^2}P_1^2 + Q_2\right) = 0 \tag{7-2}$$

$$L_{\mathrm{QP}} = 4\left(\frac{X}{V_1^2}\right)\left(\frac{X}{V_1^2}P_1^2 + Q_2\right) \tag{7-3}$$

L_{QP} 指标从物理意义的角度来看，它是以当系统到达传输能力极限时，送端不能再多送无功为依据，而且其表达式中不但包含无功亦包含有功，能充分反映系统的变化。

该指标主要用于监测长线路的功率受端节点的电压稳定问题。虽然指标的计算需要线路的电抗参数，但该参数可通过基于 WAMS 的线路阻抗参数辨识程序在线得到。

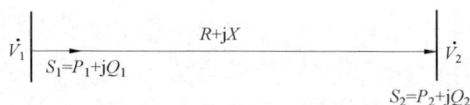

图 7–2　计算 L_{QP} 指标的线路示意图

7.1.3.2　PQ 无功传输能力曲线

在图 7–2 所示长输电线路发电侧，线路无功传输公式如下：

$$\frac{X}{V_1^2}Q_1^2 - Q_1 + \left(\frac{X}{V_1^2}P_1^2 + Q_2\right) = 0 \qquad (7\text{--}4)$$

该公式推导时忽略了线路电阻，因此送端无功与负荷无功相等，即 $Q_1=Q_2$。负荷无功可表示为 $Q_2 = P_2\tan\varphi$。式（7–4）变换为：

$$\frac{X}{V_1^2}Q_1^2 - Q_1 + \left(\frac{X}{V_1^2}P_2^2 + P_2\tan\varphi\right) = 0 \qquad (7\text{--}5)$$

假定负荷角不变（即选为当前 PMU 实测时刻的 φ，通过实测的当前负荷有功 P_{2c} 和负荷无功 Q_{2c} 可求得），改变 P_2 来绘制 Q_1 的曲线。可得 PQ 曲线。曲线的端部给出负荷有功的最大值 P_{2max}，其与当前负荷有功测量值 P_{2c} 之间的差值表示了负荷有功在线路无功传输约束下还能增加的大小，即裕度。有效运行点在 PQ 曲线的下半部分。

7.1.4　基于 PMU 的暂态电压稳定在线评估

暂态电压失稳是由那些具有快速功率恢复特性的负荷维持不了有功平衡而引发的，其失稳的时间框架从 0s 到大约 10s。目前关于暂态电压稳定的判据主要有两类，第一类：按照暂态过程中电压低于某个阈值一段时间来进行判断；第二类：在暂态过程中比较电磁转矩和机械转矩的大小，以及转子滑差和临界滑差的大小，二者综合得到稳定判据。第一类判据是依据实际系统运行经验或数值仿真经验得到的，机理性不强，其保守性和可靠性随着系统条件以及负荷条件的不同而不同，且不易分析；第二类判据中的电磁转矩以及转子滑差是只能在离线计算中得到的变量，对模型的准确性依赖很高，因而不易在线推广。暂态电压稳定在线评估的关键步骤如下：

（1）根据工程经验或离线分析确定被分析的综合负荷节点中的静负荷比例系数；

（2）根据静负荷比例系数，由实测的功率计算出节点中的电动机负荷功率；

（3）假定电动机负荷保持故障前的大小不变，分别计算出从故障开始到当前时刻的电动机加速面积和减速面积；

（4）根据加速面积与减速面积的比值判断是否发生暂态电压失稳。

所给出的电压稳定评估指标和方法不依赖电网模型和参数信息，仅根据实际的 PMU 动态量测，对节点或输电断面的电压稳定情况进行评估，因此具有较好的客观性、可靠性和实时性。借助这样的方法，可以最大限度地及时发现电网中的电压稳定问题，并给出告警信息，实现电压稳定的在线实时评估。

图 7-3 给出在实际电网的 WAMS 系统中对负荷中心枢纽变电站变压器高压侧 500kV 母线的电压稳定情况进行实时监视的情形。图中左侧由下到上分别给出了该母线的节点电压、对应负荷变压器高压侧的有功功率，以及基于这些信息计算出的节点电压稳定指标 VSM。监视界面右侧给出了在该节点实时实现的电网等值电路，以及根据该等值电路计算出的 PV 曲线。曲线上电网运行点的实际测量值和理论计算值基本重合，并且远离 PV 曲线的临界"鼻子点"，因此系统处于电压稳定状态。

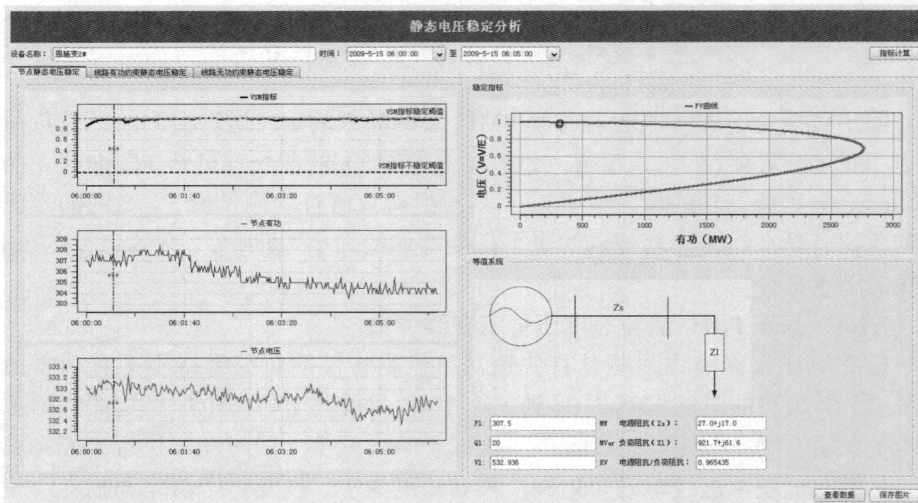

图 7-3　电压稳定在线监视界面

7.2　电网功角稳定评估

电力系统中各同步发电机在同步状态下运行时，其输出的电磁功率为定值，同时在电力系统中各节点的电压及支路的功率潮流也都是定值，这就是电力系统稳定运行的状态。反之，若系统中各发电机之间不能保持同步运行，则各发电机输出的电磁功率和全系统各节点的电压及支路的功率将发生很大幅度的波动。如果在不同步的情况发生后，各发电机不能在限定的时间内恢复同步，电力系统就会持续地处于失步状态，即电力系统失去稳定的状态。保证电力系统稳定是电力系统正常运行的必要条件，只有电力系统稳定的条件下，电力系统才能不间断地向各类用户提供合乎质量要求的电能。WAMS 可以实时获取系统各节点电压的相量变化情况，提供更加准确的电网运行数据，包括线路运行状态、发电机运行状态等，这些精确的数据为我们分析功角稳定提供了有力的数据支持，使得功角稳定的分析更加准确可靠。

7.2.1　功角稳定概念

电力系统失去稳定的原因是在运行中不断受到内部和外界的干扰，小的如负荷波动，大的如电力元件发生短路故障等，使电气上连接在一起的各同步发电机的机械输入转矩与电磁转矩失去平衡，出现各发电机转子不同程度的加速和减速，由此导致各发电机转子相对功率角 δ 的变化。在扰动消除后，相对功率角或以周期性振荡的形式变化，或以单调形式变化。如果凭借电力系统自身阻尼以及附加控制，使得相对功率角 δ 的变化随时间衰减最后恢复稳定值，则认为此时电力系统是功角稳定的，反之，如果这种变化随时间增大趋于无界，以致发电机失去同步，这种系统失去同步的不稳定就称作系统功角不稳定。造成功角不稳定的原因一种是由于缺少同步转矩导致发电机转子角度逐步增大；另一种是由于缺少有效阻尼转矩导致转子角增幅振荡。

功角稳定与其他稳定模式一样，都是用来表征电力系统稳定行为的。但功角稳定表征同步机并联同步运行的稳定性，而同步运行是交流系统安全运行的最重要条件，也是最弱的一种运行状态。功角稳定破坏后，系统交流发电机间失去同步，将引起各同步机的励磁电势相对相位紊乱，同步机间的电流、节点电压及系统潮流分布混乱，最终在自动装置作用下，系统将被瓦解。所以，自交流系统建立后，功角稳定问题便被提出并对其开展了一系列系统性的研究。

在进行电力系统功角稳定性研究时，从工程概念出发，根据稳定破坏的模式、原因、分析方法、预防及处理措施的不同，将功角稳定分成几种类型。经过数十年的发展，目前习惯分为静态稳定、暂态稳定和动态稳定。

（1）电力系统静态稳定是指电力系统运行于初始平衡点，受到微小扰动，扰动消失后，系统能否以一定的精确度回到初始运行状态的性能。由于扰动微小，所以电力系统数学模型可线性化。

（2）电力系统暂态稳定是电力系统运行于初始平衡点受到大扰动，扰动消失后，最终能否以一定的精确程度回到初始状态下的性能。电力系统受到扰动后，自然要出现功角变化的暂态过程，而作为非线性系统，其扰动的大小和作用过程就会影响结果的稳定性。因此分析电力系统暂态稳定的方法只能采用数值计算法，建立给定系统的仿真模型，在给定的扰动下，计算其动态过程，也可找出一个代表扰动后能量变化的函数，计算其收敛性或稳定阈值，目前应用最广泛的方法仍是等面积法则（EEAC）。

（3）按照目前稳定性的划分方式，动态稳定指同步发电机采用负反馈自动励磁调节器后发生的一种自发振荡失稳模式。

7.2.2 基于 EEAC 的功角稳定评估

互联电网的运行方式多变，动态行为复杂，局部故障波及的范围增大，更易产生相继故障而导致大面积停电。因此，电力系统的稳定分析和决策支持问题的重要性更加突出，电力系统的稳定分析和决策支持任务主要包括：① 求取系统的受扰轨迹；② 从该受扰轨迹中提取关于稳定的定性和定量信息；③ 在决策空间中搜索新解；④ 求取系统在该控制下的新的受扰轨迹，进行评估；⑤ 重复任务③和④，直到满意为止。

求取系统受扰轨迹的方法分为仿真和实测两类。① 通过仿真（包括数字仿真和物理模拟）求取轨迹的基础是模型和参数，因此，虽然仿真轨迹难以精确反映实际系统的动态行为，但是我们可以通过改变模型、参数和场景来了解这些因素对系统动态的影响。② 实测方法（包括故障录波和 PMU 同步采集）则相反，由于直接采集电力系统的动态过程，故不需要了解系统的模型和参数，只要采集系统满足要求就可以得到精确的轨迹。但是，实测方法不能得到系统在假想条件下的轨迹，也就不能反映模型和参数对轨迹的影响。

根据系统的受扰轨迹，可以凭经验定性地判断电力系统是否稳定，但难以评估其稳定的程度。如果系统运行点离稳定域边界足够近，则无论多么小的参数变化都可能导致原来稳定的轨迹失去稳定。因此，除了判断系统是否稳定外，还应该知道它离开临界稳定条件的距离，即稳定裕度。此外，稳定裕度对于参数的灵敏度和参数空间中的稳定域等也是非常重要的量化条件。

不难证明，如果仅基于 PMU 提供的受扰轨迹，而不利用仿真手段，则无法实现上述任务③－⑤。因此，迫切而现实的问题是，在系统模型和参数未知的情况下如何评估稳定（及不稳定）轨迹的稳定裕度。

7.2.2.1 EEAC 理论

扩展等面积法（Extended Equal Area Criteria，EEAC）是基于轨迹的暂态稳定量化分析方法，它有机地结合了数值积分法与经典控制理论。EEAC 提出的互补群惯量中心相对运动（CCCOI–RM）变换是个满秩的线性变换，它将 R^n 摇摆曲线映射到 n 个互不相关的状态平面，映射步长等于原积分步长。在每个映象平面上，得到两条等值轨迹。原 n 维轨迹的稳定充要条件与对应的 n 个映象平面轨迹的稳定充要条件严格相等。高维系统稳定性的定性分析与定量分析问题，被严格地变换为映象平面轨迹的数据挖掘问题。映象平面上两条等值轨迹之间的暂态能量，以及动态鞍点的临界能量，都可以在相应的扩展相平面上得到。这两个能量值之差反映了映象轨迹的不稳定程度。通过映象轨迹的稳定裕度对于某参数的灵敏度分析，得到映象的稳定极限，然后就可以按最小值准则来确定原系统的稳定裕度、极限值及主导模式。EEAC 已被国内外电力工程界广泛用来分析电力系统的稳定域和优化稳定控制的决策。

EEAC 给出了多机系统稳定的充要条件。EEAC 证明多机系统分岔的充要条件是至少有一对互补群的单机无穷大系统（OMIB）映象到达其 $P-\delta$ 平面上的动态鞍点（DSP），而多机系统的临界模式和稳定极限由所有映象中最临界者决定。这个结论在轨迹空间中给出了突变点的几何特征，并支持了用灵敏度技术在参量空间中搜索分岔点的方法。

EEAC 分群后的两群等值思想，可以很好地揭示模型、参数或控制措施等影响暂态稳定性的内在机理，它指出：① 一个紧急控制措施对前向摆动和反向摆动的稳定性具有相反的影响；② 同一措施施加在临界群中和施加在余下群中对稳定的影响相反；③ 一个减少临界群加速能量的控制项可能也会减少余下群的加速能量。

EEAC 澄清了模型对暂态稳定影响的认识。一般认为一个确定类型的模型对仿真结果的影响具有确定的趋势，如"恒功率负荷模型比恒阻抗模型所给出的暂态稳定极限要悲观"等。事实上，模型对稳定性的影响取决于模型对 S 群和 A 群的作用规律，不分具体情况而泛论某种模型的保守性是片面的。

EEAC 能够提供电力系统暂态功角稳定的充要条件和量化结果，清晰地反映暂态稳定的机理，发现并解释了电力系统的许多复杂现象，如控制的负效应、孤立稳定域（ISD）等。根据 EEAC 理论，切除一部分临界机可以减少临界群的动能和输入功率，然而也从该群中切除了部分惯量。如果切除临界群中一台大惯量轻载机组，其加速度反会增加，而不利于前向摆动稳定，从而产生切机负效应。有益于某一模式的稳定操作可能会对别的模式有害，解决前向摆动不稳定的操作一般对反向摆动不利。因此，任何过度的控制不仅不经济，而且有害，而正确识别发电机临界群、负荷临界群、临界摆次及其持续时间对稳定分析和控制非常重要。

EEAC 良好的模型适应能力和精度、定量化、快速性和丰富的信息，使电力系统稳定分析水平有了本质上的飞跃。由于种种原因，目前 EEAC 还没有被国际理论界所广泛接受，但文献［1，2］对 EEAC 在大规模电力系统分析中优异表现的肯定标志着 EEAC 开始被国内外工程界所认可。

7.2.2.2　实用性分析

PMU 所获轨迹（简称为 PMU 轨迹）相当于系统精确模型的一次仿真的结果，因此很多用于仿真轨迹研究的方法都可以用于 PMU 轨迹的研究。如果该方法在仿真轨迹的研究中不能得到满意的结果，那就很难期望它在 PMU 轨迹的研究中得到完美的结果。

EEAC 理论很好地解决了暂态稳定的量化分析问题。EEAC 不需要数学模型即可计算失稳轨迹的稳定裕度，但是需要摆动最远点（Far End Point, FEP）处收缩到发电机内结点的导纳阵来计算稳定轨迹的稳定裕度。对实际运行中的电力系统是难以确切掌握其模型的；如果直接使用已有的模型就失去了 PMU 轨迹同模型无关的优势。

文献［3］在经典模型的假设下，使用发电机端口的电压和电流来识别降阶导纳阵，并计算轨迹的稳定裕度。在机组较多的情况下，该方法需要较长的数据窗口，电力系统的时变性和按摆次评估的要求都无法接受这样宽的窗口。文献［4］在经典模型和理想两群特性的假设下，使用 FEP 前的功角曲线通过正弦外推来预测 FEP 后的虚构轨迹。实际仿真中发现功角曲线在 FEP 附近的斜率很大，对于强时变的映象则更是显著，对外推表现出很强的数值病态，因此仅使用 FEP 附近的数据无法得到有意义的正弦参数。

这两种方法在一定的假设条件下解决了 PMU 轨迹的稳定裕度评估问题，有着重要的理论意义。但是，上述假设条件对于实际系统明显过于苛刻，即使是评估实际系统的稳定程度也存在着很大的困难；在假设条件不能满足的情况下，求得的稳定裕度与实际系统的稳定裕度之间必然存在误差，无法满足极限值估计对于稳定裕度的单调性要求。

7.2.2.3　无模型实测轨迹的稳定裕度评估

为克服评估实际受扰轨迹稳定裕度依赖系统模型的缺点，提供一种可以定性判断系统稳定性、量化实测轨迹稳定程度的无模型实测轨迹的稳定裕度评估方法。

基于扩展等面积准则（EEAC）理论，根据互补群惯量中心相对运动变换（CCCOI–RM）得到的单机无穷大（OMIB）系统的功角曲线是否存在动态鞍点（Dynamic Saddle Point, DSP）定性判断系统的稳定性。使用 DSP 处的动能作为失稳轨迹的稳定裕度，使用曲线外推技术计算稳定轨迹的稳定裕度并辅以时变性校核，排除用曲线外推误差过大的那些病态情况。可以不依赖系统模型，而评估实测轨迹的稳定裕度，提高安全稳定性评估的精度。步骤如下：

（1）在控制中心按统一时标汇集由 PMU 采集到的各机功角 δ_i 和加速功率 P_{ai}（当机械功率不变时，可用电功率 P_{ei} 表示）的时间响应曲线。

（2）按照实测轨迹识别同调群，通过 CCCOI–RM 变换将实测的多机轨迹映射到 OMIB 映象系统的平面上，依据映象系统的轨迹特征判断系统的稳定性。如果轨迹上出现 FEP，则系统在该次摆动以前，可被判为稳定，并执行步骤（3）；如果轨迹上出现 DSP，则将系统判为失稳，取该映象系统动能的负值为原多机系统的稳定裕度并结束评估。

（3）判断稳定轨迹的稳定程度，如果映象系统的电磁功率的绝对值在 FEP 之前单调增加，则该算例相当稳定，无需评估其稳定裕度并结束评估，否则执行步骤（4）。

（4）校核 FEP 附近正弦外推的病态情况，沿着功角曲线从 FEP 开始反向搜

索，当相邻的两个数据窗口内的功角曲线的斜率不再明显减小时，即 $|(k_1 - k_2)/k_2| < 10\%$ 时，表示功角曲线的外推受病态的影响不再严重，其中 k_1 为前一窗口内功角曲线的斜率，k_2 为后一窗口内功角曲线的斜率。记该点为离 FEP 最近的可用数据点（AP），如果 AP 比 FEP 之前的极值点（EP）还远离 FEP 则执行步骤（6），否则取该点之前的 3 个数据点根据最小二乘法来计算正弦外推曲线的参数，按该正弦曲线外推 FEP 后的虚构轨迹，并计算潜在动能作为稳定轨迹的稳定裕度。

（5）依据实测轨迹与正弦曲线的差异计算时变性指标，分别取动态中心点（DCP）或故障清除点，EP 和 AP 附近的三个窗口，每个窗口内至少要有三个数据点，计算各窗口的正弦外推曲线所围的虚构面积，分别记为 SDCP、SEP 和 SAP。一阶时变性指标为 $I_\alpha^{(1)} = (S_{EP} - S_{DCP})/(\delta_{EP} - \delta_{DCP})$ 和 $I_\beta^{(1)} = (S_{AP} - S_{EP})/(\delta_{AP} - \delta_{EP})$，二阶时变性指标为 $I^{(2)} = (I_\beta^{(1)} - I_\alpha^{(1)})/(\delta_{AP} - \delta_{EP})$。为比较不同算例，可按 $\mathcal{S}_{EP}$ 进行标幺化。

将一阶时变性指标的门槛值设为 3，二阶时变性指标的门槛值设为 20。稳定裕度的误差定义为按曲线外推法和按数学模型计算的稳定裕度之差。将时变性指标与事先设定的门槛值比较，判断稳定裕度的误差是否超过 [−20%，10%]，如果超过则执行步骤（6），否则判定该算例稳定且稳定裕度误差可以接受并结束评估。

（6）使用 EP 和 FEP 的连线作为虚构轨迹，计算稳定轨迹的稳定裕度。

（7）将一阶时变性指标的门槛值设为 6，FEP 处转子角的绝对值的门槛值设为 100°（时变性弱）和 80°（时变性强），判断稳定裕度的误差是否超过 [−20%，10%]，如果超过则判定该算例稳定但稳定裕度误差过大并结束评估，否则判定该算例稳定且稳定裕度误差可以接受并结束评估。

根据 CCCOI–RM 变换得到 OMIB 系统的功角曲线上是否存在 DSP 来定性判断系统的稳定性，使用 DSP 处的动能作为失稳轨迹的稳定裕度，使用曲线外推技术计算稳定轨迹的稳定裕度并辅以时变性校核排除掉曲线外推误差过大的病态情况。在评估实测受扰轨迹的暂态稳定裕度时，不必使用系统模型就可以构造 FEP 后的虚构轨迹，克服安全稳定评估中必须依赖系统模型的缺点。

7.2.3 基于 WAMS 的轨迹暂稳分析

7.2.3.1 相平面轨迹法

7.2.3.1.1 相平面轨迹理论

随着 WAMS 的发展和其在电力系统中的普及应用，电力系统中可获取的电气量和各电气量的实时性及准确性有了巨大提升并由此出现了不少基于实测轨迹的电力系统暂态稳定分析研究，其中相轨迹平面法就是一种新兴的暂稳判别实用方法。该方法通过对发电机节点实时电气量的采集，在相平面内获得系统的受扰轨迹，分析其特点以判断其暂态稳定性。文献［5］最早提出了这种基于相轨迹凹凸性的暂态不稳定识别思想。文献［6］在此基础上，在二维相平面内严格证明了基于相轨迹凹凸的系统暂态稳定性识别理论，为进一步在高维空间研究和理解该思想奠定了基础；并根据相轨迹凸凹性定义，提出了一种新的快速预测系统暂态稳定性的判据。该方法仅使用了故障后的各发电机功角轨迹和角速度，而与电网结构、模型参数、运行方式以及系统平衡点无关；且具有较强的预测功能，能够更快速地识别出系统是否失稳。下面简单介绍相轨迹平面法的基本思想。

文献［5］通过大量的仿真试验发现了系统的相轨迹几何特性能够用来确定系统的稳定性，进而提出一个猜想，即稳定的相轨迹相对于故障后稳定平衡点总是凹的，而不稳定的相轨迹相对于故障后稳定平衡点在故障切除后立刻或一小段时间后出现凸的特性。定义相轨迹出现凸特性的点为该次摆动的不返回点 NRP（Not Return Point），系统的 NRP 位于系统状态空间中的实际受扰轨迹上。在系统的相空间中，定义所有 NRP 的集合构成的一个曲面为不返回边界（NRPB），如图 7-4 所示。

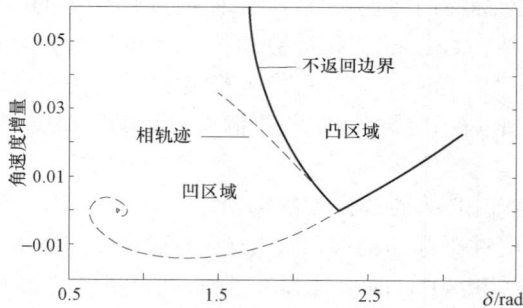

图 7-4　不返回边界与相轨迹关系

定义相轨迹的一阶导数为 $k(\delta, \Delta\varpi) = \mathrm{d}\Delta\varpi / \mathrm{d}\delta$，二阶导数为 $k'(\delta, \Delta\varpi) = \mathrm{d}k / \mathrm{d}\delta$。NRP 实际上是相轨迹上角速度相对于功角变化的二阶导数 $k'(\delta, \Delta\varpi)$ 等于零的点，且不返回界面将该区域相平面划分为凸凹两个区域。当 $k'(\delta, \Delta\varpi) > 0$ 时，相轨迹相对于稳定平衡点的几何特性是凸的；而当 $k'(\delta, \Delta\varpi) < 0$ 时，相轨迹的几何特性是凹的。

通过证明可知，在单机无穷大系统的相平面内，任何与 NRPB 相交的、从凹区域穿入凸区域的轨迹，将不会再穿回该凹区域。也就是说，相轨迹与不返回边界的交点就是轨迹由凹变凸的拐点。因此可以给出适用于离散数据的系统暂态稳定判据：

$$k(i) = [\varpi(i+2) - \varpi(i)] / [\delta(i+2) - \delta(i)]$$
$$\Delta k(i) = k(i+1) - k(i)$$

（7-6）

判据：若 $\Delta k < 0$，系统稳定；若 $\Delta k > 0$，系统失稳。

文献［7］在此基础上，考虑实际功角曲线的复杂性，对暂态稳定判据进行了完善。对于非自治系统的基于轨迹不稳定性识别问题而言，相轨迹的凹凸性将因受到后继时刻参数时变性影响而反复改变，某一时刻轨迹的凸性仅表明该时刻对应参数条件下的自治系统将不稳定，并不能说明该非自治系统不稳定。推论可得：对于时变非自治系统，$\varpi - \delta$ 相平面轨迹凸凹性拐点用作系统不稳定性判据成立的充分条件是 $\Delta P - \delta$ 相平面内轨迹变化总是凸的，即要求 $\mathrm{d}^2 \Delta P(\delta) / \mathrm{d}^2 \delta > 0$。新的判据为：当且仅当 $\varpi - \delta$ 轨迹及 $\Delta P - \delta$ 轨迹均呈现出凸特性，系统出现滑步失稳。

7.2.3.1.2　实用性分析

利用以上相轨迹法对如图 7-5 所示的简单系统 IEEE9 系统进行暂稳分析，观察系统稳定和失稳情况下相轨迹的不同。

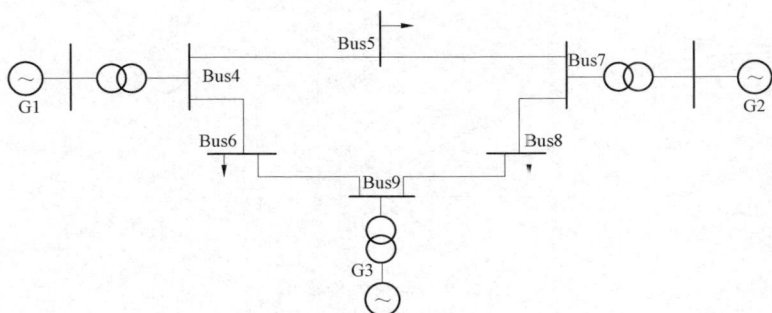

图 7-5　IEEE 9 节点系统结构图

案例一：在如图 7-5 所示线路 8-9 设置故障，持续 0.3s 切除，得到的摇摆曲线和相轨迹如图 7-6 所示。从图 7-7 中可以看出系统稳定，由于没有阻尼作用，发电机功角做等幅振荡；在功角特性曲线中以稳定平衡点为中心振荡；对应的相轨迹一直是凹的，没有出现拐点。

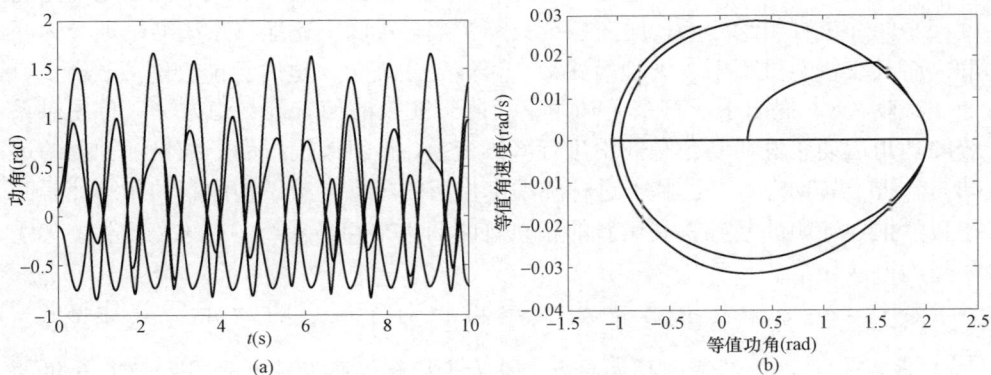

图 7-6　系统稳定案例
（a）功角曲线；（b）$\varpi - \delta$ 相平面轨迹

接下来观察系统不稳定的情况。

案例二：在线路 8-9 设置故障，持续 0.35s 切除。得到的摇摆曲线和相轨迹如图 7-7 所示。从图 7-7 中可以看出系统失稳，其中 G2 和 G3 一群，功角领先于 G1；从功角特性曲线上可以看出系统在第一摆就出现了失稳；若用相轨迹的判据来判别失稳，在 0.42s 时间点出现拐点，相轨迹由凹变凸，判定系统失稳。

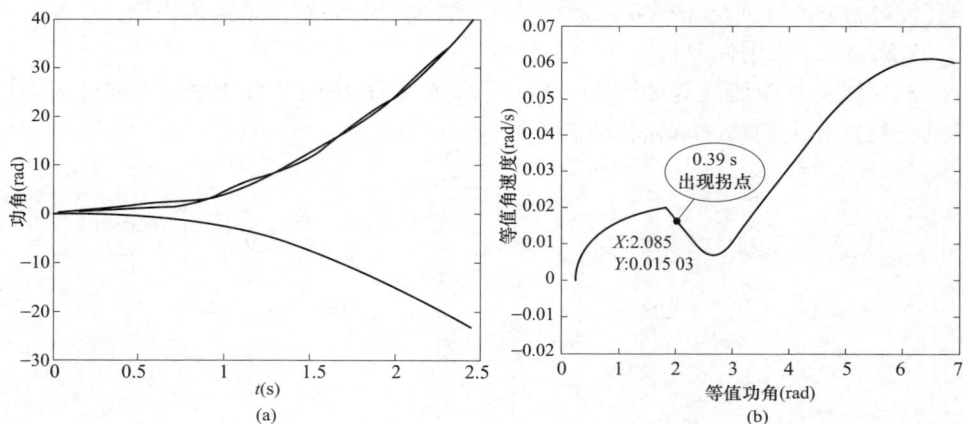

图 7-7　系统失稳案例
（a）功角曲线；（b）$\varpi - \delta$ 相平面轨迹

该方法在判别时间上优于 180°功角差和功角曲线过 DSP 点（本案例中 0.74s 判定失稳）的方法。

7.2.3.1.3　基于降维变换的相轨迹法

上述方法在判断多机系统的暂态稳定性时，需要将多机系统等值为相对失稳的两群模式，然后才能运用等值功角 δ_{eq} 和等值角速度 ϖ_{eq}，形成等值功角—角速度相平面并进行暂稳判断，而在系统故障初期，难以快速地将系统准确地分为两群，而且在暂态过程中，失稳模式很有可能发生变化，这时可能会造成误判。

文献［8］提出了一种基于功角空间降维变换的相轨迹判稳方法。首先对系统的功角运动轨迹在功角空间中进行降维变换，将轨迹投影为一维坐标轴上的运动，分析了其物理意义；基于这种降维变换后的运动参数，构成新的相平面，并在数学推导证明的基础上利用新的相轨迹凹凸性来判断系统的暂态稳定性。其空间降维方法如下：

若 $\theta_i = \delta_i - \delta_{COI}$ 表示第 i 台发电机相对于 δ_{COI} 的功角，其中 $\delta_{COI} = \sum_{i=1}^{n} M_i \delta_i / \sum_{i=1}^{n} M_i$，以惯量中心为原点，$\theta_i$ 为坐标轴，则能够展开成为一个 n 维的空间，空间中点的坐标为 $(\theta_1, \theta_2, \cdots, \theta_n)$ 表示各发电机的功角，这个空间称为功角

空间，发电机在暂态过程中的功角变化会在该空间中形成一条运动轨迹。将系统在功角空间上的运动投影到一维坐标轴上，定义系统的角半径为：

$$R = \sqrt{\sum_{i=1}^{n} \theta_i^2} \qquad (7-7)$$

其一阶导和二阶导分别为 v 和 a，该变换对系统进行降维，不但保留了系统中表现功角失稳的有用信息，还滤除了对功角失稳没有贡献的成分。下面基于降维映射的 R-v 相平面给出系统的失稳判据。

将 R 作为横坐标，v 作为纵坐标，即可构成系统的 R-v 相平面。因为 $R \geqslant 0$ 恒成立，所以系统的 R-v 轨迹只位于相平面的第一、第四象限或与 v 轴相切，不会出现在第二和第三象限；并且由于第四象限 $v < 0$，所以轨迹只会在第一象限失稳，若相轨迹穿越 R 轴，由于在 R 轴上有 $v = 0$，所以穿越时轨迹必定会和 R 轴正交。可以看出，R-v 相平面与 ϖ-δ 相平面性质相似。通过证明，给出系统失稳的判据：

$$\frac{\mathrm{d}v_j}{\mathrm{d}R_j} > \frac{\mathrm{d}v_{j-1}}{\mathrm{d}R_{j-1}} \qquad (7-8)$$

若式（7-8）满足，则系统失稳，反之，系统稳定。该方法不需要分群，避免了分群错误造成的误判。为验证该方法的有效性，根据以上两个案例进行分析，分别画出两种情况下的一维 R-v 相轨迹，如图 7-8 所示。

7.2.3.1.4　相轨迹法的局限

经过大量仿真案例的分析可知，现有的相轨迹暂稳判据确有误判的可能，原因主要是等值两机系统的分群不当，同时，由于多机系统进行分群聚合等值后，等值单机系统功率与功角之间的关系存在时变特性，使得不平衡功率—功角轨迹呈现复杂特性，从而使得相平面轨迹呈现为凸轨迹而出现误判。

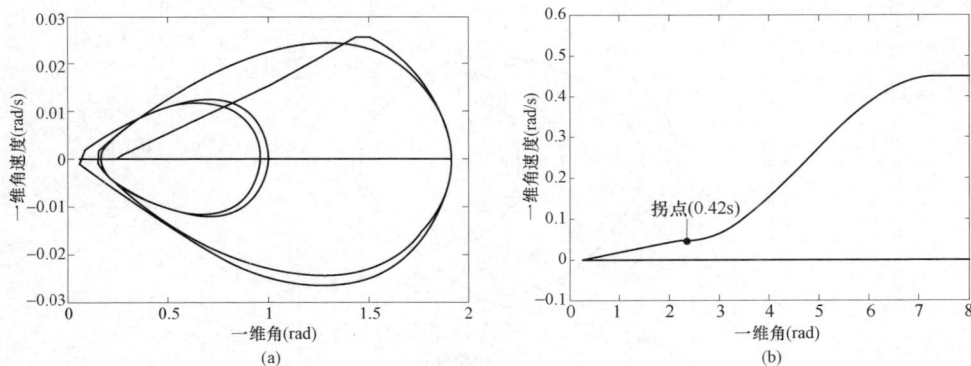

图 7-8　一维 R-v 相轨迹

（a）案例一；（b）案例二

在 IEEE 39 节点系统中，母线 16 至母线 21 的支路靠近母线 16 侧于 0s 时设置一个三相短路故障，持续 0.35s 后切除。得系统相角图如图 7-9 所示。

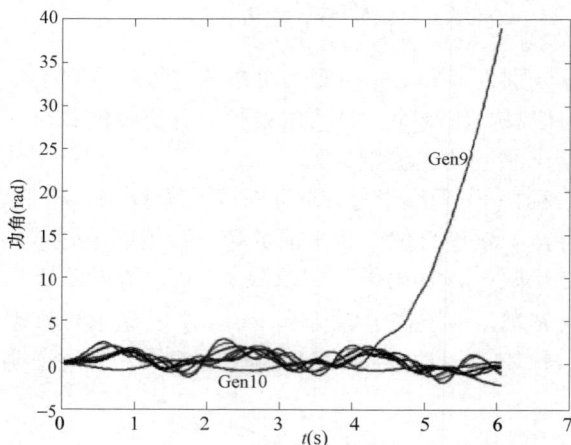

图 7-9　39 节点系统故障持续 0.35s 系统功角曲线

图 7-9 中可见在扰动发生初期，系统的分群情况是发电机 1～9 作为领先群，而发电机 10 为落后群，这也是 IEEE 39 节点系统最为常见的一种振荡模式，然而在受扰动后持续振荡的过程中，在 4s 左右时，系统的分群模式改变为发电机 9 单独一群作为领先群，而发电机 1～8 与发电机 10 作为另一群，即扰动的初期和后期系统体现出了不同的分群模式，在此基础上，若使用受扰初期的分群模式进行等值，得到的相平面轨迹图如图 7-10 所示。

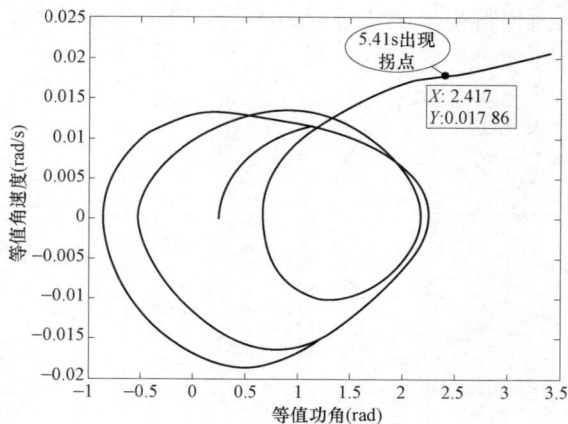

图 7-10　不合理分群时系统等值相轨迹

图 7-10 中可见，若采用扰动初期的分群方式，将发电机 1～9 化为一群，发电机 10 化为另一群，在 5.41s 时等值相平面轨迹才出现拐点，此时的发电机功角已经摆开到比较大的程度。而扰动后期的分群情况获得的相平面如图 7-11 所示，若按照扰动后期体现出的分群模式进行等值，在 4.4s 系统就出现拐点，从而判断出系统此时失去暂态稳定。

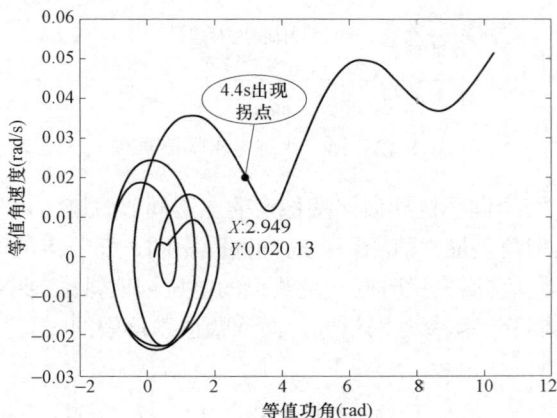

图 7-11　合理分群时系统等值相轨迹

7.2.3.2　基于电网节点轨迹的暂稳分析

近年来，PMU 的应用为暂态稳定分析方法开辟了新途径，对于装有 PMU 的系统我们可忽略模型的影响，直接基于量测数据进行暂态稳定分析。由于超实时计算目前很难完成，因此通常采用预测技术进行暂态稳定分析，直接对系统受扰轨迹进行预测进而判断稳定性。

对于基于量测点直接获取的电气量轨迹判别电力系统暂态稳定性这类方法，首先要做的是建立量测点所获取的几种电气量之间的关系。并选取其中最有典型性的电气量轨迹，作为判别暂态稳定性的考察对象。

设量测点所在联络线两端的节点电势为 $\dot{E}_{M} = |E_{M}|e^{j\delta_1}$，$\dot{E}_{N} = |E_{N}|e^{j\delta_2}$，将节点电势等值，如图 7-12 所示。

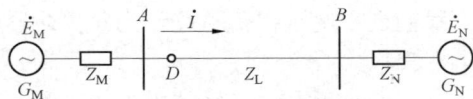

图 7-12　两机等值系统结构图

以联络线任意一点电压幅值的轨迹为考察对象，其轨迹与两端节点相角差 $\Delta\delta = \delta_1 - \delta_2$，电压频率差 $A_{u1,2} = \omega_{u1} - \omega_{u2}$ 之间的关系如图 7-13 所示。

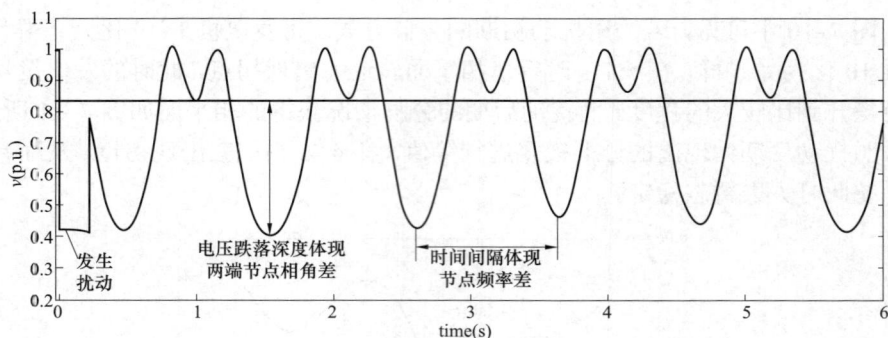

图 7-13 稳定状态电压幅值轨迹

图 7-13 是系统经过小扰动后保持稳定的电压幅值轨迹，可见电压跌落深度相同，即两端节点的相角差最大值相同；时间间隔相同，即节点的电压频率差相同。图 7-14 是系统经历扰动后失稳时同一量测点的电压幅值轨迹，此时跌落幅度明显已至最深，且随着两端节点频率差的增大，两次幅值跌落间的时间间隔也越来越小。

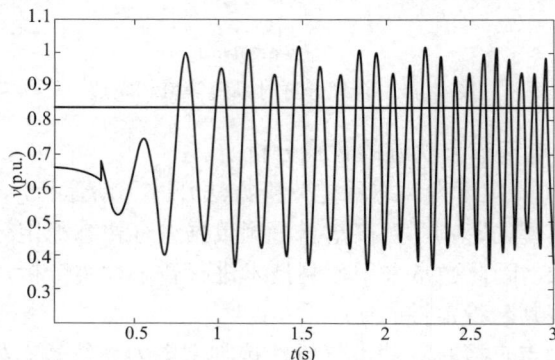

图 7-14 失稳时电压幅值轨迹

由此可见，量测点电压幅值变化轨迹中可以体现电压幅值、相角差、频率差三种电气量的变化。

7.2.3.2.1 电压轨迹积分方法简介

根据上节的叙述，我们选用电压幅值轨迹作为对象，形成判别电力系统暂态稳定性的判据。

将复杂系统简化为两机等值系统，当系统受到扰动时，其振荡中心的电压可以表示为：

$$U_C(t) = E \cos \frac{\delta(t)}{2} \qquad (7-9)$$

其中假设两等值机电动势相等且不变，系统阻抗角为 90°。当故障发生时，振荡中心的电压幅值将随两等值机间的功角差变化而变化，且振荡中心的电压幅值为系统中最小。当两等值机间的功角拉开 180° 时，振荡中心电压达到最小值零。

当系统经振荡后稳定时，振荡中心电压将经过小幅度的振荡后维持在一定的电压水平，如图 7-15 所示；当系统失稳时，随着两等值机间的功角不断拉大，振荡中心的电压将在最大值与最小值之间来回振荡，且振荡频率越来越高，如图 7-16 所示。可见系统是否失稳所对应的电压曲线有着明显的区别。

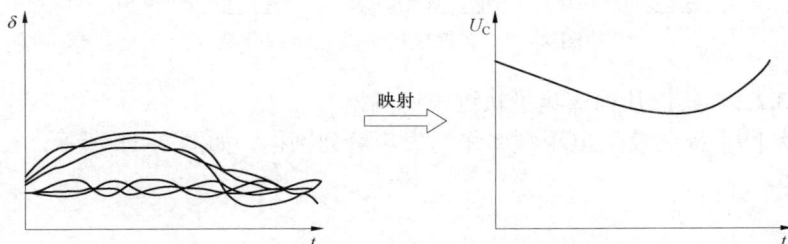

图 7-15 系统稳定

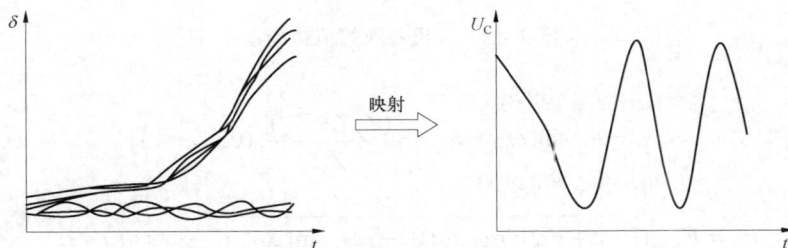

图 7-16 系统失稳

为了尽快判别系统是否失稳，应同时考虑电压跌落程度与电压变化率。据此提出了梯度加权复合积分法。积分表达式为：

$$\begin{cases} A_1 = \int_{t_0}^{t_{\text{end}}} [V_U - V(t)] \dfrac{V(t+T) - V(t)}{T} \mathrm{d}t \\ V(t) < V_U \end{cases} \quad (7\text{-}10)$$

当积分超过阈值时，则判定系统失稳；否则，持续积分 1s 仍未超出阈值则清零，系统暂时稳定，进行下一次积分。在这里阈值是通过遍历故障仿真得到的，取所有稳定情况下电压积分的最大值。

在多摆振荡的情况下，发电机功角的振荡不仅伴随着振荡中心电压的振荡，也伴随着电磁功率的吸收和消纳。当功角差拉大时，电压降落，电磁功率累积，系统失稳的可能性增加；反之，电磁功率消纳，系统失稳可能性降低。因此，在积分过程中存在正积分域和负积分域，如图 7-17 所示。

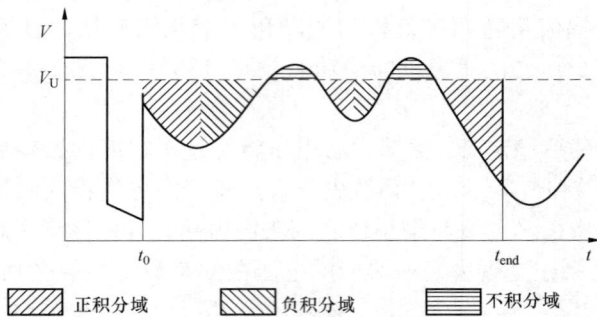

图 7-17　多摆情况下的正负积分域

7.2.3.2.2　其他几种实测量轨迹失稳判据

文献 [9] 提出使用电压频率作为失步解列判据。如图 7-18 所示，在双机等值系统中，

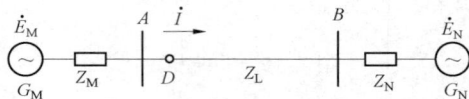

图 7-18　双机系统等值结构图

$$
\begin{cases}
e_{\mathrm{M}} = E_{\mathrm{M}} \sin(\omega_{\mathrm{M}} t) \\
e_{\mathrm{N}} = E_{\mathrm{N}} \sin(\omega_{\mathrm{N}} t) \\
u_{\mathrm{D}} = U_{\mathrm{D}} \sin(\omega_{\mathrm{D}} t)
\end{cases}, \quad c = \frac{(Z_{\mathrm{DB}} + Z_{\mathrm{N}})}{Z_{\Sigma}}, (0 < c < 1) \tag{7-11}
$$

$$
u_{\mathrm{D}} = E_{\mathrm{N}} \sqrt{[1 - c + c k_{\mathrm{e}} \cos(\Delta \omega t)]^2 + [c k_{\mathrm{e}} \sin(\Delta \omega t)]^2} \cdot \sin(\omega_{\mathrm{N}} t + \alpha)
$$

$$
\Delta \omega = \omega_{\mathrm{M}} - \omega_{\mathrm{N}}, \quad k_{\mathrm{e}} = E_{\mathrm{M}} / E_{\mathrm{N}}, \alpha = \arctan \frac{c k_{\mathrm{e}} \sin(\Delta \omega t)}{1 - c + c k_{\mathrm{e}} \cos(\Delta \omega t)} \tag{7-12}
$$

根据 c 取值不同，即采样点 D 的位置不同，可以做出不同 k 值下的频率轨迹。

可见失步中心的电压频率始终等于系统两侧的平均电压频率；一个失步周期内，失步中心同侧各点的电压频率随时间作相似的连续变化，曲线存在交点，并且经计算，同侧各点电压频率的平均频率与该侧系统频率相同；而失步中心两侧的电压频率变化相反且曲线并不相交；越靠近失步中心的点，电压频率的振荡越剧烈，振幅越大，反之越远离失步中心的点，其电压频率的振荡越平缓，振幅越小。

根据前两个特点，即同侧各点电压频率的平均频率与该侧系统频率相同，而失步中心两侧的电压频率变化相反且曲线并不相交，作出失步中心所在母线两侧频率差值的增量轨迹和两侧频率增量的乘积轨迹，如图 7-19 所示。

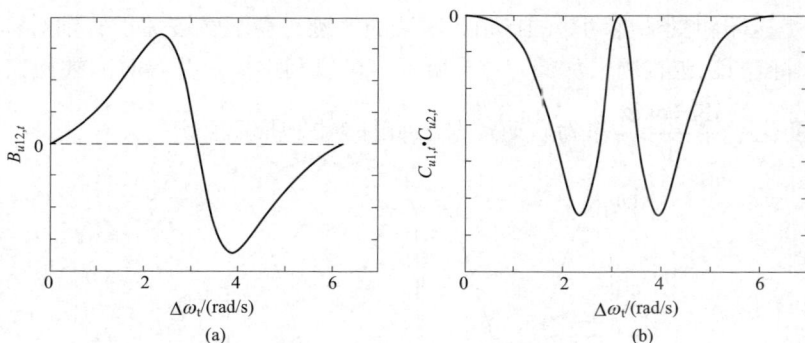

图 7-19　具体判据轨迹

（a）频差增量轨迹；（b）频率增量乘积轨迹

其中，设 $A_{12t} = \omega_{1t} - \omega_{2t}$，$B_{12t} = |A_{12t+\Delta t}| - |A_{12t}|$，$C_{it} = \omega_{it+\Delta t} - \omega_{it}$，可以得到失步判据为：

$$\begin{cases} B_{12t} > 0, \\ C_{1t}C_{2t} < 0, \\ B_{12t+\Delta t}B_{12t} < 0 \end{cases}$$

在实际的多机系统中，电网的失步中心有时不一定落在一、两条联络线上，而是落在一个断面上。将可以把电网分为两个独立子网的断面定义为可解列断面。受电网故障形式、振荡模式、故障切除时间等因素影响，失步中心会在不同的断面间动态迁移。若在暂态过程中出现失步中心迁移的情况，可以用 $A_{12t} \cdot A_{12t+\Delta t} < 0$ 判断出来出现迁移的原母线和迁移后的母线。

在传统的以电压作为失稳判据的方法中，以 $U\cos\varphi$ 的轨迹作判据为主。文献 [10] 中对振荡中心的 $U\cos\varphi$ 的特征进行研究，利用数学中三角函数对 $U\cos\varphi$ 重新推导得出电气量的具体意义并进行分类，但分类之后并没有体现出该做法的实际意义。文中给出的 $U\cos\varphi$ 变化轨迹确实有一定的研究价值，如图 7-20 所示。

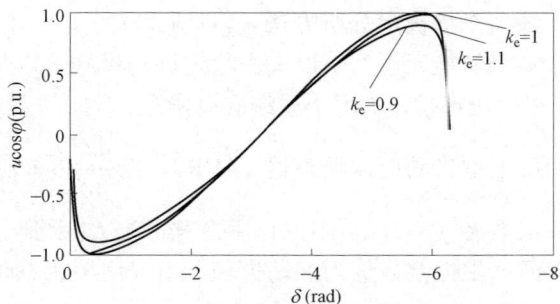

图 7-20　受端侧测量到的轨迹变化图

其中 k_e 是送端和受端电动势的比值，送端的轨迹与受端轨迹关于 x 轴对称，所以二者绝对值的轨迹相同，如图 7-21 所示。可以利用振荡开始时的乘积突变做微分求其变化率 $\dfrac{\mathrm{d}|u\cos\varphi|}{\mathrm{d}t}$ 作为启动判据，如图 7-22 所示。

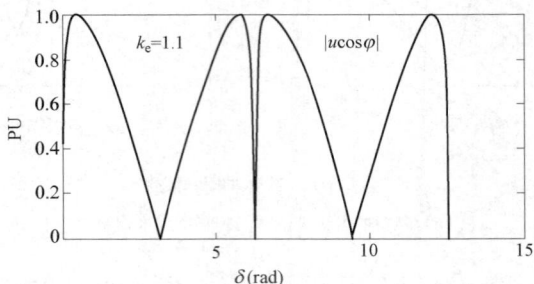

图 7-21　失步振荡时 $|u\cos\varphi|$ 变化轨迹

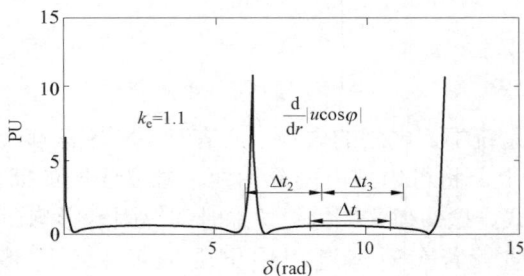

图 7-22　系统失步时 $\dfrac{\mathrm{d}|u\cos\varphi|}{\mathrm{d}t}$ 的变化轨迹

对原有判据进行微分处理提高了方法的灵敏度，能够在失步振荡发生时及时做出判别。但缺点是并未对故障态以及之前提到的是否暂态失稳（无法恢复需要解列装置动作）这两点做出区分。

7.2.4　电力系统小干扰稳定分析方法

电力系统包含多个储能元件，所以失去稳定性的模式可以是"爬行"的，也可以是振荡性的。在一般情况下，由于系统固有阻尼作用，失稳模式多为爬行的。但如果发电机采用反馈型自动电压调节器（AVR），当 $\dfrac{\mathrm{d}u_g}{\mathrm{d}\delta}<0$ 时，AVR 会引发负阻尼，调节器放大倍数 K_u 愈大，负阻尼作用愈强，当 K_u 大到一定程度时，就会抵消固有的正阻尼而产生振荡，称为振荡失稳。出现这种状态时，称系统失去功角动态稳定。

受到动态稳定条件的限制，AVR 的电压放大倍数不能大，这就影响到 AVR

的调压基本功能，包括调压作用和提高静态稳定极限的作用。由于当 δ 不太大（如 $40°\sim50°$）时，$\dfrac{\mathrm{d}u_{\mathrm{g}}}{\mathrm{d}\delta}$ 就开始变负，所以动态失稳可能发生在小 δ 角度下，故对系统安全运行影响很大。实际上，高阶电力系统存在着几种振荡模式，如五阶系统就可能存在两种振荡模式：① 计及同步机转子及励磁绕组惯性而出现的振荡模式，其振荡频率为低频（0.25–2.5Hz）；② 如计及励磁机及 AVR 本身具有的惯性时，则可能出现第二种振荡模式，振荡频率在十几赫兹，这种振荡的振幅不大，不会引起系统失稳。然而，一旦因为动态稳定被破坏而引发低频振荡，有可能导致发电机轴系扭振，发展成大事故，故应十分重视动态稳定问题。

平衡点特征根方法可进一步按采用的系统模型分为线性化模型和非线性模型。这类方法与具体扰动无关，只能反映系统在该平衡点附近的动态行为，故不适用于包含强非线性、变系数、相继故障或有离散控制的系统。受扰轨迹模式分析方法则从特定扰动下的时间响应曲线中提取振荡信息的时间序列，包括系统模型未知情况下（如实测轨迹）的信号处理法和系统模型已知情况下（如仿真轨迹）的分时段定常线性化法。

实测（或仿真）的时间响应曲线完整地反映了物理系统（或数学模型）及实际扰动（或仿真场景）中所有非自治和非线性因素对动态行为的影响。时域仿真曲线一直是大扰动稳定分析和控制决策的依据，有时也被用于小扰动稳定及低频振荡分析。

轨迹特征根技术是从受扰轨迹中提取电力系统振荡特性的算法及手段。PMU、WAMS 的广泛应用为轨迹特征根分析的在线实现提供了物质基础。轨迹特征根序列的提取方法有两类：① 对滑动窗口内的受扰轨迹进行信号处理，称为轨迹窗口特征根法；② 按各个取征时段始点处的系统状态，重新将系统模型定常线性化，再通过常规方法求取特征根，故称为轨迹断面特征根法。

平衡点特征根可以描述定常线性系统的全局动态行为，对于非本质非线性的系统，可以通过平衡点处的线性化将系统近似为线性系统，然后对后者采用平衡点特征根技术来分析其小范围内的动态行为。如果保留泰勒展开中的高阶项，可以减少线性化对精度的影响，但并不能推广到必须用微分代数方程描述的非线性系统的全局稳定性。更遗憾的是，平衡点特征根技术完全无法处理本质非线性因素和时变因素。

时变系统动态特性的研究不能离开与具体扰动密切相关的受扰轨迹。事实上，振荡模式可能随受扰过程而变，要彻底解决动态稳定的分析和控制问题，就只能接受以时间响应曲线为信息基础的方法。问题在于如何解读受扰轨迹中的深层知识，这就是将平衡点特征根技术扩展到受扰轨迹领域的生命力所在。

轨迹特征根法适合于各种扰动类型，可以计及系统的不可微变量、时变参数等因素的影响。按其在计算短时段特征根时是否利用系统的解析模型，可以分为依靠信号处理技术而不依赖系统数学模型的轨迹窗口特征根法，和依赖系统数学模型的轨迹断面特征根法。

对于实测轨迹，由于不掌握实际的数学模型，故只能采用信号处理技术。由于后者需要足够宽的时间窗口，故只适用于时变性和非线性均不是太强的振荡。这类方法简单快捷，计算量小，但存在频率分辨率以及窗口函数和窗口宽度选择的问题。对于仿真轨迹，由于有系统模型，则可以不依靠信号处理技术而直接针对各时间断面来计算特征根，适用于快时变和强非线性的振荡。

在高维非线性动态电力系统中，其时间响应信号往往表现为一种典型的非平稳过程，即信号的统计特性（包括时域统计特性和频域统计特性）随时间的变化特性。其原因是电力系统振荡的暂态过程中往往共存着多个不同的非线性模式，各振荡模式间存在或强或弱的相互作用，从而衍生出新的振荡模式。换句话说，从系统非线性变化特性的角度来看，振荡的时变特性是肯定存在的。因此在轨迹特征根的基础上，如何分析振荡模式之间的非线性关系以及振荡模式的时变性是获取系统动态特征的关键和难题。

7.3　电网动态安全综合评估

目前，我国电网主要通过由"三道防线"构成的稳定控制系统来预防大停电的发生。现有的第二道和第三道防线采用的是"离线计算、在线匹配"的预案式控制模式，即根据由事先指定的典型工况和故障制定的决策表，采用切机切负荷和主动解列等控制措施来应对电网的严重故障。然而，随着跨区域互联电网的形成、跨大区大容量交直流接续送电和大规模风电的接入，电网的运行方式变得更加复杂多变且不可预测。一方面，离线分析不可能考虑所有场景，实际系统可能出现离线分析无法涵盖的复杂故障；另一方面，由于系统不可预测的变化因素太多，实际运行工况往往无法与离线计算所设定的预想工况相匹配。所以，基于典型运行方式和简单故障的离线分析难以暴露出电网所有的薄弱环节。针对电网发展的新需求，迫切需要在线安全稳定分析技术，克服传统离线方式计算的不足，对电网实施在线动态安全评估，发现各种运行方式存在的问题，并且有针对性地提出改进或预防辅助决策措施，有效地提升驾驭大电网的能力。

为此，开展基于智能调度技术支持系统的动态安全评估（Dynamic Security Assessment，DSA），以能量管理系统采集到的实时数据为基础进行计算分析，具有重要意义。WAMS 能够为动态安全评估提供重要的数据支持。WAMS 可以获得全面且准确的电网信息，相比于积分法获得的电气量轨迹，WAMS 实时采集得到的数据包含的信息更多，更能反映系统的真实情况。通过 WAMS 获得的电网信息为电力系统的暂态计算提供了有力的数据支持，并且使其基础上的电力系统动态安全评估也变得更加准确可靠。在本章前两节中已经对电力系统的电压稳定和功角稳定分别进行了分析，要对电力系统动态稳定性进行综合评估，还需要对分析的结果进行处理。

7.3.1　动态安全评估的结构与功能

一个完整的动态安全评估体系的基本功能应该包括动态数据的采集和在线计算、在线动态稳定分析与评估、调度辅助决策和传输功率极限计算。

（1）在线动态安全分析。

传统分析和计算电力系统暂态稳定性的方法是逐步积分法，即时域仿真法，采用数值积分法求解描述电力系统运动状态的微分方程组，从而得到动态过程中各状态变量随时间变化的规律，以判别系统能否保持同步运行。由此提出的传统的确定型安全性分析构想是对当前系统的一组预想事故集来检验电力系统承受扰动的能力，预想事故集包含了下一时刻可能发生的严重扰动，对于预想事故集中每一种扰动情况均利用潮流计算进行静态安全分析。然而这类"逐点法"计算量大、速度慢，难以满足实时分析的要求，而且不能给出稳定性的定量指标和灵敏度信息，严重制约了其工程实用性。

直接法的出现为动态安全分析提供了新的思路，它以计算速度快、可给出稳定裕度等优点而得到人们的青睐。但直接法对模型的适应性不够好，不能反映用系统变量来启动的自动切换过程，也不能提供详细的系统动态过程，而且有时计算误差较大，难以判断某一计算结果的可信度。

Felix F.Wu 教授提出了概率安全性分析构想，该构想考虑了电力系统的随机和动态特性，提出了电力系统的两层模型，引入了注入空间上的静态安全域和动态安全域的概念。用安全域判断系统安全与否，只需判明注入向量是否位于安全域内，且可进一步依该注入量距安全域边界的距离，估计出安全裕度。由于安全域可以离线计算，在线应用时简单迅速，既可用于确定型的电力系统模型又可用于概率型的电力系统模型，因而具有很大的在线应用潜力。

（2）分析结果与控制对策。

为了确保系统的动态安全，必须采取预防控制和紧急控制措施。在事故发生前要采取预防控制措施来保证发生预想事故后系统是安全的，事故发生后要立即采取紧急控制（也称稳定控制）措施以确保系统的稳定运行和持续供电，如切机、切负荷措施等。通常，预防控制和紧急控制都是基于大量的离线仿真计算，对每个合理的运行工况和故障组合预先制定好控制措施。离线计算需要详细考虑所有可能出现的系统运行工况，计算量非常大，而且实际系统的运行工况与预先设定的工况几乎不可能精确匹配。基于在线动态安全分析的稳定控制则可以根据系统的实际工况和预想事故来进行最优的控制，不存在运行工况的匹配问题，避免了对大量不相关工况的仿真计算，极大地减少了计算量。通过动态安全分析的稳定性定量分析和灵敏度分析可以确定控制策略并进行校核，两者结合在一起可以获得最优的控制方案。

通过上述动态安全分析过程，系统最终应给出的信息包括：系统的动态稳定性（稳定或不稳定）、系统的稳定程度或不稳定程度（稳定裕度）、稳定裕度对主要变量的灵敏度分析、输电容量限制和稳定预防/紧急控制措施。

7.3.2 动态安全域的评估方法概述

对于传统的电压稳定和功角稳定评估，在之前的章节中已经进行过介绍。长期以来，电力系统安全性和稳定性的分析方法一般都是按指定场景（运行方式，即运行点）在一种或几种故障方式下由仿真计算得出系统安全或不安全、稳定或不稳定的结论的，这类逐点法仍然在电力系统分析中发挥巨大作用，但难以对电力系统的运行状态提出整体评价，如当前运行点对于稳定边界的距离、当前系统的稳定储备等，无法进行定量分析。

安全域（Security Region，SR）方法是在逐点法基础上发展起来的新方法，它从域的角度出发考虑问题，描述的是整体可安全稳定运行的区域。系统运行点与 SR 边界的相对关系可提供安全裕度和最优控制信息，能使电力系统在线实时安全监视、防御与控制更科学、更有效。

对于某一注入相量，如果能够使电力系统在经历既定的事故后仍可保证是暂态稳定的，则称该注入是动态安全的，所有可以保证动态安全的注入相量的集合，定义为动态安全域。对于既定的事故前、后网络结构，某一既定的事故就对应某一确定的动态安全域。根据注入相量是否位于安全域内以及该注入与安全域边界的距离，就可以判断系统是否安全，并可以估算出安全裕度。根据实际注入相量与安全域的相对位置，可以帮助运行人员采取正确的安全控制措施。动态安全域法克服了传统"逐点法"计算过于复杂的缺点，可以进行离线和在线计算，特别是在线应用时具有简单、快速的特点，适用于确定型和概率型的电力系统模型，因此对于动态安全域的研究具有很大的理论意义和实践意义。

动态安全域最大的难点在于安全域的描述与求解，研究表明：系统的稳定边界即动态安全域（DSR）的边界可以用一个超平面近似表示，并且该超平面中的一个表面（切平面）可用平面拟合的方法获得。基于该事实，文献 [11] 给出了三种实用的安全域：事故前注入功率空间上保证动态安全的实用动态安全域（PDSR）、割集功率空间上的静态电压稳定域（CVSR）、注入功率空间上保证不出现 Hopf 分岔的实用小扰动稳定安全域（PHSR）。可见，安全域法虽然是一种新的评价方法，但其对当前系统的分析方式仍是从电压稳定、功角稳定和小干扰稳定三个方面入手的，分别求出三个方面的安全域后，其交集就是当前系统的安全域。

对于 PDSR 的求取,较为准确的方法是利用数值仿真求出一组临界注入功率,然后用最小二乘法拟合得到 PDSR 边界。然而这种方法的计算量将会随着电力系统规模的扩大而大大增加。文献［12］通过电力系统结构的保留模型和微分拓扑理论,给出了用超平面近似模拟 DSR 边界的解析表达式,并描述了以下事实:注入相量在 PDSR 边界上发生微小的扰动时,其对应的近似暂态稳定域边界(超平面)相互平行。文献［13］经过分析后将这种平行性质扩展到了溢出点,即在不同的临界注入功率下,其暂态稳定域在溢出点是平行的。基于此,文献［13］提出了一种快速求取 PDSR 边界的解析式方法。

这种方法利用一般的暂态稳定性分析方法,把原来的稳定域边界用恒能界面(临界能量)代替,如果某一注入是动态安全的,则以下表达式成立:

$$<\eta, k> = 0 \tag{7-13}$$

式中:η 表示溢出点处恒能界面的法矢量;k 表示系统轨迹的切向量。此式表明:如果故障后的系统轨迹点与溢出点的恒能界面相切,则该注入对于系统是动态安全的。基于线性化的系统模型,文章给出了 PDSR 边界的超平面表达式及其算法,将某一注入代入边界表达式就可以快速确定系统是否动态安全,但文献中的方法只能判断系统是否动态稳定,并不能计算动态安全裕度等相关指标。

文献［13］求解动态安全域的方法虽然加快了计算速度,但计算精度比较低,之后的文献中提出了一系列的改进方法,减少了临界稳定有功注入点的求解量,但其计算仍然采用二分法,耗费了大量的时间。文献［14］基于单机等效法(Single Machine Equivalent,SIME),提出了一种求解在临界稳定时有功注入点的新方法。

SIME 方法采用 CCCOI–RM 变换,将多机系统等效为双机系统,再进一步等效为单机无穷大系统。该方法将稳定裕度的计算引入到临界稳定点的搜索过程中,当相邻两次稳定裕度的差小于某一值时停止计算,这样在仿真过程中就可以充分利用上一次仿真计算得到的数据,使总体的计算达到二阶收敛速度,搜寻时间耗费更少;假设电网的无功功率采用就地补偿的方式,主要考虑有功功率注入空间,在分析时不计发电机调速器的作用,使其机械功率保持恒定不变,经过推导就可以得到有功注入空间与单机无穷大系统机械功率之间的非线性映射关系;由于 SIME 方法从失稳侧进行搜索的速度较快,在求解映射时采用改进的牛顿法,使得搜索过程从失稳侧逼近,与传统的二分法搜索相比,可以用更少的迭代次数以及更少的迭代时间求解出临界稳定点。

电力系统静态电压稳定域是指针对电力系统给定的网架结构,在域内的每一点,系统都能够满足静态电压稳定约束;而在域外的任何一点,系统都不满足静态电压稳定性约束。对于静态电压稳定域,可以近似认为静态电压稳定域边界是由系统在给定网架结构下能够达到的所有鞍结分岔点构成的。系统维持电压稳定的条件也可归结为系统的潮流方程不出现鞍结分岔，即系统潮流方程的 Jacobian 矩阵不奇异。

目前所研究的静态电压稳定域主要是在节点注入空间和割集功率空间中展开的。假设电力系统中负荷节点的无功功率就地平衡，通过对大量实际系统应用连续潮流方法的仿真研究证明，在割集有功功率用超平面表示。经实际系统算例验证表明，这种方法的误差可以控制在±%5 的范围内，基本符合工程实际的要求。

文献［15］将割集有功功率空间拓展到割集复功率空间，在极限点的获取过程中，选取几条线路作为临界割集，负荷增长方式设为在恒功率因数条件下改变初始运行点后等比例增长；发电机分配方式考虑发电机按比例负担，并且考虑发电机无功限制。这种传统的割集电压稳定域（CVSR）求解方法，一般通过随机扰动，形成大量的电压稳定临界点，然后采用最小二乘拟合方法，用一个超平面（HP）来近似 CVSR 边界，该方法所得超平面的精度取决于所求极限点的数目，极限点越多精度越高，因此为获得较高的边界拟合精度，需进行大量运算；此外，当 CVSR 边界曲率较大时，该方法仅采用一个超平面来对边界进行近似，可能会引起较大误差，这个问题有待进一步解决。

文献［16］中提出了一种使用快速割集在有功功率空间上求电压稳定域边界的近似计算方法。在电力系统状态空间上推导出可以近似求解电压稳定域边界局部的线性方程组，利用该方程组可快速求解出状态空间上的一组电压稳定域边界点，并可通过潮流方程将其映射到割集功率空间上，在此基础上，利用最小二乘法可以拟合出割集功率空间上的一个超平面，用于近似表达电压稳定域边界局部。在 IEEE118 节点系统的算例中，该方法能在割集功率空间上以较小误差快速地近似表达出电压稳定域边界的局部甚至整个电压稳定域边界。该方法在计算过程进行了大量简化，且运算过程复杂，不利于在线应用。

文献［17］针对传统 CVSR 边界求解方法的不足，在潮流追踪的基础上，提出了一种基于微扰的割集静态电压稳定域局部边界的求解方法。通过对运行点实施微弱扰动以获得 CVSR 局部边界，不仅具有较高的计算效率，同时可以保证所求边界超平面包含当前运行点所对应的极限点，具有较小的误差。

当前电力系统特别关心的另一小扰动稳定安全域是与低频或超低频振荡相关的。关于 Hopf 分岔边界及其所围成的小扰动稳定域的动力学与拓扑学性质，虽然已有部分研究，但都还处于不断深入的过程中，与此同时实用边界面的研究也受到越来越多的关注。

7.3.3 特征值分析的评估方法及评估实例

目前电网公司的运方和调度人员对电力系统的低频振荡分析主要借助于以特征值分析法为代表的数学分析法以及仿真法。这些方法都只能针对若干预想的运行状态，计算系统中存在的振荡模式，并且依赖于对所研究系统建立的数学模型的精确程度和参数的准确性。然而，由于如下的五方面原因，使得上述的方法并不能保证准确、及时、全面地得到电网的实际低频振荡模式。

（1）系统的运行方式、发电和负荷状况经常有较大变化，运方人员不一定能全部考虑到。

（2）实际上系统的低频振荡往往不是由某一特定的事件造成的，而是多个事件的组合结果。

（3）电力系统元件的数学模型往往有很大的近似性，参数也不容易准确获取。

（4）对于大规模实际系统，其特征模式的求取受分析人员对系统认识的限制，若不能限定合理的特征值搜索范围，可能遗漏重要的振荡模式。

（5）随着电力系统的日益复杂，有时系统在小扰动下也会体现出很强的非线性行为。

近年来出现的基于 WAMS 的低频振荡分析方法主要用于低频振荡的识别检测，而非用于主动分析查找系统全部低频振荡模式。目前有文献将概率统计的方法引入到低频振荡检测中，其依据是：系统日常的负荷、线路投切在本质上是对系统的随机激励，在系统的响应中包含系统的动态行为特征信息，对这些动态响应的特征进行统计，可以在日常运行中找出系统的固有振荡模式。但是没有进一步对找到的振荡模式进行节点分群、振荡中心识别和贡献因子计算等模态分析，因此不能揭示振荡的原因，也不能得出抑制振荡的措施。

本节提出了基于实测振荡数据统计的低频振荡分析方法，并进一步根据统计的结果，对易发生的危险振荡模式进行详细的同调区域划分、振荡中心识别和节点参与因子计算等模态机理分析，从而为揭示振荡的原因和提出抑制振荡的措施打下了基础。该方法已成功应用于山东电网。

7.3.3.1　基于 WAMS 的振荡统计与评估步骤

基于 WAMS 实测数据，对日常扰动引发振荡的统计方法如下：

（1）对有 PMU 量测的线路和变压器的有功功率进行快速频谱分析。因为有功功率信号变化范围大，分辨率高，并且是功率振荡的直接反映，所以取有功功率信号为检测量。

（2）根据频谱分析的结果，若某一量测功率的某一频率的振荡模式满足下面条件，则定义为发生一次统计意义上的振荡：① 振荡幅值超过统计阈值，例如峰峰值 10MW；② 振荡持续时间超过设定值，例如连续振荡 5 个周期；③ 当振荡幅值小于统计阈值时认为振荡结束。

统计意义上的振荡幅度小，并不对系统的安全稳定造成明显的危害，因此不需要报警。

（3）对于检测到的统计意义上的振荡，记录以下信息：数据标签、开始时间、结束时间、持续时间、振荡幅值、振荡频率、运行点平均值。

（4）对上述信息按频段、日、小时、分钟、振幅、运行点、线路、变电站等分类方式进行统计。

（5）分析统计结果，选择需要重点分析的振荡模式，并获取相应振荡模式对应的某次振荡的全部 PMU 记录数据。

（6）对第（5）步选出的某次低频振荡进行详细地机理分析，包括节点同调情况、振荡断面，以及节点或发电机对振荡的贡献。

上述振荡统计的时间范围可以是较长的时段，例如 1 年、1 月或 1 天，相当于离线应用；也可以是较短的时间范围，例如当前运行时刻的前 1h 或 15min，这相当于在线应用，即对当前系统在当前运行工况下的易激发振荡模式进行检测。

7.3.3.2 电网振荡统计内容和分析

以山东电网的振荡统计数据为例，说明振荡统计的方法，以及如何分析电网的固有振荡模式及其易激发程度。

7.3.3.2.1 统计意义振荡的时间分布

2007 年 2 月 1 日到 2 月 28 日期间，山东电网记录统计意义有功振荡 8304次。在每日各时段的分布情况见图 7–23，图中的小时振荡次数是各日该时段振荡次数的总加。

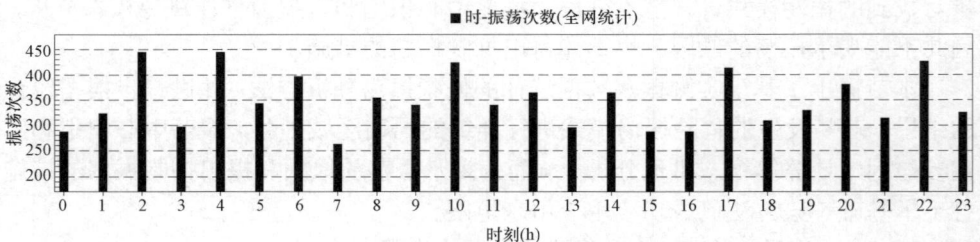

图 7–23　统计意义振荡在每日各时段的分布

统计意义振荡在 2 月各日的发生情况见图 7–24。

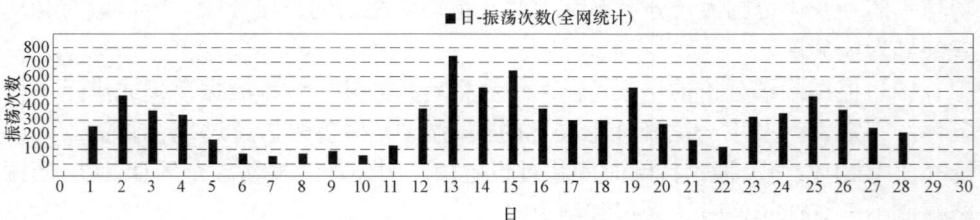

图 7–24　统计意义振荡在 2 月的日分布

从图 7–24 可以看出 2 月 13 日统计意义振荡明显增多。这提醒分析者应结合当时电网状态，进一步分析在这一时段电网振荡容易被激发的原因。

7.3.3.2.2 统计意义振荡的频率分布

统计意义振荡的频率分布给出了在统计的时间段内，各低频振荡频段发生统计意义振荡的次数。图 7–25 给出了 2007 年 2 月山东电网统计意义低频振荡在频段的分布情况。可以看到山东电网主要存在 3 个固有低频振荡模式，其核心频率分别为 0.33、0.74、1.2Hz，即振荡分布棒图的 3 个局部峰值点。

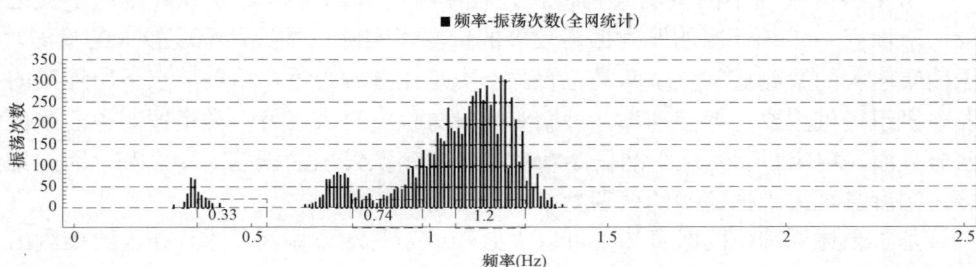

图 7–25 统计意义振荡在各频段的分布

更进一步可见，1.2Hz 附近的振荡次数远高于另两个模式，其振荡记录占总振荡记录的 85.7%。因此，在山东电网中 1.2Hz 的振荡模式最容易被激发。

7.3.3.3 对各 PMU 量测的振荡统计和分析

在山东 500kV 电网共对 57 个有功 PMU 量测进行在线振荡统计。这些有功量测包括 500kV 线路有功和 500kV 变压器高压侧有功。对 2007 年 2 月振荡最多的 10 个 PMU 量测的统计结果见表 7–1。

表 7–1 对振荡最多的 10 个 PMU 量测的统计结果

有功 PMU 量测名称	次数	累计时间/s	平均振荡频率/Hz	最大振幅/MW	最长振荡时间/s
益都站 2#变	2370	17 076	1.14	22.24	47
益都站 3#变	2046	14 747	1.13	21.17	67
淄川站益川 1 线	673	4954	1.09	15.64	37
益都站益川 2 线	641	4741	1.09	61.53	37
益都站益川 1 线	638	4698	1.09	15.57	33
淄川站益川 2 线	626	4644	1.09	15.48	27
崂山站崂阳线	524	6096	0.75	28.65	81
聊城站辛聊 2 线	86	1447	0.34	45.77	26
枣庄站邹枣线	84	683	0.80	19.82	27

有功 PMU 量测名称	次数	累计时间/s	平均振荡频率/Hz	最大振幅/MW	最长振荡时间/s
聊城站辛聊线	83	1392	0.34	45.40	26
其他 47 个量测	533				
总计	8304				

由于振荡幅度小的量测其幅值往往达不到统计的阈值，导致其振荡不被记录，所以表 7-1 统计出的发生振荡较多的量测，实际上是振荡幅度较大的量测。振荡幅度大的量测通常位于两类位置：一类是振荡源附近，相关节点下所连接的发电机组提供主要的振荡功率，对振荡的参与程度也大；另一类是振荡中心或振荡分界面，相应断面线路中的振荡功率是各振荡源发出的振荡功率之和，因此其振荡幅度甚至大于振荡源的振荡功率。

基于上述原理，根据表 7-1 可以大概知道哪些地方振荡严重，并大致推测出可能的振荡源和振荡中心或分界面：益都站是 1.2Hz 左右振荡模式的主要振荡源，益川线是相应振荡分界面上的线路；辛聊线是 0.33Hz 左右振荡模式振荡分界面上的线路。

通过上述统计，分析人员对电网中的关键振荡模式已有大概了解。若其中的振荡模式的振荡机理，包括振荡节点分布范围、分群情况、振荡中心位置、节点或发电机对振荡的参与程度，已被掌握，例如在运方报告中已有描述，则相应的振荡模式不需要进一步分析。若某一统计到的易激发固有振荡模式，由于种种原因没有被调度和运方人员了解，则需要进一步做深入的机理分析。在北京四方继保自动化股份有限公司提供的 WAMS 高级应用软件中可以借助实测数据进行这种机理分析，大概方法如下：

（1）选择记录的振荡中幅值较大的一次，获取对应时段所有节点的频率或注入功率 PMU 数据。

（2）根据频率或注入功率曲线的振荡模式曲线的同调性进行节点分群。

（3）根据分群结果确定振荡中心或振荡分界面的位置。

（4）根据节点注入功率中振荡成分的大小，确定各节点（即该节点下对应的发电机）对总振荡功率的贡献。

针对山东电网的情况，对振荡统计找到的 1.2Hz 振荡模式进行了基于 WAMS 实测数据的详细机理分析。例如从图 7-26 中所示的 3 个变压器高压侧注入电网的有功功率曲线可以看到，对于 1.2Hz 的各振荡模式曲线，益都站和潍坊站近似同相位，因此属于同一同调振荡群，而这两条曲线的 1.2Hz 振荡成分与崂山站的相应成分近似反相位，因此属于不同的同调群。用这样的方法比较出山东电网装有 PMU 的所有节点的同调关系，并对属于相同同调群的节点着以相同颜色，不同群节点着以不同颜色，分析所得结果。可见 1.2Hz 的振荡模式是益都站和潍坊站所在区域的发电机相对于山东电网其余部分发电机的功率振荡。两个区域之间的连接线路构成了振荡分界面即振荡中心。

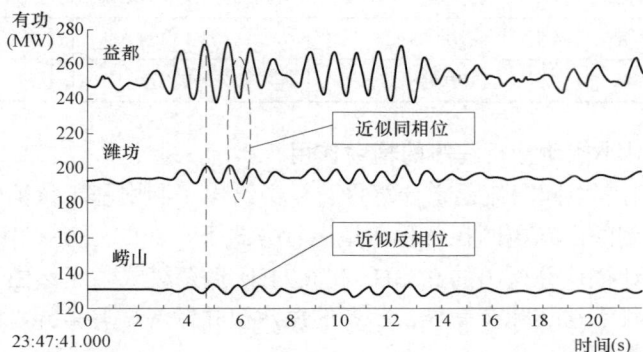

图 7-26　根据注入有功功率振荡曲线进行母线同调分群

进行类似的机理分析可知 0.33Hz 左右的振荡模式是山东电网与华北电网之间的功率振荡；0.74Hz 左右的振荡模式是鲁西南（汶上、枣庄、郓城、邹县、泰山）与山东其余电网尤其是莱阳站附近电厂之间的功率振荡。

7.3.3.4　振荡告警模块对振荡统计模块的验证

不同于低频振荡模式统计与评估模块，CSS200 WAMS 的低频振荡在线分析与告警模块仅对振荡幅度大、持续时间长、阻尼比小的低频振荡进行报警。在 2007年的 1 月 29 日、3 月 16 日和 4 月 10 日发生了 3 次低频振荡报警，其对应的频率分别为 0.34Hz、0.67～0.71Hz（同一时段内的多处报警）、1.15Hz，均在振荡统计与评估模块找到的易激发固有振荡模式范围之内。进一步详细分析可以知道，振荡报警的振荡模态，即振荡中心和主要的参与机组，与振荡统计得到的主要振荡模态也是相同的。

具体的振荡统计评估和实际振荡报警的比较见表 7-2。由此可以表明，振荡统计模块分析出的发生统计意义振荡频率高的振荡模式不仅是系统的固有振荡模式，而且也是容易发展为有实际危害作用的低频振荡的振荡模式。

表 7-2　　　　　　　　　　振荡统计结果与振荡报警对比

振荡统计中心模式频率	模式 1	模式 2	模式 3
	0.33Hz	0.74Ez	1.2Hz
中心频率附近的振荡次数	323	571	7114
发生频度（总次数 8304）	3.9%	6.9%	85.7%

续表

振荡统计中心模式频率	模式 1	模式 2	模式 3
	0.33Hz	0.74Hz	1.2Hz
振荡模态（振荡分群和振荡中心/分界面）	山东省电网与其余华北电网	鲁西南（汶上、郓城等）与其余山东网（莱阳等）	益都、潍坊与其余山东电网
触发报警日期	1 月 29 日	3 月 16 日	4 月 10 日
振荡报警频率	0.34Hz	0.67～0.71Hz	1.15Hz

7.3.3.5　对小扰动分析程序的辅助作用

《2007 年山东电网潮流稳定计算报告》中给出了利用基于特征值分析的小扰动分析程序找到的山东电网在各种典型运行方式下存在的低频振荡模式。这其中包括了振荡统计模块分析出的 0.33Hz 和 0.74Hz 振荡模式，当然由于用于计算的运行方式或运行点与实际有差异，两者的振荡模式频率略有差异，但振荡节点的分群情况基本相同。

但是，运方报告中没有提到 1.2Hz 的低频振荡模式。在 WAMS 振荡统计功能发现了这一振荡模式后，利用小扰动分析程序以 2006 年山东电网冬季大负荷运行方式专门对包含这一频率的频段进行了详细地特征值搜索，果然找到了这一振荡模式，其振荡频率为 1.197Hz，阻尼比为 0.04，机电回路相关比为 6.05，主要是寿光热电厂和晨鸣热电厂相对于山东电网其他机组的振荡，而这两个电厂正是与益都变电站相连接的电厂。

分析原运方报告中没有提到该模式的原因主要有以下几点：① 原运方报告重点考虑的是大的区间振荡模式，因此对局部振荡所在的频段没有进行详细搜索；② 寿光热电厂和晨鸣热电厂容量都相对较小，例如寿光厂的总容量仅为 31 万 kW，通常运方重点关注大机组的低频振荡情况；③ 在所计算的几个电网运行方式下，该模式的阻尼比为 0.04 左右，基本属于有适宜的阻尼。

然而，现实的 WAMS 统计情况提醒运方人员，益都附近的寿光、晨鸣等小机组并没有很好的阻尼，频繁发生小幅度振荡，并容易激发为大的低频振荡，危害局部系统的稳定性和供电质量。有必要考虑采取措施抑制该模式的局部低频振荡。

基于 WAMS 实测振荡统计的低频振荡分析法可以在不对实际运行系统产生任何影响的情况下，在系统日常运行中，利用实测数据找到系统的固有振荡模式，并识别出其中易激发的危险模式，补充或纠正了根据数学模型和特定工况进行振荡分析时，由于模型和参数不准确导致的遗漏和误差。

还应指出的是基于特征值的小干扰稳定分析只能研究没有明显干扰情况下的稳定性问题，而实际工程中引起低频振荡的干扰常常是非足够小的有限干扰、大干扰，甚至是组合或连锁干扰，这破坏了小扰动稳定分析的假设条件，从而导致小扰动分析结果的不可靠。基于 WAMS 实测振荡统计的低频振荡分析法不局限于扰动的类型，对发生在统计时间范围内的所有满足启动要求的振荡事件加以记录，并可进一步分析相应的振荡模式和发生概率，有利于发现一些依赖于组合扰动、连锁扰动或特殊运行方式的低频振荡模式。

本节对电力系统的动态安全分析问题进行了全面的分析和论述，介绍了动态安全分析系统的功能要求、主要组成部分和结构，并对各部分的实现进行了分析。本节还对现有动态安全分析方法做了介绍，从三个方面对现有的方法进行了简要的叙述。

7.4 小结

PMU 的逐步发展和 WAMS 越来越广泛的应用为电力系统动态安全的分析和评价提供了更加全面和精确的数据支持，使非线性电力系统的可观测性增强，实现了实时监测电力系统中各节点的电气量和运行中的动态特性。WAMS 将成为电力系统调度中心的动态实时数据平台的主要数据源之一，并逐步与 EMS 系统及安全自动控制系统相结合，以加强对电力系统动态安全稳定的监控。传统电力系统动态安全的分析方法也随着 WAMS 的发展得以改进，其鲁棒性和适应性得到提升，同时，也出现了许多根据实测的功角、电压、功率状态信息，计算系统电压和功角稳定性，分析系统的安全裕度的新方法。在此基础上进行的电网动态安全评估，所获得的评估结果也将更加可信和可靠。

参考文献

[1] ROVNYAK S M. Discussion of "aunified approach to transient stability contingency filtering, ranking, and assessment"[J]. IEEE Transactions on Power Systems, 2002, 17(2): 527–527.

[2] 王锡凡，方万良，杜正春. 现代电力系统分析[M]. 北京：科学出版社，2003.

[3] 张鹏飞，薛禹胜，张启平，等. 基于 PMU 实测摇摆曲线的暂态稳定量化分析[J]. 电力系统自动化，2004，28（20）：17–20.

[4] 滕林，刘万顺，貟志皓，等. 电力系统暂态稳定实时紧急控制的研究[J]. 中国电机工程学报，2003，23（1）：64–69.

[5] Liancheng W, Girgis A A. A new method for power system transient instability detection[J]. IEEE Transactions on Power Delivery, 1997, 12(3): 1082–1089.

[6] 谢欢，张保会，于广亮，等. 基于相轨迹凹凸性的电力系统暂态稳定性识别[J]. 中国电机工程学报，2006（5）：38–42.

[7] 谢欢，张保会，于广亮，等. 基于轨迹几何特征的暂态不稳定识别[J]. 中国电机工程学报，2008（4）：16–22.

[8] 岑炳成，唐飞，廖清芬，等. 应用功角空间降维变换的相轨迹判别系统暂态稳定性 [J]. 中国电机工程学报，2015（11）：2726–2734.

[9] 唐飞，杨健，刘涤尘，等. 基于电压频率特性的大区联网失步振荡中心研究 [J]. 高电压技术，2015（03）：754–761.

[10] 邓华，高鹏，王建全，等. 关于振荡角的振荡中心电压和ucosφ的变化特征 [J]. 电力系统及其自动化，2007（1）：69–73.

[11] 会贻鑫. 电力系统安全域方法研究述评 [J]. 天津大学学报，2008（6）：635–646.

[12] 冯飞，余贻鑫. 电力系统功率注入空间的动态安全域 [J]. 中国电机工程学报，1993（3）：16–24.

[13] 曾沅，余贻鑫. 电力系统动态安全域的实用解法 [J]. 中国电机工程学报，2003（5）：25–29.

[14] 刘怀东，王迪，陈彧，等. 基于SIME的动态安全域快速计算 [J]. 电力系统保护与控制，2017，45（7）：21–27.

[15] 李惠玲，余贻鑫，韩琪，等. 割集功率空间上静态电压稳定域的实用边界 [J]. 电力系统自动化，2005，9（4）：19–23.

[16] 王成山，许晓菲，余贻鑫，等. 基于割集功率空间上的静态电压稳定域的局部可视化方法 [J]. 中国电机工程学报，2004，24（9）：13–18.

[17] 穆云飞. 电力系统断面潮流控制及其静态电压稳定域的研究 [D]. 天津：天津大学，2009.

[18] 段刚，杨东，张道农. 基于实时动态监测的不同机理电压稳定在线评估 [J]. 赛尔电力自动化，2014，124（1）：64–68.

[19] Carson W. Taylor. Power System Voltage Stability [M]. NewYork：McGraw-Hill，1994.

[20] Prabha Kundur. Power System Stability and Control [M]. NewYork：McGraw-Hill，1994.

[21] Verbic G. , Gubina F. A new concept of voltage-collapse protection based on local phasors [J]. IEEE Trans. on Power Delivery，2004，19（2）：576–581.

[22] M Moghavemmi，F M Omar. Technique for Contingency Monitoring and Voltage Collapse Prediction. Generation [J]. Transmission and Distribution，IEE Proceedings，1998，145（6）：634–640.

[23] 李立理. 综合负荷的主导动态参数辨识及暂态电压稳定监测：[D]. 北京：清华大学，2009.

[24] 薛禹胜. 运动稳定性量化理论——非自治非线性多刚体系统的稳定性分析 [M]. 南京：江苏科学技术出版社，1999.

[25] 薛禹胜. EEAC 和 FASTEST [J]. 电力系统自动化，1998，9（9）：25–30.

[26] XUE Y. Extended equal area criterion：foundations and applications（invited paper）[C]. In：4th Symposium of Specialists in Electric Operational and Expansion Planning. Brazil：1994.

[27] 薛禹胜. 非自治非线性多刚体系统运动稳定性的定量分析 [J]. 电力系统自动化，1998，22（1）–1998，22（8）.

[28] XUE Y. Practically negative effects of emergency controls [C]. In：IFAC/CIGRE Symposium

on Control of Power Systems and Power Plants，Beijing：1997.

［29］XUE Y. Unstable modes and the critical mode of transient stability—mechanisms and identification（invited paper）［C］. In：5th Symposium of Specialists in Electric Operational and Expansion Planning，Brazil：1996.

［30］XUE Y. Transient stability controls［C］. In：International Workshop on Power System Management. Beijing：1997.

［31］徐伟，薛禹胜，张明亮，等. PMU 所获轨迹的稳定裕度［J］. 电力系统自动化，2009，33（16）：1–6，18.

［32］顾卓远，汤涌，孙华东，等. 一种基于转速差 - 功角差变化趋势的暂态功角稳定辨识方法［J］. 中国电机工程学报，2013（31）：65–72.

［33］赵晋泉，张盼，章玉杰. 基于相平面轨迹凹凸性的暂态稳定性判别方法评述［J］. 南方电网技术，2016（07）：45–50.

［34］王怀远，张保会，杨松浩，等. 基于相平面特性的切机切负荷紧急控制方法［J］. 中国电机工程学报，2016（15）：4144–4152.

［35］吴为，饶宏，洪潮，等. 利用相平面轨迹特性的暂态稳定控制切机负效应的机理研究［J］. 中国电机工程学报，2016（17）：4572–4580.

［36］郑超，苗田，马世英. 基于关键支路受扰轨迹凹凸性的暂态稳定判别及紧急控制［J］. 中国电机工程学报，2016（10）：2600–2610.

［37］A. D. Rajapakse，F. Gomez；K. Nanayakkara，P. A. Crossley，V. V. Terzija. Rotor Angle Instability Prediction Using Post-Disturbance Voltage Trajectories［J］. IEEE Transactions on Power Systems. Volume：25，Issue：2，pp 947–956，2010.

［38］邓晖，赵晋泉，吴小辰，等. 基于受扰电压轨迹的电力系统暂态失稳判别：（一）机理与方法［J］. 电力系统自动化，2013（16）：27–32.

［39］邓晖，赵晋泉，吴小辰，等. 基于受扰电压轨迹的电力系统暂态失稳判别（二）算例分析［J］. 电力系统自动化，2013（17）：58–63.

［40］倪以信，陈寿村，张宝霖. 动态电力系统的理论和分析［M］. 北京：清华大学出版社.

［41］韩学山，张文. 电力系统工程基础［M］. 北京：机械工业出版社，2008.

［42］洪佩孙. 关于电力系统稳定［J］. 江苏电机工程，2002（4）：45–46.

［43］Yun Z，Ming-Hui Y，Hsiao-Dong C. Theoretical foundation of the controlling UEP method for direct transient-stability analysis of network-preserving power system models［J］. IEEE Transactions on Circuits and Systems I：Fundamental Theory and Applications，2003，50（10）：1324–1336.

［44］刘光晔，杨以涵. 电力系统电压稳定与功角稳定的统一分析原理［J］. 中国电机工程学报，2013（13）：135–149.

［45］韩文，韩祯祥. 电压崩溃与功角不稳的关系［J］. 电力系统自动化，1996（12）：16–19.

［46］ 吴浩，韩祯祥．电压稳定和功角稳定关系的平衡点分析［J］．电力系统自动化，2003（12）：28-31.

［47］ 吴政球，陈辉华，唐外文，等．以单机等面积稳定判据分析多机系统暂态稳定性［J］．中国电机工程学报，2003（4）：52-56.

［48］ 江宁强．电力系统暂态稳定性分析若干问题的研究［D］．南京：东南大学，2005.

［49］ Mariotto L，Pinheiro H，Jr. Cardoso G，et al. Power systems transient stability indices：an algorithm based on equivalent clusters of coherent generators［J］. IET GENERATION TRANSMISSION & DISTRIBUTION，2010，4（11）：1223-1235.

［50］ Mehrizi-Sani A，Iravani R. On the Educational Aspects of Potential Functions for the System Analysis and Control［J］. IEEE Transactions on Power Systems，2011，26（2）：878-885.

［51］ Costa F B，Souza B A，Brito N S D. Effects of the fault inception angle in fault-induced transients［J］. IET GENERATION TRANSMISSION & DISTRIBUTION，2012，6（5）：463-471.

［52］ Qiang J N，Zhong S W. Clarifications on the Integration Path of Transient Energy Function［J］. IEEE Transactions on Power Systems，2005，20（2）：883-887.

［53］ 谭伟，沈沉，刘锋，等．基于轨迹特征根的暂态稳定实用判据［J］．电力系统自动化，2012（16）：14-19.

［54］ Wu F. F. and S. Kumagai Steady-state Security Regions of Power Systems. IEEE Trans. on Circuits and Systems，1982，29（11）：703-711.

［55］ Bose A，Fouad A A，Balu N，et al. On-line power system security analysis［J］. Proceedings of the IEEE，1992，80（2）：262-282.

［56］ 王锡凡，等．现代电力系统分析［M］．北京：科学出版社，2003.

［57］ 王东涛，余贻鑫，付川，等．基于实用动态安全域的输电系统概率动态安全评估［J］．中国电机工程学报，2007（7）：29-33.

［58］ 刘天琪．现代电力系统分析理论与方法［M］．北京：中国电力出版社，2016.

［59］ David A K，Lin X J. Dynamic security enhancement in power-market systems［J］. IEEE Trans on Power Systems，2002，17（2）：431-438.

［60］ 丁平，等．大电网在线动态安全评估系统电网模型特性分析［J］．电力系统保护与控制，2013（19）：132-139.

［61］ 王敏．大电网在线安全评估的理论与方法研究［D］．武汉：华中科技大学，2013.

［62］ 白雪峰，倪以信．电力系统动态安全分析综述［J］．电网技术，2004（16）：14-20.

［63］ 余贻鑫．安全域的方法学及实用性结果［J］．天津大学学报，2003（5）：525-528.

［64］ 余贻鑫，栾文鹏．利用拟合技术决定实用电力系统动态安全域［J］．中国电机工程学报，1990（S1）：22-28.

［65］ 余贻鑫，王东涛．输电系统动态安全风险评估与优化［J］．中国科学（E辑：技术科学），

2009（2）：286–292.

[66] 崔凯，房大中，钟德成. 电力系统暂态稳定性概率评估方法研究 [J]. 电网技术，2005，29（1）：44–49.

[67] 崔凯. 电力系统概率暂态稳定性分析与控制方法研究 [D]. 天津：天津大学，2006.

[68] 郑超，等. 在线动态安全评估与预警系统的功能设计与实现 [J]. 电网技术，2010（3）：55–60.

[69] 蔡斌，吴素农，王诗明，等. 电网在线安全稳定分析和预警系统 [J]. 电网技术，2007（2）：36–41.

[70] 杨靖萍. 大规模互联电力系统动态等值方法研究 [D]. 杭州：浙江大学，2007.

[71] 严剑峰，等. 电力系统在线动态安全评估和预警系统[J]. 中国电机工程学报，2008（34）：87–93.

[72] 丁平，等. 大电网在线动态安全评估系统仿真效果评价 [J]. 电网技术，2012（12）：153–158.

第8章

广域相量测量系统实时监视与分析

广域相量测量系统以 PMU 为基本测量单元，相对于传统的 SCADA 系统，PMU 数据极大提升了电网数据动态过程的可观测性。广域相量测量系统实现电网动态实时监视和互联电网动态过程的特性分析和评估，辨识系统的失稳现象，向调度运行部门提供预警、预防控制的在线决策和紧急控制决策，提高电网安全运行水平。广域相量测量系统主要实现低频振荡监视、在线扰动识别、基于 PMU 数据的混合状态估计、风电场监控、配电网故障定位等实时监视与分析功能。

8.1 低频振荡监视

8.1.1 低频振荡监视原理

自 20 世纪 80 年代以来，我国电力工业迅速发展，电力系统的规模从小型电力系统发展为省（市）、地区级电力系统，进而发展为省级电网互联的大区电力系统，近几年来又形成了大区电网互联电力系统。

大区电力系统互联的目的是为了提高发电和输电的经济可靠性。但是多个地区之间的多重互联却引发了各省级电力系统或省市区级电力系统中相继出现动态不稳定现象，即低频振荡现象。

低频振荡的主要表现是：发电机（或发电机群）之间的增幅型振荡，振荡频率范围一般为 0.2~2.5Hz。这种现象在互联系统的联络线上表现得尤为突出。

低频振荡有两类表现形式：一类为区间振荡模式，它是系统的一部分机群相对于另一部分机群的振荡，其频率范围为 0.1~0.7Hz，这种振荡的危害性较大，一经发生会通过联络线向全系统传播；另一类为局部振荡模式，或称为就地机组振荡模式，它是电气距离很近的几个发电机与系统内的其余发电机之间的振荡，其频率范围为 0.7~2.5Hz，这种振荡局限于区域内，相对于前者影响范围较小。

互联电网动态稳定性问题是影响互联电网稳定运行的重要因素，如果大型电力系统的稳定性遭到破坏，就可能造成一个或数个大区域停电，对人民生活及国民经济造成灾难性损失。故此，低频振荡现象的产生机理分析、抑制措施和有效监测已成为电力系统重要的研究领域。

8.1.1.1 低频振荡产生机理

低频振荡的产生机理主要包括以下三个方面：

（1）由于系统调节器的作用，基于线性系统理论可知，系统的特征根发生变化且产生附加的负阻尼，抵消了系统中固有的正阻尼，导致增幅振荡。

（2）系统的输入或扰动信号与系统的自然频率存在某种特定关系时会诱发谐振，当其处于低频区域时表现为低频振荡。

（3）由于系统非线性特性的影响使系统在某些运行范围内的稳定结构发生变化，引发低频振荡。

8.1.1.2　低频振荡分析方法

对监测到的低频振荡现象进行模式分析，主要有以下方法：

（1）频域法：即特征值法，由于矩阵运算量大，该法适用于小型电力系统。

（2）时域法：即数值仿真法，源于电力系统暂态稳定性分析方法，非针对低频振荡的特效方法。

（3）传递函数辨识法：可直接利用时域仿真或实测数据通过辨识技术得到系统的等值线性模型，用于振荡模式分析和阻尼控制的研究，主要包括傅里叶变换、小波分析及信号分析。该类方法在低频振荡模式分析中应用最广，其优化算法处于深入研究中。

（4）分叉分析法：电力系统振荡问题使用局部分叉理论中的 Hopf 分叉分析。该方法对系统模型和方程阶次有限制，尚在研究之中。

（5）正规形分析法：采用该方法通过映射得到的最简模型仍可用于模式分析，实现了与传统小信号分析的统一。但该方法基于系统微分方程组的泰勒展开，会受到截断误差的影响，且计算繁琐，该方法的推广应用还要依赖于新算法和软件水平的提高。

8.1.1.3　低频振荡抑制方式

按照发展阶段顺序，低频振荡常用抑制方式有：

（1）古典控制方式：在励磁控制系统中带有比例、积分、微分控制校正环节，对机端电压进行控制。

（2）传统 PSS 控制方式：基于系统在某一平衡点处的近似线性化模型设计 PSS 控制器，提供正阻尼的附加励磁控制。

（3）线性最优励磁控制：针对在发生超低频振荡和次同步振荡时，PSS 对系统产生副作用，提出的线性最优控制。其基本思想是利用以状态变量和控制量的平方和来表示的二次型指标，通过求解黎卡梯矩阵方程获得使性能指标达极值时的状态反馈控制。

（4）非线性最优励磁控制：其基本原理是利用非线性反馈和恰当的坐标变换，将非线性系统精确线性化，得到完全能控的线性系统，再利用线性系统理论获得反馈解。

（5）合成、鲁棒自适应控制：将智能和神经网络等技术引入电力系统阻尼控制器设计中，结合在线控制和远方信号同步测量技术，应用新型分散分层结构，在保留经典 PSS 分散的同时，利用 PMU 引入表征整个网络动态的相关信息，宏观上识别系统模型，给出控制方案。

8.1.2　低频振荡常用监测算法

在线低频振荡监视模块实时监视系统的动态数据，在检测到系统发生振荡时，当振荡频率、振荡幅值和持续时间都满足预置要求时，发出低频振荡告警信息；准确判断最先检测到振荡的位置（或定位到距扰动源最接近的区域），为调度查找扰动原因提供参考；在低频振荡事件的发生发展过程中，持续给出振荡告警信息，包括当前振幅最大线路的振幅和振荡频率；对振荡模式进行识别，模式信息包括振荡频率、幅值、阻尼比和初相；当出现多种振荡模式并存时，识别主导模式和参与厂站（或机组），跟踪振荡模式变化；根据相位关系识别同调机组，判断振荡中心大致区域，如图 8-1 所示。

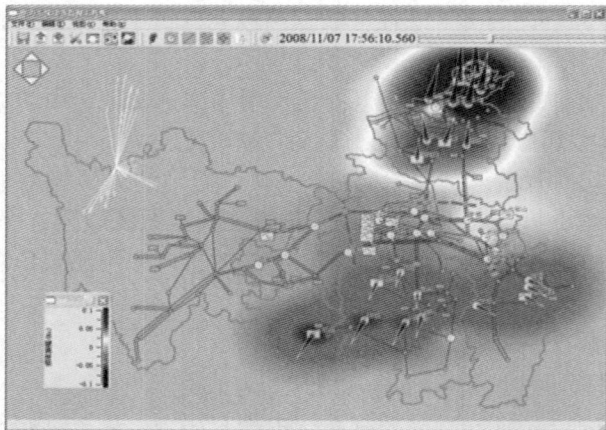

图 8-1　低频振荡过程可视化截图

低频振荡监视模块将低频振荡事件的发展过程，以时间断面方式形成事件的快照，调度员可通过事件告警信息，调取低频振荡反演功能，对事件的发生、发展和消除过程进行重演。

低频振荡常用监测和分析算法主要包括数字滤波器法、短时傅里叶法、改进 Prony 法。

8.1.2.1　数字滤波法

数字滤波器就是对时域信号进行过滤，清除有用信号上叠加的无用噪声。当原始信号通过滤波器后，有用信号应不出现传输失真，也就是要求滤波器的零状态响应与激励的波形相比，只是幅度的大小和出现的时刻有所不同，不存在形状上的变换。常用数字滤波器的设计方法有窗口法、频域抽样法和最优等波纹设计法，在实际工程中一般通过窗口法将低频振荡所需的频域信息进行提取，用于低频振荡快速监测。

8.1.2.2　短时傅里叶法

短时傅里叶法针对信号的频谱进行分析，离散信号的频谱分析共分为三种：

（1）无限长非周期信号，其频谱为连续的曲线，频率范围是 $[-\pi,\pi]$；

（2）无限长周期信号，其频谱周期离散，频率范围是 $[-\infty,\infty]$；

（3）有限长信号（相对于无限长周期信号中取出的一个周期，周期为 N），可以视为无限长非周期信号，只是在 $[0,N-1]$ 之外的采样点上，取值为 0。所以该信号的频谱为连续的曲线，频率范围是 $[-\pi,\pi]$。对该连续的谱线按间隔 $2\pi/N$ 进行采样，所得的离散谱线正是"无限长周期信号"谱线中一个周期的离散数值。

在低频振荡检测算法中，需要分析的信号属于无限长周期性离散时间信号。可用于分析的数据，是从该信号中截取的一段信号，属于离散时间信号中的"有限长信号"。假设这段信号正好对应原周期信号中一个周期中的内容，那么对该信号进行离散傅里叶变换，所得的谱线信息可以反映以该段信号为一个周期内信号的、无限长周期信号的频谱，即达到了对无限长周期离散时间信号的频谱分析。

以上分析中，存在一个假设：原信号是标准的周期性离散时间信号。但在实际情况中，并不能保证原信号是周期信号，所以若要得出更精确的频谱分析结论，还需要在离散傅里叶分析的基础之上，引入加窗、补零和短时傅里叶变换的分析方法。

8.1.2.3　改进 Prony 方法

改进 Prony 方法采用的数学模型为一组 P 个具有任意幅值、相位、频率与衰减因子的指数函数，其离散时间的函数形式为：

$$\hat{x}(n) = \sum_{i=1}^{p} b_i z_i^n, \quad n = 0,1,\cdots,N-1 \tag{8-1}$$

并使用 $\hat{x}(n)$ 作为 $x(n)$ 的近似。式（8-1）中，b_i 和 z_i 假定为复数，即：

$$b_i = A_i \exp(\mathrm{j}\theta_i) \tag{8-2}$$

$$z_i = \exp[(\alpha_i + \mathrm{j}2\pi f_i)\Delta t] \tag{8-3}$$

式中：A_i 为幅值；θ_i 为相位，rad；α_i 为衰减因子；f_i 表示振荡频率；Δt 代表采样间隔。为方便计，此后令 $\Delta t = 1$。

构造代价函数：

$$\varepsilon = \sum_{n=0}^{N-1} |x(n) - \hat{x}(n)|^2 \tag{8-4}$$

若使误差平方和 ε 为最小，则可求出参数四元组（A_i，θ_i，α_i，f_i）。

Prony 方法的关键是认识到式（8-1）的拟合是一 p 阶常系数线性差分方程的

齐次解。

为了推导该 p 阶常系数线性差分方程，定义其特征多项式为：

$$\varphi(z) = \prod_{i=1}^{p}(z - z_i) = \sum_{i=0}^{p} a_i z^{p-i} \tag{8-5}$$

式中：$a_0 = 1$。那么其特征方程为：

$$\sum_{i=0}^{p} a_i z^{p-i} = 0 \tag{8-6}$$

式中：$z_1, \cdots, z_p$ 就是该特征方程的特征根。

若对式（8-1）中的变量进行换元，用新自变量 $n-k$ 取代原自变量 n，两边同乘 a_k，并对 k 从 0 到 p 求和，则：

$$\sum_{k=0}^{p} a_k \hat{x}(n-k) = \sum_{i=1}^{p} b_i \sum_{k=0}^{p} a_k z_i^{n-k}, \quad p \leqslant n \leqslant N-1 \tag{8-7}$$

在上式中代入 $z_i^{n-k} = z_i^{n-p} z_i^{p-k}$，

那么 $\hat{x}(n)$ 满足递推的差分方程式：

$$\hat{x}(n) = -\sum_{i=1}^{p} a_i \hat{x}(n-i), \quad n = p, \cdots, N-1 \tag{8-8}$$

为了建立 Prony 方法，定义实际测量数据 $x(n)$ 与其近似值 $\hat{x}(n)$ 之间的误差为 $e(n)$，即：

$$x(n) = \hat{x}(n) + e(n), \quad n = 0, 1, \cdots, N-1$$

并且

$$e(n) = 0, \quad n = 0, 1, \cdots, p-1 \tag{8-9}$$

现在，参数 $a_1, \cdots, a_p$ 的最小二乘估计的准则是使误差平方和 $\sum_{n=p}^{N-1} |e(n)|^2$ 为最小。

$$\varepsilon(n) = \sum_{i=0}^{p} a_i e(n-i), \quad n = p, \cdots, N-1 \tag{8-10}$$

那么式（8-9）将变成：

$$x(n) = -\sum_{i=1}^{p} a_i x(n-i) + \varepsilon(n), \quad n = p, \cdots, N-1 \tag{8-11}$$

如果使 $\sum_{n=p}^{N-1} |\varepsilon(n)|^2$ 最小化，而不是让 $\sum_{n=p}^{N-1} |e(n)|^2$ 最小化，则可得到一组线性的矩阵方程：

$$\begin{bmatrix} x(p) & x(p-1) & \cdots & x(0) \\ x(p+1) & x(p) & \cdots & x(1) \\ \vdots & \vdots & \vdots & \vdots \\ x(N-1) & x(N-2) & \cdots & x(N-p-1) \end{bmatrix} \begin{bmatrix} 1 \\ a_1 \\ \vdots \\ a_p \end{bmatrix} = \begin{bmatrix} \varepsilon(p) \\ \varepsilon(p+1) \\ \vdots \\ \varepsilon(N-1) \end{bmatrix} \tag{8-12}$$

或简写作：

$$Xa = \varepsilon \qquad\qquad (8-13)$$

求解方程式（8-13）的线性最小二乘方法称为改进 Prony 方法。

求解此方程，即可得到系数 $a_1, \cdots a_p$ 和最小误差的估计值。

近年来，Prony 方法在大规模动态系统辨识中的应用研究得到广泛重视。在最小方差意义下，Prony 算法可以获得对系统动态特性曲线的最佳拟合。虽然根据采样点进行曲线拟合具有多种方式，但是用 Prony 算法获得的拟合曲线，可以直接估计出系统响应的频率、相位、振幅和衰减因子。因此将 Prony 模型与算法应用于低频振荡检测尤为适宜。

Prony 算法中需要确定的参数有三个，分别是拟合方程的阶数、采样数据间隔、采样长度。下面分别介绍三个参数的确定方法。

（1）电力系统动态过程中系统阶数非常高，Prony 方法的实质是使用低阶模型拟合高阶模型。算法中模型的阶数不是直接确定的，而是通过控制确定 SVD 算法中，Frobenious 范数 $\|A - A^{(k)}\|_F$ 表示的逼近效果来间接确定。在前面的介绍中可以得知：如果在逼近的过程中，我们找到一个特定的 k 值，当 k 等于这个值时，能够使 $\|A - A^{(k)}\|_F$ 等于一个足够小的值，并且当 k 的取值大于该值时，$\|A - A^{(k)}\|_F$ 的值也不再明显变小，那么这个特定值就称为矩阵 A 的"有效秩"。有效秩就是拟合方程的阶数。

（2）根据采样定理，采样频率大于信号最高频率的 2 倍时，才不会产生频谱混叠。在实际应用中，采样频率根据算法需要检出的最高频率而定。在低频振荡分析中，关心的频率段的最高频率为 2.5Hz，为了使采样具有相当的裕度，在低频振荡检测算法中，建议按最高频率的 4 倍进行采样。采样周期为 0.1s，采样频率为 10Hz。

（3）由于过长的采样长度可能导致曲线拟合困难和衰减快的分量无法辨识，所以采样长度一般应该包括 2 个周期最低频率的振荡。在低频振荡分析中，关心的频率段的最低频率为 0.2Hz，所以采样长度建议取为 10s。

根据 Prony 分析得到的各振荡分量的振幅 A、频率 f、相角 θ、衰减因子 α，可根据表 8-1 详细判断该分量的振荡类型。

表 8-1　　　　　　　　　　低 频 振 荡 检 测 判 据

1	直流分量	$f=0$
2	暂态振荡	$0.2 < f < 2.5,\ \alpha < -0.15$
3	全局振荡（区间振荡）	$0.2 < f < 0.7,\ -0.15 \leqslant \alpha < 0$
4	局部振荡	$0.7 < f < 2.5,\ -0.15 \leqslant \alpha < 0$
5	发散振荡	$0 < A < 1.5,\ 0.2 < f < 2.5,\ \alpha \geqslant -0.001$
6	主导振荡	$A > 1.5,\ 0.2 < f < 2.5,\ \alpha \geqslant -0.001$
7	高频噪声	$f > 2.5$

8.1.2.4 低频振荡快速监测算法

美国 BPA 公司开发和使用了一种低频振荡算法。该算法直接从采集到的时域的功率曲线中提取信息，对采集到的实时数据进行低通滤波、高通滤波、移除基准分量等操作，最终形成低频振荡报警信号。该算法具有原理简单、计算快速、实时性强等特点，而且算法还具有广泛的通用性，可以通过调整参数来设置其动作的灵敏性。

图 8–2 为低频振荡算法的原理模块图：

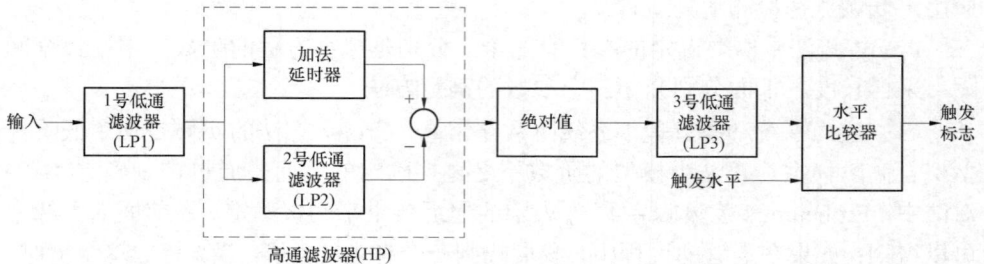

图 8–2 低频振荡算法框图

其中，各部分的功能如下：

（1）1 号低通滤波器（LP1）：滤除高频分量；

（2）2 号低通滤波器（LP2）：形成输入曲线的趋势曲线；

（3）高通滤波器（HP）：祛除输入曲线的基准分量；

（4）3 号低通滤波器（LP3）：对高通滤波器（HP）的输出曲线进行进一步滤波。

低通滤波器 LP1、LP2、LP3 均采用移动平均值模型（MA），窗函数采用汉宁窗 $X=\sin(k\pi/n)$，$k\leqslant n$。

数学表达式：

设输入：$X(t)=u(t_1)u(t_2)u(t_3)u(t_4)\cdots\cdots$

则输出：$Y(k)=a_0\times u(k)+a_1\times u(k-1)+a_2\times u(k-2)+\cdots+a_n\times u(k-n)$

其中：$a_k=\sin(k\pi/n)/(a_0+a_1+a_2+\cdots+a_k+\cdots+a_n)$。

检测算法的判据为滤波后数据的振幅，当振幅大于门限值 TRIGGER LEVEL1 时提示"系统波动"，当振幅大于门限值 TRIGGER LEVEL2 并满足一定延时要求时提示"低频振荡"。因此，滤波后数据振幅的准确测量，成为该算法有效实施的关键。滤波器的频率特性对数据振幅的准确测量产生直接影响。

通过对低通滤波器 LP1 和 LP3 的频率特性进行分析可得其频率特性如图 8–3、图 8–4 所示。

dB gain for Filter LP1: MHIST1=013

%Trig2 TuneA

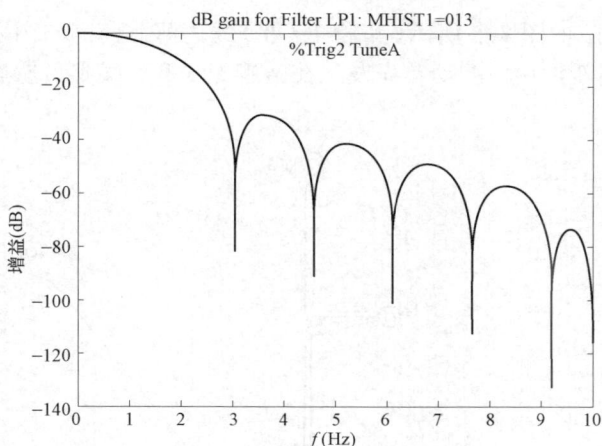

图 8–3　低通滤波器 LP1 的频率特性

如图 8–3 所示，在 0～3Hz 内低通滤波 LP1 的增益并不是线性的。也就是说，在低频振荡的频率内（0.2～2.5Hz），输入不同频率的振荡曲线时 LP1 的增益是不同的，而一个系统的低频振荡频率不仅和网架结构有关，还和当时的运行方式等因素有关。因此，当此滤波器应用于不同的电网时，输出结果会略有不同。

图 8–4 为低通滤波器 LP3 的频率特性曲线，LP3 的作用是对高频滤波器的输出进行进一步滤波，以形成一个低频的振荡趋势曲线。当输入波形的频率不同时，形成的振荡趋势曲线会不同。此问题的解决需要选用性能优良的滤波器，使其在 0.2～2.5Hz 的频率范围内具有相同增益。

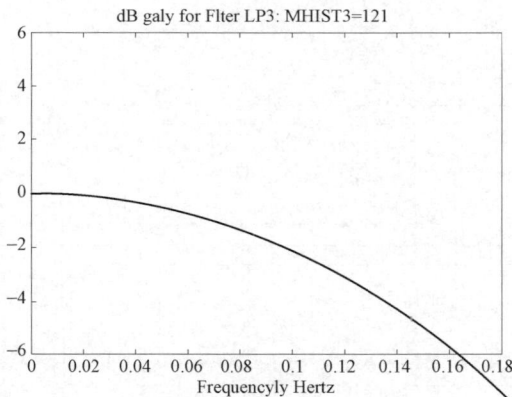

dB galy for Flter LP3: MHIST3=121

图 8–4　低通滤波器 LP3 的频率特性

8.1.3　低频振荡应用实例

以河北南网某次低频振荡事件为例进行分析，2008 年 7 月 28 日 15 点 39 分，同时监测到廉州变辛廉线、辛安变辛廉线、辛安变辛聊Ⅰ线和辛安变电站辛聊Ⅱ

线发生功率波动。如图 8-5 所示，辛聊 Ⅰ（Ⅱ）线为河北南网与山东电网的 500kV 联络线。据此判断，功率波动首先发生在辛聊 Ⅰ（Ⅱ）线上，然后由其带动辛廉线发生波动。

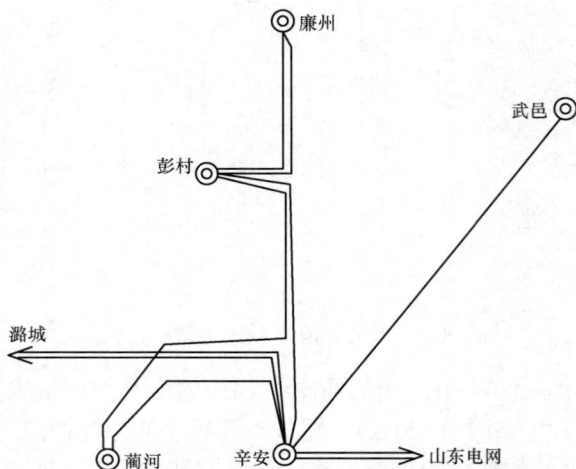

图 8-5　河北南部电网 500kV 线路振荡曲线图

图 8-6 中显示了这四条线路的振荡时刻的采样曲线。

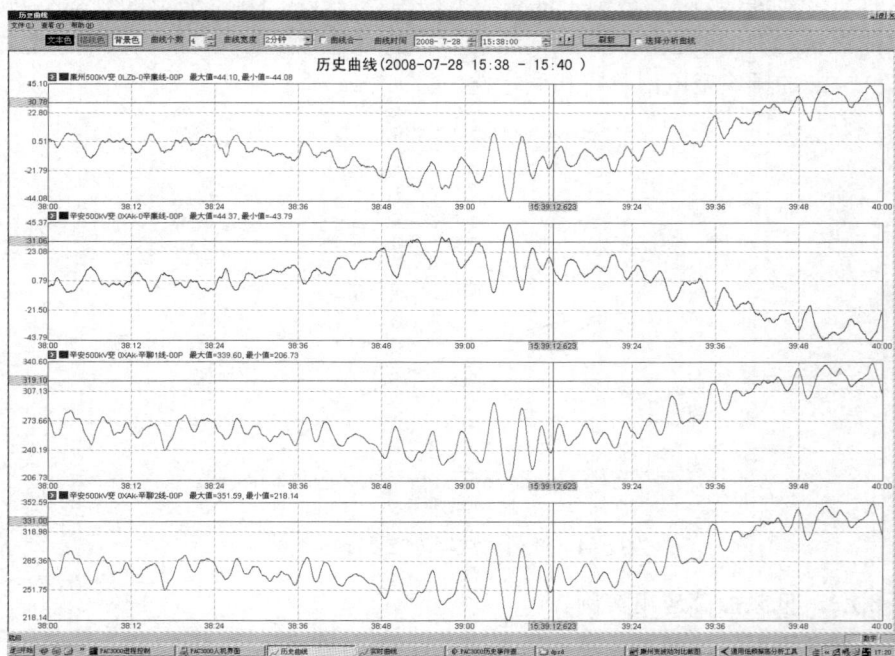

图 8-6　河北南部电网部分 500kV 线路网架结构图

使用低频振荡分析专用工具对发生在廉州变辛廉线上的功率波动数据进行振荡特性分析。如图 8–7 所示，界面左侧三个图形显示区由上至下依次显示：原始曲线、截取的两周波曲线和滤波后的截取曲线。界面右侧三个显示区由上至下依次显示：短时傅里叶分析的幅频谱曲线、改进 Prony 算法识别的振荡模态和所有振荡模态合成后对原数据的拟合效果。

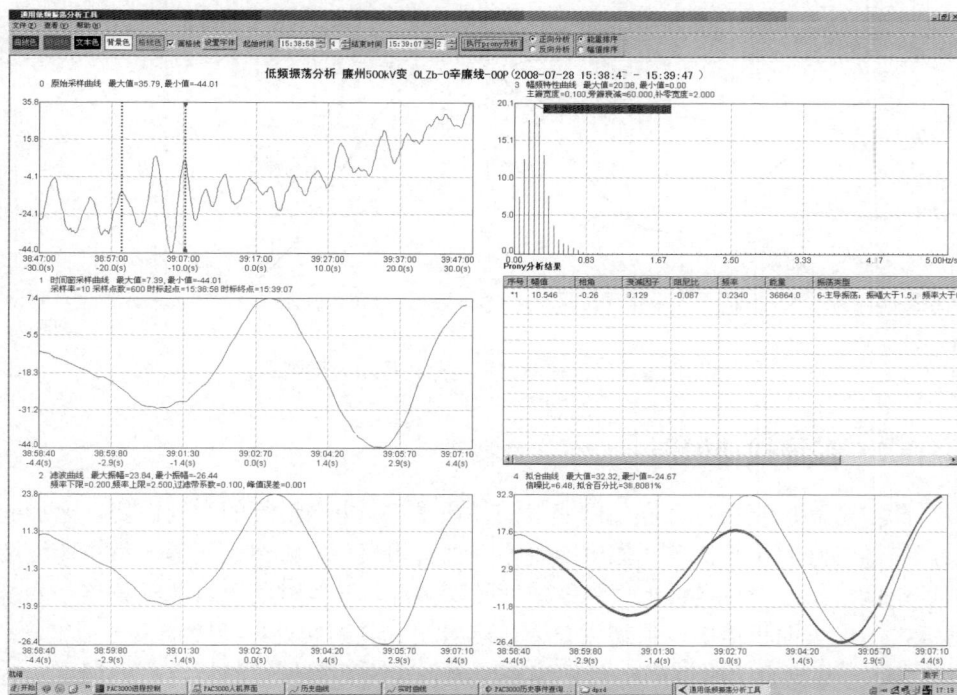

图 8–7　廉州变电站辛廉线——功率波动数据分析界面

短时傅里叶法和改进 Prony 法识别的主导振荡特性参数如表 8–2 所示。

表 8–2　　　　　　廉州变电站辛廉线功率波动主导振荡特性参数

分析算法	振幅	频率（Hz）	相角（rad）	衰减因子	阻尼比
短时傅里叶法	20.08	0.23	/	/	/
改进 Prony 法	10.546	0.234	−0.26	0.129	−0.087

两种算法识别的主导振荡频率均为 0.23Hz，由此判定本次功率波动的性质为"互联系统区域间波动"；由于 Prony 法识别的振荡阻尼比为负值，所以当前被测量有发散趋势。这是一次典型的发生于区域电网联络线上的功率波动，其深层机理是弱互联系统中的区域联络线阻抗大幅度削弱了系统阻尼。

图 8-8 中较细的曲线为原始数据曲线，较粗的曲线为改进 Prony 法识别的主导振荡模态对应的拟合数据曲线。由于两条曲线拟合度较高，所以识别的主导振荡较准确地反映了被测数据此刻的振荡特性。

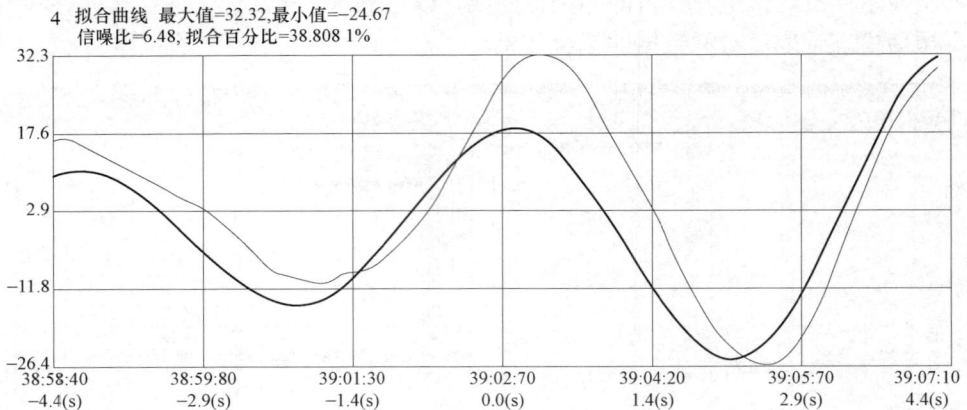

图 8-8　主导振荡拟合原始数据效果图

8.2　在线扰动识别

随着特高压交直流互联电网建设的加快推进，电网运行的全局性特征愈加明显，局部电网的某些扰动（如电网短路、直流闭锁、大机组跳闸等）将快速波及邻近地区，如处理不当会扩大为系统性故障事件，严重时甚至可能导致整个系统崩溃，造成大面积停电，迫切需要为调度员快速判断和处理故障提供支撑工具。

PMU 数据具有时间同步、采集密度高、高速数据传输的特点，为调度实时监视电网扰动、分析扰动特性、定位扰动设备等提供了良好的数据支撑。下面以电网短路为例来说明 PMU 数据在电网扰动在线识别中的应用。

8.2.1　在线扰动识别原理简述

以电网短路为例，电网故障时电气量会发生剧烈的变化，短路扰动识别就是利用故障时电网中电气量变化的特征来实现的。为了明确短路故障时的电气量，首先对短路故障时的电气量变化规律进行分析。

根据电路叠加原理，对于短路故障可在短路状态网络图的故障支路中引入幅值和相位都相等但反向串联的两个电压源，如图 8-9 所示，图中 F 点是故障点，G 点是零电位点，F 点和 G 点之间是外接故障支路，我们规定 F 点电位高于 G 点，电流自 F 点流出，$\triangle Z$ 表示短路点和地之间的阻抗，由于电压源的内阻为零，因而对短路状态没有任何影响。令这两个附加电动势的数值等于短路前 F 点的电压 $U_F|0|$，再把图 8-9（a）分解成图 8-9（b）和图 8-9（c）两种状态。图 8-9（b）

中网络为有源网络，外接电压源与有源网络在 F 点的开路电压相等但方向相反，因而流出电流为零，只在网络内部有电流，即负荷电流，所以图 8-9（b）即短路前的负荷状态（简称短路前状态）。图 8-9（c）实际上是应用等效发电机原理将正序网络简化而来，故称为短路引起的附加状态（简称短路附加状态）。把短路前的状态和短路附加状态叠加起来就得到短路状态。

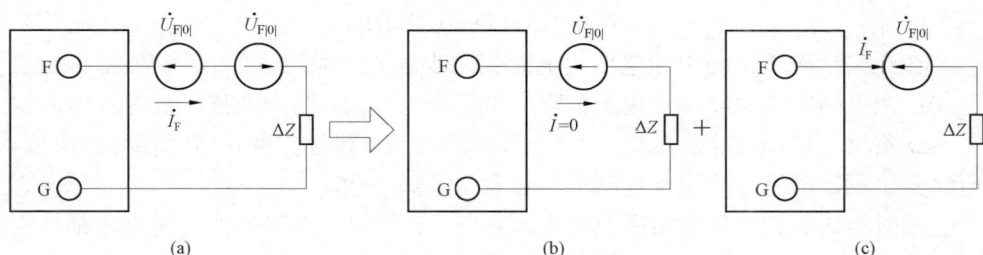

图 8-9 短路网络分解图
（a）短路状态；（b）短路前状态；（c）短路附加状态

由上述分析得到凡是短路附加网络中的量都是故障分量。由于故障分量仅在故障时出现，正常时为零，因此利用故障分量判断电网中是否发生故障灵敏度高，同时故障分量仅由施加于故障点的 1 个电动势产生，故采用比较故障分量幅值或相位的算法不受过渡电阻的影响。

考虑到短路故障时电气量特征变化最为明显的为电压和电流，综上分析得到短路分量的电压、电流计算公式如下：

$$\Delta U_\Phi = U_\Phi - U_{\Phi|0|} \qquad\qquad (8-14)$$

$$\Delta I_\Phi = I_\Phi - I_{\Phi|0|} \qquad\qquad (8-15)$$

式中：U_Φ 表示故障时 PMU 测量的相电压；$U_{\Phi|0|}$ 表示故障前 PMU 测量的相电压；I_Φ 表示故障时 PMU 测量的相电流；$I_{\Phi|0|}$ 表示故障前 PMU 测量的相电流；

在电网发生短路故障时，短路点被短接，故短跨设备的电压降低，从而导致电流大大增加；由上述分析可知，故障后状态相当于在故障前状态增加负的电压源和正故障电流，即上式中 ΔU_Φ 为负，ΔI_Φ 为正。

8.2.2 在线扰动识别功能实现

8.2.2.1 电网短路故障识别

电网发生短路故障时，电压、电流的变化量最为显著，短路过程中故障相电流增大，母线及线路上各点电压降低。因此宜采用电压、电流的变化量作为反映电网短路故障的特征分量，对全网的 PMU 数据进行如下处理：

（1）相电压：采用式（8-16）所示的相电压突变量，其中 $U(t)$ 表示 t 时刻的电压，$U(t+1)$ 表示 $(t+1)$ 时刻的电压，$\Delta U(t)$ 表示电网发生短路故障后电压相对于故障前电压的变化程度；若故障后电压升高，则该数值为负；否则该值为正。

$$\Delta U(t)=[U(t+1)- U(t)]/U(t) \tag{8-16}$$

（2）相电流：采用式（8-17）所示的相电流突变量，其中 $I(t)$ 表示 t 时刻的电流，$I(t+1)$ 表示 $(t+1)$ 时刻的电流；$\Delta I(t)$ 表示电网发生故障后电流相对于故障前电流的变化程度，若电流升高则为正；电流降低则为负。

$$\Delta I(t)=[(I(t+1)- I(t)]/I(t) \tag{8-17}$$

在正常情况下电网中的电压、电流变化非常小，因此 ΔU、ΔI 的值基本接近于 0；当电网发生故障时，由于故障点电压降低，ΔU 将为负值，故障点电流增大，ΔI 将为正值，通过设立 ΔU、ΔI 合理的门槛值，躲过电网正常运行时的电压、电流变化量，即可正确识别电网中是否发生了短路故障。

同时考虑到在故障时故障点的电压最低，电网中所有设备的短路电流都将流向故障点，因此距离故障点电气距离越近的设备，其短路电流越大，也即故障点的短路电流最大，根据以上分析可知，其短路电流的计算公式如式（8-18）所示，其中 I_{sc} 表示短路电流；

$$I_{sc}=I(t+1)- I(t) \tag{8-18}$$

综上，短路扰动识别的计算过程是先通过提取电网中各个设备的电压、电流特征分量，判断电网是否发生了短路故障；如发生短路故障，再计算满足电压、电流特征分量门槛值的短路电流，通过提取最大的短路电流元件来确定该设备为短路设备。

短路扰动的计算过程框图如图 8-10 所示：

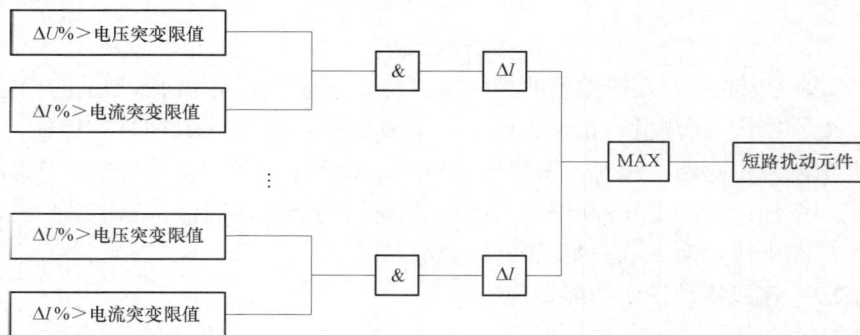

图 8-10　短路扰动计算框图

8.2.2.2　机组故障跳闸识别

由于现代电网容量一般都很大，单台发电机切除对电网的影响较小，故电网电压和频率变化会较小。机组故障跳闸识别功能选择机端电压、机组出力等电气量的变化趋势来识别机组故障跳闸扰动，如图 8-11 所示。

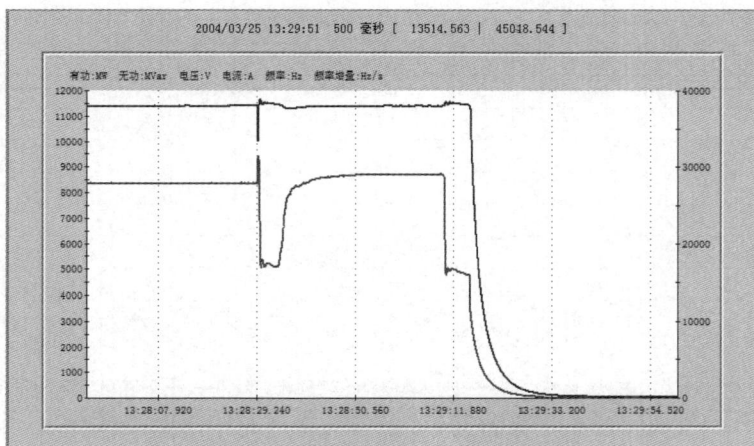

图 8-11　机组故障跳闸扰动监视图

8.2.2.3　直流闭锁识别

对于直流闭锁，当直流单极或双极闭锁时，直流系统电流和相邻设备潮流会发生突然变化。若直流系统有 PMU 量测，则可根据直流电流突变为 0 初步判断发生直流闭锁，并通过相邻设备潮流变化情况进一步确认，如图 8-12 所示。

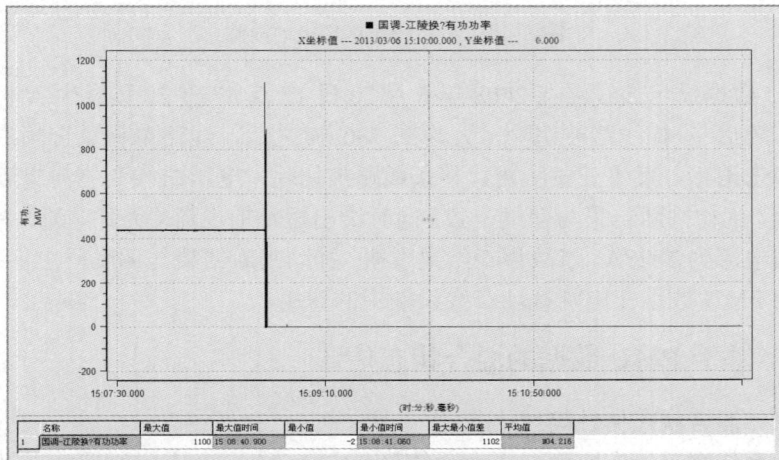

图 8-12　直流闭锁扰动监视图

8.2.3　在线扰动识别应用实例

基于 PMU 数据的电网扰动在线识别应用在技术上已相当成熟，通过对 PMU 数据进行周期性实时滚动扫描，可实现电网扰动的在线辨识和分析。图 8-13 为某电网中实际发生的单相永久短路故障，重合闸不成功，最终引起线路三相跳闸，故障切除。

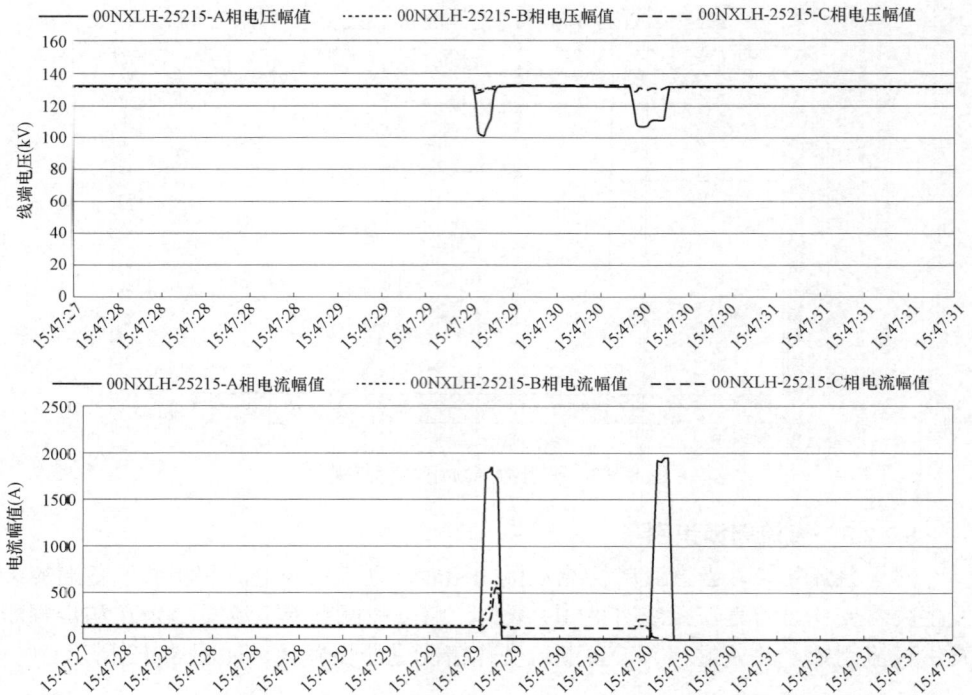

图 8-13　A 相线路单相接地故障

PMU 数据显示该线路在 2008 年 6 月 20 日 15 点 47 分 29 秒发生 A 相单相接地短路，随后 A 相线路被切除，大约在 780ms 之后，线路单相重合闸启动，但由于故障未消除，发生三相跳闸，整条线路被切除，电压曲线变化与电流曲线变化相吻合，扰动判断结果与曲线一致，同时给出短路前电流（负荷电流）为 134A，最大短路电流为 1828A。事故调查结果表明，扰动判断结果与调度日志保持一致，充分说明 PMU 数据在电网扰动在线识别中的作用。

8.3　基于 PMU 数据的混合状态估计

8.3.1　混合状态估计简述

电力系统潮流静态断面是电力系统静态安全分析、动态安全评估以及暂态稳定控制的基础，而它的准确值只能通过电力系统静态状态估计得到。随着调度员对能量管理系统（EMS）的日益依赖，静态状态估计的地位也越来越重要，其精确程度将直接影响调度员对当前运行水平的判断和后续的决策。但是随着互联电网规模的扩大，由于数据延迟过大、边界量测不足、元件参数不精确、边界等值化简等因素的影响，状态估计的精度和实时性都遇到了很大的挑战。

PMU 是基于时钟同步技术进行节点电压、支路电流的幅值和相角测量的设备，其量测量的显著特点是：量测精度高、数据严格同步、更新迅速。PMU 是构成 WAMS 的核心部件之一，以 PMU 为基础的 WAMS 为电力系统的安全监控创造了更为有利的条件。在这一新的技术条件下，各个电力公司和相关学者也越来越关注如何通过新的估计方法充分利用 PMU 的量测量，从而达到提高状态估计的速度和精度的目的。

在状态估计模型中引入 PMU 量测信息的方法大体可以分为两种。第一种是线性状态估计模型，它完全依赖 PMU 量测信息；第二种是混合量测状态估计模型，即利用 SCADA 和 PMU 混合量测数据进行状态估计来达到提高估计精度的目的。出于技术更新和投入成本的考量，在电力系统的每个节点处装设 PMU 在当前乃至今后很长的一段时间内都是不现实的，在相当长的一段时间内将是基于 PMU 的 WAMS 与 SCADA 同时存在、相互补充的状况。因此在 SCADA 量测和 WAMS 量测组成的混合量测基础上开展状态估计研究具有一定的实用价值和现实意义。

8.3.2　混合状态估计算法

混合状态估计中的量测量由 SCADA 和 WAMS 共同提供，由于 SCADA 和 WAMS 采用的是不同的技术平台，两种测量数据存在诸多差异，若不经过处理即进行状态估计，会出现一系列的数据兼容问题，导致引入的 WAMS 测量不但不能发挥其最大作用，甚至还会降低传统状态估计的性能。

应用于状态估计的 WAMS 和 SCADA 数据主要有以下四种差异：① 数据成分不同；② 数据刷新频率不同；③ 数据传输延时不同；④ 数据的精度不同。数据成分差异决定了 WAMS/SCADA 混合测量状态估计数据结合方法的不同，其他三种差异决定了混合测量数据的兼容性。

下面分别对这四种差异进行详述，并给出相应处理方法。

（1）数据成分分析。

SCADA 的测量量一般包括节点注入功率、支路功率和电压幅值，基于 PMU 的 WAMS 测量量一般包括节点电压相量和支路电流相量。对这两套数据成分的具体处理方法取决于所采用的估计模型，当前利用 PMU 量测的状态估计模型可分为三种：线性估计模型、非线性估计模型以及将线性估计与非线性估计相结合的模型。

1）线性估计模型数据处理。

在直角坐标系下，电压相量和电流相量与状态量呈线性关系。现有 PMU 配置情况下的电压相量和电流相量量测不足以满足完全可观测性要求。为此，应用量测变换技术，将 SCADA 中支路功率量测和节点注入功率量测转换为等效的电流相量量测，变换公式如下：

$$I_{ij}^{\mathrm{Re(equ)}} + \mathrm{j}I_{ij}^{\mathrm{Im(equ)}} = \frac{P_{ij}^{\mathrm{m}}U_i^{\mathrm{Re}} + Q_{ij}^{\mathrm{m}}U_i^{\mathrm{Im}}}{(U_i^{\mathrm{Re}})^2 + (U_i^{\mathrm{Im}})^2} + \mathrm{j}\frac{P_{ij}^{\mathrm{m}}U_i^{\mathrm{Im}} - Q_{ij}^{\mathrm{m}}U_i^{\mathrm{Re}}}{(U_i^{\mathrm{Re}})^2 + (U_i^{\mathrm{Im}})^2} \tag{8-19}$$

$$I_i^{\mathrm{Re(equ)}} + \mathrm{j}I_i^{\mathrm{Im(equ)}} = \frac{P_i^{\mathrm{m}}U_i^{\mathrm{Re}} + Q_i^{\mathrm{m}}U_i^{\mathrm{Im}}}{(U_i^{\mathrm{Re}})^2 + (U_i^{\mathrm{Im}})^2} + \mathrm{j}\frac{P_i^{\mathrm{m}}U_i^{\mathrm{Im}} - Q_i^{\mathrm{m}}U_i^{\mathrm{Re}}}{(U_i^{\mathrm{Re}})^2 + (U_i^{\mathrm{Im}})^2} \tag{8-20}$$

式中：$I_{ij}^{\mathrm{Re(equ)}}$ 和 $I_{ij}^{\mathrm{Im(equ)}}$ 分别为 i–j 支路的等效支路电流相量的实部和虚部；P_{ij}^{m} 和 Q_{ij}^{m} 分别为 i–j 支路的有功功率量测和无功功率量测；U_i^{Re} 和 U_i^{Im} 分别为节点 i 电压相量的实部和虚部；$I_i^{\mathrm{Re(equ)}}$ 和 $I_i^{\mathrm{Im(equ)}}$ 分别为节点 i 等效节点注入电流相量的实部和虚部；P_i^{m} 和 Q_i^{m} 分别为节点 i 的注入有功功率和注入无功功率量测。

2）非线性估计模型数据成分处理。

非线性估计是在常规的基于潮流方程的估计模型基础上添加 PMU 量测。由于 PMU 电流相量量测不能直接使用，所以需要对其做一定的变换。目前 PMU 电流相量量测的应用有两种方式，即将电流转换为支路潮流或相关节点电压。

a. 方式 1：将电流相量量测转换为支路潮流。假设在节点 i 处配置了 PMU，则对于支路 i–j 可得：

$$P_{ij}^{\mathrm{equ}} + \mathrm{j}Q_{ij}^{\mathrm{equ}} = U_i I_{ij}^* \tag{8-21}$$

式中：P_{ij}^{equ} 为 i–j 支路的等效有功功率量测；Q_{ij}^{equ} 为 i–j 支路的等效无功功率量测；U_i 为节点 i 的电压相量；I_{ij}^* 为 i–j 支路电流相量的共轭。

b. 方式 2：将电流相量量测转换为相关节点电压。假设在节点 i 处配置了 PMU，则对于未配置 PMU 的 j 处可得：

$$U_j = \frac{I_{ij} - (Y_{ij} + Y_{i0})U_i}{-Y_{ij}} \tag{8-22}$$

式中：U_j 为由 i–j 支路电流相量量测 I_{ij} 得到的等效节点 j 电压相量量测；Y_{ij} 为 i–j 支路导纳；Y_{i0} 为节点 i 对地导纳。

3）线性和非线性相结合的估计模型。

线性和非线性相结合的估计模型是先利用 SCADA 量测做一次非线性估计，将非线性估计结果作为伪量测，再结合 PMU 相量量测做线性估计。

（2）提高数据断面一致性的方法。

数据时间断面不一致是影响状态估计精度的关键要素。对两套数据时间断面不一致的处理方法有：采用数据相关性理论，以相关度系数最大为目标函数，给 SCADA 数据添加时标，从而实现时间断面一致；通过在 SCADA 测量周期内找出 1 组数据使得与 PMU 数据差值最小，则此时的 SCADA 数据所对应的时标即为该时刻的 PMU 时标，从而为 SCADA 数据添加时标，实现同步的目的；研究了数据传输延时分布特性，求出传输延时的期望值，以期望值来实现所有数据的同步。

（3）数据刷新频率处理。

由于技术的限制，目前 SCADA 数据的刷新频率为 0.1～5Hz，而 PMU 按 25Hz 甚至 100Hz 的刷新频率来传送数据。这将导致在 SCADA 更新 1 次的时间内，PMU 已更新多次。在一般的状态估计中，可以只采用有 SCADA 上传时刻的数据并和该时刻的 PMU 数据组成混合量测数据进行状态估计，但是这浪费了大量的 PMU 数据。可考虑采用曲线拟合方法来填补 SCADA 数据空缺形成多时间标尺的数据集，从而进行多时间尺度的状态估计，以最大限度地利用 PMU 数据的价值。

（4）数据精度处理。

对两套数据精度处理简单有效的方法就是设置权重。在处理好了两套数据时间断面一致性问题后，给予高精度的 WAMS 数据高权重，给予 SCADA 数据低权重。在目前大多数状态估计中，权重取各量测量方差 σ_i^2 的倒数，即 $\dfrac{1}{\sigma_i^2}$。

电力系统混合状态估计的量测方程为

$$z = h(x) + v \tag{8-23}$$

式中：z 为量测量向量（通常包括传输线路、变压器、节点注入的有功、无功功率，节点电压幅值等）；$h(x)$ 为非线性量测函数向量；v 为量测误差。

电力系统中广泛应用的加权最小二乘估计（WLS）的目标函数可表达为：

$$J(x) = [z - h(x)]^{\mathrm{T}} R^{-1}[z - h(x)] \tag{8-24}$$

式中：R^{-1} 为量测误差方差阵，形式如下：

$$R^{-1} = \begin{bmatrix} \dfrac{1}{\sigma_1^2} & & & \\ & \dfrac{1}{\sigma_2^2} & & \\ & & \cdots & \\ & & & \dfrac{1}{\sigma_m^2} \end{bmatrix} \tag{8-25}$$

式中：m 为量测量个数。

根据式 8-24，按优化准则，可得到如下迭代方程：

$$\begin{cases} \Delta x = (H^{\mathrm{T}} R^{-1} H)^{-1} H^{\mathrm{T}} R^{-1}[Z - h(x^k)] \\ x^{k+1} = x^k + \Delta x \end{cases} \tag{8-26}$$

式中：k 为迭代次数；H 为量测雅可比矩阵，其元素根据每次迭代时状态变量的估计值进行修正。

$$H = \frac{\partial h(x)}{\partial x} \begin{bmatrix} \dfrac{\partial h_1(x)}{\partial x_1} & \dfrac{\partial h_2(x)}{\partial x_2} & \cdots & \dfrac{\partial h_1(x)}{\partial x_n} \\ \dfrac{\partial h_2(x)}{\partial x_1} & \dfrac{\partial h_2(x)}{\partial x_2} & & \dfrac{\partial h_2(x)}{\partial x_n} \\ \cdots & & & \\ \dfrac{\partial h_m(x)}{\partial x_1} & \dfrac{\partial h_m(x)}{\partial x_2} & \cdots & \dfrac{\partial h_m(x)}{\partial x_n} \end{bmatrix} \qquad (8\text{-}27)$$

式中：n 为状态变量个数，如果系统共有 N 个节点，则状态变量个数 $n=2N-1$，状态变量分别对应着节点电压幅值及相角（不含参考节点相角，参考节点相角为零）。

8.3.3 混合状态估计应用实例

以 500kV 泰山变电站改善状态估计精度的试验为例进行说明。

该站在某个量测断面中的正常 SCADA 量测值为：上泰一线有功功率 233MW、无功功率 88Mvar，上泰二线有功功率 233MW、无功功率 89Mvar。基于 SCADA 量测的该站状态估计结果数据为：上泰一线有功功率 237MW、无功功率 102Mvar，上泰二线有功功率 237MW、无功功率 102Mvar，如图 8-14 所示。

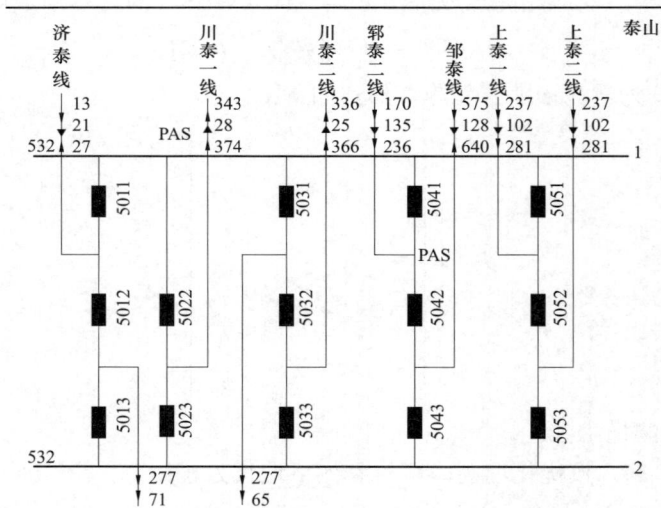

图 8-14　500kV 泰山变电站基于 SCADA 状态估计值图

人工设置伪量测，将该上泰一线、上泰二线的 SCADA 量测的有功量测值增大到 1.3 倍，上泰一线测得有功功率 304MW、无功功率 89Mvar，上泰二线测得有功功率 304MW、无功功率 89Mvar。基于人工设置的伪量测该站的状态估计结果数据为：上泰一线有功功率 268MW、无功功率 101Mvar，上泰二线有功功率 268MW、无功功率 101Mvar，如图 8–15 所示。

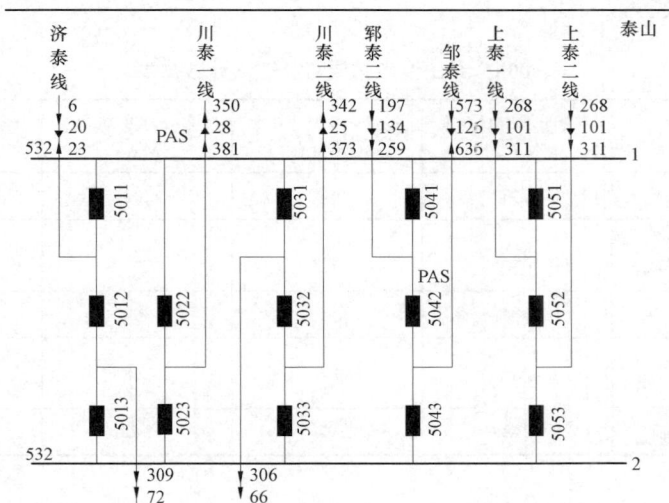

图 8–15　500kV 泰山变电站基于伪量测值 SCADA 状态估计值图

引入全网 PMU 量，基于 SCADA 和 PMU 混合量测的结果数据为：上泰一线有功功率 242MW、无功功率 92Mvar，上泰二线有功功率 242MW、无功功率 92Mvar，如图 8–16 所示。

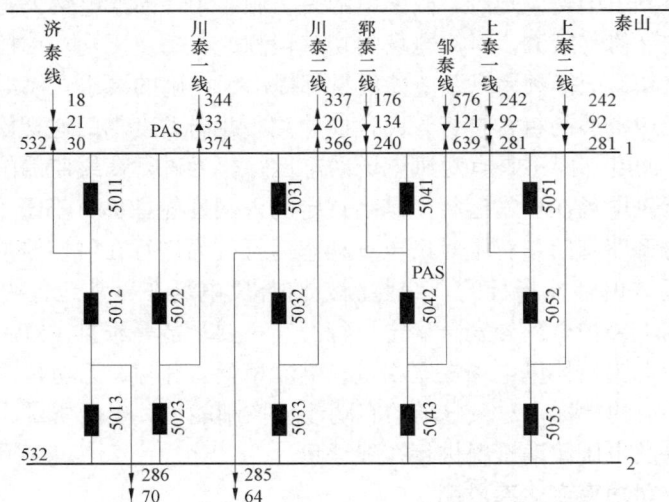

图 8–16　500kV 泰山变电站混合状态估计值图

参考表 8–3 所示，对不同情形下状态估计计算结果数据进行比较，可得出这样的结论：在局部网络 SCADA 量测含有不良数据的情况下，基于 SCADA 量测的状态估计结果将不太理想，通过在状态估计中引入 PMU 量测可以有效改善状态估计的效果。

表 8–3　　　　　　　　　　　500kV 泰山变电站混合状态估计数据表

	上泰一线有功功率（MW）	上泰一线无功功率（Mvar）	上泰一线有功功率（MW）	上泰一线无功功率（Mvar）
实际测量值	233	88	233	89
基于实测值的SCADA 状态估计值	237	102	237	102
人工注入伪测量值	304	89	304	89
基于伪测量的SCADA 状态估计值	268	101	268	101
混合状态估计值	242	92	242	92

8.4　PMU 在风电场监控中的应用

8.4.1　基于 PMU 数据的风电场运行监视

风电运行具有随机性、间歇性、同时性、反调峰性等特点，使电网调峰、调频形势日益严峻。为进一步规范风电场并网工作，促进风电健康可持续发展，确保风电场和电网安全稳定运行，国家电网公司颁布了《国家电网公司风电场接入电网技术规定（修订版）》，对风电场的功率预测、有功及无功功率控制、电压调节、低电压穿越、运行频率以及电能质量都提出了明确的要求。风电场在入网前需要由具有相应资质的机构进行入网性能检测，并向调度部门递交检测报告。然而，目前由于调度部门不具有对风电场动态运行行为进行在线监测的能力，因此难以保证入网风电场在日常运行中满足规定的入网性能指标。基于 PMU 的广域测量系统使得调度部门具有了对风电场动态运行行为进行在线监测的能力，可以实现对风电场入网性能指标的在线监测，监督风电场在日常运行中遵守入网要求，从而有利于维护全网的安全稳定运行。其主要功能是根据 PMU 实时量测并上送到调度中心主站的风电场电压相量、电流相量、有功、无功和频率动态过程量测，计算相应的指标，对风电场的有功无功控制能力、电能质量、风电场低电压穿越能力以及电压波动情况进行在线评价。

8.4.2　有功功率变化率监测

针对不同容量的风电场，分别在线计算并统计 10min 最大变化量和 1min 最大变化量，国标要求的风电场有功变化率的最大限值如表 8–4 所示。

表 8-4 风电场有功功率变化最大限值

风电场装机容量（MW）	10min 有功功率变化最大限值（MW）	1min 有功功率变化最大限值（MW）
<30	10	3
30~150	装机容量/3	装机容量/10
>150	50	15

在在线计算的基础上，计算并统计指定时间段内的平均最大变化率以及一段时间内的合格率，对不满足变化速度要求的时段以及平均最大变化率进行归纳总结，从而对风电场的有功控制能力进行评价。

图 8-17 给出了有功变化统计监视界面，统计结果包括厂站名称、最大值、最小值及对应时间、最大变化量、风场容量、变化限值、是否合格、合格率等信息。

图 8-17 有功变化统计监视界面

8.4.3 电压波动统计

由于风力变化频繁，因此风电场运行经常存在电压频繁波动的情况。风电并网运行国家标准中规定的电压波动范围见表 8-5。对选择的厂站节点进行电压波动的监视，每 3 秒计算一次电压波动，记录一小时内电压变动在 $1 \leqslant d < 1.5$，$1.5 \leqslant d < 2.5$，$2.5 \leqslant d < 3$，$d \geqslant 3$ 范围内的次数，及波动最大值，其中 d 为电压波动限值百分比，将结果记录到数据库中，统计电压波动合格率。

图 8-18 给出了电压波动统计，可查看对应一小时内最大波动电压曲线、最大电压曲线、最小电压曲线。

表 8-5 　　　　　　　　国家标准中规定的电网中电压波动次数限值

r（次/h）	d（%）	
	$U_N \leqslant 35kV$	$U_N > 35kV$
$r \leqslant 1$	4	3
$1 < r \leqslant 10$	3	2.5
$10 < r \leqslant 100$	2	1.5
$100 < r \leqslant 1000$	1.25	1

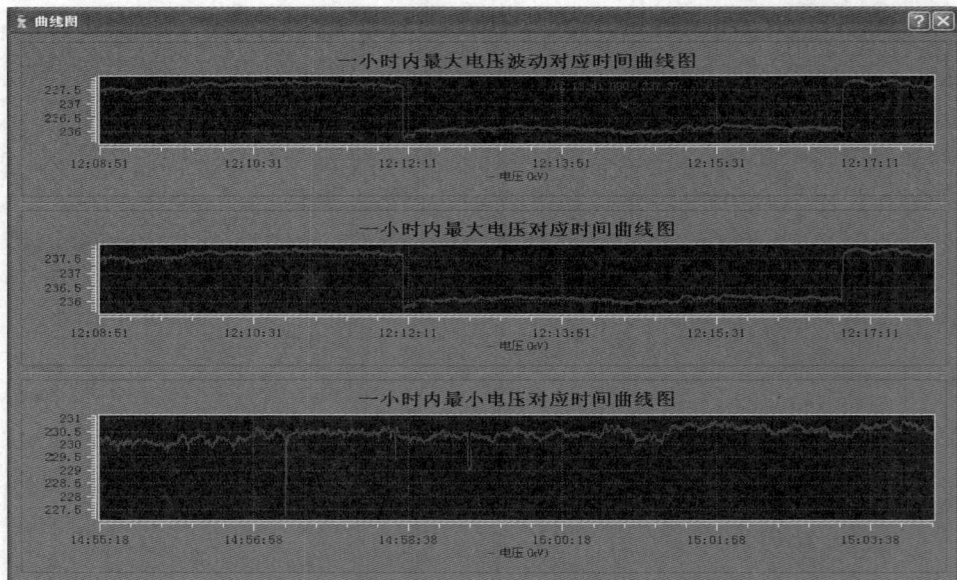

图 8-18　电压波动曲线界面

8.4.4 电压无功调节能力监测

在电压低于额定值 1%～3%或高于额定值 4%～7%的情况下，实时计算 dQ/dV，$dQ/dV/dt$，$dQ/dV/S_e$，并记录对应的无功出力运行点，由此衡量风电场的电压无功调节性能。具体包含以下模块：

（1）实时监视模块。电压低于额定值 1%～3%或高于额定值 4%～7%时将事件记录到数据库中。

（2）界面展示模块。对查询到的事件，绘制相应曲线。

a. dQ/dV–t 曲线：采用整秒时刻与前一秒的数据求 dQ/dV 的值，将连续求得 dQ/dV 的值按时间序列绘成一条曲线。

b. dQ/dV/dt–t 曲线：对上述绘制的曲线求取斜率而绘制的曲线，如图 8–19 所示。

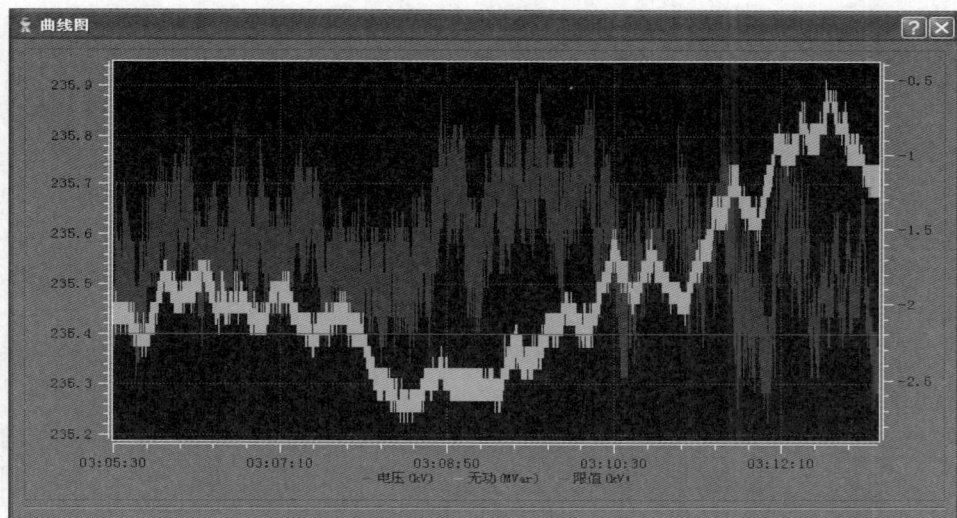

图 8–19　电压无功调节曲线

8.4.5　低电压运行能力监测

低电压运行能力监测模块检测风电场退出运行的情况，对照低电压穿越曲线限定的运行范围，判定其是否符合要求，并进行统计；对电压跌落 20%，且风电场没退出运行的情况，计算并网点电压恢复到 90%的时间，并进行统计。其具体实现方案如下：

（1）检测风电场脱网运行事件，电压跌落达到设定阈值（如额定值 0.8），有功跌落达到设定阈值（如扰动前有功的 80%），记录该事件。

（2）按国家标准中对低电压穿越的要求，对风电场的动作行为进行判断，检查其低电压穿越能力是否合格，判据是实际曲线应在低电压穿越曲线之上。国家标准中规定对于风电装机容量占电源总容量比例大于 5%的省（自治区）级电力系统，其电力系统区域内新增运行的风电场应具有低电压穿越能力。风电场的低电压穿越要求应符合图 8–20 及下列规定：

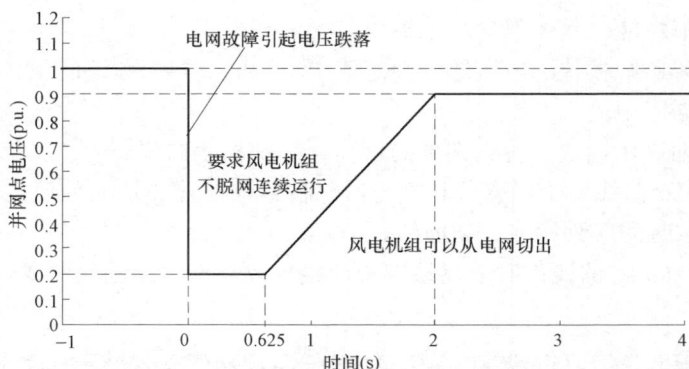

图 8-20 风电场低电压穿越要求

a. 风电场并网点电压跌至 20%额定电压时,风电场内的风电机组能够保证不脱网连续运行 625ms。

b. 风电场并网点电压在发生跌落后 2s 内能够恢复到额定电压的 90%时,风电场内的风电机组能够保证不脱网连续运行。

(3)检测对象为风场变压器高压侧电压、有功,如没有变压器则取出线电压、有功。

(4)对没有低电压穿越能力的机组,在设定的电压限值范围内如果脱网运行,则记录该事件,并判为不合格。

(5)对高电压切机情况,将事件记录到数据库中,并对切机合格性做出判断:对满足电压超过设定阈值并持续一定时间的切机行为认为合格,否则不合格。

图 8-21 所示为实际电压曲线与标准低电压穿越判据曲线的比较。

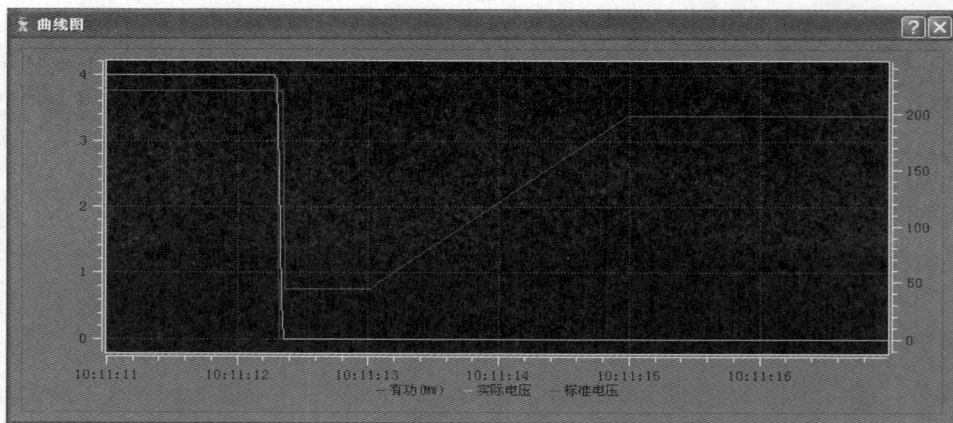

图 8-21 低电压脱网曲线与低电压穿越判据曲线的比较

8.4.6　频率异常情况下风电场运行能力监测

根据表 8-6 国家标准中关于风电场在不同电力系统频率范围内的运行规定，在频率异常情况下，风电场应具有一定的持续运行能力。风电场运行能力监测模块通过记录并统计在小于 48Hz，48～49.5Hz，50.5～51.5Hz，以及大于 51.5Hz 的各频段风电场的持续运行时间、有功出力大小，来衡量风电场在频率异常情况下，是否满足国家标准规定的运行能力。

表 8-6　　　　　　　　　风电场在不同电力系统频率范围内的运行规定

电力系统频率范围	要　　求
低于 48Hz	根据风电场内风电机组允许运行的最低频率而定
48～49.5Hz	每次频率低于 49.5Hz 时要求风电场具有至少运行 30min 的能力
49.5～50.2Hz	连续运行
高于 50.2Hz	每次频率高于 50.2Hz 时，要求风电场具有至少运行 5min 的能力，并执行电力系统调度部门下达的降低出力或高周切机策略，不允许停机状态的风电机组并网

图 8-22 所示为频率异常曲线界面。

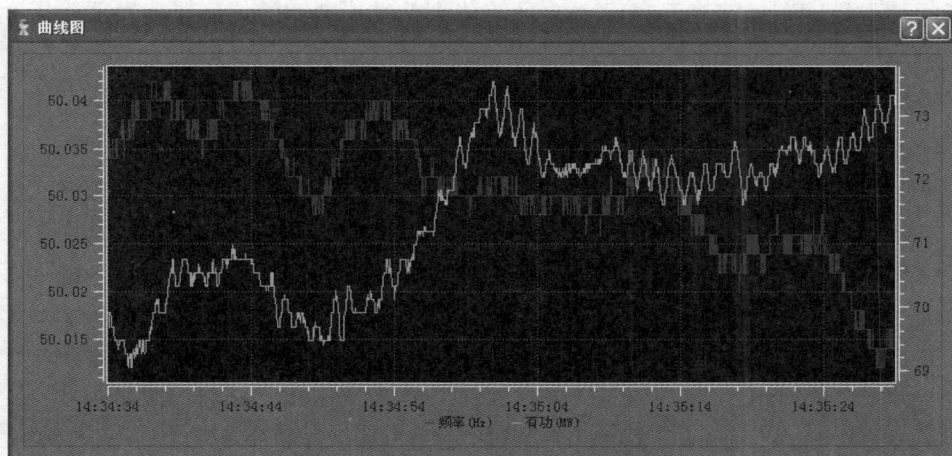

图 8-22　频率异常曲线界面

8.5　基于 PMU 的配电网故障定位技术

8.5.1　配电网故障定位技术简述

配电网故障类型种类繁多，按照不同的分类方法包括永久性故障和瞬时性故障，相间短路和单相接地故障，用户故障、分支线故障和主干线故障，馈线故障和中压母线故障等。配电网作为电力系统面向用户的终端环节，相比于输电网，配电网分支多，线路短，结构模式多样，负荷情况、故障类型、线路型号复杂。

配电电缆故障绝大部分是绝缘击穿导致的永久性接地故障，无法实施重合闸后绝缘恢复继续供电，因此一般采用离线故障定位方法，在线路停电后通常需要采用高压设备将故障点再击穿后测寻故障点。而针对我国大量采用的中性点不接地、经高电阻、消弧线圈等接地形式的非有效接地方式，单相接地故障时没有明显的故障回路，故障定位问题难度很大，近年来得到了国内外相关学者的高度关注。

架空线路由于难以施加试验用高压信号，因此一般采用在线故障定位方法。架空线路相间故障存在明显的电流回路，故障测距较容易实现，因此相间故障定位问题实际上难点在于如何确定故障分支问题。架空线路单相接地故障定位问题，根据配电网中性点的接地方式不同，处理方法也不同；针对中性点直接接地，或经小电阻、小电抗等实现了中性点有效接地方式的配电网，单相接地故障情况下也存在明显的故障回路，因此此时故障定位问题与相间短路时问题类似，主要为故障分支的寻找问题。

故障定位的准确性取决于可用有效信息的数量，技术的发展路线从最基本的工频稳态量逐渐过渡到了高频暂态量，技术手段从被动的信息采集发展到了主动信号注入，量测点从单一变电站内拓展到了分布式故障指示器上。此外，随着时钟同步技术和通信技术的快速发展，对故障信息的利用上也从异步逐渐走到了同步。

8.5.2 配电网故障定位基本原理

配电网故障定位中，主要应用的方法有行波法、阻抗法、零序电流相位法、故障分析测距法等。

〔1〕行波法故障定位。

行波法在原理上分为两种，一种是单端法，利用行波在阻抗不连续点发生反射和透射的特性，找到来自故障点的反射波，根据波速与时间的关系，计算得到故障距离；另一种是双端法，在已知波速和参考时间相同的情况下，在线路两端检测故障产生的初始行波波头，利用两个波头的时间差来计算故障位置。

1）单端行波法测距公式如式（8−28）所示：

$$D_{mF} = \frac{1}{2}v(3\tau - \tau) = \frac{1}{2}v\Delta t \qquad (8-28)$$

式中：D_{mF} 为线路测量端 m 到故障点 F 之间的距离；v 为行波波速；τ 为初始行波波头从故障点 F 第一次到达测量端 m 的时间；3τ 为初始行波波头经故障点 F 反射第二次到达 m 端的时间。

2）双端行波法利用故障点产生的行波到达线路两端的时间差来实现定位，

测距公式如下所示：

$$\begin{cases} \dfrac{D_{mF}}{v} - \dfrac{D_{nF}}{v} = T_m - T_n \\ D_{mF} + D_{nF} = L \end{cases} \tag{8-29}$$

式中：D_{nF} 为线路测量端 n 到故障点 F 之间的距离；T_m 为初始行波波头第一次到达 m 端的时间；T_n 为初始行波波头第一次到达 n 端的时间；L 为线路的总长度。

在配电网电缆故障定位中，由于配电网的特殊结构，故障行波十分微弱，并且配电网电缆长度短，出口短路存在死区，电缆严重的色散效应及多分支结构对故障初始行波造成畸变影响；此外由于配电网独特的特点，来自故障点的反射波与来自线路分支节点和负荷变压器端点的反射波混杂在一起，很难从中辨认行波极性。这些都使得行波测距法在配电网实际使用中变得十分困难。

（2）阻抗法故障定位。

阻抗法就是利用在不同类型条件下，故障回路阻抗或电抗与测量点到故障点的距离成正比的规律，通过采集故障后的电压电流信息，计算得到回路阻抗，再除以线路单位阻抗长度，即得到故障距离。阻抗法分为单端和双端测距式，对于单端测距法，用输电线路单端电气量进行故障点的计算，实现简单，不需要通道联系，但测距误差大；对于双端测距法，利用输电线路两端电气量进行故障点的计算，不受系统阻抗、故障电阻等因素的影响，测距精度高，但实现起来较复杂，尤其是在配电网中。

1）单端阻抗测距法。

通过双电源单相系统来说明单端阻抗测距法基本原理，如式（8-30）、（8-31）所示。

$$Z_m = ZD_{mF} + \dfrac{\dot{I}_F}{\dot{I}_m} R_F \tag{8-30}$$

$$D_{mF} = \dfrac{X_m}{X} = \dfrac{R_m}{R} = \dfrac{Z_m}{Z} \tag{8-31}$$

式中：$Z_m = R_m + jX_m$ 为测量端 m 的测量阻抗；$Z = R + jX$ 为线路单位长度阻抗；$\dot{I}_F$ 为故障点短路电流；R_F 为过渡电阻；

由式（8-31）可知过渡电阻是影响基于单端量阻抗法测距精度的主要因素，为消除该影响，通常利用故障分量相位特征和电流分布系数幅角来消除过渡电阻的影响。

2）双端测距法。

a. 两端电流、一端电压法：

$$\dot{U}_m = \dot{I}_m ZD_{mF} + \dot{I}_F R_F = \dot{I}_m ZD_{mF} + (\dot{I}_m + \dot{I}_n)R_F \tag{8-32}$$

$$D_{\mathrm{mF}} = \frac{\mathrm{Im}[\dot{U}_{\mathrm{m}} / \dot{I}_{\mathrm{F}}]}{\mathrm{Im}[\dot{I}_{\mathrm{m}} Z / \dot{I}_{\mathrm{F}}]} = \frac{\mathrm{Im}[\dot{U}_{\mathrm{m}} / (\dot{I}_{\mathrm{m}} + \dot{I}_{\mathrm{n}})]}{\mathrm{Im}[\dot{I}_{\mathrm{m}} Z / (\dot{I}_{\mathrm{m}} + \dot{I}_{\mathrm{n}})]} \tag{8-33}$$

式中：$\dot{U}_{\mathrm{m}}$ 为测量端 m 端电压；$\dot{I}_{\mathrm{m}}$、$\dot{I}_{\mathrm{n}}$ 分别为 m 和 n 端电流。这种方法除 m 端电压、电流外，只需对端 n 端电流量 $\dot{I}_{\mathrm{n}}$。

b. 两端电流、电压法：

$$\dot{U}_{\mathrm{m}} = \dot{I}_{\mathrm{m}} Z D_{\mathrm{mF}} + \dot{I}_{\mathrm{F}} R_{\mathrm{F}} \tag{8-34}$$

$$\dot{U}_{\mathrm{n}} = \dot{I}_{\mathrm{n}} Z (D_{\mathrm{L}} - D_{\mathrm{mF}}) + \dot{I}_{\mathrm{F}} R_{\mathrm{F}} \tag{8-35}$$

$$D_{\mathrm{mF}} = \frac{\dot{U}_{\mathrm{m}} - \dot{U}_{\mathrm{n}} + \dot{I}_{\mathrm{n}} Z D_{\mathrm{L}}}{(\dot{I}_{\mathrm{m}} + \dot{I}_{\mathrm{n}}) Z} \tag{8-36}$$

这种方法除测量端 m 端电压、电流外，只需对端 n 端电流、电压量。由上式可知测距结果与过渡电阻无关，并且两测量端 m 和 n 端所需的电流电压均需同步。

配电网结构复杂，分支线、混合线路较多，且负荷影响较大，阻抗法受路径阻抗、线路负荷和电源参数等因素的影响较大，鉴于配电线路带有许多分支的特点，阻抗法对排除伪故障点困难较大。故阻抗法不能简单地直接用于测距计算，实际应用中常常作为辅助测距方法。在配电网电缆故障测距中，常使用测量的暂态电压、电流信号求取故障距离，克服了稳态法中故障信号微弱难以定位的缺点，但使用的集中参数模型没有考虑线路的分布电容，测距误差大；现经常使用的双曲函数线路分布参数模型考虑了线路的分布特性，但其忽略了距离的多阶无穷小，且不能直接处理故障暂态过程，定位精度未能达到配电网电缆测距的实用要求。

（3）零序电流相位法故障定位。

在配电网系统中，线路对地之间存在着分布电容。如图 8-23 所示的三相等效电路，其中，C 相发生接地故障，且三相负荷及线路对地的分布电容都是对称的。

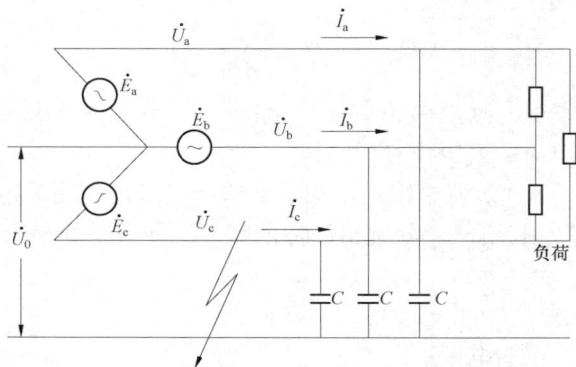

图 8-23　三相等效电路

在图 8–23 中，U_0 为中性点电压，E_a、E_b、E_c 分别为三相电动势，U_a、U_b、U_c 分别为三相电压，各相对地电容均为 C。假设 C 相的接地电阻为 R，则：

$$\begin{cases} \dot{U}_a = \dot{E}_a + \dot{U}_0 \\ \dot{U}_b = \dot{E}_b + \dot{U}_0 \\ \dot{U}_c = \dot{E}_c + \dot{U}_0 \end{cases} \tag{8–37}$$

因为负荷并不影响零序电流，所以可以不考虑负荷，则：

$$\begin{cases} \dot{I}_a = \dot{U}_a j\omega C = (\dot{E}_a + \dot{U}_0)j\omega C \\ \dot{I}_b = \dot{U}_b j\omega C = (\dot{E}_b + \dot{U}_0)j\omega C \\ \dot{I}_c = \dot{U}_c j\omega C + \dfrac{\dot{U}_c}{R} = (\dot{E}_c + \dot{U}_0)j\omega C + \dfrac{\dot{E}_c + \dot{U}_0}{R} \end{cases} \tag{8–38}$$

又因为在三相对称电路中，有：

$$\begin{cases} \dot{I}_a + \dot{I}_b + \dot{I}_c = 0 \\ \dot{E}_a + \dot{E}_b + \dot{E}_c = 0 \end{cases} \tag{8–39}$$

将方程组（8–38）代入方程组（8–39）中，得：

$$\dot{U}_0 = -\frac{\dot{E}_c}{1 + j3\omega RC} \tag{8–40}$$

由此可知，当中性点不接地系统中发生单相接地故障时，中性点电压 U_0 不为零，相当于在故障点处有一个电压源，向线路两端提供零序电流，并通过对地电容形成回路。所以，故障点两侧零序电流的方向相反，即相位相差 180°，这是系统故障定位的主要理论依据。

（4）故障分析测距法如下。

基于线路数学模型的故障分析测距方法，只要线路的数学模型构建得有效和精确，测距结果就会精确。目前故障分析测距法研究使用的线路模型主要包括线路集中参数模型和线路分布参数模型。在线路较短和精度要求不高的情况下，有的测距方法研究就会采取线路集中参数数学模型，总体思路就是通过使用线路集中参数模型来列写线路的时域微分方程，利用测量的电压、电流瞬时值求取测量端至故障点间线路参数实现故障测距。但缺点是使用的线路集中参数模型从原理上与实际线路相比，就存在一定的误差，没有考虑线路的分布电容，故障距离较长时，测距误差大。

故障分析法中，用的线路数学模型越精确，测距结果就会越精确，所以当前很多的测距研究都会采用与实际线路更为接近的线路分布参数模型。目前最常使用的传输线分布参数数学模型是双曲函数线路分布参数模型。而常用的双端测距方法是基于该双曲函数线路分布参数模型，由两端分别计算出故障点电压、电流，根据故障点的电压、电流幅值和相位应相等这一特点，计算出故障点的位置。

PMU 可在同一时间基准下同步采集电网的电流和电压的相位信息，捕捉广域范围内电力系统在某一时刻的状态信息，可以用于电力系统广域实时动态监测、稳定监测、稳定裕度监测，进而可以进行状态估计，实施广域控制与保护等功能。若将广域相量测量应用于配电网时，形成了配电网广域相量测量，将为配电电网线路故障在线定位提供极大方便。

8.5.3 基于 PMU 技术的行波法配电网故障定位技术

（1）配电网电缆行波法故障定位。

电缆线路因其占用地上空间少，故障率低等特点得到了广泛的应用，一些大城市配电网的电缆下地率已经超过 70%，电力电缆虽然故障率较低，但高阻和闪络性故障超过 60%，查找繁琐。目前配电网电缆故障点查找主要采用离线测距，该方法需要线路停电，且定位精度受人为因素影响较大，也影响到被测电缆绝缘寿命。为此，发展配电网电缆线路故障在线定位技术以提升馈线自动化程度、提高供电可靠性将成为必然趋势。

鉴于配电网电缆线路上方便安装同步信号采集装置以此来采样同步故障行波信号的特点，可采用中点散式测量的行波故障定位方法。该方法基于 HHT 运算，定义了暂态含量系数，通过对测点残留暂态含量大小排序来确定故障分支、区段，并选择靠近故障点且尽量对称的精确测距双端，采用 D 型行波测距原理，选取测速点实测波速以避免采用经验波速带来的误差，实现了精确测距。该方法基于在线测量，削弱了电缆严重的色散效应及多分支结构对故障初始行波浪涌畸变的影响，测距灵活性大，成功率高，精度接近离线方法。但在确定故障分支、区段时计算量大，并存在误差。

（2）配电网架空线路行波法故障定位。

配电网架空线路发生故障时，故障馈线支路准确辨识及准确测距是实现恢复供电的基础。针对常见的单端辐射状配电网故障时行波在电网中传递的特点，可采用基于广域行波初始波头时差关系矩阵的配电网故障选线方法来实现故障定位，该方法通过异地同步监测各个出线末端的电压行波信号，并优化小波分析函数准确获取行波波头抵达时刻，在此基础上首先建立各个馈线支路间初始波头到达时差（Time Difference of Arrival，TDOA）矩阵，然后根据故障时各支路波头实际 TDOA 矩阵，计算各线路矩阵谱范数大小，通过谱范数值差别找出故障馈线，同时根据双端行波测距原理，实现故障测距。随着同步测量技术日益成熟，所提出的电网故障选线及测距方法的准确性越来越高。该方法仅参考行波信号信息，不受保护信息的影响，因此可用于检测电网扰动，提前找出薄弱环节，防患于未然，提高供电可靠性。

（3）树形结构配电网行波法故障定位。

配电网多为树形结构，分支多，单端定位或双端定位方法都很难准确定位故障。为此针对 B 型行波和配电网树形结构，采用了一种基于北斗/GPS 的多端行波故障定位方法。该方法利用接地故障时刻产生的行波第 1 波头到达配电网线路各末端的时刻进行故障定位。在配电网单相接地故障定位中，多端行波定位法只利用接地故障初期很短时间内的暂态行波信号，接地故障后期的故障发展情况对开始的暂态行波信号并无影响，运用多端行波定位法能够快速准确地找到故障点。该方法不受线路长度、配电变压器、分支数量、分支层和接地电阻大小的影响。

（4）多端行波故障定位方法算法及原理。

将电力系统配电网络抽象成由 n 个顶点和 m 条边构成的图 $G=(P, Q)$。其中，$P=\{A, B, \cdots, K\}$，表示图的顶点集合，即各线路末端变压器；$Q=\{m_1, m_2, \cdots, m_{10}, m_a, m_b, \cdots, m_i\}$，表示图的边集合；$P$ 和 Q 分别对应于电力系统中配电网末端（变压器）集合和树形网络支路集合。m 与 n 之间的关系为 $m=2n-3$。配电网拓扑结构如图 8-24 所示。

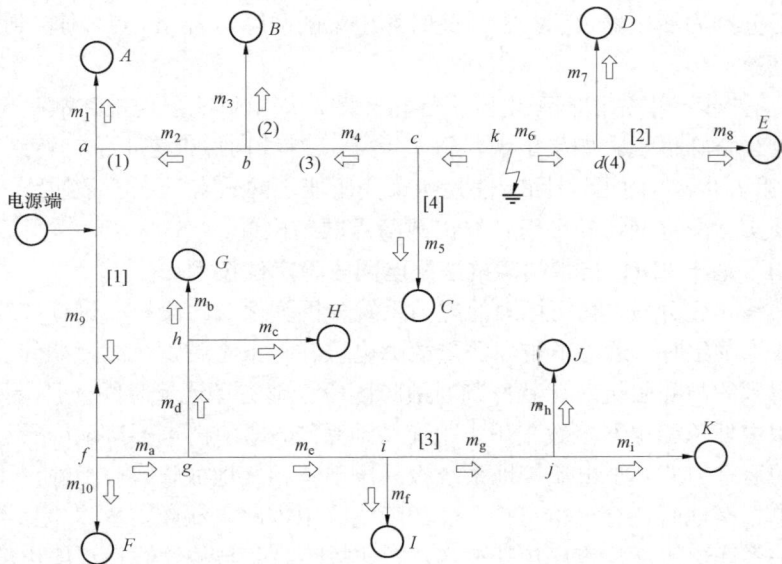

图 8-24　配电网拓扑结构

故障发生后，故障行波将沿着线路向整个电网传播，只考虑故障行波第 1 波头在配电网中的传播。当故障发生在 cd 段的 k 点时，行波会沿着图中箭头所指方向向故障点两端传播，沿着线路到达各末端变压器。此时假设传到各末端变压器的时间为：$T=\{T_A, T_B, \cdots, T_K\}$。配电网各末端将通过通用分组无线业务（GPRS），将记录的行波波头到达时刻的时间数据 T 和变压器编号 K 传回变电站中心站。

变电站中心站进行多端定位的步骤如下：

1）第一步：中心站将接收到的每一个 K 和 T 数据中的时间数据 T，按时间的先后进行排序。

2）第二步：提取时间最短的前 3 个时间数据 T_x, T_y, T_z。根据 B 型行波定位原理，得出

$$x_y = \frac{v(T_y - T_x) + l_{xy}}{2} \tag{8-41}$$

$$x_z = \frac{v(T_z - T_x) + l_{xz}}{2} \tag{8-42}$$

式中：l_{xy} 为变压器 K_x 与变压器 K_y 之间的线路长度；l_{xz} 为变压器 K_x 与变压器 K_z 之间的线路长度；x_y 为故障点所在位置距变压器 K_y 的距离；x_z 为故障点所在位置距变压器 K_z 的距离。

3）第三步：验证故障点是否在线路分支点。例如图 8-24 中的 i 点，当故障发生在线路 gi 段靠近交叉点 i 时，根据步骤 1 和步骤 2 算出的最靠近故障点的 3 个变压器分别为变压器 K_I, K_J, K_K。此时算出来的故障点若在 i 点，则转到第四步；否则转到第五步。

4）第四步：事先根据配电网实际拓扑图，算出可能出现上述故障定位点的区段，进行特殊标记。如果出现，将 T_x 舍弃，继续向后推进 1 位，转到第二步。

5）第五步：由于配电网特性为两个变压器之间只有唯一一条线路，根据以上信息及实际配电网拓扑图可计算出故障点准确位置。

8.5.4　基于 PMU 技术的阻抗法配电网故障定位技术

将馈线预先分段，利用标准的电力系统分析软件对各段线路进行离线短路计算，当故障发生时，远端继电器测量故障电抗并上报主站，在故障期间仅仅与短路计算得到的故障阻抗对比就可判断故障区段，节省了计算时间，且准确率高。

我国中低压配电网多数采用小电流接地系统，即中性点不接地或者经消弧线圈接地的运行方式。小电流接地系统极易出现单相接地故障。对中性点不接地系统发生单相接地时进行分析可得：非故障线路中零序电流超前零序电压 90°，故障线路中零序电流滞后零序电压 90°，即非故障线路与故障线路零序电流的相位相差 180°；接地过渡电阻的大小仅影响零序电压及零序电流的大小，并不影响零序电压和零序电流之间的相位关系。对经消弧线圈接地系统发生单相接地时进行分析可得：在电网发生单相永久接地故障的情况下，改变消弧线圈的电抗值，则消弧线圈参数改变引起的补偿电流当量的变化只会反映在故障线路故障路径上的故障零序电流中，即调控消弧线圈从过补偿到欠补偿状态，零序电流相位相

对于零序电压相位状态（超前和滞后）不发生变化的测点不在故障路径上，反之则表示测点在故障路径上，如果将消弧线圈调控到不接入配电网的状态，则可以按照中性点不接地系统定位判据完成故障定位。

基于以上中性点不接地系统发生单相接地时的零序电流相位分析，提出了零序功率方向定位法。该方法的整体判别依据便是利用故障路径与非故障路径的零序功率方向不同来确定故障位置。

零序功率方向定位法的具体判别过程为：如图 8-24 所示，线路在点 E 处发生单相接地故障，此时 E 点相当于一个零序电压源，点 E 处的零序电压源在各线路上产生零序容性电流。零序网络主要由线路对地电容构成，因而线路中零序功率为容性无功功率。如图 8-25 中箭头所示为故障线路零序容性无功功率方向。

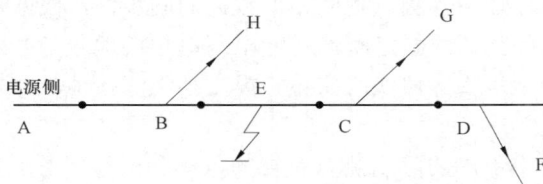

图 8-25　故障线路零序功率方向

根据上述方向定位，由电源向负荷侧方向依次查找，可得故障定位判据如下：

（1）线路定位。故障线路的零序功率方向与查找方向反向，非故障线路的零序功率方向与查找方向同向。即故障线路中，零序电流相位滞后零序电压相位 90°；非故障线路中，零序电流相位超前零序电压相位 90°。

（2）故障点定位。故障点前零序功率方向与查找方向反向，故障点后零序功率方向与查找方向同向。即故障点前零序电流相位滞后零序电压相位 90°，故障点后零序电流相位超前零序电压相位 90°。

在实际的线路定位中，需要依次测量得到各点的零序电流和零序电压的相位值。首先获取线路 A 点；然后在 B 点获取 AB、BH 和 BC 线路，根据 BC 线路的相位差与 A 点处相同，判断为故障路径方向；继续检测 C 点，BC、CD 和 CG 的相位差均与 A 点处相反，确定故障点在 C 点上游，即 BC 支路上；最后沿着 BC 支路进行检测，观察相位差发生急剧变化的点，即为故障点。

采用基于以上配电网小电流接地系统故障判据，为达到判据要求，制定了基于配电网广域相量测量实现小电流故障特征的采集的方案，该方案通过采用基于时钟同步技术的广域相角同步测量技术，保证了零序电压和零序电流相角同步采集。

基于广域相量测量的定位系统方案：

（1）在线路上布置多个测点，其中一台测量装置安装于变电站，用于负责采集母线零序电压信号信息,其他的安装于线路上,负责沿线路采集零序电流信号信息。

(2)所有装置均同步采集配电网零序信号,零序信号的相位计算可以在测点本地完成,也可以在通信网关或者数据服务器完成。

(3)将采集到的相位信息通过网络汇总到一处,判断出故障点和所有测点的位置关系,完成故障的区段定位,即是将故障点定位到某几个测点之间。

这种基于广域相量测量的定位系统方案同时兼顾了线路上和线路始端的故障信息,提高了定位效率与精度,同时也适应于配电网自动化和智能配电网的发展方向。

该方案通过采用广域相量测量技术实现测点零序电压或零序电流相量数据采集,并由北斗授时确保各测点测取相量数据的同步性,根据各测点相位差获取单相接地故障特征信息。由固定测点对配电网单相接地故障线路分段分区。该方法可实现小电流接地故障区段实时定位,提高小电流接地故障检测效率,缩小线路维护巡视范围。

然而以上方案未考虑线路上测点布置的方案和数量,考虑到成本问题,对系统的所有节点安装PMU不现实,需对节点有选择地安装PMU。将系统中注入电流不为零的节点视为需要同步相量测量装置测量的节点,当系统中间节点带有负荷时,首先把它分裂成通过一条阻抗无穷小线路连接着的一个带负荷子节点和一个无负荷父节点,这样所有的中间节点就没有节点注入电流,不用安装同步相量测量装置。

8.5.5 基于 PMU 技术的故障分析测距法

近年来,基于北斗/GPS 的 WAMS 在电力系统中的普遍应用,使得基于双端数据同步化处理的测距方法具有实际工程应用价值。WAMS 中 PMU 提供的线路两端实时同步的电压和电流相量与线路参数的关系,为在线辨识出配电网各种线路参数和适用时间同步下的配电网故障定位带来了极大的方便。

有学者提出了一种基于广域同步信息的故障测距新方法,该方法基于线路的分布参数模型,利用横向故障电流与故障距离的关系构造了一个测距函数,利用线路两端的电压、电流同步信息,同时每假设一个故障点距离就可求出与之对应的横向故障电流值,在整条线路上利用迭代搜索的方法可求出唯一的一个最大横向故障电流,该电流的对应距离即为实际故障距离。

有人提出基于考虑多阶距离无穷小的配电网电缆分布参数数学模型,利用线路两端的电压、电流同步故障信息并通过研究电缆单相接地故障时同一时刻零序电压瞬时值在故障电缆线路上的分布规律来构造测距算法,定位配电网电缆单相接地故障。采用正弦逼近处理方法拟合故障后提取的零序信号波形,运用黄金分割搜索法在整条线路上从两端搜索计算出零序电压值误差最小的对应距离(即为实际故障距离）。该文章线路模型考虑了距离的多阶无穷小，可直接利用到系统暂态分析中。测距方法仅与两端电压、电流同步瞬时值和线路参数有关，测距精度不受中性点运行方式、采样窗口、过渡电阻和故障发生位置的影响，并且同样适用于配电网混合线路。然而该方法涉及对故障后提取的零序信号高阶求导，计算复杂，对零序信号波形的拟合要求较高。

8.5.6 基于 PMU 的配电网故障定位应用实例

本实例在配电网中实现基于同步相量测量数据的双端故障定位法，并且搭建了测试平台进行测试。测试系统如图 8-26 所示，PMU 和测试仪由时钟源提供同步对时，在整秒时刻给 PMU 施加电压。本测试模拟了主站与被测 PMU 通信，接收 PMU 上送的实时数据，并保存为 DYN 离线文件，使用误差分析软件对离线文件中的相量数据与理论值进行比较，得到误差数据。

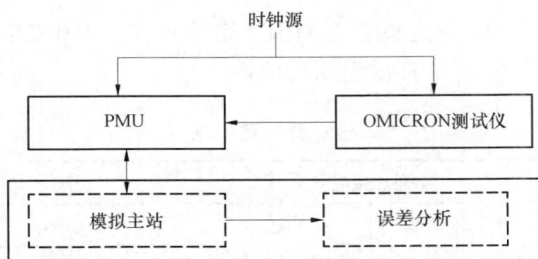

图 8-26 仿真测试系统图

在 ATPDraw 中对输电线路采用 Jmart 参数建模。仿真的具体参数如下：① 架空线选用 JKLYJ-10，杆塔高度为 12m，松弛为 0.6m，阻抗为 0.082Ω/km。架空线路 1 长度为 10km，架空线路 2 长度为 7km，架空线路 3 长度为 10km。② 模型中采用三芯 XLPE120 电缆，阻抗为 0.017Ω/km。电缆 1A、1B 长度均为 1km，电缆 2 长度为 5km。10kV 配电网仿真模型如下图 8-27 所示。

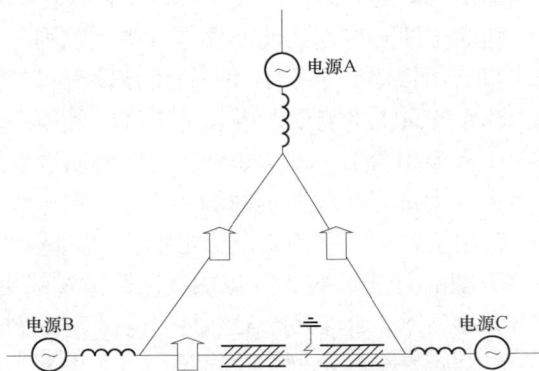

图 8-27 10kV 配电网仿真模型

故障发生在 0.1s 时，故障时刻的同步相量数据见表 8–7、表 8–8。

表 8–7　　　　　　　单 相 短 路 故 障 数 据

	A 相电压/V	B 相电压/V	C 相电压/V	A 相电流/A	B 相电流/A	C 相电流/A
A 端	−9921.59	3733.35	6243.16	1.52	−0.81	−0.72
C 端	−9912.93	3635.17	6267.96	1.31	0.56	−1.88

表 8–8　　　　　　　两 相 短 路 接 地 故 障 数 据

	A 相电压/V	B 相电压/V	C 相电压/V	A 相电流/A	B 相电流/A	C 相电流/A
A 端	−10 012.25	4979.83	4977.36	1.53	−0.92	−0.7
C 端	−10 017.54	4996.02	4969.12	1.59	0.27	−1.79

计算结果见表 8–9。该定位算法的最大定位误差为 0.022%，对各种类型的故障都具有很高的定位精度，有很强的鲁棒性。

表 8–9　　　　　　　计 算 结 果

实际值	单相接地		两相短路接地	
	计算值/km	误差/%	计算值/km	误差/%
11km	10.981 9	0.016	10.975 5	0.022

8.6　小结

本章详细描述了基于广域测量技术的低频振荡监视、在线扰动识别、基于 PMU 的混合状态估计、风电场监控、配电网故障定位功能。广域测量系统能实时快速地测量不同地点的状态信息，使低频振荡在线分析与预警成为可能。在线扰动识别功能基于 WAMS 量测数据，以具有特定变化规律的电气量作为模式特征，采用数据形态识别的方法对电网扰动事件进行类型识别，可识别类型包括短路跳闸、故障切机、直流闭锁等。基于 PMU 的混合量测状态估计模型在潮流方程估计模型的基础上添加 PMU 量测量，增强了系统的鲁棒性，提高了状态估计的精度，具备较高的工程实用价值。基于 PMU 的广域测量系统使得调度部门具有了对风电场动态运行行为进行在线监测的能力，可以实现对风电场并网性能指标的在线检测，从而有利于维护全网的安全稳定运行。广域相量测量应用于配电网时，形成了配电网广域相量测量，将为配电网线路故障在线定位提供极大方便。利用配电网广域相量测量技术，通过获取配电网的电压、电流相量，采用阻抗法、零序电流相位法，同时综合整个配电网定位信息，可实现配电网故障点的定位。

参考文献

[1] 徐岩，裘实. 采用点散式测量的配电网电缆线路行波故障定位［J］. 电网技术，2014，（4）：1038-1045.

[2] 贾惠彬，赵海锋，方强华，等. 基于多端行波的配电网单相接地故障定位方法［J］. 电力系统自动化，2012，36（2）：96-100.

[3] WorkingGroupWG03Report.Fault Management Electrical Distribution Systems［A］. In CIRED［C］. France：1999.

[4] 梁魁，郭吉伟，董凌凯.基于同步相量测量技术的配电网故障定位［J］. 广东电力，2008（6）：11-14，19.

[5] 姜杰，王鹏，黄正炫，等. 基于改进线路参数模型的配网电缆单相接地测距方法［J］. 电网技术，2012，（5）：185-189.

[6] 郑顾平，姜超，李刚，等. 配网自动化系统中小电流接地故障区段定位方法［J］. 中国电机工程学报，2012，（13）：103-109，197.

[7] 姜超.物联网技术在配电网在线故障定位系统中的应用研究［D］. 保定：华北电力大学，2013.

[8] 吴杰，王政.基于 FTU 的小电流接地系统故障定位方法再研究［J］. 继电器，2004，32（22）：29-34.

[9] 齐郑，刘宝柱，王璐，等. 广域残流增量选线方法在辐射状谐振接地系统中的应用［J］. 电力系统自动化，2006，30（3）：84-88.

[10] 王政，吴杰.配合 FTU 的小电流系统单相接地故障定位方法［J］. 电力自动化设备，2003，23（2）：21-26.

[11] 孙波，孙同景，薛永端，等. 基于暂态信息的小电流接地故障区段定位［J］. 电力系统自动化，2008，32（3）：52-55.

[12] 梁睿，崔连华，都志立，等. 基于广域行波初始波头时差关系矩阵的配电网故障选线及测距［J］. 高电压技术，2014，（11）：3411-3417.

[13] 邓宏怀.中压配电网小电流故障在线定位系统的研究与实现［D］. 保定：华北电力大学，2012.

[14] 梁志瑞，穆毓，牛胜锁，等. 一种小电流接地系统单相接地故障测距新方法［J］. 电力系统自动化，2009，（5）：66-70.

[15] 宋晓娜，毕天姝，吴京涛，等. 基于 WAMS 的电网扰动识别方法［J］. 电力系统自动化，2006，30（5）：24-28.

[16] SONG Xiaona，BI Tianshu，WU Jingtao，YANG Qixun.Study on WAMS Based Power System Disturbance Identifying Method［J］. Automation of Electric Power Systems，2006，30（5）：24-28.

[17] 陆进军，戴则梅，张力，等. 基于广域测量系统的电网扰动在线监视和评估［J］. 电力系

统自动化，2012，36（8）：82-87.

[18] LU Jinjun，DAI Zemei，ZHANG Li，GAO Xin，ZHANG Wei.On-line Power System Disturbance Monitoring and Evaluation Method Based on WAMS［J］. Automation of Electric Power Systems，2012，36（8）：82-87.

[19] 秦晓辉，毕天姝，杨奇逊. 计及 PMU 的混合非线性状态估计新方法［J］. 电力系统自动化，2007，31（4）：28-32.

[20] 温柏坚，李钦，唐卓尧，等. 广东电网 WAMS 增强 SCADA 状态估计研究［J］. 南方电网技术，2009，3（3）：59-63.

[21] 卫志农，李阳林，郑玉平.基于混合量测的电力系统线性动态状态估计算法［J］. 电力系统自动化，2007，36（1）：5-7.

[22] 赵维俊，王荣茂，石文江.提高 SCADA 量测断面时间一致性的方法［J］. 电力系统自动，2007，31（20）：103-107.

[23] 于尔铿.电力系统状态估计［M］. 北京：水利电力出版社，1985.

[24] 李从善，刘天琪，李兴源，等. 用于电力系统状态估计的 WAMS/SCADA 混合量测数据融合方法［J］. 高电压技术，2013，39（11）：2686-2691.

[25] 倪以信，陈寿孙，张宝霖.动态电力系统的理论和分析［M］. 北京：清华大学出版社，2002.

[26] 鞠平，谢欢，孟远景，等. 基于广域测量信息在线辨识低频振荡［J］. 中国电机工程学报，2005，25（22）：56-60.

[27] 余贻鑫，李鹏.大区电网弱互联对互联系统阻尼和动态稳定性的影响［J］. 中国电机工程学报，2005，25（11）：6-11.

[28] 涂军，周健，刘大伟.基于同步相量数据的配电网故障测距方法［J］. 电气技术，2017，18（5）：40-43.

第9章

广域后备保护与在线控制

PMU 因其测量同步性与快速性的优势，已在国内外电力系统中大量安装运行。这一方面使电力系统动态过程实时监测成为可能；另一方面也为电力系统保护与控制提供了大量同步相量数据，为发展新型电力系统保护与控制方法提供了基础。

本章依次介绍了广域后备保护系统、广域阻尼控制、基于 PMU 的暂态稳定预测与控制、基于 PMU 数据的风电场功率控制等方面的内容。

9.1 广域后备保护系统

9.1.1 广域后备保护应用背景

随着电网互联及电力市场的发展，电力系统将日渐接近其运行极限，其运行和控制将更为复杂，发生扰动和故障的可能性更大，后果也更严重，这对稳定控制提出了更高的要求。

常规的继电保护用于在电力系统发生故障后实现对故障元件的自动和快速切除、隔离故障，以保证人身和设备安全以及无故障部分的正常运行。现有的继电保护和安全自动装置已不能适应电力系统发展的要求，主要问题如下：

（1）保护动作判据都是基于本地测量数据，其选择性要求继电保护只能保护本地网络，没有考虑故障对整个电网的影响，难以对运行方式不断变化的客观系统作出全面的反映。保护装置相互之间缺乏有效的协调，难以实现系统全局的安全稳定运行，在某些情况下（如发生连锁故障）会恶化系统的运行状况。

（2）区域电网之间的联系仍然十分脆弱，往往仅通过数条超高压、远距离输电线路互联。在高负荷时期，这些关键的联络线上的传输功率可能接近输送功率极限。这种情况下运行的系统抗扰动的能力大大降低，很容易因为一条联络线发生偶然事故断开而造成其余线路过负荷相继断开，从而使事故蔓延，甚至造成系统崩溃。美国 8·14 大停电事故最初就是从几条线路相继断开开始的。

（3）常规的后备保护虽然有比较大的保护范围，但其选择性的获得要以牺牲快速性为代价，动作时间过长，有时候难以发挥应有的保护作用。现有的继电保护配置当中，后备保护的时限整定遵循阶梯时限原则，为了保证选择性，后备保护的动作时限可能高达数秒。在电网规模和复杂程度越来越大的情况下，这一问题越显突出，至今仍无法很好地解决。

（4）基于纵联比较和电流差动的主保护，虽然具有很好的选择性和快速的动作速度，但只能反映被保护设备内部的故障，对系统其他部分的故障无法提供后备保护。

（5）继电保护系统以切除系统故障为目标，对故障切除以后系统的运行情况不予反映，无法起到保护故障后电力系统的作用，甚至可能出现因为继电保护装置正确动作切除故障元件而造成其他元件的工作异常，随后被保护装置正确动作连锁切除而使得系统瓦解的情况。

（6）安全自动装置种类较多，但每种装置通常只能完成一种或少数几种功能，多数反映本地运行状况，不同装置之间缺乏配合，无法准确反映整个系统的变化情况。

为解决基于本地量的装置难以反映区域电力系统运行状态、缺乏相应配合协调的难题，基于广域电网信息的所谓广域后备保护成为当前电力系统的备受关注的研究课题之一。广域测量系统 WAMS 的出现和发展在广域信息的同步测量、广域信息的传输网络、广域信息共享和广域信息的分析技术上为广域后备保护的开发和应用创造了条件。例如南方电网 500kV 骨干网架已经遍布 PMU，并且均同时接入测量 TA 和保护 TA，因此广域后备保护系统的建设可在利用现有测量资源的基础上进行保护功能的扩展。

相较于传统的继电保护装置，广域保护可以获得比本地量更丰富的区域电网信息。通过区域电网信息，区域电网继电保护系统可获得被保护区域电力系统的实时拓扑结构，进一步筛选出故障线路，并采取合适的动作策略，使得区域电网继电保护系统比传统保护在性能上有了新的飞跃。其特点主要包括：广域保护系统在系统发生故障时能准确判断故障的位置，在通信正常时保护动作具有绝对选择性；主保护拒动或断路器失灵时能根据被保护的电力系统拓扑结构以及故障线路位置，筛选出需作为后备保护动作的保护单元，广域后备保护比传统后备保护动作时间短并且有更好的选择性，同时也大大简化了整定配合工作。

9.1.2 广域后备保护总体框架

以某实际电网为例，该电网包括 7 座变电站，依次是 220kV 都匀变电站、110kV 丹寨变电站、110kV 三都变电站、110kV 周覃变电站、110kV 荔波变电站、110kV 新寨变电站和 220kV 麻尾变电站。广域主站（广域控制与保护装置）部署在 220kV 都匀变电站，采用 A、B 双套冗余部署模式；各相关 110kV 变电站和 220kV 麻尾变电站、220kV 都匀变电站的 110kV 线路都部署了广域子站（站域保护与控制装置）以实现站域保护功能。整个广域后备保护系统架构如图 9–1 所示。

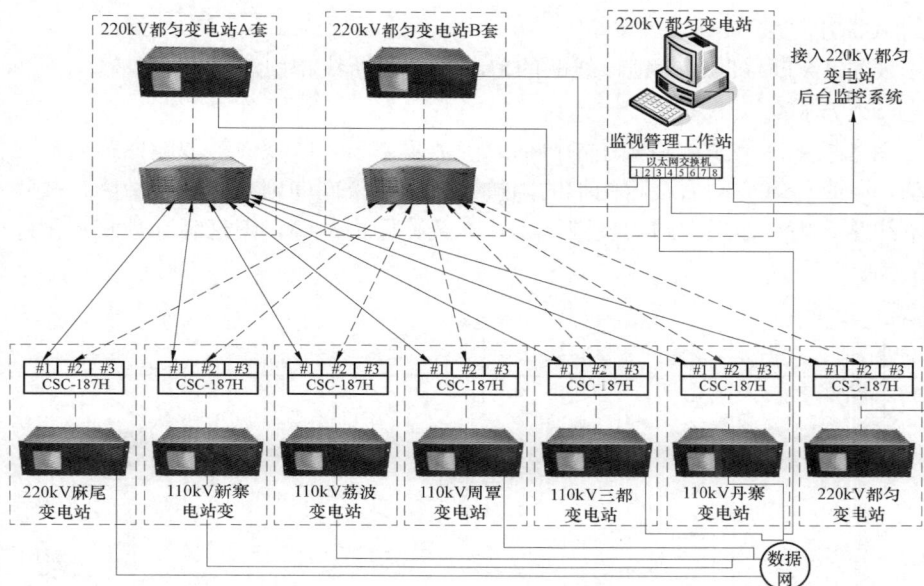

图 9-1　某电网广域保护系统部署方案

广域主站与各广域子站之间都采用 2M 专线的方式连接，通道也为 A、B 双套分开，并要求通道使用固定路由，禁止自愈环功能以避免网络延时的变化，同时建议 A、B 通道尽量采用不同的路由以提高互备可靠性。另外，通信机房和主控室之间大都通过光纤连接，避免长距离铺设电缆或网线，提高可靠性。

9.1.3　基于广域信息的后备保护功能

上述广域后备保护系统通过子站提供的 PMU 测量数据，在主站侧接收到 PMU 数据后实现的基于广域信息的后备保护功能如下：

（1）分相电流差动。

常规线路保护中需要通过通信通道把一端带有时标的电流信息数据传送到另一端，各侧保护利用本地和对侧电流数据按相将同一时刻的电流值进行差动电流计算，比较两端电流的大小与相位，以此判断出是正常运行、区内故障还是区外故障。而在广域后备保护系统中则可以很方便地实现线路两端数据的同步以及集中处理。

所采用的分相电流差动保护比率制动特性如图 9-2 所示。

分相电流差动保护受 GPS 同步信号影响，线路两端任一侧 GPS 信号异常时，自动退出分相电流差动保护功能，转而采用下面将要介

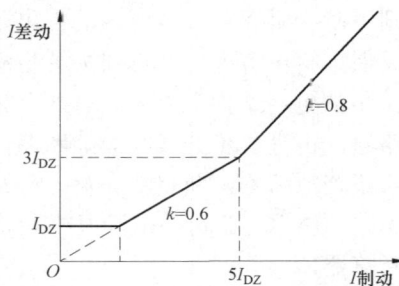

图 9-2　线路差动保护比率制动特性

绍的纵联方向保护。

发生 TA 断线时，闭锁该线路的差动保护的断线相别。

（2）纵联方向保护。

当区域电网某条线路发生故障时，受故障影响，区域内的智能保护启动元件启动，同时计算启动后线路两端的阻抗方向，如果同向则是穿越性故障，故障不在本线路区内；如果方向相反则认为是本线路区内故障，则延时 0 秒发跳闸令切除故障。

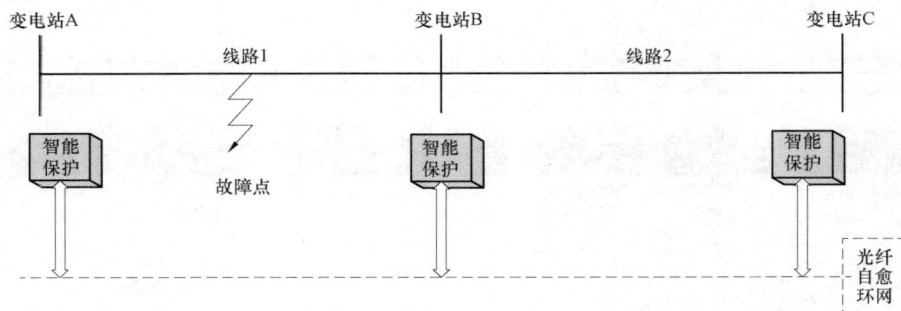

图 9-3　纵联方向元件智能保护示意图

为了防止单一方向元件不可靠，采用综合方向元件。逻辑公式为

$$DIR = D_1 + D_2 + D_0 \tag{9-1}$$

$$DIR \geqslant 1 \tag{9-2}$$

式中：D_1 为阻抗方向；D_2 为负序方向；D_0 为零序方向。正方向取 1，非正方向取 0。

发生 TV 断线或者 TA 断线时，闭锁该线路的纵联方向保护功能。

注意：纵联方向保护通常是在 GPS 信号异常时（分相电流差动保护失效）投入。

（3）开关失灵远跳。

对于 220kV 一般会配置断路器失灵保护，但如果发生断路器失灵保护拒动，则可能会引起较大范围内的停电事故，因此有必要利用广域网络信息对断路器失灵保护给予考虑，并形成失灵拒动的后备保护策略。

从电网结构上看，一旦某个断路器失灵，需跳开与之相邻的所有电源支路断路器，可进一步分线路故障断路器失灵和母线故障断路器失灵两种情况来讨论：若线路故障本侧断路器失灵，则需跳开与失灵断路器接在同一母线上的所有电源支路断路器；若母线故障发生断路器失灵，则需跳开失灵断路器所在线路对侧的断路器。

在具备了广域信息后，广域后备保护可以综合考虑断路器失灵保护、母线保护的动作行为和周边变电站线路、母线保护的动作行为，来提升失灵保护拒动后继电保护的动作速度，避免出现电网稳定事故。

以图 9-4 所示系统为例，当图中 L1 线路发生区内故障时，QF1 失灵，则利用广域信息的开关失灵保护实现步骤如下：

1）采集 L1 线路的 TA1 和 TA5 的电流，并进行差动计算，当满足线路差动保护条件时，线路差动保护动作。

2）如果差动保护不返回且 TA1 持续有流 0.15s 后，则判断 QF1 开关失灵，启动 QF1 开关失灵保护。

3）开关失灵保护启动后，发跳闸命令到 QF1。

4）如果 QF1 仍然不能跳闸，将 QF2、QF3、QF4 和 QF5 作为 QF1 失灵的区域差动开关集合；计算 TA2、TA3、TA4 和 TA5 的区域差动电流，如图 9-5 所示，若区域差动电流大于设定的区域差动动作定值，并且在 0.25s 内持续满足动作不返回，确认 QF1 失灵。

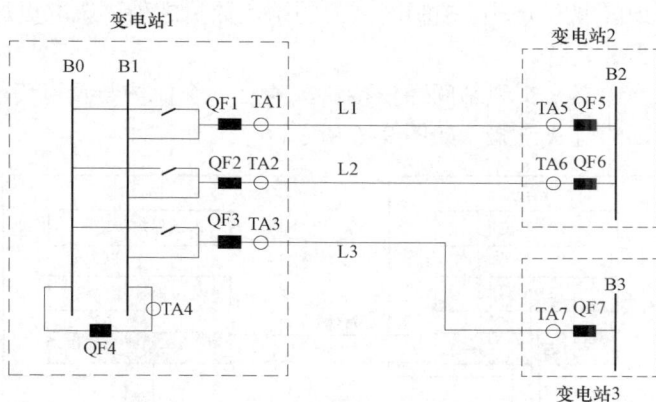

图 9-4 系统拓扑示意图

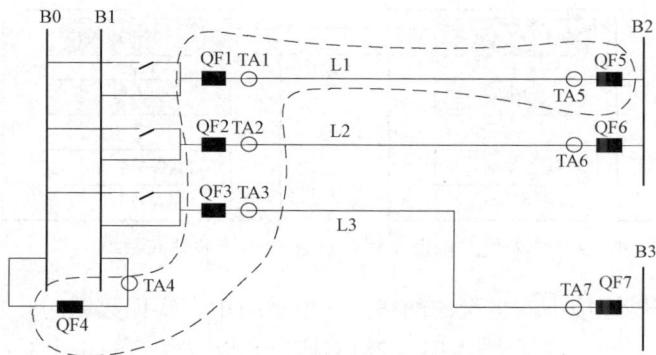

图 9-5 区域电流差动示意图

5）QF1 失灵开关所在母线的开关 QF2、QF3、QF4 和线路开关对侧的 QF5、QF6、QF7 作为切除范围开关集合。直接跳开母联 QF4 开关，计算 QF5、QF6、QF7 处的距离三段或零序方向，若满足动作条件则跳开开关 QF2、QF6、QF3、QF7、QF5，切除故障，并闭锁重合闸功能。

通过广域后备保护系统，可以提高断路器失灵时保护动作的快速性，从而提升了电网整体的安全稳定运行水平。

9.1.4　广域后备保护中的网络数据通信方式

基于高速通信通道进行实时数据交换、采用时间同步技术为测量数据加上精确时标，是实现广域后备保护系统的基础。广域后备保护采用以太网和路由技术实现了网内各种设备保护信息的数据共享，实现电网保护信息的全景化，做到整个区域内任何故障点、任何故障的全线速动。

为实现广域后备保护系统中保护信息的全景化，如果采用传统的 2M 通信点对点传输方案，当广域内的保护站点较多时，会消耗大量的 2M 通道资源；除了进行合理的保护区域划分，除控制区域内的站点数量之外，选取更加合理的站间通信方式也是当务之急。

使用专业路由器来实现站间通信接口，建立一个保护装置专用的通信专网，是一个较为可行的解决方案，如图 9-6 所示。

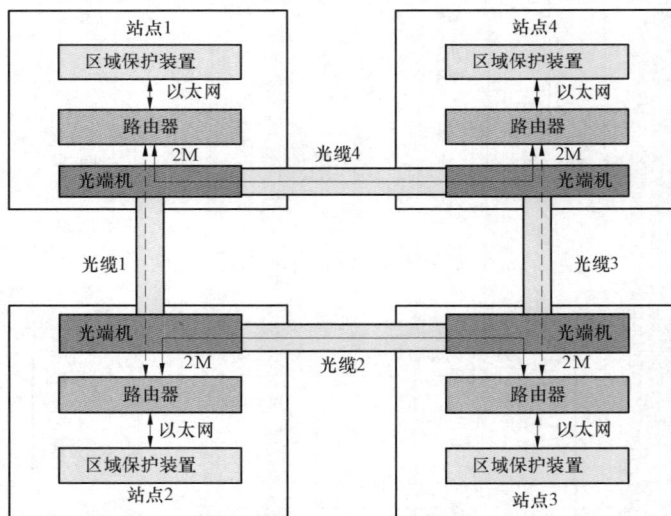

图 9-6　采用路由器实现广域保护系统的站间数据共享

路由器可以连接不同类型的网络，并根据路由表实现数据的转发。对于广域保护系统而言，需要选择支持 E1（2M）接口和以太网口的路由器；广域保护装置通过一个以太网口与路由器连接，保证了足够的通信带宽；路由器中可配置多个 E1 接口模块，和光端机的多个 2M 口连接；路由器可以实现以太网口和 2M 口之间的数据中转传输，也可实现几个 2M 口之间数据中转传输，满足广域后备保护系统的通信需求。

9.1.5　广域后备保护性能验证

为了更好地检验该广域后备保护系统的动态运行性能，特进行了系统的 RTDS 仿真测试，试验方案以该广域保护系统设计参数为原型，图 9-7 为系统模型图。

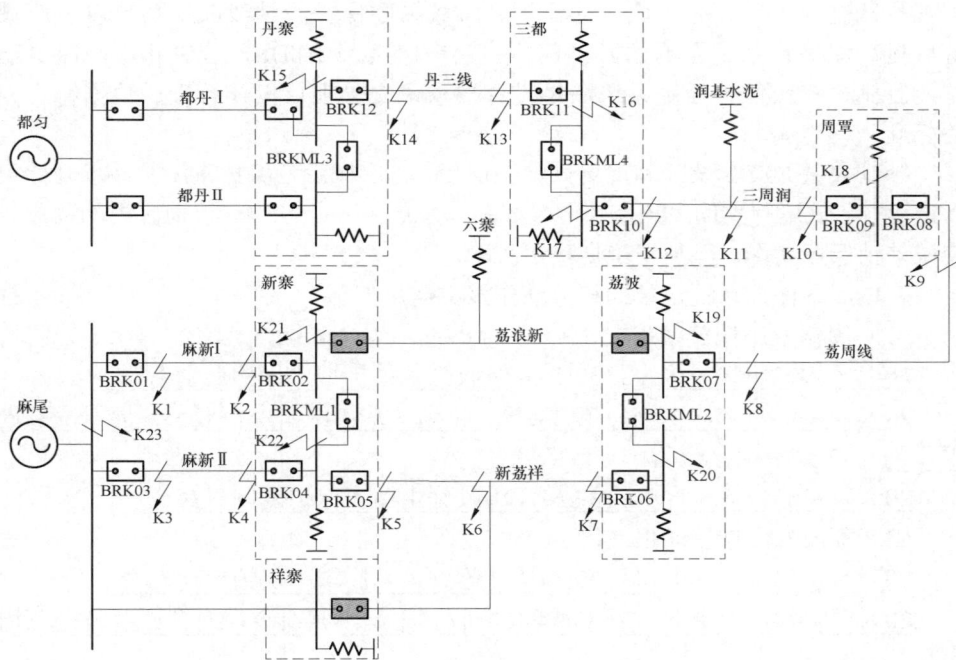

图 9-7　广域保护功能测试模型系统

注：K1～K23 表示测试需要考虑的故障位置

对该广域保护系统试验模型说明如下：

（1）广域保护模拟了麻尾、新寨、荔波、周覃、三都、丹寨、都匀共计 7 个站之间的线路情况。其中麻尾和都匀为电源站，分别通过 110kV 系统向其母线供电。

（2）模型通过功率放大器向被测装置输出麻尾母线，新寨Ⅰ母、Ⅱ母，荔波Ⅰ母、Ⅱ母，周覃母线，三都Ⅰ母、Ⅱ母，丹寨Ⅰ母、Ⅱ母，都匀母线电压以及新荔祥线、荔周线、三周润线、丹三线的线路电压的二次电压。同时还对被测装置输出麻新Ⅰ回、Ⅱ回、新荔祥线、周覃线、三周润线、三丹线、都丹Ⅰ回、Ⅱ

回两端电流的二次电流，以及新寨、荔波、三都、丹寨 4 个站的母线分段电流的二次电流。由于功率放大器数量限制，采用都丹 I 回都匀侧的 TA 提供的二次电流通过串联与反串来模拟都丹 I、II 回线路两侧电流。

（3）模型中设置 K1～K23 共计 23 个不同的故障点。

（4）RTDS 模型中模拟实际断路器动作行为：跳闸延时 50～55ms。装置上麻新 I 回、麻新 II 回、新荔祥线、荔周线、三周润线、丹三线两端断路器以及新寨变、荔波变、三都变、丹寨变的母联断路器的跳闸节点接入 RTDS，形成闭环测试系统。

测试过程中，针对广域差动保护、广域纵联保护、过载联切功能以及广域备自投功能进行了综合测试。将各站装置出口接入 RTDS，控制相应断路器动作经测试，广域保护控制系统满足设计要求，实验项目设计合理，数据符合相关标准。

经过大量 RTDS 试验和现场试验验证后，该广域后备保护系统在现场开始投入试运行。试运行期间，20××年××月××日××：39:14，该地区电网荔周线广域差动保护动作，保护正确切除了故障。

广域后备保护系统记录的相关动作报文信息如下：

（1）周覃变广域差动报文：

20××–××–××××：39:14.477 收到主站广域"保护启动"命令

20××–××–××××：39:14.492 收到主站跳闸命令，对象：周覃变荔周线开关

20××–××–××××：39:17.491 收到主站"保护复归"命令

（2）荔波变广域差动报文：

20××–××–××××：39:14.477 收到主站广域"保护启动"命令

20××–××–××××：39:14.492 收到主站跳闸命令，对象：荔波变荔周线开关

20××–××–××××：39:17.491 收到主站"保护复归"命令

荔周线广域差动定值为 280A，线路发生区内故障时，周覃侧荔周线电流达到 1100A，超过差动电流门槛，差动保护正确动作。

故障时间段内相关母线电压和线路电流数据波形如图 9-8 所示。

经分析计算，测算故障点位于荔周线末端，落入距离 II 段范围内（荔波到周覃线路长度为 31.1km，根据录波数据计算得到的故障距离为 27.255km，位于线路全长的 87.6%），故本地距离保护未来得及动作，只能依靠广域差动保护切除故障。经核对相关报文和故障录波数据，从故障发生到故障完全隔离，历时 88ms，广域差动动作快速、正确。

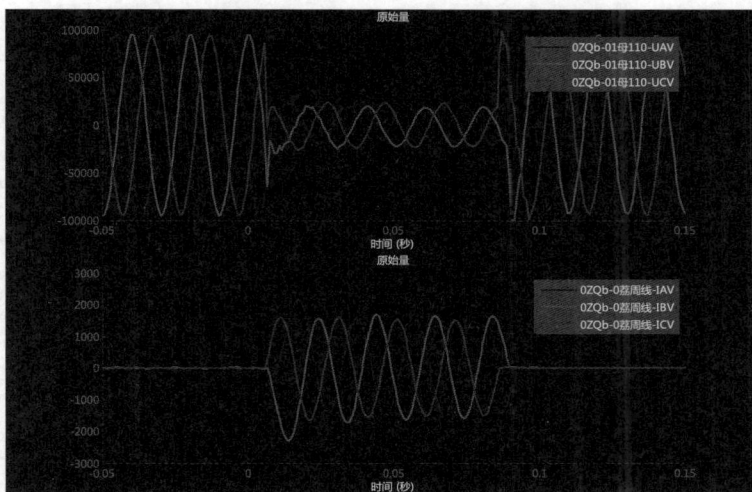

图 9-8　广域保护动作录波曲线

9.2　基于广域电力系统稳定器（PSS）的阻尼控制

9.2.1　广域电力系统稳定器的自适应阻尼特点

随着区域电网的互联，电网规模不断扩大，当区域电网间的电气联系较弱时，系统发生故障或者扰动后，区间的低频振荡模式会被激发，并叠加在整个系统的动态过程中，传播到全网，引起全网的振荡，威胁电网安全；弱阻尼的低频振荡同时会限制区间联络线的传输功率。

区间低频振荡由于是发电机群间的振荡，参与的机组涉及全网，目前多台本地 PSS 需相互协调抑制区间低频振荡，实现形式复杂，并且由于本地 PSS 采用本地信号作为反馈信号，对区间低频振荡模式的可观性较弱，抑制效具较差；WAMS 技术的发展，使得广域阻尼控制成为可能。广域控制的优势在于：

（1）WAMS 能实时地提供广域电网的动态信息，使得控制器具有了全局的可观性，从而控制器能够在更全面的信息下做出更为准确和有效的操作；

（2）WAMS 网络高速可靠的通信性能使得中央协调的保护和控制成为可能，改变了电力系统中本地控制器间难以协调和全局优化的局面。

另一方面，电网在实际运行中，当系统发生断线、切机等故障时，系统网络结构和运行方式会发生变化，固定参数的广域阻尼控制器控制性能有时会受到显著影响，自适应阻尼控制能在线调整控制器参数以跟踪系统运行方式的变化，有望解决固定参数阻尼控制器的适应性问题。

发电机广域自适应阻尼控制基于 WAMS 信息平台，将广域阻尼控制与自适应控制相结合，利用 WAMS 实时采集的对主导区间振荡模式有强可观性的广域信息作为反馈量，并在对该模式有强可控性的发电机励磁端施加闭环控制，从而达到抑制区间低频振荡的目的。

随着广域阻尼控制优势的突显，广域阻尼控制器设计逐渐成为研究热点。与传统的本地控制不同，广域控制器面向的被控对象不再是单一发电机组，而是多机互联的复杂电网，被控系统的复杂度大大增加，从而增大了控制器设计难度。

目前广域阻尼控制通常基于系统的线性模型进行设计。传统的多机 PSS 设计方法，如极点配置法、H∞鲁棒控制、线性矩阵不等式控制等，同样可应用于广域阻尼控制器设计中。其中极点配置法是利用多变量状态空间方程，将闭环系统的极点配置到期望极点。虽然该方法可推广到高阶的系统模型中，但是不适用于存在多个振荡模式的控制器求解问题。H∞鲁棒控制则是采用降阶的系统模型，通过最小化降阶模型的 H∞范数设计控制器。为了保证控制器的鲁棒性，需要在降阶模型输入中加入假想的扰动信号，通过测量闭环系统的输出确定干扰集合，然而这种假想的干扰集物理含义不明确且在选择时具有很强的随意性，缺乏实用价值。

在实际工程应用中，广域阻尼控制不仅需要使闭环系统满足阻尼特性的要求，也要同时考虑控制器对输出能量的限制以及控制器的鲁棒性。为使闭环系统能同时满足多个性能指标，多目标优化的广域阻尼控制近年来受到广泛关注。

此外，广域控制与传统的本地控制方式最大的不同是其中信号的远距离测量和传输，延时的引入会降低控制系统的阻尼效果，甚至会引起系统的不稳定，因此传输所需时间（时滞）的影响分析和处理也是广域 PSS 阻尼控制的关键技术之一。

9.2.2 广域阻尼控制总体技术方案

广域阻尼控制系统的基本框架如图 9-9 所示。阻尼控制的主要原理是将广域

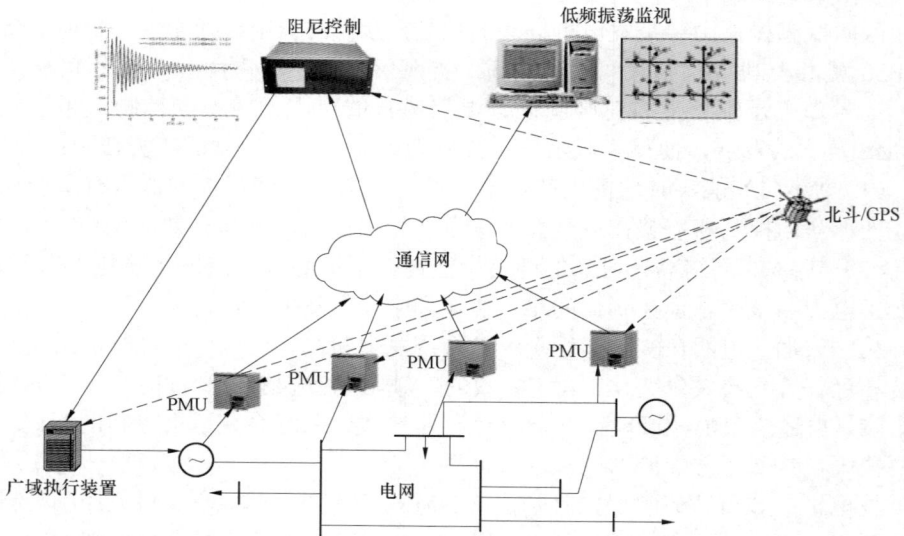

图 9-9 广域阻尼控制-监视原理图

量测系统 WAMS 采集到的系统振荡信号，送到广域控制主站，主站计算出连续的功率调制指令，控制最优控制点的机组励磁，利用发电机的有功功率调制改善电网的动态性能，提升系统阻尼，抑制电网区域间低频振荡的发生。

为了验证阻尼控制的效果，可以特别配置低频振荡监视功能。WAMS 低频振荡识别应用程序，在日常运行中，对被控制的振荡模式进行实时监视，通过相应模式阻尼比的变化，检验广域阻尼控制的实施效果。

9.2.2.1　广域反馈信号与控制地点选择

备选反馈信号集合主要由目前系统中已安装 PMU 的节点决定，所有能够由 PMU 测量得到的线路功率信号、发电机功角差信号、母线电压频率信号，均可以作为备选。备选控制点的范围主要由电网的结构特点决定，同时需考虑动态稳定分析中的主要振荡模式分布情况。在保证备选控制点的分布覆盖系统中各个主要地理位置的情况下，优先选择容量大的发电机作为备选控制点。广域控制系统的反馈信号和控制点的整体选择流程如下：

（1）根据小干扰稳定分析结果，确定系统中主要的低频振荡模式；

（2）根据系统中 PMU 的配置情况、各发电机组的容量及地理位置分布情况，确定备选反馈信号和备选控制点的范围；

（3）使用主模比指标对备选反馈信号进行筛选，得到各个振荡模式下，主模比相对较大的反馈信号；

（4）使用留数指标对备选控制点进行筛选，辨识备选控制点到各反馈信号（反馈信号由第 3 步确定）的传递函数，得到各个振荡模式中对应的留数相对较大的控制点；

（5）使用相关增益矩阵，综合筛选控制效果好且各反馈控制回路之间相互影响最小的控制信号配对方案。

9.2.2.2　广域发电机阻尼控制器设计

在确定广域发电机阻尼控制的反馈信号和控制地点后，需要进行控制器参数的离线设计，其主要目的是：① 校验控制选点、选信号的组合方案有效性，通过控制器在电网系统仿真中多种运行方式、多种扰动形式下的阻尼控制效果对比，分析前述方案的可行性；② 为后续的 RTDS 实验等提供基础；③ 作为进一步在线自适应控制的初始点，虽然由于电网模型参数误差、系统工况差异等原因导致离线设计的控制器不能精确应对实际系统情况，但经过充分测试和检验的离线设计结果可作为在线自适应控制良好的初始点，为后续的进一步优化提供很好的基础。

反馈信号和控制点确定后，被控系统和广域 PSS 控制器的关系，可由图 9–10 表示。

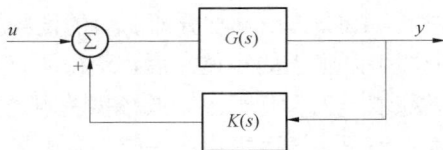

图 9–10　控制系统框图

从图中可以看出，若已知被控系统模型，根据性能指标要求，可实现控制器设计，包括以下步骤：

（1）获取被控系统模型 $G(s)$：采用激励辨识的方法，在安装广域 PSS 的发电机励磁端施加低通滤波的高斯白噪声，采集激励信号作用于被控系统时产生的输出广域反馈信号，由输入输出信号，辨识被控系统的传递函数。

（2）控制器参数设计：控制器的传递函数框图如图 9-11 所示。

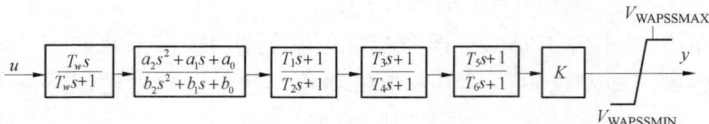

$$ u \rightarrow \boxed{\frac{T_w s}{T_w s + 1}} \rightarrow \boxed{\frac{a_2 s^2 + a_1 s + a_0}{b_2 s^2 + b_1 s + b_0}} \rightarrow \boxed{\frac{T_1 s + 1}{T_2 s + 1}} \rightarrow \boxed{\frac{T_3 s + 1}{T_4 s + 1}} \rightarrow \boxed{\frac{T_5 s + 1}{T_6 s + 1}} \rightarrow \boxed{K} \rightarrow y $$

图 9-11　控制器传递函数框图

其中需要设计的参数包括移相环节的移相角度和控制器的增益。

由于被控系统的传递函数已知，通过研究发现，控制器移相角度和增益与控制器的留数相关，通过被控系统的传递函数，可计算出低频振荡模式对应的留数，进而计算出控制器的移相角度和增益。

9.2.2.3　广域阻尼控制器自适应方法

电力系统本身是一个复杂的非线性系统，常规的广域阻尼控制方法通常是将电力系统在某一特定工作点附近进行线性化，通过对电力系统建立降阶的线性模型完成控制器设计。这种方法在系统稳态运行时是有效的，但是当系统在大的故障或扰动情况下时，系统呈现出强非线性，此时对被控系统进行线性化等价的方法已经不再适用，系统建模遇到了困难。无模型自适应控制（MFAC）是一种不需要对被控系统建模的数据驱动控制方法。该方法仅利用系统的输入输出数据即可实现对被控系统的自适应控制，且计算量小，易于工程实现，可以被应用于电力系统广域阻尼控制中。

9.2.2.4　通信延时的处理

广域控制与传统的本地控制方式最大的不同是其中信号的远距离测量和传输，因此传输所需时间（时滞）的影响分析和处理是广域阻尼控制的关键技术之一。延时的引入会降低控制系统的阻尼效果，甚至会引起系统的不稳定。以多直流广域自适应协调控制为例，理论研究和仿真表明，对于直流输电这样响应迅速的功率控制设备，延时可引起高、低两个频段范围内的振荡失稳，其中高频部分在 4~10Hz，低频部分即一般的低频振荡范畴。前者失稳情形为小延时在高频部分即可产生大的相位滞后，使得原有稳定系统的相位裕度减小至消失，而后者的失稳情形为大延时改变低频振荡阻尼控制应有的相位，从而导致控制失效甚至产生副作用，导致失稳。在广域发电机阻尼控制中，广域通信延时对控制系统稳定性的影响同样可以通过类似的方法加以分析。

　　时滞的随机性和未知性是一般时滞系统控制中存在的两个难点，而广域自适应阻尼控制中时滞都是可测和基本固定的。PMU 采集的数据具有精确的 GPS 时标，接收控制信号的控制子站上也配备了 GPS 授时装置，为时滞的精确测量提供了可行性。

　　图 9–12 为时滞测量的示意图，T_m 为 PMU 采集信号时的 GPS 时间，控制主站将控制信号与 GPS 时间 T_m 一起组成数据包发送到控制子站；子站接收到数据包后，将当前的 GPS 时间 T_r 与 T_m 作差，得到信号从采集到出口的整个控制回路的时滞 $\Delta T=T_r-T_m$，并将其回送给控制主站。主站根据 ΔT 计算得到当前的平均时滞 τ_m，取平均的窗口时间长度可为 1s。

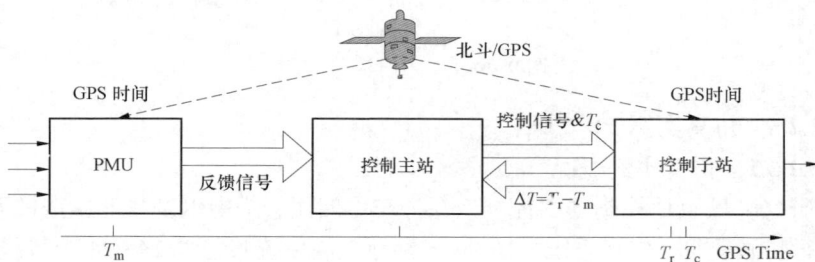

图 9–12　实测时滞方法示意图

　　时滞的随机性会给系统带来扰动，增加控制的风险。因此设计了一种方法，将广域阻尼控制中的随机网络时滞转化为基本固定的时滞，如图 9–13 所示。主站在下发控制信号的同时，将控制信号的作用时间 $T_c=T_m+\tau_m+\Delta\tau$ 同时也下发给控制子站。其中 $\Delta\tau$ 为主站在平均延时上附加的小延时，其目的是将小于 $\tau_m+\Delta\tau$ 的随机延时调整到固定延时。子站也具有 GPS 时标，其接收到控制信号的 GPS 时间为 T_r，如果 $T_r<T_c$，则子站在时间 T_c 执行数模转换；如果 $T_r>T_c$，则立即执行数模转换。

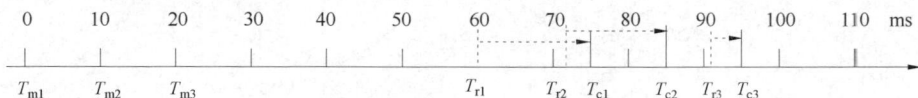

图 9–13　时滞固定技术示意图

　　在南方电网多回直流广域阻尼控制系统中实测的控制回路时滞分布如图 9–14 所示。由实测的时滞分布可知，$\tau_m=70ms$，如果令 $\Delta\tau=10ms$，则 99.95% 的数据的实际时滞会被同步到 80ms，只有 0.05% 的数据的实际时滞按原有的网络时滞随机性分布。此时主站可以认为控制回路的实际时滞大小为 $\tau=\tau_m+\Delta\tau$。

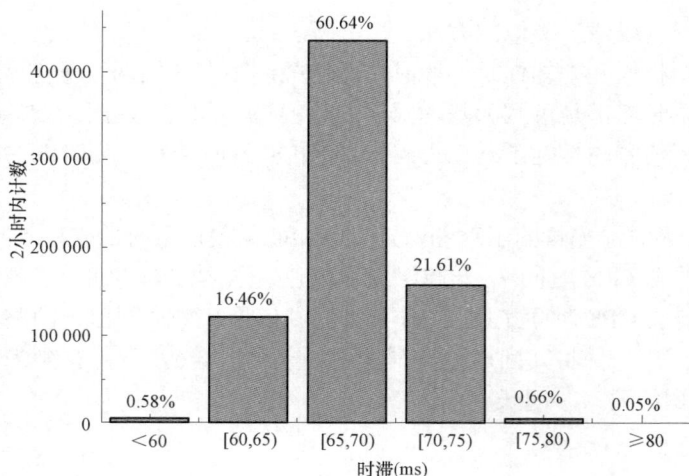

图 9-14 实测时滞分布图

9.2.2.5 仿真实例

9.2.2.5.1 仿真实例概况

为研究广域阻尼控制器的控制效果，在由四川、华中以及华北组成的互联系统中进行仿真验证，仿真系统如图 9-15 所示。该系统共包含 14 094 个母线节点、

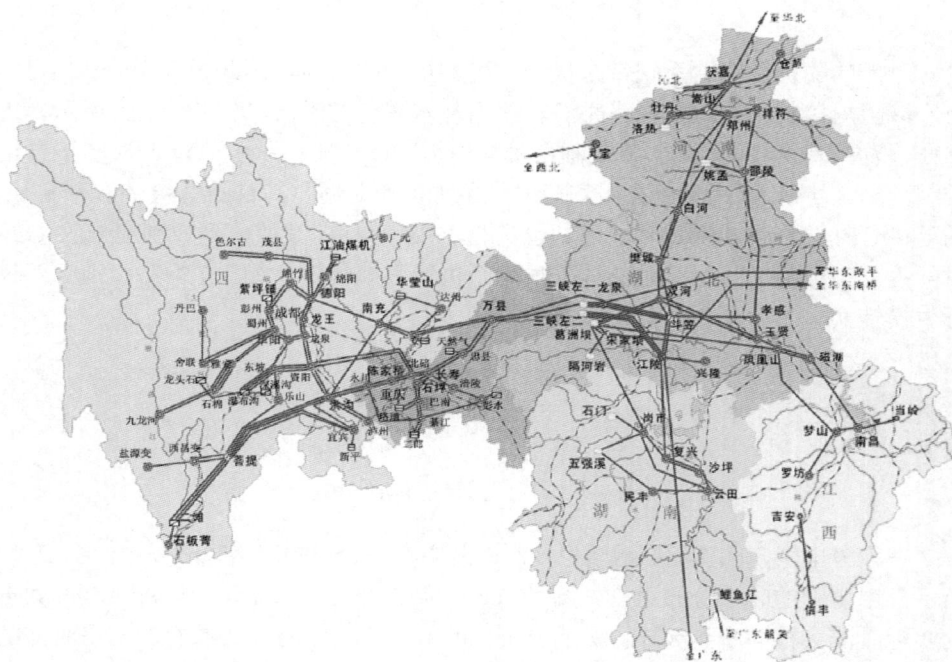

图 9-15 四川—华中—华北互联电网地理接线示意图

1340 台发电机、11 742 条交流线路和 11 条支流线路，是一个典型的交直流混合互联大系统。仿真以 2012 年夏大运行方式作为基础运行方式，基准容量为 100MW。该方式中，川渝断面外送功率为 4000MW，渝鄂断面外送功率 1400MW，鄂湘断面外送功率为 2800MW，鄂豫断面外送功率–3600MW，鄂赣断面外送功率 3200MW，山西外送功率 10 900MW，山东外送功率–4000MW，内蒙古外送功率 4400MW。

四川电网机组主要参与两个区间振荡模式，一个为四川电网内部九石雅地区水电机组群对二滩水电机组群之间的振荡，频率为 0.79Hz，阻尼为 4.7%；另一个为四川机组对河南机组之间的振荡模式，频率为 0.34Hz，阻尼为 5.6%。在本算例中，为抑制二滩—九石雅的区间振荡，选取二滩发电机安装广域阻尼控制器，反馈信号为二滩—九石雅的区间频差信号。四川—河南的区间振荡，选取四川省内的新平发电机安装广域阻尼控制器，反馈信号为四川—河南的区间频差信号。该广域阻尼系统可以描述为 2 个单输入单输出的子系统，其中二滩广域阻尼控制器组成的闭环系统为子系统 1，新平广域阻尼控制器组成的闭环系统为子系统 2。

9.2.2.5.2 阻尼控制效果验证

为了检验广域阻尼控制器在线协调性能，分别在系统结构变化和系统运行方式变化两种情况下检测广域阻尼控制的效果。

方式 1：变结构方式。断开川西水电外送西通道南天—嘉州—沐川—叙府，断开桃乡—资阳两回线。故障设置为系统在 1s 时，雅安—蜀州 I 回线发生瞬时短路故障，0.1s 后切除线路故障消失。

方式 2：变潮流方式。增加四川电网外送功率 2300MW。故障设置为系统在 1s 时，雅安–蜀州 I 回线发生瞬时短路故障，0.1s 后故障消失线路不切除。

（1）方式 1 自适应协调控制效果检验。

方式 1 稳态运行后，二滩—九石雅振荡模式的频率为 0.73Hz，阻尼为 2.27%；另一个为四川机组对河南机组之间的振荡模式，频率为 0.32Hz，阻尼为 4.00%。在方式 1 下，比较无广域阻尼控制器、只投入二滩（或新平）广域阻尼控制器、同时投入二滩和新平广域阻尼控制器以及投入二滩和新平 MFAC 协调广域阻尼控制四种情况下的控制效果。图 9–16（a）和（b）分别为故障期间二滩—瀑布沟的功角波动曲线和黄岩—万县有功功率波动曲线。二滩—瀑布沟功角曲线主要反映二滩—九石雅区间振荡模式，黄岩—万县功率曲线主要反映四川—河南区间振荡模式。

从图 9–16（a）可以看出，相比只投入二滩广域阻尼控制器，同时投入二滩和新平广域阻尼控制器对二滩—九石雅振荡模式的抑制作用略有减弱，这表明两个控制通道相互作用对二滩—九石雅振荡模式产生了不利影响；投入二滩和新平 MFAC 广域阻尼协调控制器后，二滩—九石雅振荡模式的阻尼得到了一定改善。

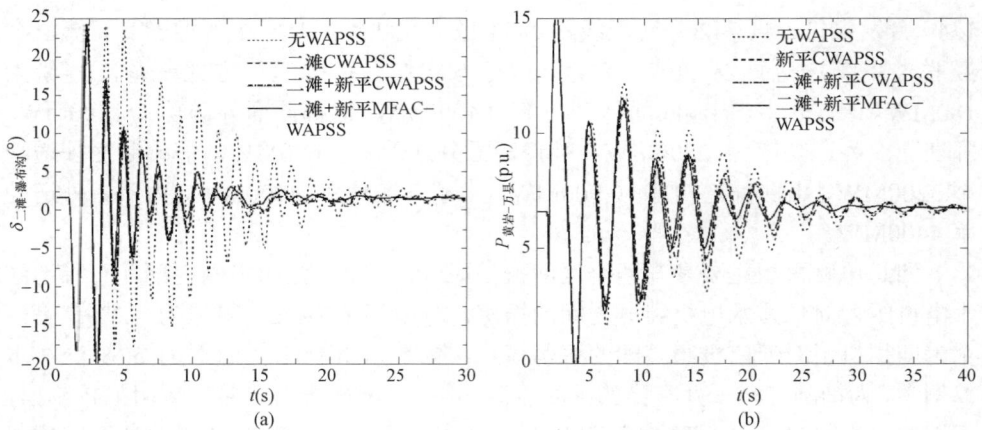

图 9-16　方式 1，不同控制器作用下各曲线比较图

（a）二滩—瀑布沟的功角曲线；（b）黄岩—万县功率波动曲线

　　图 9-16（b）说明只投入新平广域阻尼控制器和同时投入二滩和新平广域阻尼控制器两种情况下，其黄岩—万县功率曲线基本重合，这表明两个控制通道共同作用对四川—河南振荡模式基本无影响；但由于此时系统结构已经发生变化，原有的新平控制器对四川—河南振荡模式的控制效果有限，投入二滩和新平 MFAC 广域阻尼协调控制器后，新平 MFAC 控制器通过自适应调整能够明显提高对四川—河南振荡模式的阻尼作用。

　　（2）方式 2 自适应协调控制效果检验。

　　方式 2 下，二滩—九石雅振荡模式的频率为 0.75Hz，阻尼为 2.00%；四川—河南振荡，频率为 0.31Hz，阻尼为 3.08%，相比基础运行方式，两个模式的频率和阻尼均有所下降，运行方式变化较为明显。图 9-17（a）和（b）为无广域阻尼控制、投入二滩（或新平）广域阻尼控制器、同时投入二滩和新平广域阻尼控制器以及投入二滩和新平 MFAC 广域阻尼协调控制器四种情况下的控制效果比较。

　　从图 9-17（a）可以看出，相比只投入二滩广域阻尼控制器，同时投入二滩和新平广域阻尼控制器后，二滩—九石雅振荡模式在前半段时间得到了一定抑制，但在后半段又重新被激发起来。投入二滩和新平 MFAC 广域阻尼协调控制器后，二滩—九石雅振荡模式在整个时间段内均得到了有效抑制。

　　图 9-17（b）表明只投入新平广域阻尼控制器和同时投入二滩和新平广域阻尼控制器两种情况下，其黄岩—万县功率曲线基本重合，这说明两个控制通道共同作用对四川—河南振荡模式基本无影响；但由于系统运行方式的变化，原有的新平控制器对四川—河南振荡模式基本无阻尼作用，投入二滩和新平 MFAC 广域阻尼协调控制器后，新平 MFAC 控制器通过自适应调整能够显著提高对四川—河南振荡模式的阻尼作用。

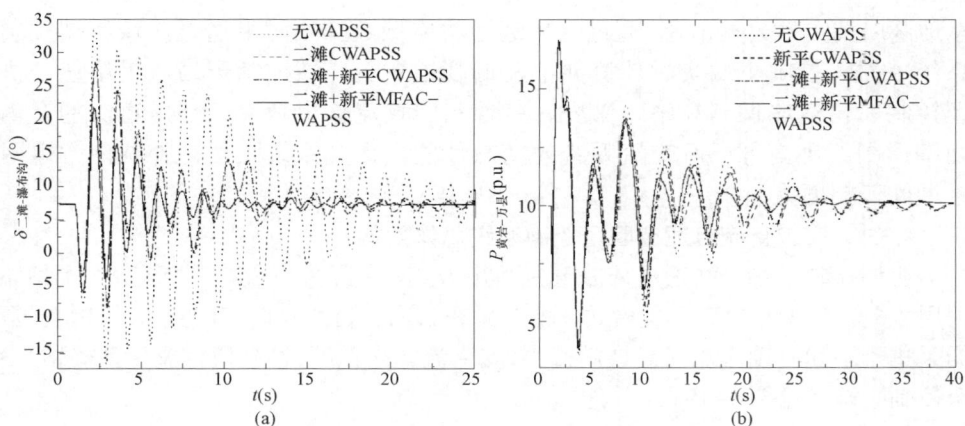

图 9-17　方式 2，不同控制器作用下各曲线比较图

（a）二滩—瀑布沟的功角；（b）黄岩—万县功率

9.3　广域直流协调阻尼控制系统

高压直流输电具有可控能力强、响应速度快的特点，交直流混合通道用于跨区域的功率传输，具有较大的可调容量，因此直流附加阻尼控制非常适合抑制区间低频振荡，其缺点是在控制点选择上缺少灵活性。

9.3.1　南网广域直流自适应阻尼控制系统

本节以南方电网基于广域信息的多回直流自适应协调控制系统（简称协调控制系统为例进行说明，其示意图如图 9-18 所示：PMU 子站采集云南、贵州、广

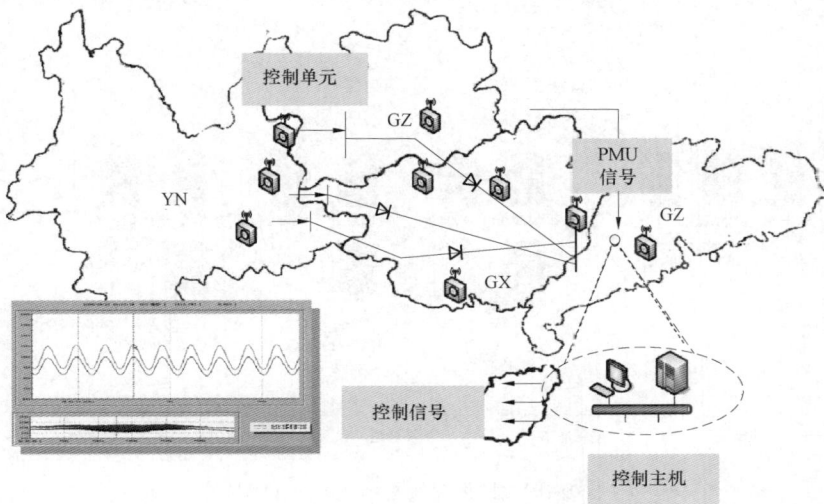

图 9-18　协调控制系统示意图

东地区广域实时数据信息,通过专用通道将广域数据实时上送至广域协调控制系统主站,控制主站实时计算并下发调制指令至广域控制子站,采用统一协调控制、自适应调制高肇、兴安、楚穗三回直流输出功率,利用直流的有功功率调制改善南方电网交流系统的动态性能,提升系统阻尼,抑制南方电网区域间低频振荡。

9.3.2 广域直流自适应阻尼控制系统总体架构

协调控制系统主站采用 A/B 套热备用方式,配置在广东穗东换流站。子站端采用"6 输入 3 输出"配置模式,即分别在云南、贵州、广东配置 6 个 PMU 数据采集子站和高肇直流(高坡站)、兴安直流(兴仁站)、楚穗直流(楚雄站)3 个控制子站(见图 9–19)。

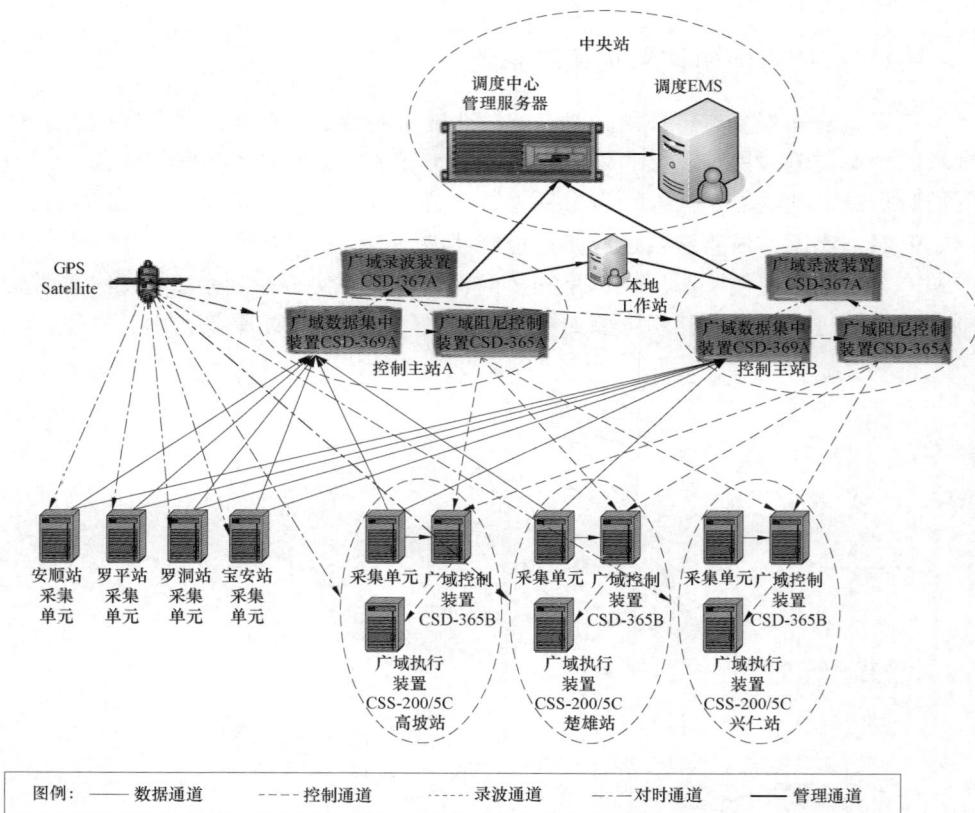

图 9–19　协调控制系统连接示意图

广域 PMU 子站通过双通道将量测数据实时上送至协调控制系统 A/B 套主站，控制系统主站在接收广域数据的同时进行数据对齐、发布、存储、计算，然后通过双通道下发控制指令到控制子站，控制子站通过本地 PMU 采集本地直流功率状态，接收控制指令并实时输出调制模拟量至极控系统，控制输出状态实时回测上送至控制主站，A/B 套主站通过数据网通道将系统运行状态信息、调制状态等信息上送至调度端监视管理工作站并转发给 EMS 系统。

9.3.3 广域直流自适应阻尼控制系统主站配置

穗东换流站为新建多直流协调控制系统主站，采用 A/B 套热备用的配置方式，配置控制主站屏 2 面、通信接口屏 1 面及本地监视工作站 1 套。控制主站屏配置时间同步装置、录波装置及阻尼控制装置；通信接口屏配置数据集中装置及通信接口单元（见图 9-20）。

广域实时数据通过 2M 通道连接至通信接口屏的数据集中装置，数据集中装置将实时数据分别转发至录波装置及阻尼控制装置，阻尼控制装置接收广域数据完成实时计算后，将控制指令通过 2M 通道下发至控制子站，同时将控制数据发送至录波装置。录波装置将接收的广域数据及控制数据进行本地存储并上送本地监视管理工作站及总调监视主站。

穗东换流站 A/B 套控制主站经调度数据网（双网）接至南网总调监视管理主站，总调监视管理主站配置应用服务器、监视工作站。应用服务器接收穗东主站实时上送协调控制系统状态信息，发布至监视工作站且同步转发状态信息至 EMS 系统。监视管理主站支持远程召唤穗东站 A/B 套录波数据。

南网总调监视管理主站通过数据网通道连接至穗东站 A/B 控制主站，接收穗东站转发的控制系统实时状态信息；召唤穗东站录波装置存储的广域 PMU 数据及控制数据；调度主站通过应用服务器同步上送至监视工作站，同时上传控制系统状态信息至调度 EMS 系统。南网总调监视主站连接示意图如图 9-21所示。

9.3.4 广域直流自适应阻尼控制系统通信连接

穗东换流站 A/B 套协调控制系统主站通过 2 组 2M 专用通道连接安顺变、高坡换、罗平变、楚雄换、罗洞变、宝安换 PMU 子站；通过 2 组 2M 专用通道连接高坡换、兴仁换、楚雄换控制子站；通过 2 组数据网通道连接调度监视管理主站。

通道拓扑图及配置信息如图 9-22 所示。

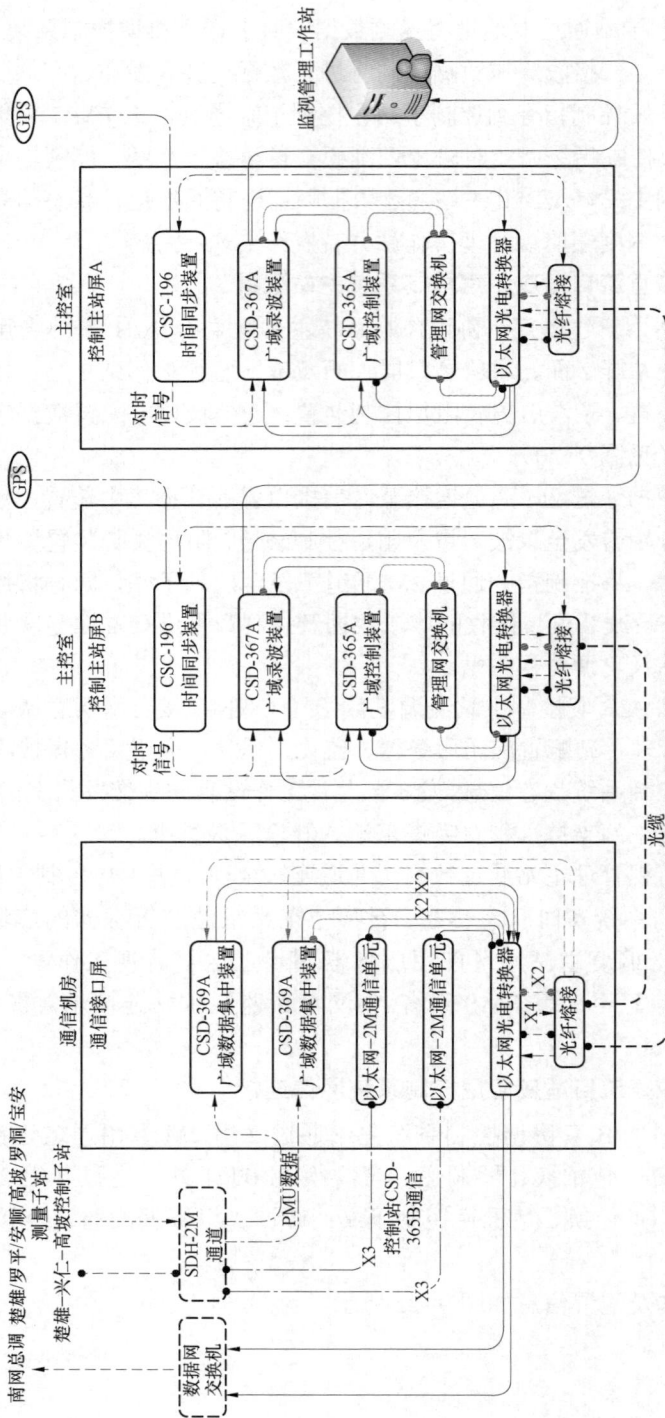

图 9-20 穗东主站-系统连接示意图

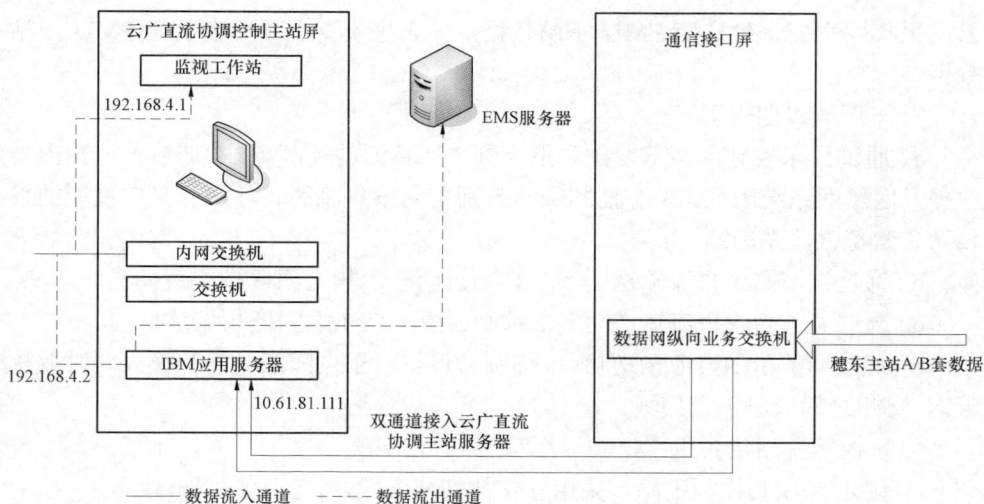

图 9-21　调度监视管理主站-连接示意图

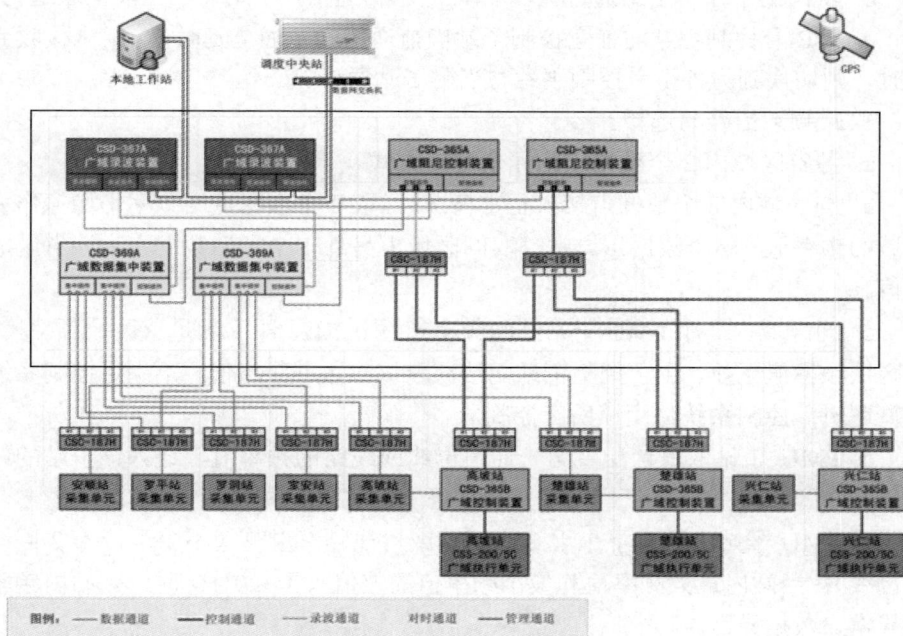

图 9-22　系统通道连接示意图

9.3.5　应用逻辑和实例

（1）广域数据采集通过采集贵州、云南、广东区域内 PMU 子站数据信息，获取区域频率、潮流信息；其中，贵州采集安顺变、高坡换 PMU 子站数据，云南采集罗平变、楚雄变 PMU 子站数据，广东采集罗洞变、宝安换 PMU 子站数据。

（2）广域协调控制。

a. 通过穗东控制主站下发控制指令到 3 回直流的控制子站，调节直流输出功率提升区域间系统阻尼。3 个控制子站分别是高肇直流的高坡站、兴安直流的兴仁站、楚穗直流楚雄站。

b. 通过调节高肇直流输送功率，抑制云南—贵州之间低频振荡模式。

c. 通过调节兴安直流输送功率，抑制云贵—广东之间低频振荡模式。

d. 通过调节楚穗直流输送功率，抑制云贵—广东之间低频振荡模式同时兼顾云南–贵州之间低频振荡模式。

（3）控制主站热备用。

a. 穗东 A/B 套控制主站，采用互备热切换方式，2 套主站完全独立。

b. A/B 套控制主站同时连接广域 PMU 子站和控制子站，通信状态一致。

c. 默认穗东控制主站通过 A 套和控制子站通信，子站显示当前主通道为 A。

d. A/B 套控制主站与任意控制子站当前通信的主通道延时 50ms 未接收到数据时，则切换到另外 1 套控制主站与当前子站通信。

（4）频率信号的选择。

a. 各省区域内 2 个数据点为冗余配置方式。

b. 同区域内 2 个数据点接入正常情况时，取 2 个数据点站频率平均值作为该区域的频率值；单个数据点异常时取同区域内另外 1 个子站数据点为该省区域频率值。

c. 同区域内 2 个 PMU 子站站间频率超过 0.2Hz，即不满足该区域频率校验，该区域频率值无效，由于控制主站无法获取该省区域频率值，不满足控制系统的计算逻辑；控制系统将闭锁所有控制器。

d. PMU 子站取默认配置第一通道母线或线路的频率值上送为该子站的站频率值。

e. PMU 子站应具有不少于 2 个线路或母线频率量测（不少于接入 2 回线路或母线）；当站内最大频率值和最小频率值的差值大于 0.01Hz 时，判站内频率校验异常、数据异常。

（5）控制器输入信号。

a. 高肇控制器：贵州频率–（云南频率+广东频率）/2。

b. 兴安控制器：（云南频率+贵州频率）/2–广东频率。

c. 楚穗控制器：云南频率–（贵州频率+广东频率）/2。

9.4　暂态稳定预测与控制

9.4.1　电力系统状态和稳定控制

9.4.1.1　电力系统运行状态

（1）正常状态。

电力系统能够保持充裕性和安全性的运行状态。充裕性是指电力系统在静态条件下，系统元件的负载不超出其定额母线电压以及系统频率维持在允许范围内，考虑到系统元件计划和非计划停运的情况下，供给用户要求的总的电力和电量的能力。安全性是指电力系统在运行中，如出现特定可承受事件，不致引起损失负荷、系统元件的负荷超出其定值、母线电压和系统频率超越运行范围、系统稳定破坏、电压崩溃或连锁反应的能力。

（2）警戒状态。

电力系统的潜在不充裕和不安全状态，在此状态下，如出现特定可承受事件将导致损失负荷、系统元件的负载超出其定额、母线电压和系统频率超越运行范围、功角不稳定、连锁反应、电压不稳定或其他不稳定。

（3）紧急状态。

电力系统的异常状态，在此状态下，某些系统元件的负载超出其定额，某些母线电压或系统频率超越运行范围，出现稳定危机，可能损失部分负荷。此时要求采取紧急控制作用以保持系统稳定，防止设备损坏和系统状态进一步恶化。

（4）极端紧急状态。

电力系统的故障状态，在此状态下，系统不能维持稳定但可实现有计划地解列，部分负荷将中断供电，部分系统元件的负载超出其定额，部分母线和系统频率超出运行范围。此时必须采取防止事故进一步扩大的紧急控制措施以避免系统崩溃。

（5）崩溃状态。

电力系统的一种严重故障过程，包括系统稳定破坏、连锁反应、电压或频率崩溃，导致大范围中断供电，被解列的部分系统或机组需要较长时间才能重新起动及恢复供电。

（6）恢复状态。

重建电力系统充裕状态采取的一系列控制作用的过程，包括发电机快速起动，再同步并列，输电线重新带电，负荷再供电和电力系统解列的部分再同步运行。

9.4.1.2　安全稳定控制的类型

电力系统稳定性是指电力系统受到事故扰动后保持稳定运行的能力。根据动态过程的特征和参与动作的元件及控制系统，《电力系统安全稳定导则》（DL

755—2001）将电力系统稳定分为功角稳定、频率稳定和电压稳定三大类。电力系统中功角稳定性、电压稳定性、频率动态变化及其稳定性都不是各自孤立的现象，而是相互诱发、相互关联的统一物理现象的不同侧面，其间关联又受到网络结构和运行状态的影响。其中母线电压相量及发电机功角状况是系统运行的主要状态变量，是系统能否稳定运行的标志。它们的测量值不仅可以用于调度中心的集中监视和控制，而且能用于分散就地监视和控制。

功角失稳表现为同步发电机受到扰动后不再保持同步运行。根据受到扰动大小及导致功角不稳定的主导因素不同（同步力矩不足和阻尼力矩不足），将功角稳定分为四小类：静态稳定、小干扰稳定、暂态稳定和大干扰动态稳定。

暂态稳定主要指系统受到大扰动后第一、二摇摆的稳定性，用以确定系统暂态稳定极限和稳定措施，其物理特性是指与同步力矩相关的暂态稳定性。

（1）正常运行状态下的安全稳定控制。

为保证电力系统正常运行状态及承受第 I 类大扰动（单一故障等出现概率较高的故障）时的安全要求，应由一次系统设施、继电保护，以及安全稳定预防性控制等，组成保证电力系统安全稳定的第一道防线。系统预防性控制包括发电机功率预防性控制、发电机励磁附加控制、并联和串联电容补偿控制、高压直流输电（HVDC）功率调制，以及灵活交流输电（FACTS）控制等。

（2）紧急状态下的安全稳定控制。

为保证电力系统承受第 II 类大扰动（出现概率较低的单一严重故障）时的安全要求，应由防止稳定破坏和参数严重越限的紧急控制等实现保证电力系统安全稳定的第二道防线。这种情况下的紧急控制包括切除发电机、汽轮机快速控制汽门（简称快控汽门）、发电机励磁紧急控制、动态电阻制动、串联或并联电容强行补偿、HVDC 功率紧急调制和集中切负荷等。

（3）极端紧急状态下的安全稳定控制。

为保证电力系统承受第 III 类大扰动（出现概率很低的多重严重故障）时的安全要求，应配备防止事故扩大、避免系统崩溃的紧急控制，如系统解列、再同步、频率和电压紧急控制等，同时应避免线路和机组保护在系统振荡时误动作，防止线路及机组连锁跳闸，以实现保证电力系统安全稳定的第三道防线。

（4）系统停电后的恢复控制。

电力系统由于严重扰动引起部分停电或事故扩大引起大范围停电时，为使系统恢复正常的运行和供电，各区域系统应配备必要的全停后启动（黑启动，black start）措施，并采取必要的恢复控制（包括自动控制和人工控制）。自动恢复控制包括电源自动快速启动和并列，输电网络自动恢复送电，以及用户自动恢复供电。

9.4.2　基于同步相量测量的暂态稳定预测与控制

自 PMU 发明以来，20 世纪 90 年代初期预想的同步时钟在稳定控制中的大规模推广应用并没有出现，这期间仅有少量研究论文发表，实际投运的控制系统很少。同步时钟稳定控制应用的低谷来自两方面原因：

（1）基于同步时钟的稳定控制只有针对多机大系统才能发挥其优势，而多机系统稳定控制方法一直没有形成一套快速、有效、系统的理论体系，目前各国的电力暂态稳定在线控制的研究许多是基于在线预决策或暂态安全分析（TSA）的框架，而没有在利用时钟同步监测系统提供的相量信息上有所突破。

（2）电网暂态过程持续时间短，要求稳定控制系统的反应速度不得超过 1s，有的甚至必须在 200ms 内完成从数据采集到控制措施的过程。在如此短的时间内集中各地的数据，要求有高速数据通信系统的支持，而过去多数电力系统的数据通信速度还停留在 9.6kbit/s 以下，难以发挥全网同步数据的优势。

随着世界范围内计算机网络和数字通信技术的进步，廉价高速计算机和高速数字通信技术正在逐步替换电力系统陈旧设备，国内各大电网都在加紧光纤通信网的建设。可以预见，当数据通信延迟仅有 4~5ms 时，硬件技术已经不是障碍，而暂态稳定控制理论研究的滞后问题将进一步突出。本节将对 1990 年至今同步相量测量技术在暂态稳定控制中的研究和应用做一简要介绍。

9.4.3 暂态稳定预测与控制问题的定位

利用同步相量实现安全稳定控制是一种在系统受到严重扰动后以实时综合异地输出量（电压、电流相量，功率，保护信号等）形成控制策略为特征的事后型安全稳定控制。仅依据事前分析或仅依据控制站本地实测输出量的控制策略并不需要同步相量测量系统的支持。

因此，基于同步相量的稳定控制系统应该至少具备以下特点：

（1）控制系统的输入量至少包括电网交流量的角度信息；

（2）控制对象必须是电网的暂态过渡过程或中长期动态过程，其中尤以暂态过渡过程的控制最困难；

（3）必须进行异地瞬态数据综合；

（4）必须能度量稳定性；

（5）可以考虑其他常规控制措施的影响。

实现该控制方案必须有两方面的支持：① 技术支持——包括数据通信（异地数据通信，必须保证通信延迟小于工频周期，保证扰动信息实时集中）、暂态过渡过程中的数据辨识技术和数据同步技术等，在这方面已经有了相当多的研究和实践；② 理论支持——多机实时稳定控制理论，必须兼备稳定预测功能和控制策略优选功能。基于同步相量测量技术的稳定控制方法与其他控制方法的主要不同是它可以实时得到电网的状态量，即可以得到实际系统精确模型的历史数据和当前轨迹。难点是如何根据历史轨迹判断未来轨迹的稳定性，如何根据稳定判断结果优选控制措施。考虑到暂稳控制的实时性要求，轨迹判稳和控制策略计算不能依赖于求解电网的复杂模型。但由于得到多机系统的轨迹解析解几乎是不可能的，国内外研究工作的重点便转向对电力系统稳定性的近似计算方法的研究上。目前已有的各种计算方法将在下文逐一讨论。

9.4.4 暂态稳定预测控制研究

这些方法包括基于详细模型的预测法、同调群（双机群等值模型）预测法、角度曲线外推预测法、能量函数模型预测控制法、智能预测法等。其中，仅同调群（双机群等值模型）预测法有较详细的应用报道，其它都处于理论研究阶段。

9.4.4.1 详细模型预测法

这类方法直接利用电力系统的详细模型，通过逐步积分法预测系统的运动轨迹。由于逐步积分法的计算时间长，所以必须适当简化电力系统的模型，以提高计算速度。比较有代表性的是分段恒流等效（PCCLE）方法。基本思想是：用当前时刻的测量数据预测未来一段时间内系统的轨迹，在发电机角度变化的微小邻域内假定负荷为恒流源，当发电机角度超出限界时，更新负荷的等效恒流源。它利用实测的电压向量作为输入，用解耦潮流计算法求解等效负荷电流，用四阶 Runge-Kutta 方法计算转子二阶微分方程。以 ETMSP（Extended Transient/Midterm Stability Program）的计算为标准，通过在 HP9000/720 上对新英格兰 10 机 39 母线系统仿真计算比较表明：当角度邻域为 10° 以下时，PCCLE 的计算时间小于 200ms，是 ETMSP 的 1/6 到 1/5。

9.4.4.2 同调群（双机群等值模型）预测法

这类方法首先把实际电网的机组分成同调群，然后预测同调群的稳定性。如果系统机组最终等值成两机系统，则可以依据等面积定则快速选择控制策略。这类方法的前提是电力系统在暂态过程中的失稳模式可以归结为双机模式，但是研究实践表明该失稳模式不具有普适性，即使相同的电力网架，在运行方式变化时其失稳模式也是变化的。因此双机等值方案只能是特例研究的成果。

CEI（Clustering-Estimation-Integration）方法的基本思路是把故障后初始运动轨迹划分成同调组，然后用低阶模型等值同调组，等值模型根据相量测量结果不断更新。该方法可以预测未来 0.5s 的系统动态轨迹。通过在新英格兰 10 机 39 母线系统的仿真计算表明当用两机系统等值时，CEI 方法能够比较有效地做到对失稳情况提前报警，同时我们注意到，仿真结果表明采用 3 群或 4 群同调组划分的预测结果并不比双机分群的预测结果好。

另外还有为自适应失步保护提供出口动作启动条件的稳定预测方法。它首先把系统等值成双机系统，然后利用安装在两个区域间联络线变电站的相量测量单元（PMU）测量的电压电流相量推算等值机的运行状态，再利用等面积法则（EAC）判断系统的稳定性，当发现系统失去稳定后该装置可以分离失步区域。

国内也有学者提出利用两机群方案在线估计两机参数，利用 EAC 决定切机控制量。

9.4.4.3 角度曲线外推预测控制法

这类方法主要是在实测相角曲线的基础上利用自回归（AR）、多项式或频角关系等预测相对角度的轨迹，然后以角度大于某一限制值或依据预测模型的稳定性判断系统的稳定性。这类方法的误差随预测长度的增加变大，且在暂态初期，轨迹变化较剧烈时，其预测精度更难保证。角度判稳的标准大多是根据特定系统的仿真计算统计得到的最大相对角，其正确性缺乏理论证明。

这类方法主要有：根据研究对象相对角度为近似衰减的正弦信号的特点，构造相对相角预测算法，其数据可以预测未来 200ms 的轨迹；构造发电机和参考点的频率与角度差的复合外推关系式，根据发电机的动态方程估计切机量，控制转子角小于给定值；应用 T–U–V 滤波器对电力系统实时相角测量中的参考相角进行预测，以便能就地产生一个超前的参考相角用于就地监控；利用 AR 预测角度，并用相对角大于 150° 和相对角频率大于 150°/s 作为稳定判据；利用 AR–2 模型预测角度曲线，然后根据保持预测模型稳定的参数特点判断系统的稳定性。

9.4.4.4 能量函数模型预测控制

这类方法以能量函数为基础判断系统的稳定性，由于能量函数的计算速度仍不能满足在线要求，所以有的文献提出利用能量函数离线确定系统运行状态的稳定区域，然后在线比较。能量函数法的缺点首先是其结果偏向保守；其次，它把故障清除后的系统近似为自治系统，不能考虑控制措施的影响，不利选择控制策略；最后，研究表明能量函数法在系统不满足双机失稳模式时失效。

美国 S.E.Stanton 等人从部分能量函数（Partial Energy Function）出发，分析多机系统中单机的能量，提出用 PMU 检测发电机的转速 k 的最大数值，并和转速坎值比较决定切机量。其转速坎值 k_{cr} 是根据能量函数理论通过离线仿真求得的。文中只是研究特定电厂是否应该采取控制措施，没有研究如何选择控制量。利用角度曲线外推法和势能边界法判断系统的稳定性。

9.4.4.5 智能预测法

这类方法基于实时预测的快速性考虑，采用模式识别、神经网络和模糊推理等人工智能手段实现暂态稳定的快速预测。其主要特点是为了得到预测模型的参数需要进行大量系统化的离线计算来生成训练样本，然后用非样本集检验决策模型的正确性。这类方法从本质上和传统的策略表方法是一致的，都存在离线计算结果不能完全与实际运行方式一致的问题，只是前者使用了更加系统化的方法构造策略表，且有一定的内插功能，但是它并没有从稳定的机理上深入研究，这也是电力系统研究复杂性和运行经验性的一种折中方向。

有代表性的方法是决策树法,通过对不同运行方式(固定的和随机构造的运行方式)和不同故障(地点、持续时间)的上万次仿真计算,仅使用机组的内电势角度作为输入,针对不同训练集组合构造多个决策树。随着训练集的变大,决策树的接点树和深度也相应增加。另外还有神经网络法,是一种基于模糊神经网络实时预测系统暂态稳定性的方案。但它采用 PMU 在故障切除后 8 个周波内的测量结果作为输入,输入数为发电机数的 6 倍,当系统规模较大时,训练过程将非常困难。还有提出基于模糊分类的径向基网络模型及算法,先利用无导师学习方法按照样本的特性,对输入样本进行模糊分类,然后对各类样本分别训练径向基网络,进一步提高了训练速度。利用同步相量测量装置获得故障后到故障清除期内各发电机的功角,经简单运算后作为神经网络的输入。

9.4.5 同步相量测量技术和电力系统的结合点

同步相量测量技术可以应用到电力系统的许多方面。但是,其最重要的应用场合必然是电力系统的区域暂态稳定控制。然而,由于理论和技术方面的限制,电力系统必然从同步数据记录开始,然后形成状态测量(估计)、动态监测、稳定在线评估和稳定控制等分支。最难完美实现的是暂态稳定控制,它不仅要求电力系统计算、通信等技术水平的提高,还需要多机控制理论的实质性进步。从国内的研究现状看,已经有不少电网安装了 PMU 或可以提供相量测量功能的系统,但是其主要还是被用做同步数据采集,没有在电力系统动态安全在线监测和稳定控制中发挥作用。

借助同步相量测量技术可以获得实时角度、频率和幅值,因此需要利用这些数据资源深入研究机电暂态过程中电力系统的运动轨迹,研究各控制环节对机组内电势角轨迹的影响。在卫星同步时钟技术出现前,这种研究还是不现实的。此外,必须突破双机模式假设,因为多机模式才是系统暂态过程的实质,但是在多机模式下解析求解电力系统稳定评估问题非常困难,必须借助现代高速计算工具和数值计算方法。同时还要注意到,卫星同步时钟只是提供了数据同步的保证,实时数据一定程度上仍然是历史数据,鉴于电力系统的复杂性,单纯依靠轨迹外推预测的方法是不可靠的,不能完全抛开在线仿真计算。因此,必须走轨迹分析和在线计算相结合的道路,用轨迹分析指导在线计算,用在线计算修正控制策略。

9.5 基于 PMU 的风电场功率控制系统

随着我国风电技术的发展,风电能源在电网中所占的比例越来越大,由此而带来的电网安全稳定问题也日益引起电网方式和调度部门的关注。从能源角度来看,风电作为清洁能源一般都处于自然满发状态;而从电网调度角度,风电在高峰时顶不上去、低谷时减不下来，是某种意义上的垃圾电源。电网调度部门迫切需要一种能在紧急时刻降低风电出力，确保系统频率维持在安全范围之内的手段。基于 PMU 的广域同步测量技术的广泛应用为进一步实现风电场的广域控制提供了物质和技术基础。综合利用 WAMS 和 SCADA 数据，对全网主要风电机组进行统一控制的广域风电控制是近年来风电利用的新趋势。

9.5.1 广域风电调峰控制

黑龙江省的广域风电控制系统根据电力系统稳定控制系统的需要设计，是广域控制领域的工业化产品。该产品在提高电网的安全稳定方面，特别是提高负荷低谷时的调峰问题方面具有明显的优势。火电机组深度调峰时出于稳燃的需求，常常需要投油助燃；更深度的调峰甚至需要采用机组热态备用的方式，不但燃油消耗量大，而且对机组应力损伤也很严重，安全性非常差。相比于火电机组的启停耗费，风电机组启停费用很低，在后台停机的方式下，启停费用甚至近似于零。建立风电控制系统，在水、火机组调峰能力用尽的时候参与调峰，可大大提高电网运行的经济效益和安全性。

黑龙江广域风电调峰控制系统的基本控制原则如下：

（1）如果黑—吉省间联络线功率超送，且没有合适的水火电机组可以继续降低出力时，则考虑切除部分风电机组。

（2）为了使切机控制得尽量公平，采用循环队列方式选择受控风场，即：位于队列首端的风电场优先受控，受控后被移至队尾，依此类推，所有风场机会均等。

（3）控制方式是按比例停机、限制发电能力：无论自然风力如何变化，被调度停运的机群都保持停运状态，直至联络线 ACE 出现负偏差再依次投入停运的机群。

（4）为了减少切机对风电机组的影响，优先采用软切方式，不具备软切方式的采取硬切方式。

（5）实现自动控制，快速响应，提高调度自动化水平。吉黑联络线超差 3min 自动控制启动，30s 之内风电场机群完成顺桨、停机等操作，出力减到零。

（6）支持"人工"参与风电控制流程，调度员可在必要时采用人工的方式参与调度流程，对于调度员人工干预的风场，风电控制系统仅提供控制建议。

9.5.2 广域风电控制系统组成

广域风电控制系统包括广域风电控制系统主站、广域风电控制系统子站和高速通信系统，其原理如图 9-23 所示。广域风电控制系统主站和子站的典型组成设备如表 9-1 所示。

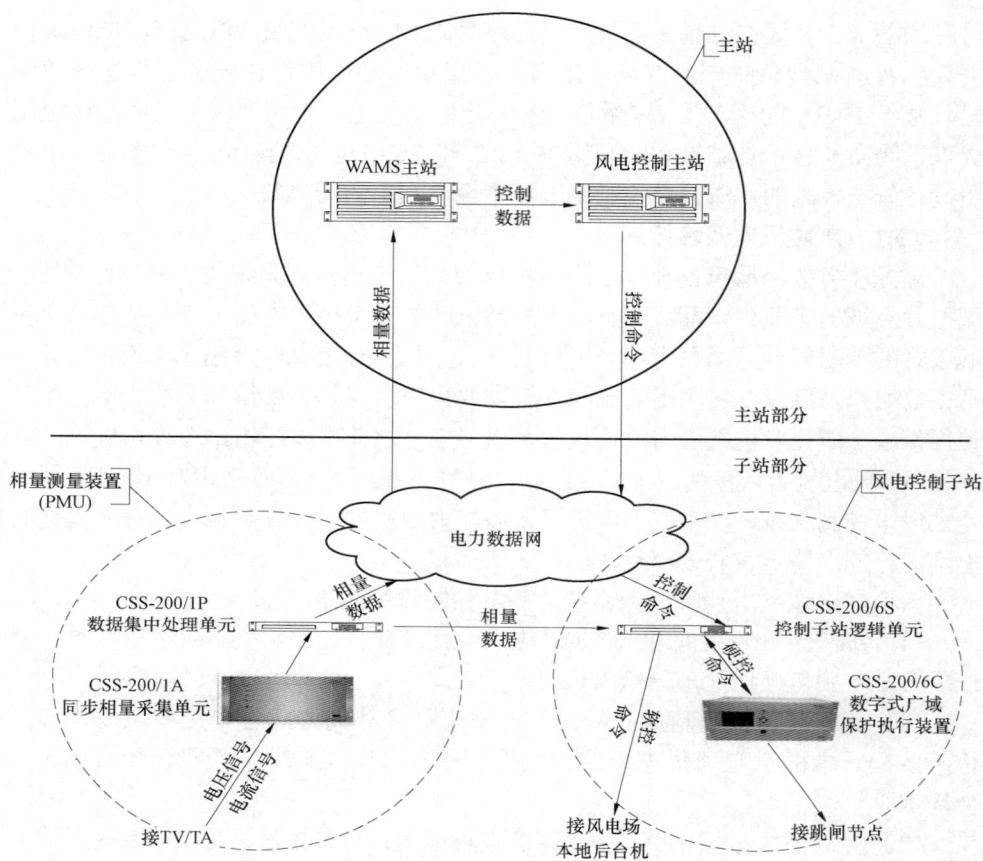

图 9-23　广域风电控制系统示意图

表 9-1　　　　　　　　　　　　广域风电控制系统组成

序号	名　称	功　能
1.1	数据服务器	实现风电数据管理等功能
1.2	控制服务器	实现风电控制主控逻辑
2.1	GPS 授时单元	提供统一的时钟基准，支持级联扩展
2.2	同步相量采集单元	电压、电流和开关量的实时同步测量
2.3	数据集中处理单元	完成数据处理、远方通信和数据存储
2.4	控制子站逻辑单元	接收主站控制命令并智能选择待控机群，优化输出控制指令
2.5	数字式广域保护执行装置	接收控制命令形成跳闸出口
2.6	电力系统通信接口装置	工业级的以太网光电转换装置

9.5.3　广域风电控制系统主站功能

广域风电控制系统主站主要具有以下功能：

（1）实时接收 WAMS/SCADA 综合数据平台提供的电网运行数据；

（2）实时接收各风电控制子站上传的状态数据；

（3）根据实时数据计算出控制量，形成控制指令，下发给各风电控制子站；

（4）当满足触发条件时，先告警后动作，例如当监测到水、火电机组调峰能力不足时，启动风电控制，增强系统的调峰能力；

（5）通过人机界面提供闭锁输出、允许输出及参数整定的操作；

（6）提供友好的人机界面，方便对各风电场的运行状态进行实时监视。

9.5.4　广域风电控制系统子站功能

广域风电控制系统各风电控制子站主要具有以下功能：

（1）同步采集各风电机群的电压和电流，计算送出功率。

（2）向 WAMS 主站发送采集的实时相量测量数据。

（3）向广域风电控制主站实时发送风场运行状况，包括通道状态、机群的闭锁状态、机群出力及可控方式。

（4）接收来自广域风电控制主站的控制指令，按照控制逻辑选择受空机群，分别向数字式广域保护执行装置或风电后台发送硬控或软控命令。

（5）监视各机群的当前出力及可控状态等，循环显示最新的切机执行命令。

（6）形成动作执行报告，供用户查看。

9.5.5　广域风电调峰控制系统主要实现逻辑

广域风电控制系统主站的核心进程为运行于控制服务器上的主控逻辑进程，该进程实现了广域控制的核心控制逻辑。图 9-24 给出了该控制进程的主逻辑图。下面对黑龙江风电调峰控制中主要的控制逻辑进行简要介绍。

（1）主站风场调峰控制启动条件。

主站调峰控制进程监测到电网满足以下条件时，启动风电调峰控制：

1）风电调峰机组控制功能投入。

2）电网运行时段为 23:30～2:30。

3）省内 100MW 以上火电机组无调峰能力。

4）省内水电机组已全部停机。

5）联络线外送有功功率超过计划值大于设定值，并经过设定延时。

6）电网频率超过 50.1Hz，并经过设定延时。

7）可投风电场不为空。

（2）受控风电场选择依据。

采用以下原则选择受控风电场，执行切机操作。

1）采用循环移动的队列，队首的风电场优先被控制，受控后该风场被移至队尾；一日之内风电场间是不公平的，但通过循环队列方案，长期控制的结果是各风电场之间公平的。

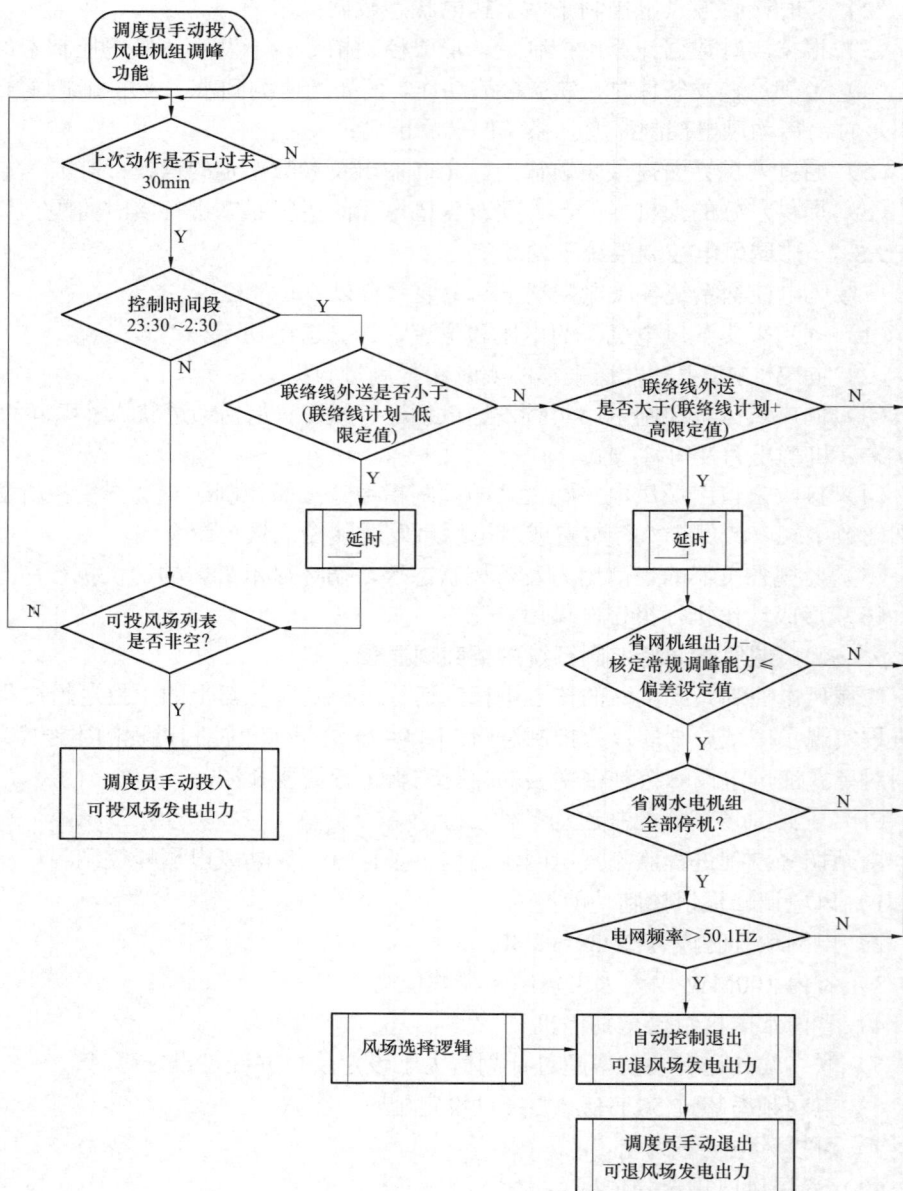

图 9-24　广域风电控制系统控制进程逻辑图

2）设定与输电断面、区域电压极限相关的风电场，在循环队列中优先切除关联风电场。即通过 WAMS/EMS 综合平台的在线安全稳定监测信息，找出系统当前安全裕度或稳定裕度最小的断面或节点，即根据风电场出力与相应的危险功率断面或电压节点的灵敏度关系，得到对危险断面或节点影响程度最大的风电场，优先切除。

（3）受控风电场被切机群选择。

将受控风电场机群按照"软控"机群当前出力从大到小的顺序进行排列，控制子站接到切除功率的命令后，从机群排序队列中优先选择出力大的机群进行切除，每次动作总量不超过主站设定的切除比例（比如 50%）。

在风电机群"软控"停机方式下，风电调峰控削子站向风电场后台监控系统发出停机指令；后台监控系统调整风叶角度，使风机顺桨，机群出力迅速降低归零。"软控"方式可减少对风机轴系和制动系统的损伤，延长使用寿命。

对于不能实现软控的机群，采用硬控的方式切机，即通过广域保护执行装置跳开风电场机群出口线路，切除风电机组。以这种方式切机，会对风电机组造成较大冲击。

9.6　技术展望

9.6.1　基于 WAMS 的广域稳定控制研究

随着特高压交直流混联电网快速建设、柔直技术的应用及分布式新能源发电渗透率不断提高，我国电网规模日益庞大、结构日趋复杂，对电网调控运行、协调控制电网与综合分析提出了更高的要求。由于广域电力系统地域宽广、设备众多、运行变量的变化十分迅速，目前普遍采用的局部控制也越来越难以确保现代广域电力系统具有良好的动态性能，而装有 PMU 的 WAMS 系统具有监视电力系统动态过程、测量全局状态量的能力，因此开展基于 WAMS 的广域稳定控制研究具有重大的理论和实际意义。如何处理信号延时是应用广域测量技术的重点和难点。采用广域信号设计的控制器不考虑延时和考虑延时的控制效果相差较大，即使时滞很小也可能使得性能优良的控制器失效。电力数据通信网络的延时是其固有特性，高传输速率的电力数据通信网络能够保证延时在一个合理的范围内，为基于 WAMS 的广域控制方案的实施奠定了良好的基础。除此之外，WAMS 已经承担多种不同的数据需求，其负担越来越重，因此，如何优化所需数据量，以及如何应对数据可靠性风险，成为有待于进一步研究解决的问题。

9.6.2　基于 WAMS 的 FACTS 协调控制

FACTS 设备一般有多个输入量和输出量。单个输入量会影响一系列输出量，或多个输入量共同影响输出量。这种交互影响是否会弱化控制效果甚至使系统失稳，即是否属于负交互影响，是 FACTS 控制关注的重点。另外，为了更好地发挥 FACTS 的作用，装置通常安装在关键的电气节点，其影响和波及面较大，设备间难免也会产生负交互影响。

随着 FACTS 研究的深入，目前也发现了诸多存在于 FACTS 控制器间负交互影响的实例。已有研究表明，统一潮流控制器（UPFC）多个控制回路间可能存在负交互影响，从而破坏系统稳定性。

在以往的电力系统控制研究中，受信息提取技术所限，为了便于实现，所提控制措施一直强调分散性，即仅用本地状态量、量测量构成反馈控制规律。但电力系统稳定本质上是一个全局问题，由于分散控制措施中没有直接包含全局信息，其控制作用在一定程度上会受到某些限制，因此引入全局信息有助于进一步提高全网稳定性。

WAMS 能精确测量系统各节点线路上的电气量，且国内 PMU 布点已成相当规模并仍以较快速度增长，随着国家电网公司智能电网调度控制系统建设的推进，监测范围覆盖全国绝大部分电网的 WAMS 系统业已形成，为更好地进行全网控制打下了坚实的基础。因此，为实现大电网优化稳定控制，开展基于 WAMS 的 FACTS 协调控制是未来 FACTS 发展的主要趋势和热点之一，应予以重点关注。但在应用 WAMS 技术时仍存在不少困难，其中信号时滞是首先需要考虑和解决的问题。

9.7　小结

相较于传统的继电保护装置，广域后备保护在系统发生故障时能准确判断故障的位置，比传统后备保护动作时间短并且有更好的选择性，同时也大大简化了整定配合工作。基于广域 PSS 的阻尼控制为抑制区间的低频振荡提供了方法，将广域阻尼控制与自适应控制相结合，利用 WAMS 实时采集的对主导区间振荡模式有强可观性的广域信息作为反馈量，并在对该模式有强可控性的发电机励磁端施加闭环控制，从而达到抑制区间低频振荡的目的。PMU 技术的发展亦对电力系统的安全稳定控制带来革命性的变革，以在线轨迹分析为基础的电力系统安全稳定控制理论是这场未来变革的理论基础。进一步，综合利用 WAMS 和 SCADA 数据，对全网主要风电机组进行统一控制的广域风电控制是近年来风电利用的新趋势。此外，开展基于 WAMS 的 FACTS 协调控制是未来 FACTS 发展的主要趋势和热点之一。

参考文献

[1] Phadke A G. Power System Stability Prediction and Control Based on On-line Phasor Measurement：Final Summary Report［R］. LC：BPA2355/1990，Blacksburg，Virginia：Virginia Polytechnic Institute and State University，1990.

［2］ Phadke A G，Thorp J.Improved control and protection of power system through synchronized phasor measurements ［J］. Control and Dynamic Systems，1991，43（2）：335–376.

［3］ Richard P S，Beverly B L.Triggering tradeoffs for recording dynamics ［J］. IEEE CAP，1997，10（2）：44–49.

［4］ Cease T W，Butch F.Real-time monitoring of the TVA power system ［J］. IEEE CAP，1997，10（3）：47–51.

［5］ Murphy R J.Disturbance recorders trigger detection and protection ［J］. IEEE CAP，1996，9（1）：24–28.

［6］ Hauer J，Dan T，Graham R，et al.Keeping an eyes on power system dynamics［J］. IEEE CAP，1997，10（4）：50–54.

［7］ Goto T，Sato Y，Takahashi O，et al.GPS application for synchronous monitoring system at multiple location ［A］. IFAC/CIGRE Symposium on Control of Power Systems and Power Plants ［C］. Beijing China，1997.546–551.

［8］ Bornett R O，Butts M M，Cease T W，et al.Synchronized phasor measurement of a power system event ［J］. IEEE Trans on PWRS，1994，9（3）：1643–1649.

［9］ Harry L，Abdul M M.GPS travelling wave fault locator systems：investigation into the anomalous measurements related to lightning strikes ［J］. IEEE Trans on PD，1996，11（3）：1214–1223.

［10］ 吕虎，钟岷秀，王利平，等. 基于 GPS 授时同步采样的输电线路故障定位 ［J］. 电力系统自动化，1998，22（8）：26–29.

［11］ 贾俊国，范云鹏，李京，等. 利用电流行波的输电线路故障测距技术及应用 ［J］. 电网技术，1998，22（8）：63–66.

［12］ 闵勇，丁仁杰，任勇，等. 黑龙江东部电网区域稳定控制系统的研究与开发 ［J］. 清华大学学报，1997，37（7）：106–112.

［13］ Phadke A G.Synchronized phasor measurements in power systems ［J］. IEEE CAP，1993，6（2）：10–15.

［14］ Liu C W，Thorp J.Application of synchronized phasor measurements to real-time transient stability prediction ［J］. IEE proceedings of Transm Distrib，1995，142（4）：355–360.

［15］ Stanton S E，Charlie S，Kenneth M，et al.Application of phasor measurements and partial energy analysis in stabilizing large disturbances ［J］. IEEE Trans on PWRS，1995，10（1）：297–306.

［16］ Virgilio C，Jaime D L，Phadke A G.Adaptive out-of-step relaying using phasor measurement techniques ［J］. IEEE CAP，1993，6（4）：12–17.

［17］ Centeno V，Phadke A G，Edris A，et al.An adaptive out-of-step relay［J］. IEEE Trans on PD，1997，12（1）：61–67.

［18］郭强，刘晓鹏，吕世荣，等.GPS 同步时钟用于电力系统暂态稳定性预测和控制［J］. 电力系统自动化，1998，22（6）：11–13.

［19］李萍.相量测量在电力系统稳定分析中的应用［D］. 北京：华北电力大学，1997.

［20］段振国.电力系统解列策略、故障诊断及恢复策略研究［D］. 北京：华北电力大学，1997.

［21］时伯年，崔文进，吴京涛，韩英铎，等. 基于 GPS 同步相量的电力系统暂态稳定预测控制［J］. 清华大学学报（自然科学版），2002，42（3）：35–39.

［22］Ohura Y，Suzuki M，Yanagihashi Y，et al.A predictive out-of-step protection system based on observation of the phase difference between substations［J］. IEEE Trans on PD，1990，5（4）：1695–1720.

［23］Takahashi M，Matsuzawa K，Sato M，et al.Fast generation shedding equipment based on the observations of swings of generators［J］. IEEE Trans on PWRS，1998，3（2）：439–446.

［24］卢志刚，郝玉山，康庆平，等. 电力系统中实时相角测量中的参考相角预测［J］. 电力系统自动化，1998，22（8）：22–25.

［25］Bretas N G，Phadke A G.Real time instability prediction through adaptive time series coefficients［A］. IEEE Power Engineering Society.Proceedings of PES 1999 Winter Meeting［C］. 1999.731–736.

［26］李明节.电力系统在线动态安全评估方法的研究［D］. 北京：清华大学，1991.

［27］Antoine V.On-Line Transient Stability Analysis of a Multi-Machine Power System Using the Energy Approach［D］. Blackburg，Virginia：Virginia Polytechnic Institute And State University，1997.

［28］Steven R，Stein K，Thorp J，et al.Decision trees for real–time transient stability prediction［J］. IEEE Trans on PWRS，1999，9（3）：1417–1426.

［29］Liu C W.Application of a novel fuzzy neural network to real time transient stability swings prediction based on synchronized phasor measurements［J］. IEEE Trans on PWRS，1999，14（2）：685–692.

［30］刘玉田，林飞.基于相量测量技术和模糊径向基网络的暂态稳定性预测［J］. 中国电机工程学报，2000，20（2）：19–23.

［31］黄柳强，郭剑波，卜广全，等.FACTS 协调控制研究进展及展望［J］. 电力系统保护与控制，2012，40（5）：138–147.

［32］曹一家，陶佳，王光增，等.FACTS 控制器间交互影响及协调控制研究进展［J］. 电力系统及其自动化学报，2008，20（1）：1–8.

［33］国网江苏省电力公司.统一潮流控制器技术及应用［M］. 北京：中国电力出版社，2015.

［34］国网江苏省电力公司.统一潮流控制器工程实践——南京西环网统一潮流控制器示范工程［M］. 北京：中国电力出版社，2015.

［35］Jijun Yin. Unified Power Flow Controller Technology and Application［M］. Academic Press，2017.

为保障电力系统同步相量测量装置在生产现场运行时的安全可靠性，在维护、改扩建时的可操作性，在电力系统同步相量测量装置的研发、生产、准入和现场投运过程中，都需要通过质量检测来保证设备品质的一致性。同时开展电力系统同步相量测量装置的检测，可为系统的安全稳定运行奠定良好的基础。本章主要通过对主站、子站、通信规约的检测技术的介绍，使读者了解到电力系统同步相量测量装置各部分的检测方法及性能要求。开展电力系统同步相量测量装置的检测，可为系统的安全稳定运行奠定良好的基础。

10.1 主站功能测试

10.1.1 测试简介

WAMS 系统具有对电力系统运行状态进行监测、告警、分析、决策的功能。WAMS 主站的各种功能，如低频振荡监视与分析、电网扰动识别等功能在系统的动态稳定性控制和系统状态评估中发挥了重要作用，WAMS 主站在实际应用过程中也出现过很多问题，因此，非常有必要对 WAMS 主站各项功能进行测试，验证其功能的正确性与一致性，确保电网的安全稳定运行。

主站功能分为基础功能和高级应用，因此 WAMS 主站功能测试主要包括基础功能测试和高级应用功能测试。① 基础功能测试包含系统运行常规量测试、系统相对相角测试、机组运行状态监视测试、实时曲线显示测试、历史数据查询和浏览测试、离线文件召唤和查看工具测试等测试项目；② 高级应用功能测试包括低频振荡监视与分析测试、电网扰动识别测试、发电机一次调频评价测试、电力系统模型与参数校核测试。

WMAS 主站利用 PMU 动态数据，实现对电网的广域实时监测，对系统的运行方式、运行设备工作状态、系统运行状态参数等进行实时监测和报警。对关键指标以图表形式等可视化手段反映其变化情况。通过实验室测试和现场测试对其基本功能性能进行评估，以保证主站的可用性和稳定性。

（1）WAMS 主站基础功能及测试要求。

WAMS 主站基础功能主要包括数据采集、数据通信、数据处理与运算、数据存储与管理、图形功能等，通过这一系列功能的测试不仅能够反映 WAMS 整体运行水平和性能，还可以反映系统各层的运行情况。基础功能测试项目如表 10–1 所示。

表 10–1 主站基础功能测试项目表

测试项目	测试内容
系统运行常规量测试	测试运行常规量（功率、电压、频率等）的瞬时值和动态变化率，进行常规量瞬时值越限、突变量越限和动态变化率越限告警评估，并记录和显示越限值和越限时间
系统相对相角测试	测试电网地理接线图上显示系统中任意 PMU 节点（包括发电机节点和母线节点）之间的相对相角或电势角
机组运行状态监视测试	在发电机 P–Q 运行极限图上，利用 PMU 采集的发电机运行信息，实时显示发电机运行状态，并计算和显示当前发电机运行裕度，在接近限值时预警
实时曲线显示测试	数据显示密度与采集密度保持一致，且可暂停数据刷新，查看细化曲线
历史数据查询和浏览测试	以曲线和历史反演等方式对历史数据进行查询
离线文件召唤和查看工具测试	离线文件召唤工具可以召唤任意 PMU 子站的离线动态文件

WAMS 主站基础功能测试要求有：

1）系统运行常规量测试具体要求包括：① 瞬时值越限启动条件需同时考虑越限门槛值和越限持续时间；② 相关量可在统一的厂站接线图、地理接线图等上显示，显示的数据值应可在不同来源（如 SCADA、PMU、状态估计等）中切换；③ 应能以曲线图的形式，连续无间断的显示功率、频率、电压的动态变化过程，并明显的标示越限点。

2）系统相对相角测试的具体要求包括：① 监视电网重要联络线、重载潮流断面和长输送线路两端的相角差，并基于给定的限值实现越限预警，以醒目的标示来提醒用户，可在表格中按越限程度进行排序和重点显示；② 应能监视电网中主力电厂相对于电网主要负荷节点的电势角，并基于给定的限值实现越限预警；③ 应提供多种方式的功角显示功能，包括角度—时间曲线和圆盘型指针转动形式，并在图中明显标示角差越限点。

3）机组运行状态监视测试具体要求包括：重点实现对发电机进相运行状况的监视和报警。

4）历史数据查询和浏览测试具体要求：可通过历史数据浏览器提供最近一段时间之内任意时段、任意测点的 PMU 数据浏览功能，所有 PMU 测点变量应方便用户查找和选择，测点数据可以按表格或曲线方式显示，并具有数据导出保存功能。

5）离线文件召唤和查看工具测试具体要求：① 离线文件查看工具应有放

大、自适应、移动和叠加显示功能，曲线颜色可以人工或自动设定，具有最大、最小值统计功能；② 对离线动态文件，查看工具还可以查看同一厂站连续时段的多个文件或不同厂站的同一时段多个文件。

此外，还要求 WAMS 主站界面实时数据刷新周期应可按 1～10s 设置，应通过画面中的监测点调出实时/历史曲线显示窗口，多个曲线窗口间可通过拖拽进行合并，实现曲线数据的对比显示。

（2）WAMS 主站高级应用功能及测试要求。

WAMS 主站除了基本功能，还包括高级应用，进一步对系统的各种状态和运行情况进行实时的监控和报警，这些高级应用包括：低频振荡监视与分析、电网扰动识别、发电机一次调频评价和电力系统模型与参数校核。

1）低频振荡监视与分析。

WAMS 主站能够实时监测及记录发电机功角、功率和母线电压相量及线路传输功率的变化，真实地反映系统动态过程，从而监视和分析低频振荡。低频振荡监视与分析主要包括：在线分析、离线分析、告警与监视、数据存储。低频振荡监视与分析测试要求如表 10–2 所示。

表 10–2　　　　　　　　低频振荡监视与分析测试要求表

测试项目	测　试　要　求
在线分析	（1）检测出各种振荡模式，并给出各振荡模式的详细信息，如振荡频率、振荡幅值、阻尼比、相位等； （2）辨识出主导低频振荡模式，给出各厂站的振荡相位关系、低频振荡相关厂站和分群信息
离线分析	（1）分析低频振荡频谱（采用 PRONY 等算法），提供各振荡模式的振荡频率、振荡幅值、阻尼比、相位等分析结果； （2）辨识出主导低频振荡模式，给出各厂站的振荡相位关系、低频振荡相关厂站和分群信息
告警与监视	（1）推画面告警，显示振荡曲线，直至振荡消失，显示振荡分群、分布情况； （2）监视振荡幅值、振荡频率等
数据存储	（1）存储低频振荡过程中的振荡模式信息； （2）永久、完整存储低频振荡过程中的全部动态数据

2）电网扰动识别。

当电网扰动发生时，通过全网的 PMU 子站将采集到的实时信息发送到 WAMS 主站，对这些信息处理选择后，即可对电网发生的扰动进行识别。电网扰动识别功能主要包括：机组非正常退出识别、短路识别、非全相运行识别、离线分析、告警与监视功能、数据存储。电网扰动识别测试要求如表 10–3 所示。

表 10–3　　　　　　　　电网扰动识别测试要求表

测试项目	测　试　要　求
机组非正常退出识别	利用故障时机组电气量变化的特征识别机组非正常退出，可以区分机组正常退出和非正常退出

测试项目	测 试 要 求
短路识别	根据三相电压和三相电流相量，提取表征短路扰动的特征信息，进而实时识别电网中的短路扰动。对于有子站的线路发生短路故障，宜定位到故障线路，并检测出故障类型、故障相、故障时间等详细信息
非全相运行识别	根据三相电压、三相电流相量数据，实时计算相应的负序和零序分量，进而识别设备的非全相运行。该功能应能识别子站数据异常造成的序分量大小越限、系统发生短路故障时短时序分量大小越限、单相故障重合闸期间的短时非全相运行等
离线分析	对历史数据进行扰动分析的，应具备扰动信息、扰动数据导出，和扰动曲线绘制、导出和打印
告警与监视功能	对扰动事件进行告警，应能通过告警信息查询扰动曲线
数据存储	存储扰动识别的告警信息，应能存储故障类型、故障相、故障时间等详细信息并永久、完整保存扰动时故障点的全部数据

3）发电机一次调频评价。

通过 WAMS 主站获取的数据，计算出机组的调差系数、调频死区等一次调频参数，并与要求的整定值比较，对发电机一次调频进行评价。发电机一次调频评价的主要功能有：在线分析、离线分析、统计分析与数据存储。发电机一次调频评价测试要求如表 10–4 所示。

表 10–4   **发动机一次调频评价测试要求表**

测试项目	测 试 要 求
在线分析	计算调频动作时的调差系数、调频死区、动作延迟时间和调频贡献电量，应能计算并判断调频正确动作情况
离线分析	查询机组调频计算结果、机组调频统计结果、调频过程频率、功率曲线，应能导出调频计算结果，导出、打印调频过程曲线
统计分析	统计机组贡献电量、统计调频投运率、统计调频正确动作率
数据存储	对机组调频计算所需数据进行存储，对机组调频计算结果进行存储

4）电力系统模型与参数校核。

利用 WAMS 主站获取的数据，通过对电力系统各节点电压、电流和功率的计算分析，就可以得到电力系统模型和其具体参数。电力系统模型和参数校核功能是对线路、变压器等模型和参数进行校核，应可以通过误差列表、拟合曲线等方式显示校核结果。

5）性能指标及测试要求。

主站功能高级应用的技术要求如表 10–5 所示。

表 10–5　　　　　　　　　　　　　主站功能高级应用技术要求

	测试范围	测试要求
低频振荡监视与分析测试	频率区间 0.1～0.2Hz（含 0.2Hz）	允许误差≤0.01Hz
	频率区间 0.2～1Hz（含 1Hz）	允许误差≤0.02Hz
	频率区间 1～2.5Hz	允许误差≤0.05Hz
	低频振荡报警正确率≥99.9%	
电网扰动识别	电网扰动报警正确率≥95%	
	扰动识别时间≤5s	
发电机一次调频评价	发电机一次调频正确识别率≥95%	
	一次调频分析结果保存时间≥1 年	

10.1.2　主站实验室测试

主站实验室测试平台主要由硬件和软件构成，硬件部分包括 PMU 仿真器、网络交换机、路由器，软件部分主要包括仿真数据生成软件、实时数据复现软件、故障模拟数据软件、主站功能测试模拟软件。其中，仿真数据生成软件主要通过电网仿真平台获得，各公司可根据本地实际电网构架，进行仿真测试，获得 PMU 装置的仿真测试数据；实时数据复现软件主要是将电网 PMU 装置在多个时间断面或一段时间范围的历史数据存入数据库后，通过程序重新复现，模拟电网运行状态；故障模拟数据软件主要通过生成多台 PMU 装置的故障数据，模拟产生电网的各种运行故障数据，如单相、三相接地，低频振荡、发电机进相、电压失稳等；主站功能测试模拟软件主要模拟产生电网正常状态下的 PMU 装置数据，检测主站的正常监测功能，如功角监测、电压监测等。

主站实验室测试平台主要由软件部分生成测试所需的大量 PMU 装置实时数据、录波数据、电网故障数据、主站应用功能测试数据，然后通过 PMU 装置模拟器将软件部分生成的测试数据，按照 PMU 装置传输协议，进行数据格式变换、组帧等工作，最后通过网络交换机、路由器，传输到主站前置机，模拟电网的各种运行工况，检测主站系统的数据处理能力、主站基本应用功能以及高级应用功能。

主站功能实验室测试框图如图 10–1 所示。

10.1.3　主站现场测试

主站现场测试以远程同步检测控制中心为核心，由其制定各点现场主站测试方案，通过无线方式下达到各测试点。各测试点根据本地 PMU 装置的实际结构，制定该测试点的测试方案，下达至主站检测装置。各测试点主站检测装置以北斗/GPS 时间为时间基准，在统一的时间断面，根据检测控制中心下达的测试方案，主站检测装置同步输出二次侧交流仿真信号，模拟各种实际运行工况，对不同地点分布的 PMU 装置进行同步仿真测试，实现对 WAMS 应用功能的检测。

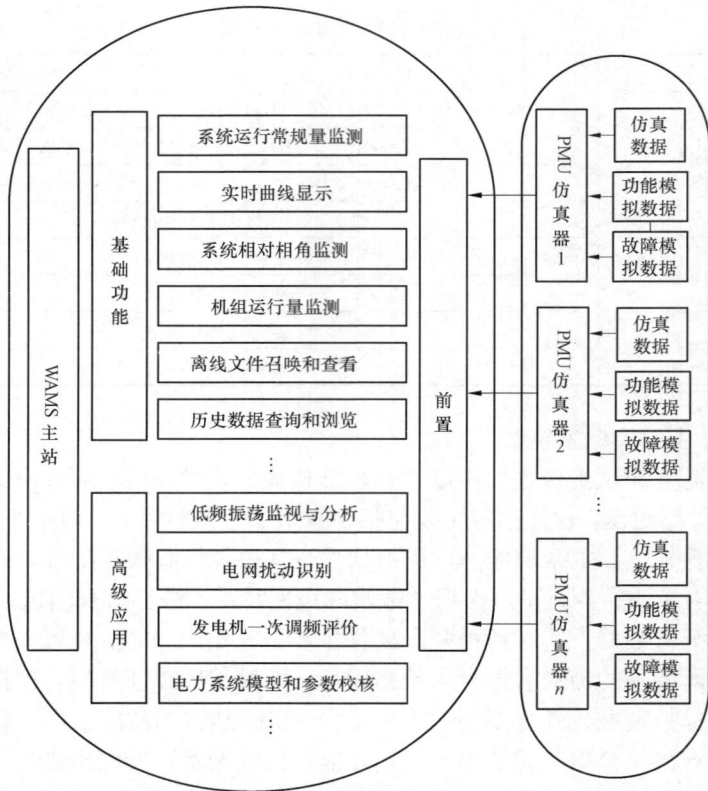

图 10-1 主站功能实验室测试框图

主站现场检测方法的实施步骤：

（1）在到达现场开始检测之前，必须首先做好现场的安全交底工作，认真执行安全生产工作票制度，明确所需检测的线路，核实线路的接线方式与实际情况的一致性，防止错误接线。

（2）将接入 PMU 装置的外部互感器二次回路断开，建立与主站检测装置的电压、电流输出回路连接，同时设置所接 PMU 装置的信息，实现网络通信连接。

（3）构建两层可重构的主站检测系统，首先建立远程检测控制中心与本地检测控制中心之间的通信连接，构建第一层通信连接网络；其次建立本地检测控制中心与本地主站检测装置之间的网络连接，构建第二层通信连接网络，完成两层主站检测系统。

（4）远程及本地检测控制中心必须获取外部 IP 地址，将本机设置为服务器，主站检测装置作为客户端，通过无线方式建立与服务器的 TCP 连接，实现远程与本地检测控制中心、本地检测控制中心与主站检测装置之间的一对多连接。

（5）开展系统对时工作，确保系统时间同步。其中包括北斗/GPS 时间装置对时和指令通信对时，验证各节点北斗/GPS 时间装置的输出，确定各节点时间的准确性。

（6）远程检测控制中心向建立连接的本地检测控制中心下发制定好的主站测试方案，并预留足够的测试等待时间，防止由于预留时间过短，导致测试时间到达前测试节点无足够时间准备的情况发生。

（7）本地检测控制中心根据本地 PMU 装置结构，将测试方案分解制定本地测试方案，向建立连接的主站检测装置下发方案。方案的下达必须预留足够的测试等待时间，防止由于预留时间过短，导致测试时间到达前测试节点无足够时间准备的情况发生。

（8）实施多点同步现场测试。在确认各节点收到并同意主站测试方案之后，各测试节点等待测试时间点，时间到达后，各个测试节点按照制定的测试方案，自动执行测试。在测试过程中各个节点的主站检测装置自动执行本节点的仿真测试内容，在所有节点完成仿真测试内容之后，远程检测控制中心接收各节点的测试结果；最后与主站系统接收到的实际数据进行分析计算比较，完成整个测试。

主站现场测试框图如图 10-2 所示。

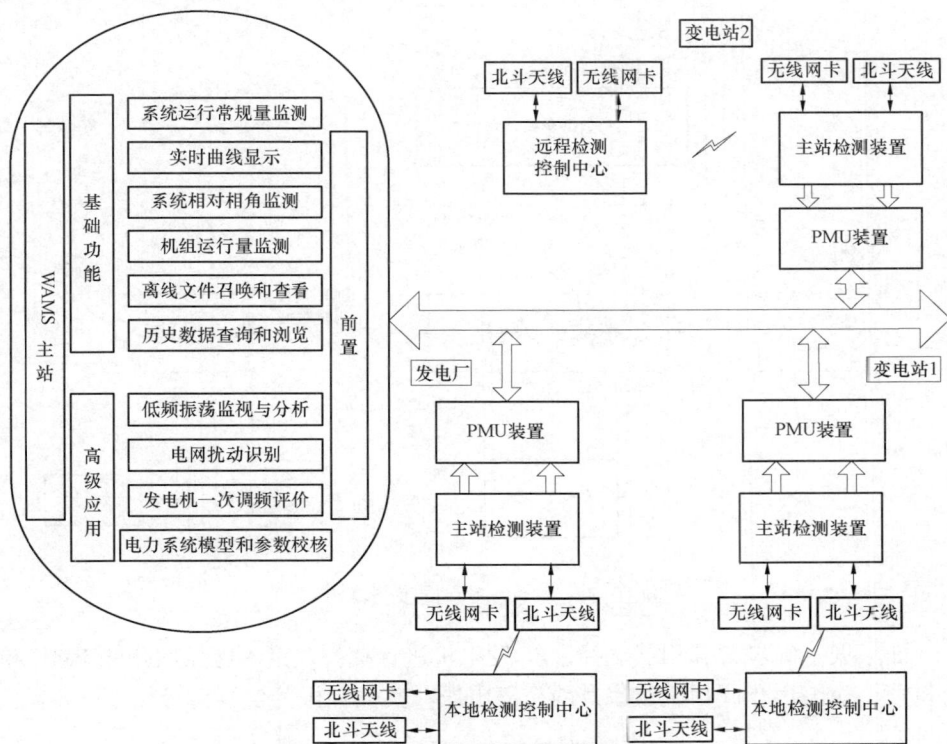

图 10-2　主站现场测试框图

10.1.4 测试案例

以江西电科院为例，在完成江西某水电厂 PMU 装置的现场检测之后，通过多台 PMU 检测装置构成的同步仿真控制系统，进行多点同步仿真测试，完成多点低频振荡模拟测试，测试结果在 WAMS 系统后台得到了验证。

测试组选择某水电厂开展多点同步仿真测试，在#6 发电机 PMU 装置电压、电流回路，分别接入 2 台不同的 PMU 检测装置，2 台 PMU 检测装置通过无线方式分别连接到同步仿真控制中心，由同步仿真控制中心制定并下发多点同步仿真测试方案，项目组在获取 PMU 装置测量结果的同时，与 WAMS 主站接收数据对比，核实多点测试结果。

测试方法如图 10-3 所示。

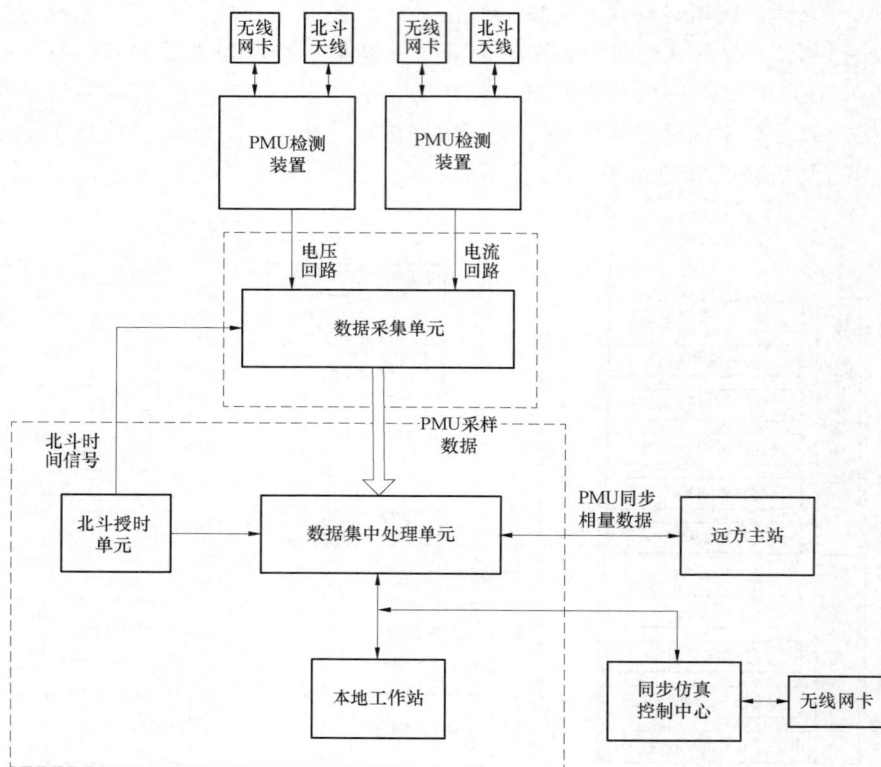

图 10-3　某电厂多点同步仿真测试

低频振荡同步仿真测试选择了#6 发电机进行模拟，接入电压回路的 PMU 检测装置，输出含有低频振荡信号的交流电压，其低频振荡仿真信号模型：

$$u_1(t) = 30\mathrm{e}^{-at}\cos(2\pi f_c t)$$

式中：信号 f_c 为 2Hz，衰减指数 a 为 0.5，通过 MATLAB 仿真获得低频振荡信号波形如图 10-4 所示。

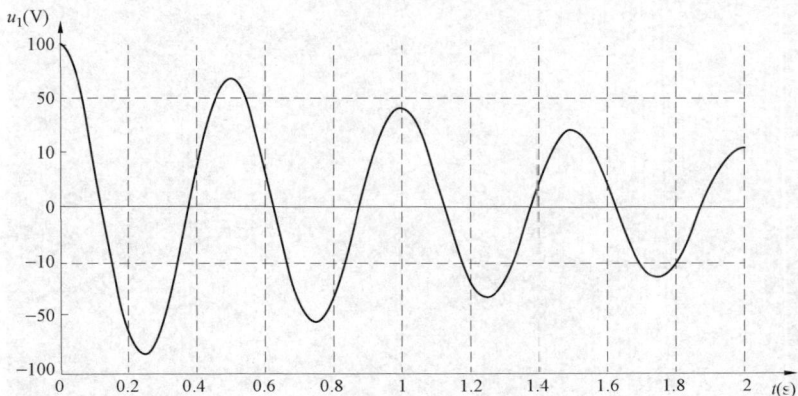

图 10-4 低频振荡信号波形

将正常电压与低频振荡信号叠加，获得含有低频振荡信号分量的电压信号，其公式如下：

$$U(t) = 60\cos(2\pi f_0 t) + u_1(t) \qquad （10-1）$$

式中：f_0 为 50Hz。

通过 MATLAB 仿真获得实际的低频振荡电压信号波形如图 10-5、图 10-6 所示。

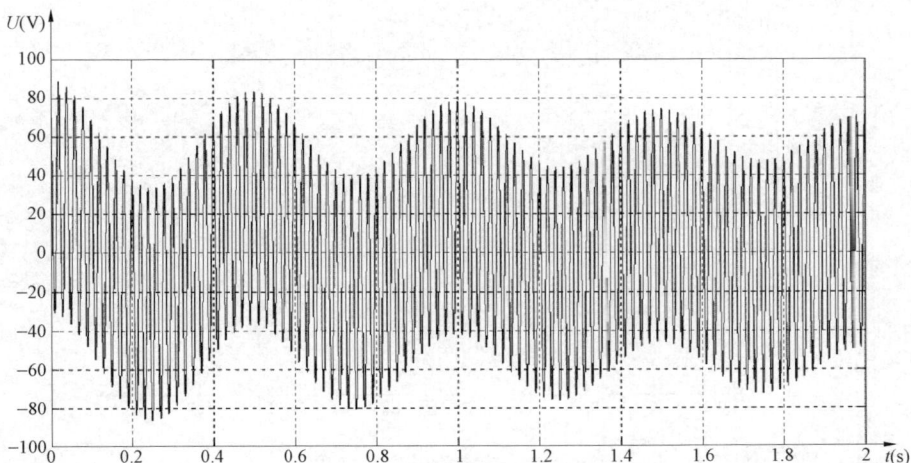

图 10-5 含有低频振荡信号分量的仿真电压信号

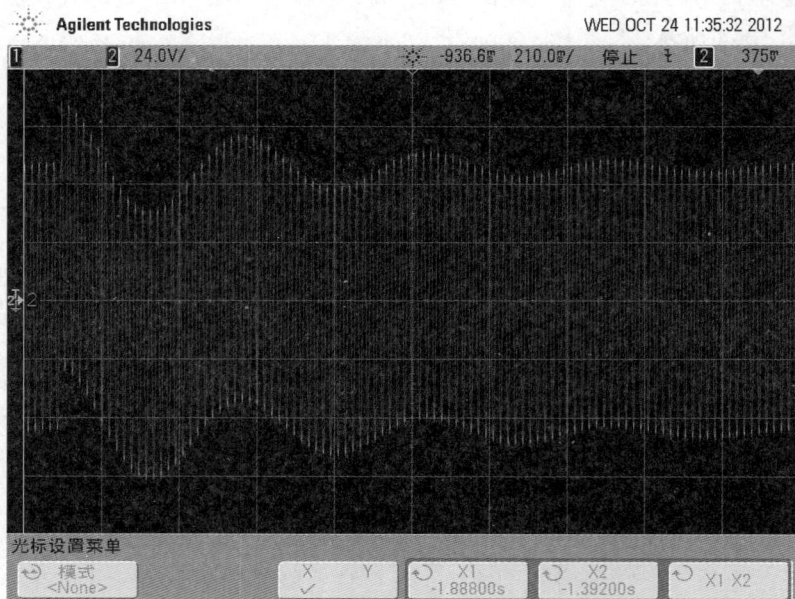

图 10–6　输出衰减振荡波形图

　　接入电流回路的 PMU 检测装置，输出 50Hz、初相为 0、有效值为 1A 的交流电流信号，经过 MATLAB 仿真后，#6 发电机功率波形如图 10–7 所示。

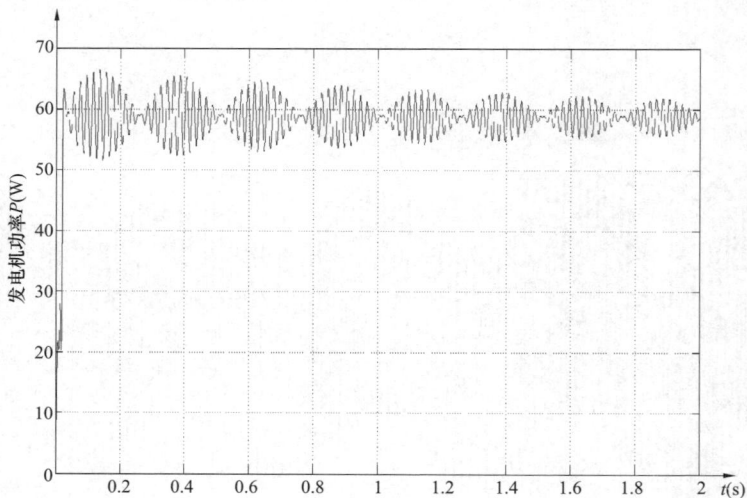

图 10–7　功率信号仿真结果

　　从图 10–8 可以验证低频振荡多点同步仿真测试结果的正确性。

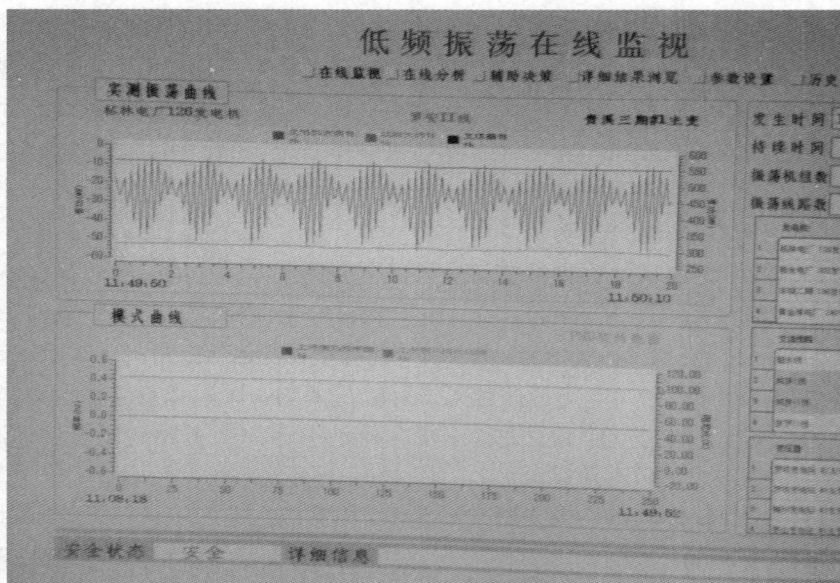

图 10-8　功率信号主站监测结果

10.2　子站功能测试

10.2.1　测试简介

PMU 装置出厂后，测试一般在实验室和现场进行。为满足电力系统同步相量测量装置和数据集中器的功能、性能检测的需求，在实验室检测和现场检测时都应该配有相关的测试设备来满足对同步相量测量装置和数据集中器的测试要求。

测试需要主要仪器设备如下：

（1）时间同步测试仪。

时钟同步测试仪本身是一台高精度时钟装置，能够输出不同类型的时间同步信号用于给被测同步相量测量装置对时，要求如下：

1）应能输出以下类型的时间同步信号：① 脉冲信号（PPS、PPM、PPH、PPD 等）；② IRIG–B 信号；③ 串行通信口对时信号；④ 网络对时信号。

2）时间分辨率应优于 10ns，测量精度应优于被测装置标称的时间准确度的 1/4。

（2）模拟式 PMU 测试仪。

模拟式 PMU 测试仪输出模拟量信号，主要用来测试 PMU 装置的静态性能和动态性能。

1）能够实现以下功能：① 能够输出三相电压、电压信号；② 三相交流信号的频率、幅值、相角可实现阶跃变化，跃变时刻与 PPS 同步；③ 三相交流电压信号可进行幅值调制、频率调制、相角调制，以及幅值、相角同步调制；④ 可叠加 2～25 次谐波分量；⑤频率可进行线性渐变；⑥可同时模拟发电机机端电压和键相脉冲信号。

2）具体技术指标要求如下：① 幅值准确度等级：0.05 级；② 频率准确度：±0.001Hz；③ 与北斗/GPS 同步相角准确度：≤±0.05°。

（3）数字式 PMU 测试仪。

数字式 PMU 测试仪输出数字量信号，主要用来测试 PMU 装置的静态性能和动态性能。能够实现以下功能：① 模拟合并单元标准输出功能，能够输出符合 DL/T 860 传输规约的 SV 信号；② 信号的频率、幅值、相角可实现阶跃变化，跃变时刻与 PPS 同步；③ 电压信号可进行幅值调制、频率调制、相角调制，以及幅值、相角同步调制；④ 可叠加 2～25 次谐波分量；⑤ 频率可进行线性渐变。

（4）通信协议一致性测试仪。

通信协议一致性测试仪主要用来对 PMU 传输规约进行测试。技术要求如下：① 符合 GB/T 26865.2、DL/T 860 通信协议传输；② 支持 GB/T 26865.2、DL/T 860 通信协议解析；③ 支持报文延时、错误报文统计；④ 支持装置模型检查、校核。

10.2.2　子站实验室测试

在电力系统动态条件下，传统 DFT 会发生频谱泄露及频率混叠现象，并且由于算法基于静态相量模型，会出现 DFT 平均化效应。这都将造成 PMU 量测相量无法准确的跟踪电力系统动态过程。此外，不同 PMU 厂家采用不同的硬件，内部的核心算法亦不相同，造成各厂家的 PMU 的静动态量测精度不同。这将严重影响 PMU 在电力系统动态安全控制中的应用，严重时甚至会引起控制误动作，进一步扩大故障。因此，根据电力系统典型静动态信号，确立完整科学的 PMU 静动态测试方案是非常必要的。

为此针对 P 类 PMU 及 M 类 PMU 分别制定了 PMU 静动态测试方案及评估指标。评估指标中幅值误差、相角误差、频率误差，及频率变化率误差的计算公式分别如式（10–2）～式（10–5）所示。

$$\mathrm{ME} = \frac{\left| \tilde{X}_\mathrm{m} - X_\mathrm{mr} \right|}{X_\mathrm{ref}} \times 100\% \qquad (10\text{–}2)$$

$$\mathrm{PE} = \left| \tilde{\varphi} - \varphi_\mathrm{r} \right| \qquad (10\text{–}3)$$

$$\mathrm{FE} = \left| \tilde{f} - f_\mathrm{r} \right| \qquad (10\text{–}4)$$

$$\mathrm{RFE} = \left| \frac{\mathrm{d}\tilde{f}}{\mathrm{d}t} - \frac{\mathrm{d}f}{\mathrm{d}t_r} \right| \qquad (10\text{–}5)$$

式中：ME 为幅值误差；$\tilde{X}_\mathrm{m}$ 为幅值测量值；X_mr 为幅值理论值；X_ref 为幅值参考值；电压为 70V；电流为 1.2A。PE 为相位误差；$\tilde{\varphi}$ 为相角测量值；φ_r 为相角理

论值。FE 为频率误差；$\tilde{f}$ 为频率测量值；f_r 为频率理论值。RFE 为频率变化率

误差；$\dfrac{\mathrm{d}\tilde{f}}{\mathrm{d}t}$ 为频率变化率测量值；$\dfrac{\mathrm{d}f}{\mathrm{d}t_r}$ 为频率变化率理论值。

（1）静态测试。

1）幅值误差测试。

为检查装置在额定频率下不同的输入电压、电流条件下的相量量测精度，需进行幅值误差测试。装置在额定频率情况下输出的三相电压、电流相量，正序电压、电流相量和电压频率、频率变化率的测量值指标见表 10–6，P 类 PMU 与 M 类 PMU 评价指标一致。

P 类 PMU 与 M 类 PMU 检测方法一致，均为向装置的交流电压、电流回路施加电压幅值 $0.1U_n \sim 2.0U_n$，电流幅值 $0.1I_n \sim 2.0I_n$ 范围内的三相对称测试信号，记录装置输出的三相电压（电流）和正序电压（电流）的误差最大值。U_n 为电压额定值，I_n 为电流额定值。

表 10–6　　　　　P 类及 M 类 PMU 装置幅值扫描测试准确度评估指标

检测范围	幅值误差（%）	相角误差（°）	频率误差（Hz）	频率变化率误差（Hz/s）
$0.1U_n \leqslant U < 0.5U_n$	0.2	0.5	0.002	0.01
$0.5U_n \leqslant U < 1.2U_n$	0.2	0.5	0.002	0.01
$1.2U_n \leqslant U < 2.0U_n$	0.2	0.5	0.002	0.01
$0.1I_n \leqslant I < 0.2I_n$	0.2	1		
$0.2I_n \leqslant I < 2.0I_n$	0.2	0.5		

2）频率偏移测量准确度测试。

P 类及 M 类 PMU 装置在频率偏移情况下输出的三相电压、电流相量，正序电压、电流相量和电压频率、频率变化率的测量准确度分别见表 10–7 和表 10–8。该测试中每个频率点的输入信号为静态信号，相量幅值与频率不随时间发生变化，只有相角线性变化。因此，对 PMU 算法的要求较低，相量各参数的量测误差要求与幅值误差测试类似，只是在偏移额定频率 2Hz 以上时相角量测精度要求有所降低。

向装置的交流电压、电流回路施加偏离基波频率一定范围内的三相对称测试信号，记录装置输出的三相电压（电流）和正序电压（电流）的误差最大值。其中，P 类 PMU 要求快速响应速度，但要求准确量测的频带宽较窄；M 类 PMU 对响应速度要求低，但要求准确量测的频带宽较宽。因此，P 类 PMU 测试信号频率由 48Hz 变化到 52Hz，而 M 类 PMU 测试信号频率由 45Hz 变化到 55Hz。

表 10–7　　　　　　P 类 PMU 装置在非额定频率时测量准确度评估指标

频率偏离范围（Hz）	幅值误差（%）	电压相角误差（°）	电流相角误差（°）	频率误差（Hz）	频率变化率误差（Hz/s）
0＜f≤2	0.2	0.2	0.5	0.002	0.01

表 10–8　　　　　　M 类 PMU 装置在非额定频率时测量准确度评估指标

频率偏离范围（Hz）	幅值误差（%）	电压相角误差（°）	电流相角误差（°）	频率误差（Hz）	频率变化率误差（Hz/s）
0＜f≤1	0.2	0.2	0.5	0.002	0.01
1＜f≤5	0.2	0.5	1	0.002	0.01

　　3）三相不平衡测试。

　　电力系统运行过程中，由于负荷不平衡或者故障会引起三相电压、电流不平衡的情况。为检查 PMU 在不平衡影响时相量量测准确度，需进行三相不平衡测试。P 类及 M 类 PMU 装置在幅值不平衡情况下输出的三相电压、电流相量，正序电压、电流相量和电压频率、频率变化率的测量准确度应满足表 10–6 要求，P 类 PMU 与 M 类 PMU 评价指标一致。

　　P 类 PMU 与 M 类 PMU 检测方法一致，都为装置的交流电压、电流回路施加三相相角平衡、额定频率、平衡相额定幅值、非平衡相电压幅值 $0.0U_n$～$1.2U_n$、电流幅值 $0.0I_n$～$1.2I_n$ 范围内的三相测试信号，或者向装置的交流电压、电流回路施加三相对称基础上任一相相角变化 0°～180° 范围内的三相测试信号。

　　4）谐波影响测试。

　　电力系统中电力电子的大量应用使电压、电流信号中谐波含量增大。为检测 PMU 在额定频率附近对谐波的免疫能力，需设置谐波影响测试。P 类及 M 类 PMU 装置在谐波影响下输出的三相电压相量，正序电压相量和电压频率、频率变化率的测量准确度见表 10–9，P 类 PMU 与 M 类 PMU 评价指标一致。传统 DFT 算法在理论上可以完全消除整次谐波，但是电力系统很少在额定频率点运行，此时谐波亦非额定频率的整数倍，这将使相量量测产生误差。因此，相量各参数的量测精度要求比无谐波时要低。

　　P 类 PMU 与 M 类 PMU 检测方法一致，都为装置的交流电压回路施加基波频率 49.5Hz、50Hz 和 50.5Hz 的三相测试信号，任意一相回路叠加 2 次～13 次、1%THD～10%THD 的谐波分量。

表 10–9　　　　　P 类及 M 类 PMU 谐波影响下测量准确度评估指标

谐波含量	幅值误差（%）	相角误差（°）	频率误差（Hz）	频率变化率误差（Hz/s）
10%THD（2 次～13 次）	0.4	0.4	0.025	6

5）功率测试。

功率测试主要是为了检测 PMU 在不同的功率因数角下有功功率与无功功率的量测精度。P 类 PMU 与 M 类 PMU 装置输出的有功功率和无功功率的测量准确度误差应不大于 0.5%，P 类 PMU 与 M 类 PMU 评价指标一致。

P 类 PMU 与 M 类 PMU 检测方法一致，都为向装置的交流电压、电流回路施加基波频率 49Hz～51Hz、功率因数角 0°～90° 范围内的三相对称测试信号。

6）带外影响测试。

带外信号会使相量在上传主站时发生频率混叠的现象，不仅会影响基波信号的量测，而且会造成控制的误操作，严重时引起系统故障。M 类 PMU 装置在带外频率影响下输出的三相电压相量、正序电压相量和电压频率、频率变化率的测量准确度见表 10-10。带外信号可以看做非整次谐波，而且大部分频率离整次谐波较远。因此对相量算法精度影响非常大。算法中必须有合适的数字滤波器来对其进行消除。但是，越靠近基波频率，其消除难度越大。因此，带外测试中对相量量测的精度要求有所放宽，而且对频率变化率并不做精度要求。

向 M 类 PMU 装置的交流电压回路施加基波频率 49.5Hz、50.0Hz 和 50.5Hz，任一相叠加与装置实时传输速率相关的幅值为 $10\%U_n$，带外频率范围见表 10-10 的三相测试信号。

表 10-10　　　M 类 PMU 带外信号干扰下测量准确度评估指标

传输速率（Hz）	带外频率范围（Hz）	幅值误差（%）	相角误差（°）	频率误差（Hz）
25	10～37.5 62.5～100	0.5	1	0.025
50	10～25 75～100	0.5	1	0.025
100	100 ～150	0.5	1	0.025

（2）动态测试。

1）调制测试。

当电力系统中一台发电机发生功率振荡时，此台发电机的机端发生了相角振荡，而输电线路节点的电力信号则是幅值与相角同时振荡，且振荡相角相差 180°。但是为了分别检测幅值调制和相角调制对相量量测影响程度，测试方案分别设置了幅值调制测试和相角调制测试，并设置了幅值与相角同时调制测试以检测 PMU 在两者同时调制条件下的量测精度。

a. 幅值调制测试。

输入信号公式如式（10-6）所示，相量理论值如式（10-7）～式（10-9）所示。P 类及 M 类 PMU 测量准确度评估指标分别如表 10-11 和表 10-12 所示。

$$x(t) = \sqrt{2}X_\mathrm{m}[1 + k_1\cos(\omega_1 t + \varphi_1)] \cdot \cos(\omega t + \varphi_0) \qquad (10\text{--}6)$$

式中：X_m 为相量幅值；φ_0 为电压初相角；k_1 是幅值调制深度；ω_1 是调制角速度；φ_1 为调制部分初相角。同时相量、频率及频率变化率在 t 时刻的真实值如式（10–6）、式（10–7）和式（10–8）所示。

$$\dot{X} = X_\mathrm{m}[1 + k_1\cos(\omega_1 t + \varphi_1)]\angle[(\omega - \omega_0)t + \varphi_0] \qquad (10\text{--}7)$$

$$f_\mathrm{r} = \omega/2\pi \qquad (10\text{--}8)$$

$$\frac{\mathrm{d}f}{\mathrm{d}t_\mathrm{r}} = 0\mathrm{Hz/s} \qquad (10\text{--}9)$$

测试方法：与频率偏移测试类似，M 类 PMU 的频带范围要比 P 类 PMU 宽。因此，向装置的交流电压回路施加基波频率为 49.5Hz、50Hz 和 50.5Hz，电压幅值按照表 10–11、表 10–12 中参数进行调制：调制深度 $10\%U_\mathrm{n}$，调制频率在 0.1Hz～2.0Hz（P 类 PMU）或者 0.1Hz～5.0Hz（M 类 PMU）范围内的三相对称测试信号。

表 10–11 　　　　P 类 PMU 装置幅值调制测试测量准确度评估指标

调制频率 f_a（Hz）	幅值误差（%）	相角误差（°）	频率误差（Hz）	频率变化率误差（Hz/s）
0.1～2.0	0.2	0.3	0.025	0.1

表 10–12 　　　　M 类 PMU 装置幅值调制测试测量准确度评估指标

调制频率 f_a（Hz）	幅值误差（%）	相角误差（°）	频率误差（Hz）	频率变化率误差（Hz/s）
0.1～5.0	0.2	0.3	0.025	0.1

b. 相角调制测试。

输入信号公式如式（10–10）所示，相量理论值如式（10–11）～式（10–13）所示。P 类及 M 类 PMU 测量准确度评估指标分别如表 10–13 和表 10–14 所示。

$$x(t) = \sqrt{2}X_\mathrm{m}\cos[\omega t + k_\mathrm{a}\cos(\omega_1 t + \varphi_1) + \varphi_0] \qquad (10\text{--}10)$$

式中：k_a 是相角调制深度。

则相量、频率及频率变化率在 t 时刻的真实值如式（10–11）～式（10–13）所示。

$$\dot{X} = X_\mathrm{m}\angle[(\omega - \omega_0)t + k_\mathrm{a}\cos(\omega_1 t + \varphi_1) + \varphi_0] \qquad (10\text{--}11)$$

$$f_\mathrm{r} = [\omega - k_\mathrm{a}\omega_1\sin(\omega_1 t + \varphi_1)]/2\pi \qquad (10\text{--}12)$$

$$\frac{\mathrm{d}f}{\mathrm{d}t_\mathrm{r}} = -k_\mathrm{a}\omega_1^2\cos(\omega_1 t + \varphi_1)/2\pi \qquad (10\text{--}13)$$

检测方法：同样，M 类 PMU 的频带范围要比 P 类 PMU 宽。因此，向装置的交流电压回路施加基波频率为 49.5Hz、50Hz 和 50.5Hz，电压相角按照表 10–13、

表 10-14 中参数进行调制的，相角调制深度为 5.7°（0.1rad）、调制频率在 0.1～2.0Hz（P 类 PMU）或者 0.1～5.0Hz（M 类 PMU）范围内的三相对称测试信号。

表 10-13　P 类 PMU 装置测量电压相角调制测试准确度评估指标

调制频率 f_a（Hz）	幅值误差（%）	相角误差（°）	频率误差（Hz）	频率变化率误差（Hz/s）
0.1～2.0	0.2	0.5	0.3	3

表 10-14　M 类 PMU 装置测量电压相角调制测试准确度评估指标

调制频率 f_a（Hz）	幅值误差（%）	相角误差（°）	频率误差（Hz）	频率变化率误差（Hz/s）
0.1～5.0	0.2	0.5	0.3	3

c. 幅值相角同时调制测试。

输入信号公式如式（10-14 所示），相量理论值如式（10-15）、式（10-12）、式（10-13）所示。P 类及 M 类 PMU 测量准确度评估指标分别如表 10-15 和表 10-16 所示。

$$x(t) = \sqrt{2} X_m [1 + k_a \cos(\omega_1 t + \varphi_1 + \pi)] \cos[\omega t + K_a \cos(\omega_1 t + \varphi_1) + \varphi_0] \quad (10-14)$$

$$\dot{X} = X_m [1 + k_1 \cos(\omega_1 t + \varphi_1 + \pi)] \angle((\omega - \omega_0)t + k_a \cos(\omega_1 t + \varphi_1) + \varphi_0) \quad (10-15)$$

检测方法：同样，M 类 PMU 的频带范围要比 P 类 PMU 宽。向装置的交流电压回路施加基波频率为 49.5Hz、50Hz 和 50.5Hz 的，电压信号按照表 10-15、表 10-16 中参数进行调制：幅值调制深度为 10%U_n、相角调制深度为 5.7°（0.1rad）、调制频率在 0.1～2.0Hz（P 类 PMU）或者 0.1～5.0Hz（M 类 PMU）范围内的三相对称测试信号。

表 10-15　P 类 PMU 装置测量电压幅值相角同时调制测试准确度评估指标

调制频率 f_a（Hz）	幅值误差（%）	相角误差（°）	频率误差（Hz）	频率变化率误差（Hz/s）
0.1～2.0	0.2	0.5	0.3	3

表 10-16　M 类 PMU 装置测量电压幅值相角同时调制测试准确度评估指标

调制频率 f_a（Hz）	幅值误差（%）	相角误差（°）	频率误差（Hz）	频率变化率误差（Hz/s）
0.1～5.0	0.2	0.5	0.3	3

2）频率斜坡测试。

当电力系统中发电机发生失步时，电力信号频率将持续发生变化，为测试

PMU 在频率持续变化时的量测精度，需设置频率斜坡测试。频率斜坡输入信号如式（10–16）所示，相量理论值如式（10–17）～式（10–19）所示。P 类及 M 类 PMU 测量准确度评估指标分别如表 10–17 和表 10–18 所示。

$$x(t) = \sqrt{2}X_\mathrm{m} \cos\left(\omega t + \pi \frac{\mathrm{d}f}{\mathrm{d}t}t^2 + \varphi_0\right) \qquad (10\text{–}16)$$

式中：$\mathrm{d}f/\mathrm{d}t$ 为频率变化率。

$$\dot{X} = X_\mathrm{m} \angle \left[(\omega - \omega_0)t + \pi \frac{\mathrm{d}f}{\mathrm{d}t}t^2 + \varphi_0\right] \qquad (10\text{–}17)$$

$$f_\mathrm{r} = \omega/2\pi + \frac{\mathrm{d}f}{\mathrm{d}t}t \qquad (10\text{–}18)$$

$$\frac{\mathrm{d}f}{\mathrm{d}t_\mathrm{r}} = \frac{\mathrm{d}f}{\mathrm{d}t} \qquad (10\text{–}19)$$

检测方法：同样，M 类 PMU 的频带范围要比 P 类 PMU 宽。因此，向装置的交流电压回路施加基波频率为 48～52Hz（P 类 PMU）和 45～55Hz（M 类 PMU）的、频率变化率为 1.0Hz/s 的、按照表 10–17、表 10–18 中参数进行线性变化的三相对称测试信号。

表 10–17   P 类装置测量电压频率斜坡信号的准确度要求

频率变化范围（Hz）	幅值误差（%）	相角误差（°）	频率误差（Hz）	频率变化率误差（Hz/s）
48～52	0.2	0.5	0.01	0.2

表 10–18   M 类装置测量电压频率斜坡信号的准确度要求

频率变化范围（Hz）	幅值误差（%）	相角误差（°）	频率误差（Hz）	频率变化率误差（Hz/s）
45～55	0.2	0.5	0.01	0.2

3）阶跃响应测试。

为检测 PMU 在电力系统短路、断线等故障时，幅值或相角发生阶跃变化时的响应时间与超调量，需设置阶跃响应时间测试。P 类 PMU 装置的响应时间要求见表 10–19。P 类 PMU 对带外信号的抑制能力并不作要求，但要求快速的响应时间。而且，由于不用针对不同上传频率设置滤波器阶数，故上传频率对响应时间并无影响。M 类 PMU 装置的响应时间要求见表 10–20。M 类 PMU 需对带外信号有有效地抑制作用，故需要较长时间窗的数字滤波器以达到较好的滤波效果。相应地，必然会造成 M 类 PMU 有较长的响应时间。

表 10−19 P 类 PMU 阶跃响应时间要求

阶跃类型	传输频率 f_s（Hz）	响应时间要求（ms）			
		幅值	相角	频率	频率变化率
幅值、相角阶跃	25	40	40	100	120
幅值、相角阶跃	50	40	40	100	120
幅值、相角阶跃	100	40	40	100	120

表 10−20 M 类 PMU 阶跃响应时间要求

阶跃类型	传输频率 f_s（Hz）	响应时间要求（ms）			
		幅值	相角	频率	频率变化率
幅值、相角阶跃	25	280	280	560	560
幅值、相角阶跃	50	140	140	280	280
幅值、相角阶跃	100	70	70	280	280

检测方法：向装置的交流电压、电流回路施加：从 U_n（或 I_n）进行 $10\%U_n$（或 $10\%I_n$）的幅值阶跃变化、并保持变化前后相位一致的三相对称测试信号。阶跃响应从测量误差超过要求的允许误差范围时刻开始，即：幅值误差大于 0.2%，相角误差大于 0.2°，频率误差大于 0.025Hz，频率变化率误差大于 0.1Hz/s，到误差再次进入要求的允许误差范围。

（3）时间同步测试。

1）时间同步接口配置检查。

a. 被测装置应具有 RS−485 电平或波长为 850nm 的多模光纤（ST 法兰盘）的物理对时接口，应可接收 IRIG−B 格式时间同步报文；

b. 被测装置应具有一路源自装置内部时基的时间同步校准接口，输出秒脉冲；

c. 被测装置应具有至少一路时间同步告警硬接点。

检测方法：

a. 被测装置与 IRIG−B 同步后，连续检测时间同步装置输出时间准确度；

b. 通过测试仪接收时间同步校准接口输出信号，检查准确度；

c. 检查装置时间同步告警硬接点。

2）时间同步准确度测试。

被测装置与时间同步装置同步后，测试时间同步装置输出时间准确度，时间同步校准接口输出的秒脉冲的准确度应优于 1μs。

3）装置守时准确度测试。

被测装置与时间同步装置同步 2h 后，断开被测装置的时间同步输入，使被测装置进入守时状态，继续运行至少 2h，测试时间同步装置输出时间准确度，守时性能应优于 55μs/h（测量持续 2h）。

（4）时间同步监测功能测试。

1）时间同步状态在线监测协议配置检查。

被测装置根据设备类型和应用场景选择相应的协议进行测试。记录被测装置支持的协议配置和功能。被测装置对时间同步状态在线监测的协议应能根据设备类型及应用场景的不同映射到不同的电力通信规约，见表 10-21。

表 10-21　　　　　　　　时间同步状态在线监测的协议配置

设备类型	对时状态测量	设备状态自检
被测装置	NTP	IEC 61850-MMS

2）时间同步在线监测功能的通信规约测试。

按图 10-9 搭建检测环境，将时间同步监测功能测试仪配置为被测装置应支持的规约类型，与被测装置相连，被测装置的对时状态测量和设备状态自检应能够与仪器的标准测试软件正确建立连接和交互。

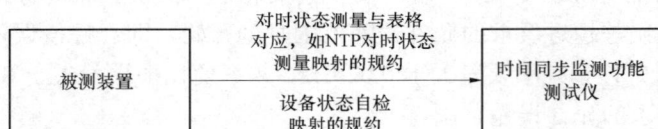

图 10-9　时间同步在线监测的协议检测

被测装置时间同步状态在线监测功能通信规约应符合表 10-22 的要求。

表 10-22　　　　　　　　不 同 规 约 信 息 点

设备类型	对象类型	状 态 名
被测装置	被测装置对时状态	对时信号状态
		对时服务状态
		时间跳变侦测状态

3）对时状态检测功能测试。

按图 10-10 搭建检测环境，时间同步监测功能测试仪模拟与被测装置对应的时间同步监测端，时间同步的偏差告警阈值整定为 ±3ms，测量间隔频率设置为 10s；设置时间测试仪的输出模拟产生表 10-23 所示的时间偏差量检测点，模拟被测装置不同对时偏差的场景，启动被测装置，使被测装置与对时信号同步，建立时间同步监测功能测试仪与被测装置之间的连接，记录时间同步监测功能测试仪显示的偏差测量值和告警状态；每个偏差量检测点测试持续 30min，检测期间不应产生告警误报；关闭被测装置，设置下一个偏差量测量，再开启被测装置重新同步（输出突变被测装置不会同步）。

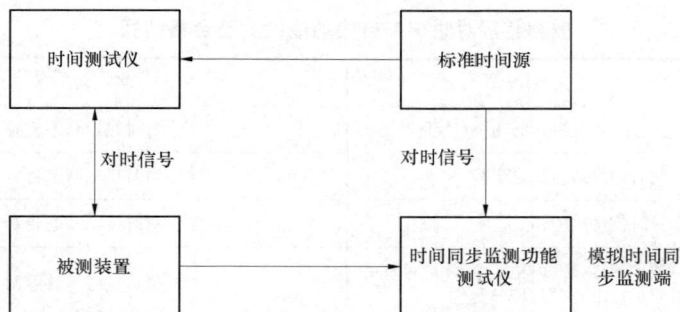

图 10-10　被测装置的对时状态测量功能检测原理图

检测要求：被测装置对时状态测量功能见表 10-23。

表 10-23　　被测装置的对时状态测量功能的检测点及检测合格判据

模拟偏差	合 格 判 据
0ms	偏差测量值的 30 次平均值＜±3ms，测试持续期间无告警
6ms	偏差测量值的 30 次平均值＞+3ms，产生告警
−6ms	偏差测量值的 30 次平均值＜−3ms，产生告警

4）装置状态自检功能的测试。

按图 10-11 搭建检测环境，时间同步监测功能测试仪设置在接收被测装置状态告警信号的模式；设置时间测试仪的输出模拟表 10-24 所示场景，监测对时接口状态的行为，检测时，设置每个产生告警的场景前应先使告警返回；设置时间测试仪的输出模拟表 10-25 所示场景，监测对时服务状态的行为，检测时，设置每个产生告警的场景前应先使告警返回；设置时间测试仪的输出模拟表 10-26 所示场景，监测时间跳变侦测状态位的行为，检测时，设置每个产生告警的场景前应先使告警返回。

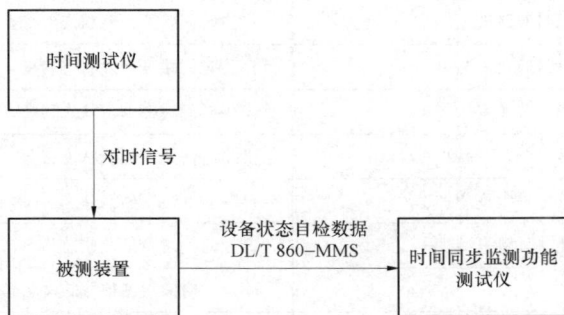

图 10-11　被测装置的设备状态自检功能检测原理图

被测装置的状态自检功能应满足表 10–24、表 10–25 和表 10–26 的要求。

表 10–24　　　　　被测装置对时接口自检功能检测及合格判据

序号	检测场景	合 格 判 据
1	拔下或不连接对时电缆/光纤	产生对时接口状态告警
2	对时信号质量标志无效	产生对时接口状态告警
3	对时信号校验错	产生对时接口状态告警
4	插入或连接对时电缆/光纤且对时信号质量标志有效且校验正确	对时接口状态告警返回

表 10–25　　　　　被测装置对时服务状态自检功能检测及合格判据

序号	检测场景	合 格 判 据
1	启动装置，不接入对时信号	对时服务状态告警，被测装置测量角度误差>0.5°
2	接入正确对时信号	对时服务状态返回，被测装置测量角度误差<0.5°
3	撤除正确对时信号	对时服务状态告警，被测装置测量角度误差<0.5°
4	撤除正确对时信号 1h	对时服务状态告警，被测装置测量角度误差<1.5°

表 10–26　　　　　被测装置时间跳变侦测状态自检功能检测及合格判据

序号	检测场景	合 格 判 据
1	对时信号年跳变增加 1	产生时间跳变侦测状态告警，装置守时
2	对时信号年跳变减少 1	产生时间跳变侦测状态告警，装置守时
3	对时信号月跳变增加 1	产生时间跳变侦测状态告警，装置守时
4	对时信号月跳变减少 1	产生时间跳变侦测状态告警，装置守时
5	对时信号日跳变增加 1	产生时间跳变侦测状态告警，装置守时
6	对时信号日跳变减少 1	产生时间跳变侦测状态告警，装置守时
7	对时信号时跳变增加 1	产生时间跳变侦测状态告警，装置守时
8	对时信号时跳变减少 1	产生时间跳变侦测状态告警，装置守时
9	对时信号分跳变增加 1	产生时间跳变侦测状态告警，装置守时
10	对时信号分跳变减少 1	产生时间跳变侦测状态告警，装置守时
11	对时信号秒跳变增加 1	产生时间跳变侦测状态告警，装置守时
12	对时信号秒跳变减少 1	产生时间跳变侦测状态告警，装置守时
13	闰秒	不产生时间跳变侦测状态告警，装置正常同步
14	恢复变化前正常信号	时间跳变侦测状态告警返回，装置正常同步

5）热稳定性测试。

分别向装置的交流电流、电压回路施加相应的测试信号。装置测量用交流电流回路应允许通过 1.2 倍额定电流 2h，允许通过 20 倍额定电流 1s；交流电压回路应允许通过 1.2 倍额定电压连续工作，允许通过 1.4 倍额定电压 10s，允许通过 2 倍额定电压 1s。

6）电源影响测试。

在规定的供电电压允许偏差条件下，被测装置应能正常工作，功能、性能符合标准要求。

7）环境条件影响检测。

在规定的高温影响、低温影响条件下，被测装置应能正常工作，功能、性能符合标准要求。

8）绝缘性能测试。

a. 绝缘电阻测试：用导电短接线分别将同类型回路短接后，仪器稳定后测试时间不小于 5s，通过绝缘电阻表测量各带电的导电电路对地之间、电气上无联系的各带电的导电电路之间的绝缘电阻值。测试电源对地绝缘电阻大小和通信接口对地绝缘电阻大小。

b. 绝缘强度测试：使用绝缘耐压测试仪检查各带电的导电电路对地之间、电气上无联系的各带电的导电电路之间可承受的短时过电压，设备的被试部分应能承受检测要求中规定的 50Hz 交流电压 1min 中绝缘强度试验，无击穿与闪络现象。

c. 湿热条件下绝缘电阻测试：

在恒定温度 +40℃±2℃，相对湿度 93%±3% 的条件下，试验结束前 1～2h 内，用绝缘电阻表测量各外引带电回路部分对外露非带电金属部分及外壳之间、以及电气上无联系的各回路之间的绝缘电阻值。试验时间不小于 5s。

（5）电磁兼容检测。

考察装置在各种电磁干扰环境下的性能，装置应按相应规定的方法进行测试。具体测试项目要求如表 10–27 所示。

表 10–27　　　　　　　　　电磁兼容检测测试项目

序号	试 验 名 称	引用标准	等级要求
1	静电放电抗扰度	GB/T 17626.2	Ⅳ级
2	射频电磁场辐射抗扰度	GB/T 17626.3	Ⅲ级
3	电快速瞬变脉冲群抗扰度	GB/T 17626.4	Ⅳ级
4	浪涌（冲击）抗扰度	GB/T 17626.5	Ⅳ级
5	射频场感应的传导骚扰抗扰度	GB/T 17626.6	Ⅲ级

续表

序号	试 验 名 称	引用标准	等级要求
6	工频磁场抗扰度	GB/T 17626.8	V 级
7	脉冲磁场抗扰度	GB/T 17626.9	V 级
8	阻尼振荡磁场抗扰度	GB/T 17626.10	V 级
9	电压暂降、短时中断和电压变化的抗扰度	GB/T 17626.11	短时中断
10	振荡波抗扰度	GB/T 17626.12	IV 级
11	直流电压暂降、短时中断和电压变化的抗扰度	GB/T 17626.29	短时中断

（6）机械性能检测。

装置不上电，固定在电振动台上。振动频率范围：2～9Hz，振幅 0.3mm；频率 9～500Hz，加速度 1m/s^2，振动方向：三个轴向，每个轴向扫频循环 20 次，装置应无外观损坏，装置应能正常工作。

（7）连续通电稳定性检测。

在常温工作条件下，连续通电运行 72h 装置应能正常运行，功能不丢失。满 72h 后检测装置的各项性能指标应满足要求。

10.2.3　子站现场测试

子站现场测试可分为投运前检验和运行中检验。投运前检验指的是 PMU 装置现场安装调试完成后，为了保证调试安装的正确性，装置运行正常和测试数据准确，需要在正式投运前对其静态性能和动态性能等其他功能进行测试。运行中检验主要指的是对 PMU 装置的定期检验。投运前检验和运行中检验的检测项目包括：外观检查、时钟同步性检测、回路检查、功能检查、静态性能测试、动态性能测试、数据延时测试、信息配置和定值整定检查等。

其中，时钟同步检查主要检测 PMU 装置与授时设备之间的同步性，主要由时间同步测试仪来完成，选取被测授时设备的 IRIG–B 码信号或 1PPS 信号进行测试，要求时间同步准确度小于 1us。功能检查主要包括运行监测功能检查、通道配置功能检查、实时记录功能检查和触发录波功能检查等。

（1）回路检查检测。

1）电流互感器二次回路检查。

检查电流互感器二次绕组所有二次接线的正确性及端子排引线螺钉压接的可靠性。检查电流二次回路的接地点与接地情况，电流互感器的二次回路必须分别且只能有一点接地；由几组电流互感器二次组合的电流回路，应在有直接电气连接处一点接地。

2）电压互感器二次回路检查。

检查电压互感器二次绕组的所有二次回路接线的正确性及端子排引线螺钉压接的可靠性。经控制室中性线小母线（N600）连通的几组电压互感器二次回路，只应在控制室将 N600 一点接地，各电压互感器二次中性点在开关场的接地点应断开；为保证接地可靠，各电压互感器的中性线不得接有可能断开的熔断器（自动开关）或接触器等。独立的、与其他互感器二次回路没有直接电气联系的二次回路，可以在控制室也可以在开关场实现一点接地。

3）二次回路绝缘检查。

进行新安装装置验收试验时，从端子排处将所有外部引入的回路及电缆全部断开，分别将电流、电压及信号回路的所有端子各自连接在一起，用 1000V 绝缘电阻表测量绝缘电阻，其阻值均应大于 10Ω 的回路包括：各回路对地、各回路之间。

定期检验时，在端子排处将所有电流、电压回路的端子的外部接线拆开，并将电压、电流回路的接地点拆开，用 1000 绝缘电阻表测量回路对地的绝缘电阻，其绝缘电阻应大于 1Ω。

功能检查主要由 PMU 测试仪模拟输入信号来检查监测功能、通道配置功能、实时记录功能和触发录波是否正常。

数据延时测试主要测试 PMU 装置在数据传输、分析计算过程中的延时。

信息配置和定值整定检查是对照信息表和整定表检查 PMU 装置的信息配置和启动整定值。

（2）集中式 PMU 装置的现场检测。

集中式 PMU 装置一般安装于常规 220kV 及以下等级变电站，对集中式 PMU 装置的现场测试内容包括 PMU 装置的功能检验、PMU 的性能试验。其中 PMU 装置的功能检验包括实时监测功能检测、实时记录功能检测、时钟同步功能检测、通信功能检测、暂态录波功能检测；PMU 的性能试验包括同步时钟的同步性能检测、同步相量精度检测、数据通信时延检测、装置通信功能检测，如图 10-12 所示。

集中式 PMU 装置的现场检测采用标准源法进行。集中式 PMU 现场测试主要由 PMU 检测装置提供带有时标的电压、电流源，通过检测装置输出，PMU 相量测量单元对输入量进行采样处理后，将测量结果上传，PMU 检测装置通过上位机的检测软件计算综合矢量误差，从而检测 PMU 性能。

（3）分布式 PMU 装置的现场检测。

分布式 PMU 装置主要安装于 220kV 以上常规及智能化变电站，常规变电站与智能化变电站的分布式 PMU 装置在结构上存在巨大差别，因此其检测方法存在一定差别。

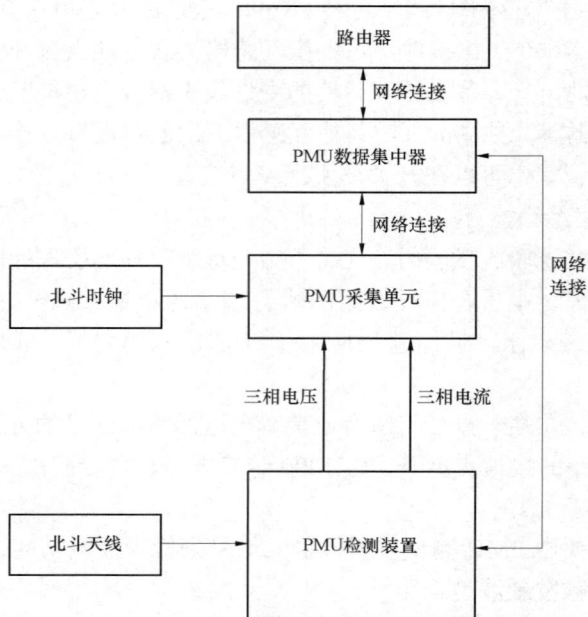

图 10-12   集中式 PMU 装置的现场检测

分布式 PMU 装置的检测方法是利用多点同步仿真测试方法，通过同步仿真控制系统，实现对分布式 PMU 装置的现场检测。

1）同步仿真控制系统及多点同步仿真测试方法。

同步仿真控制系统由多台 PMU 检测装置及仿真控制中心构成。仿真控制中心通过无线方式下达命令，控制不同地点分布的 PMU 检测装置，在约定的时间输出三相交流仿真信号到被测 PMU 装置，模拟各种实际运行工况，进行同步仿真测试。同步仿真控制系统功能结构如图 10-13 所示。

基于同步仿真控制系统的多点同步仿真测试方法，以远程同步仿真控制中心为核心，由其制定各点现场同步仿真测试方案，通过无线方式下达到各测试点。各测试点根据本地 PMU 装置的实际结构，制定该测试点的测试方案，由无线方式下达至 PMU 检测装置。各测试点 PMU 检测装置以北斗/GPS 时间为时间基准，在统一时间断面，根据同步测试控制中心下达的方案，同步输出二次侧交流仿真信号，模拟各种实际运行工况，对不同地点分布的 PMU 装置进行同步仿真测试，实现对 PMU 装置的功能检测。

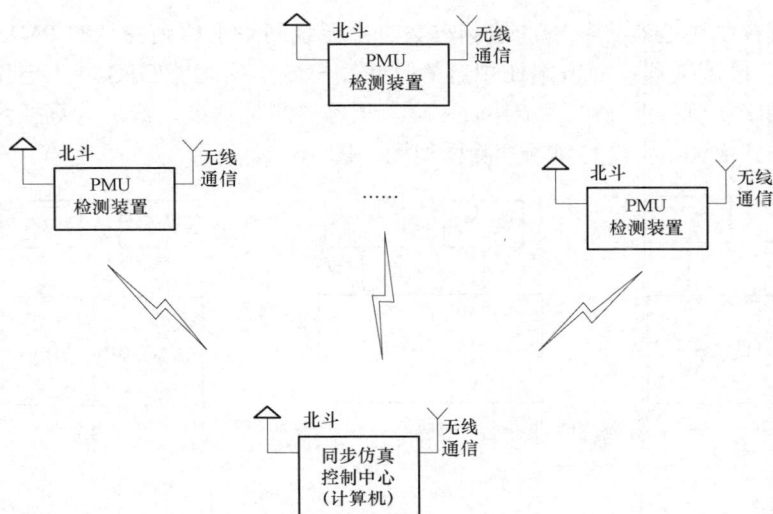

图 10-13　同步仿真控制系统

在实际应用中，选择一台 PMU 检测装置在配置控制中心应用程序之后作为同步测试控制中心，以降低整个系统的复杂程度及测试成本。设立同步测试控制中心后，按选择的测试点设置 PMU 检测装置，遂过无线网络，构建同步仿真控制系统。由于同步测试控制中心的设置可以根据测试的现场情况不同，任意设置其中一台 PMU 检测装置为同步仿真控制中心，其他 PMU 检测装置作为测试节点，因此，同步仿真控制系统是一个可重构的测试系统。

在各 PMU 检测装置与被测 PMU 接线完成之后，通过人工方式获得同步测试控制中心的 IP 地址，并向同步测试控制中心发送连接请求，同步测试控制中心在接收到该信息后，确认请求并发送唯一性的编号给该被测 PMU，建立点对点连接链路。在所有参加测试装置均已加入同步仿真控制系统后，同步测试控制中心会对整个系统进行初始测试，验证同步仿真控制系统的整体性、有效性、可靠性。底层通信协议采用 TCP/IP 协议，应用层协议根据传输内容有相应变化。

同步测试控制中心与 PMU 检测装置以无线方式完成通信，所采用的通信工具为电信 3G 无线网卡，由同步测试控制中心发起通信握手，通过同步测试控制中心与多台 PMU 检测装置的通信数据交换，可以检测 WAMS 实际运行工况下数据传输延时及 WAMS 系统时钟准确一致性。

2）常规分布式 PMU 装置的现场检测。

常规分布式 PMU 装置的检测首先将 PMU 检测装置的电压、电流输出端接入到分布各点的采集单元的电压、电流回路；同时，在 PMU 装置的本地工作站增加一个模拟主站，同步仿真控制中心作为模拟主站，通过有线网络连接至 PMU 装置集中器单元，实现 PMU 装置同步相量数据同步上传至多个主站。检测时，同步仿真控制中心制定统一的检测方案，由无线网络下达到各点的 PMU 检测装置，PMU 检测装置按照方案在规定的时间输出既定的北斗/GPS 同步电压、电流信号，同步仿真控制中心同步接收 PMU 装置的测量结果，最后计算检测结果。常规分布式 PMU 装置的现场检测框架图如图 10-14 所示。

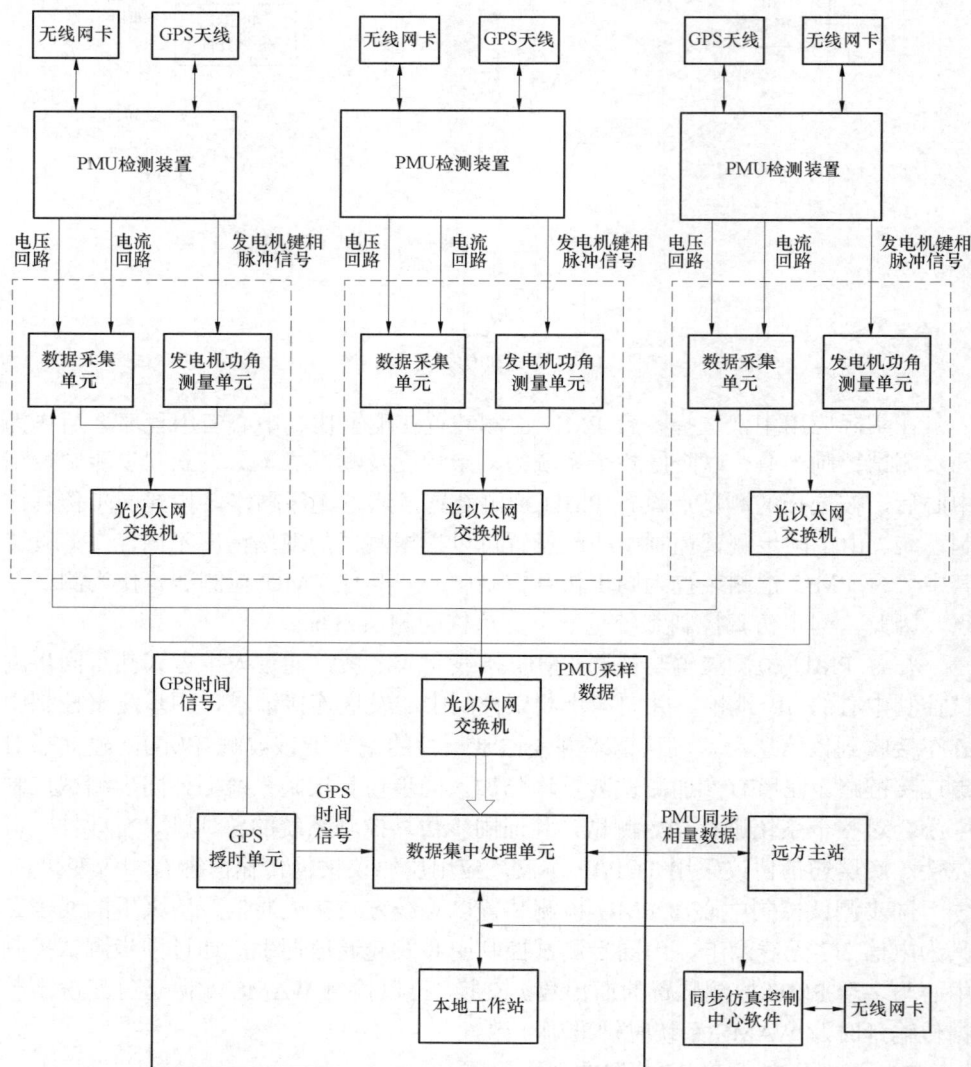

图 10-14　常规分布式 PMU 装置的现场检测框架图

3）数字化 PMU 装置的现场检测。

数字化 PMU 装置的输入为数字化信号，PMU 检测装置同时具备输出模拟信号和数字信号的功能，因此数字化 PMU 装置的现场检测，利用多点同步仿真测试方法，由同步仿真控制系统产生北斗/GPS 同步电流、电压，同时接收 PMU 主机的测量结果，与 PMU 检测装置输出进行比较，获得测试结果。数字化 PMU 装置的现场检测框架图如图 10–15 所示。

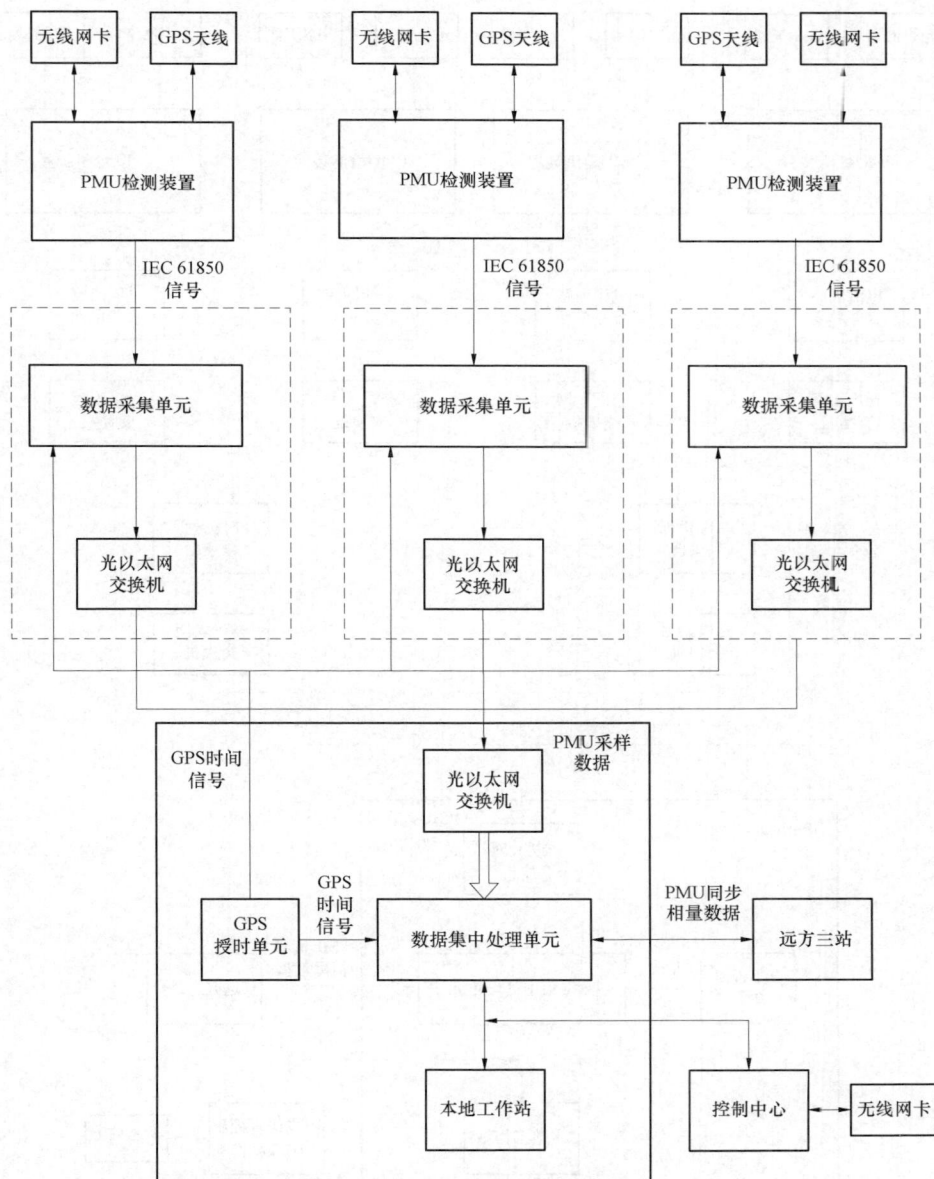

图 10–15　数字化 PMU 装置的现场检测框架图

如果需要考虑合并单元对数字化 PMU 装置的测量结果影响，可利用 PMU 检测装置的模拟输出功能，在电流合并单元与电压合并单元输入端接入，与数字化信号输出功能测试结果进行比较，从而获得合并单元对 PMU 装置的测量结果影响数据。带合并单元的 PMU 装置的现场检测框架图如图 10−16 所示。

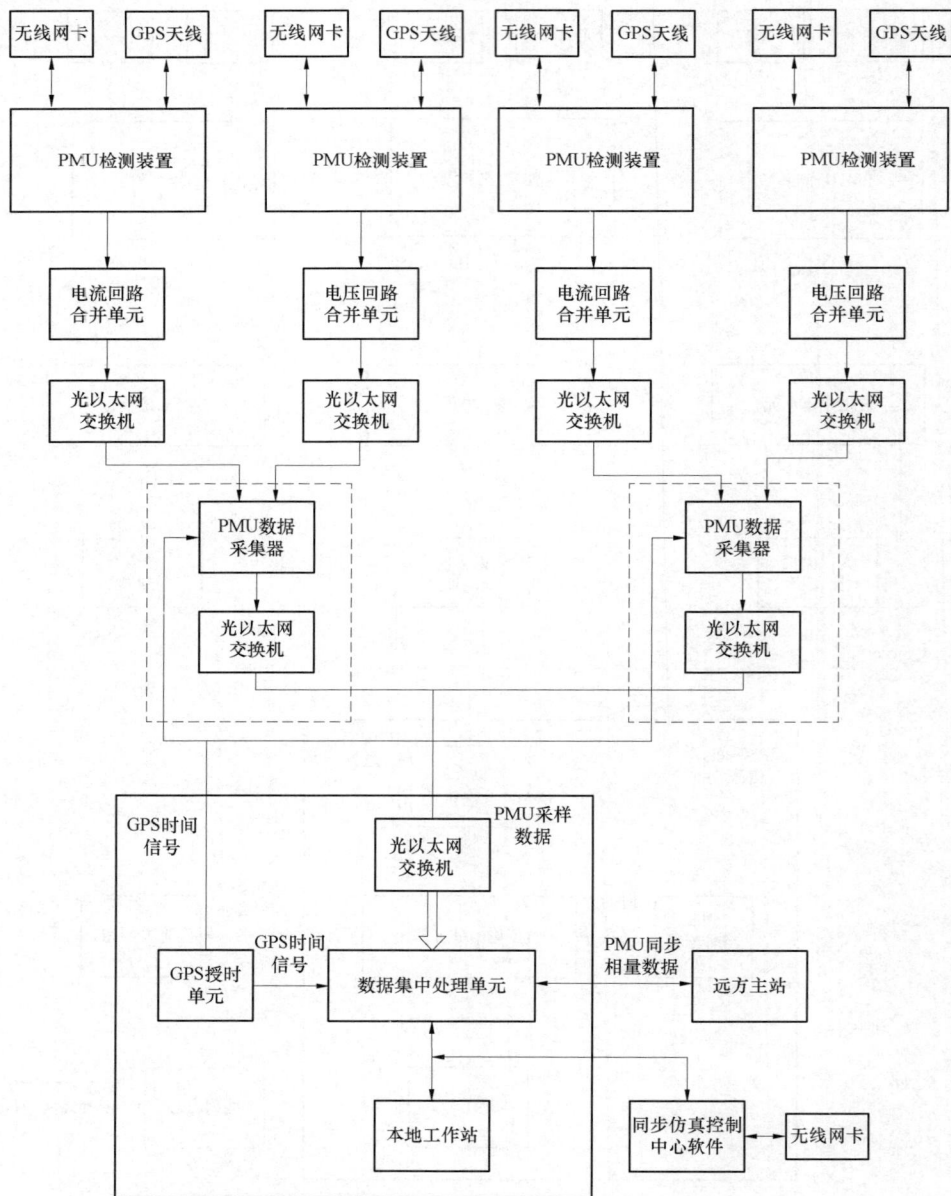

图 10−16　带合并单元的 PMU 装置的现场检测框架图

10.2.4　测试案例

（1）PMU 装置的时间同步信号准确性检测。

时钟同步性检测主要检查 PMU 装置所接收的北斗/GPS 授时单元的时间准确性，检测方法通过时间检定装置完成，将北斗/GPS 授时单元的 PPS 输出接入到时间检定装置，时间检定装置将输入秒脉冲与标准秒脉冲信号进行比对，实现时间同步性误差的检测功能。在检测过程中，需要注意的是北斗/GPS 授时单元的 PPS 秒脉冲信号方式有上升沿触发和下降沿触发两种，如果触发方式选择不对，时间同步性误差将达到 180ms，远超过规定范围。

在检测过程中发现了以下几个方面的问题：

1）北斗/GPS 授时装置的北斗/GPS 秒脉冲信号准确性不高，与标准秒脉冲的间隔一般在 300～400ns 左右，且不同时间信号输出端口间隔相差较大。通过查询相关技术参数，并多次与相关厂家技术人员交流，PMU 装置采用的北斗/GPS 授时装置都是该厂家购买国外的北斗/GPS 芯片组装生产，由于北斗/GPS 授时装置与 PMU 装置在现场安装后，基本都未开展过任何形式的检测，其产生的北斗/GPS 秒脉冲信号一般精度不高。内部接线工艺及材料问题，容易导致不同端口输出信号相差较大。图 10-17、图 10-18 为某电厂北斗/GPS 授时装置的不同两个端口输出的北斗/GPS 秒脉冲与标准北斗/GPS 秒脉冲的时间偏差。

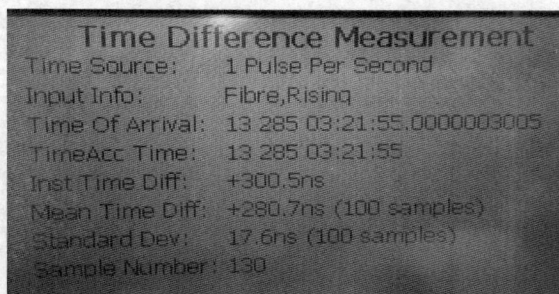

图 10-17　GPS 授时装置端口 1 与标准北斗/GPS 秒脉冲的时间偏差

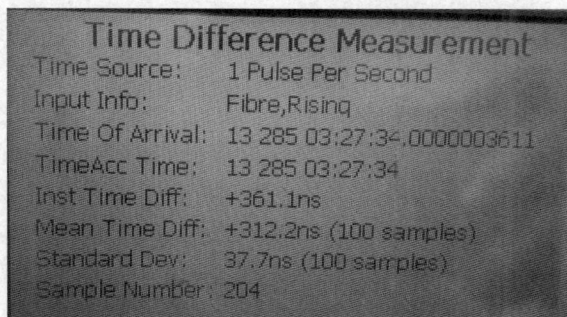

图 10-18　GPS 授时装置端口 3 与标准北斗/GPS 秒脉冲的时间偏差

2）光纤传输过程中导致的同步时钟信号延迟较大，直接导致部分时间同步信号偏差不满足规范要求。对分布在不同地点的 PMU 采集单元进行同步秒脉冲检测时，发现部分同步时钟信号通过光纤传输之后，与标准北斗/GPS 秒脉冲的时间偏差无法满足规范要求。柘某电厂#5、#6 机组位于发电机厂房，与北斗/GPS 授时装置所在的升压站距离在 500m 左右，其北斗/GPS 秒脉冲信号与标准秒脉冲信号偏差为 1.28μs，超出规范所要求的时间偏差小于 1μs 的要求。位于同一机柜位置的线路 PMU 采集单元的北斗/GPS 秒脉冲信号与标准秒脉冲信号偏差为 409ns。通过分析可知，传输时延主要由信号路由交换时延和线路传输时延构成，其中信号路由交换时延占主要部分。#5、#6 机组北斗/GPS 秒脉冲与标准北斗/GPS 秒脉冲信号偏差如图 10-19 所示，线路 PMU 采集单元北斗/GPS 秒脉冲与标准北斗/GPS 秒脉冲信号偏差如图 10-20 所示。

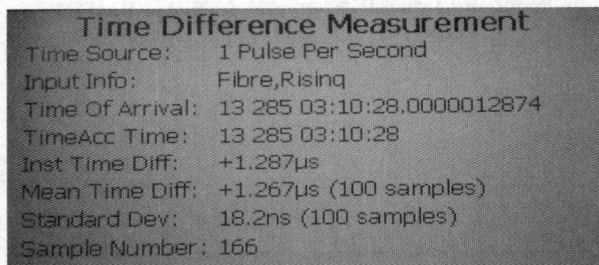

图 10-19　#5、#6 机组 GPS 秒脉冲与标准 GPS 秒脉冲信号偏差

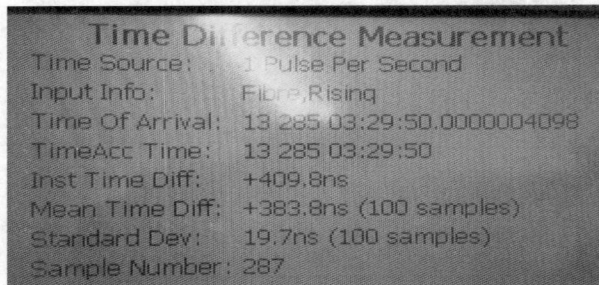

图 10-20　线路 PMU 采集单元 GPS 秒脉冲与标准 GPS 秒脉冲信号偏差

（2）PMU 功能及性能检测问题。

开展现场检测工作之前，必须完成两个方面的工作：① 首先必须填写二次工作票，向中调自动化科申请开展 PMU 装置的现场检测，涉及 PMU 检测装置的主机、被测 PMU 数据采集单元屏柜。② 获得 PMU 装置接线图纸，电压、电流回路互感器变比，以及 PMU 装置设置权限。

现场检测内容包括：回路检测、功能检查、静态精度测试、动态精度测试、功角测试、数据传输延时测试，并在 WAMS 主站进行数据对比。

通过对 PMU 装置的现场检测，存在以下几个方面的问题需要解决。

1）大部分已投运的 PMU 装置越限阀值未设置，电压、电流幅值越限、相位越限等参数都为空值，实际上相当于屏蔽了 PMU 装置的报警功能，也无法触发 PMU 装置的故障录波功能，削弱了广域测量系统的数据基础。

2）部分电厂 PMU 装置的功角参数设置错误或者未设置，PMU 装置没有真正实现功角测量功能。大部分 PMU 装置的功角测量模块是一个独立装置，其参数需要进行设置，按照其默认参数，无法正确测量发电机的功角。由于使用方对 PMU 装置的应用及了解太少，无法给出具体参数，且在验收时未认真检查，导致出现该问题。

3）部分厂家 PMU 装置的缺陷具有重复性，在检测过程中发现某厂的 PMU 装置基本都存在电压测量精度超差的问题。随着 PMU 装置现场检测工作的全面展开，将会发现 PMU 装置的更多缺陷性问题。

4）运行单位对 PMU 装置的测量数据、功能及其应用了解非常少，部分应用单位为了减少 PMU 装置的故障报警信号，竟然让设备厂家将越限阀值清除。WAMS 主站监控功能的应用，也不够深入，最好能对实时监测数据出具相关的分析报表。

10.3　通信协议一致性测试

为保证 PMU、（数据集中器）PDC 和 WAMS 主站之间数据交换协议的一致性、规范性，国内在 IEEE C37.118《电力系统同步相量标准（Standard for Synchrophasor Data Transfer for Power Systems）》基础上，发布 GB/T 26865.2《电力系统实时动态监测系统　第 2 部分：数据传输协议》通信协议标准，标准主要在主站和子站、主站和主站之间数据传输报文的格式、数据传输流程、子站数据命名规则等方面规定装置之间的数据交换。

同时基于 DL/T 860 通信协议信息传输的数字式 PMU 也越来越多地应用到智能变电站中。装置依据 DL/T 860 通信协议进行数据模型建模，将时间同步管理信息、告警信息上送至变电站监控后台。

子站与主站相关的通信协议测试应包含 GB/T 26865.2、DL/T 860 定义的通信协议，通信协议一致性检测用来测试协议实现的数据信息传输是否满足标准要求。

10.3.1　GB/T 26865.2 通信协议一致性测试

GB/T 26865.2 通信协议一致性测试针对主站与子站间通信流程的主体要求、实时通信数据传输帧格式、通信命令控制帧、离线数据传输帧格式等方面，在测试过程中，对每种类型数据传输帧进行规范性测试，以保证数据信息交互规范性。

GB/T 26865.2 通信协议一致性测试结构如图 10–21 所示。

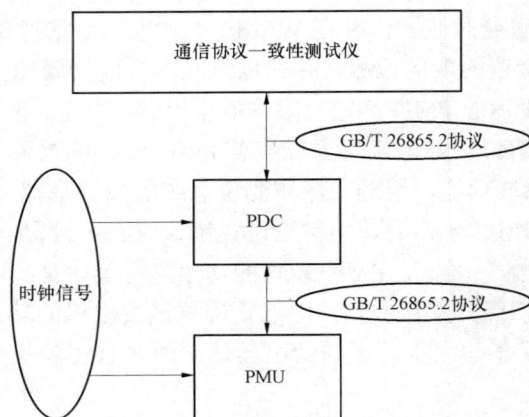

图 10–21　GB/T 26865.2 通信协议一致性测试结构

　　通信协议一致性测试仪，支持 GB/T 26865.2 通信协议标准报文格式的发送、接收和解析功能，若测试仪不具备报文解析功能，需额外增加一个网络分析仪来监控测试过程中出现的错误，分析所得检测结果。网络分析仪能够采集并分析以太网络上 GB/T 26865.2 通信协议报文的信息流量，并可以用来记录网络事件、建立连接并检验系统配置等。

　　时间同步测试仪为 PMU、PDC 提供标准的北斗二代/北斗/GPS 对时信号。

　　以上设备组成 GB/T 26865.2 一致性测试的框架结构。主要测试项目和方法如下：

　　（1）通信初始化过程测试。通信协议一致性测试仪在结束与装置的通信后，重新发起连接请求，装置应在 5s 内成功响应主站的连接请求。

　　（2）实时数据通信流程与报文格式测试。依据 GB/T 26865.2—2011 第 3 章要求，通信流程应满足 GB/T 26865.2—2011 附录 A 要求。

　　（3）离线数据通信流程与报文格式测试。依据 GB/T 26865.2—2011 中第 4 章要求，通信流程应满足 GB/T 26865.2—2011 中附录 C 的要求。

　　（4）实时数据传输速率整定测试。通信协议一致性测试仪验证实时数据传输速率整定功能的正确性，通信流程应满足 GB/T 26865.2—2011 中附录 A 的要求。

　　（5）离线数据通信流量控制功能测试。通信协议一致性测试仪通过改变传输命令帧的"帧长控制字"和"流量控制字"，要求按照不同速率传输离线数据文件；被检测装置应按照要求速率传输离线数据文件。

　　（6）报文传输稳定性与丢包率测试。通信协议一致性测试仪连续接收 1min 的实时数据，对报文传输间隔和延时进行统计分析，报文上送延时不大于 50ms；对报文丢失、时标重复、时标错序等错误进行计数，错误数量与应收报文数量之比为丢包率，丢包率应为 0。

（7）规约状态字正确性测试。通过试验方法，使装置产生"数据不可用"、"装置异常"、"同步异常"和"触发标志"等状态字置位。状态字定义应满足 GB/T 26865.2—2011 中第 3 章表 4 的要求。

（8）数据一致性测试。给装置加入三相电压和电流测试信号，通信协议一致性测试仪记录完整 1 min 的实时数据报文，与装置产生的相同时间段离线数据文件进行数据比较。相同时间断面的数据数值应完全一致。

（9）规约否定性测试。通信协议一致性测试仪向装置发送格式错误的 CFC–2 文件，装置需返回"否定确认"命令，不应有其他行为。错误报文格式包括"错误的同步字"、"错误的校验字"、"错误的 IDCODE"、"与 CFG–1 配置项不符"等。通信协议一致性测试仪向装置发送格式错误的命令报文，装置需返回"否定确认"命令，不应有其他行为。错误报文格式包括"错误的同步字"、"错误的校验字"、"错误的 IDCODE"和"未定义的命令编号"等。

（10）多主站通信测试。被测装置通过纵向隔离装置与多台通信规约一致性测试仪相连，模拟多个主站，以不同速率或不同 CFG–2 对装置执行报文传输稳定性与丢包率检测项目。

10.3.2 DL/T 860 通信协议一致性测试

DL/T 860 通信协议一致性测试分为静态测试和动态测试两部分。静态测试需提交被测设备相关文档（ICD 文件、协议实现一致性陈述（PICS）文件、协议实现额外信息（PIXIT）文件和模型实现一致性陈述（MICS）文件等），依次进行静态性能测试；动态测试包括基本连接测试、能力测试、行为测试等。一致性测试目的是客观评价被测设备支持 DL/T 860 通信协议的情况，以保证数据信息交互规范性。

DL/T 860 通信协议一致性测试结构如图 10–22 所示。

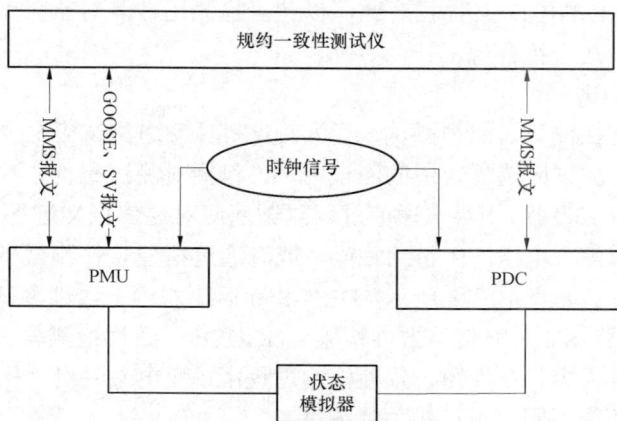

图 10–22 DL/T 860 通信协议一致性测试结构

通信协议一致性测试仪，支持 DL/T 860 通信协议标准报文格式的发送、接收和解析功能，若测试仪不具备报文解析功能，需额外增加一个网络分析仪来监控测试过程中出现的错误，分析所得检测结果。网络分析仪能够采集并分析以太网络上 DL/T 860 通信协议报文的信息流量。若测试仪不具备 DL/T 860 通信协议报文发送功能，可用标准式合并单元或数字式 PMU 测试仪代替，具备标准式 SV、GOOSE 和 MMS 报文发送功能。

时间同步测试仪为 PMU、PDC 提供标准的北斗二代/北斗/GPS 对时信号。

以上设备组成 DL/T 860 一致性测试的框架结构。模型一致性检测主要关注的是数据模型是否一致、报文格式是否一致，以及服务器和客户端的通信模型是否一致，只有这些模型以及模型的参数设置都符合规范，整个系统才能安全可靠地运行。具体分为静态测试和动态测试两部分。

（1）静态测试。

需提交被测设备（DUT）相关文档（ICD 文件、协议实现一致性陈述等），依此进行静态性能检查，检查包括对测试版本、数据模型和配置文件的检查（SCL 内部合法性检查、引用检查）。DUT 的配置文件*.icd，应提交给测试技术人员，产生基于测试系统配置的*.scd 文件，检测文件语法的正确性，以及下载到被测装置后，IED 的初始读取、创建数据库以及运行情况。测试要求 ICD 模型必须符合 DL/T 860−6《变电站通信网络和系统》的要求。

配置文件测试是用 SCL 语法分析软件来实现的，将被测装置的*.*.ICD 文件和参考的*.ICD 文件进行比较，检查文件是否相一致，主要包括数据模型的定义是否符合语法要求，所定义的数据以及逻辑节点的有效性，数据模型是否有完整的属性等。该项测试主要通过软件仿真环境来实现，在客户端通过软件环境建立相应的测试脚本程序，结合被测对象的协议说明文件即可产生*.CSV 文件，用该文件与被测对象的*.ICD 文件相对比，以此可检测出被测对象在完成*.ICD 文件的各项数据操作是否符合规范。

（2）动态测试。

包括基本连接测试、能力测试、行为测试等。动态测试应至少应用两台设备进行相互通信，测试应选择合适的测试用例，包括对测试配置、测试场景以及测试的对象进行相应设置，其中，通信过程测试还应对通信报文进行分析。测试时，可以通过激励电流、电压产生链路激励，或者通过搭建软件测试平台，对链路激励进行模拟仿真。如表 10−28 所示，DL/T 860 通信规约一致性测试包含 MMS 客户端一致性测试、SV 采样值一致性检验、GOOSE 一致性检测与 MMS 服务器一致性测试四部分内容。在规约一致性检测过程中，变电站各自动化设备需要根据其通信服务的功能不同，进行相关的测试。

表 10–28   DL/T 860 通信规约一致性测试内容

用例名称	测 试 要 求
MMS 客户端一致性测试	DL/T 860 规约测试软件（服务器端）与被测设备建立连接后进行测试： 文档和版本控制，配置文件，数据模型， ACSI 模型与服务的映射（DL/T 860.72，SCSM） 应用关联； 数据集； 取代； 定值组控制； 报告； 日志； 控制； 时间和时间同步； 文件传输； 客户端的 TCP 连接资源释放； MMS 双网功能检验
SV 采样值一致性检验	检验被测保护装置能否正确订阅 SV 采样值，各类数据格式接收是否正确。包括： SV 采样值订阅检验； 带可选域的 SV 报文订阅能力检验； SV 报文参数极限订阅能力检验
GOOSE 一致性检测	检验被测装置在 GOOSE 发布、订阅两种机制下的各类数据处理机制是否正常，数据结构是否合理。 通过 IEC 61850 规约测试软件包检验被测装置能否正确订阅、发布 GOOSE 报文，被测装置发布的 GOOSE 报文结构是否符合标准要求。包括： GOOSE 发布检验； GOOSE 订阅检验； GOOSE 事件时标的时间品质检验； GOOSE 报文参数极限订阅能力检验； GOOSE 报文 ASN.1 编码长度订阅能力检验； GOOSE 双网接收机制检验
MMS 服务器一致性测试	DL/T 860 规约测试软件（客户端）与被测设备建立连接后进行测试： 文档和版本控制，配置文件，数据模型， ACSI 模型与服务的映射（DL/T 860.72，SCSM）： 应用关联； 服务器/逻辑设备/逻辑节点/数据； 数据集； 取代； 报告； 定值组控制； 控制； 时间和时间同步； 文件传输； 日志； 组合测试

10.3.3 网络通信能力测试

本测试旨在测试抓估值在系统中实际的通信处理性能是否满足现场应用的需求，测试网络风暴对装置的影响。确保智能变电站网络系统在发生通常的网络风暴及网络攻击的情况下，装置能够抵御突发流量以及网络异常攻击，接收正常报文，终端设备的状态和功能反应正常，要求被测设备的数据传输正确，功能正常，无中断、拒动、误动等异常现象发生。

（1）广播报文网络压力测试。

将装置上电，并于报文发生器组网，使用网络测试仪生成广播流。被测装置在线速 50%的广播流量或组播流量下，各项应用功能正常，数据传输正确，性能未下降。

（2）异常采样值报文网络压力测试。

将装置上电，并于报文发生器组网，使用网络测试仪生成广播流。被测装置在线速 20%的异常报文流量下，各项应用功能正常，数据传输正确，性能未下降。

（3）采样值报文网络压力测试。

将装置上电，并于报文发生器组网，使用网络测试仪生成广播流。被测装置在线速 10%的正常报文流量下，各项应用功能正常，数据传输正确，性能未下降。

（4）SV 配置异常测试。

分别模拟 SV 报文的 SVID、APPID、组播 MAC 等参数异常，装置收到的采样值报文配置不一致时，装置应告警。

（5）SV 中断测试。

模拟合并单元与装置通信中断后，装置应可靠闭锁并发出告警信号；合并单元通信恢复后，装置告警信号应自动返回。

（6）SV 采样数据标识异常测试。

分别模拟合并单元发送采样值出现品质位置无效、检修状态不一致的情况，模拟故障检查装置是否发出告警信号。

（7）采样数据丢帧测试。

模拟合并单元发送的采样值丢帧超过装置允许范围时，检查装置是否告警；模拟采样值恢复正常后，检查装置功能是否恢复正常。

10.4 PMU 测试仪

应用于电力系统的同步相量测量装置的测试仪是一种专用的 PMU 测试分析仪器，能够输出多种功能、高精度的模拟量信号或数字量信号，既满足 PMU 静态性能测试要求，又满足 PMU 动态性能测试要求。

PMU 测试仪具有以下特点：

（1）可输出三相交流电压、电流信号。信号频率、幅值、相角可调。信号的相角设置符合同步相量角度定义。

（2）三相交流信号的频率、幅值、相角可实现阶跃变化，跃变时刻与 PPS 同步。

（3）在三相交流基波信号上可叠加2～13次谐波分量，或10～150Hz 间谐波。

（4）三相交流电压信号可进行幅值调制、频率调制、相位调制，以及幅值、相角同步调制。

（5）三相交流信号频率可进行线性渐变，每周期变化次数不小于 500 次。

（6）可同时模拟发电机机端电压和键相脉冲信号，相角可控。

（7）可控制多路开关量输出，监视多路开关量输入。

（8）具有直流 4～20mA 小信号输出的功能，满足对 PMU 装置直流采样精度的测试要求。

10.4.1　主要测试功能

PMU 测试仪能够完成的主要测试功能：幅值误差测试、频率偏移测量准确度测试、三相不平衡测试、谐波影响测试、功率测试、带外影响测试、幅值调制测试、相位调制测试、幅值相位同时调制测试、频率斜坡测试、阶跃响应测试、通信规约一致性测试等。

10.4.2　基本组成及工作原理

与 PMU 的分类相对应，PMU 测试仪分为常规 PMU 测试仪和数字化 PMU 测试仪，其基本组成分别如图 10–23、图 10–24 所示。

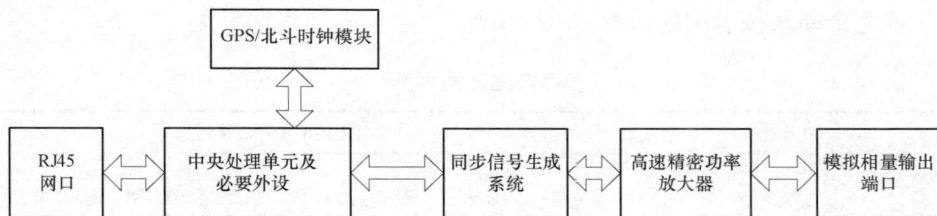

图 10–23　常规 PMU 测试仪基本组成框图

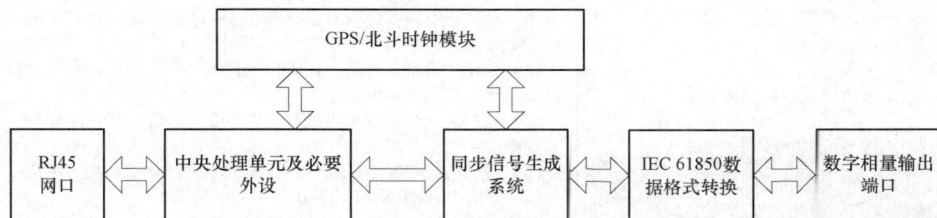

图 10–24　数字化 PMU 测试仪基本组成框图

标准测试信号的生成由中央处理单元与同步信号生成系统协同二作来实现。

静态测试中幅值、频率不发生变化，信号的数字模型为：

$$x[n] = \sqrt{2} X_m \cos[2\pi f n \Delta l + l_0] \tag{10-20}$$

式中：$[2\pi f n \Delta l + l_0]$ 表示余弦表中对应的位置值；Δl 为数字处理单元计算周期相对于频率 f 及余弦表长度转换得出的步长量，文中简称为步长量；l_0 为初始相角对应余弦表中的位置。在不考虑 DA 分辨率的情况下，Δl 越小，所得的信号波形周波点数越多，信号质量越好。

动态测试中幅值调制的数字模型为：

$$x[n] = \sqrt{2}[X_{\mathrm{m}} + X_{\mathrm{d}}\cos(2\pi f_{\mathrm{m}}n\Delta l + l_{\mathrm{m0}})]\cos[2\pi fn\Delta l + l_0] \quad （10-21）$$

式中：Δl 为基波频率的步长量；l_{m0} 为幅值调制部分初相角；l_0 为基波初相角。

动态测试中相位调制的数字模型为：

$$x[n] = \sqrt{2}X_{\mathrm{m}}\cos[2\pi fn\Delta l + \varphi_{\mathrm{m}}\sin(2\pi f_{\mathrm{m}}n\Delta l + l_{\mathrm{m0}}) + l_0] \quad （10-22）$$

式中：Δl 为计算步长量；l_0 为基波初相位；l_{m0} 为调制波初相位。

动态测试中的阶跃信号的数字模型为：

$$x[n] = \{X_{\mathrm{m}}\varepsilon[n] + X_t\varepsilon[n-N]\}\cos[2\pi fn\Delta l + l_0] \quad （10-23）$$

式中：N 为阶跃时刻点。

数字 PMU 测试仪相比模拟 PMU 测试仪，缺少高速精密功率放大器，多出 IEC 61850 数据格式转换单元，将同步信号转换为相应的 SV 报文或者 Goose 信号，通过数字信号端口输出。

10.4.3 典型产品

典型产品及技术指标如表 10–29 所示。

表 10–29 典型产品及技术指标

型号及外观	主要技术指标及性能
电力系统同步相量测量装置测试仪 	主要功能： （1）可输出三相交流电压、电流信号，信号频率、幅值、相角可调； （2）三相交流信号的频率、幅值、相角可实现阶跃变化，跃变时刻与 PPS 同步； （3）在三相交流基波信号上可叠加 2~13 次谐波分量，和 10~150Hz 间谐波； （4）三相交流电压信号可进行幅值调制、频率调制、相角调制，以及幅值、相角同步调制； （5）三相交流信号频率可进行线性渐变，每周期变化次数不小于 500 次； （6）可同时模拟发电机机端电压和键相脉冲信号，相角可控； （7）具有北斗/GPS、IRIG–B 同步对时功能。 主要性能： （1）三相交流电流 输出量限：10A 准确度：≤±0.04%RD+±0.01%RG； （2）三相交流电压 输出量限：100V 准确度：≤±0.04%RD+±0.01%RG； （3）交流频率 输出范围：45~65Hz； 准确度：≤±0.001Hz； （4）交流相角 输出范围：0°~360° 与北斗/GPS 同步相角准确度：≤±0.05°

续表

型号及外观	主要技术指标及性能
数字式同步相量测量装置测试仪	主要功能： （1）可输出 IEC 61850–9–2 规范的数字式电压、电流信号，信号频率、幅值、相角可调； （2）三相交流信号的频率、幅值、相角可实现阶跃变化，跃变时刻与 PPS 同步； （3）在三相交流基波信号上可叠加 2～13 次谐波分量，或 10～150Hz 间谐波； （4）三相交流电压信号可进行幅值调制、频率调制、相角调制，以及幅值、相角同步调制； （5）三相交流信号频率可进行线性渐变，每周期变化次数不小于 500 次； （6）异常报文的模拟（抖动、丢帧、错序、数据异常、品质异常、失步等）； （7）具有北斗/GPS、IRIG–B、IEEE 1588 同步对时功能。 主要性能： （1）光纤通信接口： 1）用于 IEC 61850–9–2、GOOSE 通信； 2）光口数量 8 对； 3）波长 1310nm。 （2）同步接口： 1）北斗/GPS 同步接口； 2）光 B 码接口； 3）IEEE 1588 对时接口
PMU 校验装置	主要功能： （1）可用于常规 PMU 装置、数字化 PMU 装置（含分布式 PMU 装置）的实验室及现场检测、校验工作，多台 PMU 校验装置可构成检测系统，实现对 WAMS 主站功能的检测； （2）检测功能满足 GB/T 26862—2011 《电力系统同步相量测量装置检测规范》、Q/GDW 11202.6—2014《智能变电站自动化设备检测规范　第 6 部分：同步相量测量装置》对 PMU 检测标准装置要求； （3）可产生与北斗/GPS 秒脉冲同步的三相交流电流、电压信号，同步误差小于 1μs； （4）可输出三相电压、三相电流，幅值、频率、初始相位可调，幅值精度优于 0.05 级，频率精度优于 0.01Hz，相位精度优于 0.01°，稳定度优于 0.01%/min，完全实现 PMU 装置的静态测量精度检测，包括幅值、相位、频率的矢量误差检测； （5）具有模拟发电机输出键相脉冲信号功能，与北斗/GPS 秒脉冲间隔在 0～360°范围内可调，调节细度为 0.1°，校核发电机初始功角值，检测发电机功角及内电势相角的测量精度； （6）可输出幅值、相位、频率阶跃信号，对 PMU 装置进行阶跃响应测试，其中幅值阶跃信号时间精度小于 1ms； （7）可输出幅值、相角、频率调制信号，对 PMU 装置进行幅值、相位、频率调制测试； （8）可完成 PMU 装置的暂态记录功能检查，包括幅值越限、相位越限、频率越限、正序电压或电流越限； （9）可输出低频振荡信号，包括幅度调制与频率调制的低频信号，实现对 PMU 装置的低频振荡分析功能的检测； （10）可模拟单相接地、单相开路、三相接地等线路故障，检测 PMU 装置的事件记录功能； （11）自带北斗/GFS 单元，可输出北斗/GPS 秒脉冲，秒脉冲精度优于 200ns，也可以外接北斗/GPS/北斗时钟接口； （12）可对 PMU 装置进行功能检验，包括实时监测功能检测、实时记录功能检测、时钟同步功能检测、通信功能检测、暂态录波功能检测等

10.5　小结

本章结合国内通用测试方案与检测规范，针对 WAMS 主站功能测试、子站功能测试、通信协议测试，提出完整的实验室及现场测试方案与评价方法，提出合理的静态、动态误差评估方法，并将理论研究应用于实际 PMU 产品测试。结合实际的测试案例，使读者了解到电力系统同步相量测量系统各部分的检测方法及需要关注的测试重点、难点，为开展电力系统同步相量测量系统的检测提供指导意见，为 WAMS 系统的安全稳定运行提供支持。

参考文献

[1] 陆进军，戴则梅，高鑫，等. 广域测量系统集成测试方案 [J]. 电力系统自动化，2010，34（23）：111−114.

[2] 裴茂林，刘见，孙平，等. 基于同步仿真控制系统的广域测量系统现场检测方法 [J]. 电力系统自动化，2012，36（17）：90−94.

[3] 赵昆，邹昱，邢颖，等.电力系统实时动态监测主站系统检测评估方法研究 [J]. 电力系统保护与控制，2014，42（10）：71−76.

索　引